W0263406

AVENUE21.
Automatisierter und vernetzter Verkehr:
Entwicklungen des urbanen Europa

Mathias Mitteregger · Emilia M. Bruck ·
Aggelos Soteropoulos · Andrea Stickler ·
Martin Berger · Jens S. Dangschat ·
Rudolf Scheuvens · Ian Banerjee

AVENUE21. Automatisierter und vernetzter Verkehr: Entwicklungen des urbanen Europa

Springer Vieweg

Mathias Mitteregger
future.lab Research Center
Technische Universität Wien
Wien, Österreich

Aggelos Soteropoulos
future.lab Research Center und
Forschungsbereich Verkehrssystemplanung
Technische Universität Wien
Wien, Österreich

Martin Berger
Forschungsbereich Verkehrssystemplanung
Technische Universität Wien
Wien, Österreich

Rudolf Scheuvens
future.lab Research Center und
Forschungsbereich Örtliche Raumplanung
Technische Universität Wien
Wien, Österreich

Emilia M. Bruck
future.lab Research Center und
Forschungsbereich Örtliche Raumplanung
Technische Universität Wien
Wien, Österreich

Andrea Stickler
future.lab Research Center und
Forschungsbereich Soziologie
Technische Universität Wien
Wien, Österreich

Jens S. Dangschat
Forschungsbereich Soziologie
Technische Universität Wien
Wien, Österreich

Ian Banerjee
future.lab Research Center
Technische Universität Wien
Wien, Österreich

Gefördert durch die Daimler und Benz Stiftung

Daimler und
Benz Stiftung

ISBN 978-3-662-61282-8   ISBN 978-3-662-61283-5   (eBook)
https://doi.org/10.1007/978-3-662-61283-5

Die Deutsche Nationalbibliothek verzeichnet diese Publikation in der Deutschen Nationalbibliografie; detaillierte bibliografische Daten sind im Internet über http://dnb.d-nb.de abrufbar.

Verantwortlich im Verlag: Markus Braun
Springer Vieweg ist ein Imprint der eingetragenen Gesellschaft Springer-Verlag GmbH, DE und ist ein Teil von Springer Nature.
Die Anschrift der Gesellschaft ist: Heidelberger Platz 3, 14197 Berlin, Germany

VORWORT
DAIMLER UND BENZ STIFTUNG

Digitale Technologien sind in der Landwirtschaft, Luft- und Raumfahrt, Logistik, Telekommunikation sowie in Medien und Unterhaltung nicht nur integraler Bestandteil der Wertschöpfungskette geworden, sondern erweisen sich mittlerweile selbst als wesentlicher Treiber für weitere Entwicklungen. Auch in der Medizin befinden wir uns auf dem Weg hin zu einer datengestützten Heilkunde, die die Ärzteschaft nicht nur bei der Diagnose und in der Wahl ihrer Behandlungsmethoden anleitet, sondern vielmehr in der Lage ist, die PatientInnen individuell in ihrem Therapieverlauf zu begleiten.

Unsere Verkehrssysteme stehen an der Schwelle einer vergleichbaren Entwicklung. Sie kommt mit großer Dynamik auf unsere Gesellschaft zu und wird das Gesicht unserer Städte grundlegend verändern. So wie in den letzten rund 130 Jahren das Automobil einen sichtbaren Einfluss auf die bauliche Struktur des öffentlichen Raums genommen hat, so werden künftig teil- oder hochautomatisierte Fahrzeuge sowie eng miteinander vernetzte Transportsysteme für Menschen und Waren als gestaltende Faktoren entstehen. Mit Shuttlebussen, eigenen oder Miet-Pkws, Lieferboxen, Bahn und öffentlichem Nahverkehr, Car-Sharing-Angeboten oder Mietscootern wird uns dann eine Vielfalt von Transportmöglichkeiten zur Verfügung stehen, die es in Echtzeit zu orchestrieren gilt.

Was wir uns erhoffen, liegt auf der Hand: die Vermeidung von Unfällen, Zeitverlusten und Staus, ökonomische und ökologische Effizienzgewinne, mehr Sicherheit für die beförderten PassagierInnen, eine Steigerung des Reisekomforts. Auf der anderen Seite gilt es, die Infrastruktur für diese hochkomplexen und ineinandergreifenden Angebote erst noch zu schaffen. Auch sollten wir möglichst frühzeitig die mittelbaren und weitreichenden Auswirkungen dieser revolutionären Entwicklung bedenken: So werden umfassende Daten über unser Mobilitätsverhalten erhoben, die es in angemessener Weise gleichermaßen zu nutzen wie zu schützen gilt, wenn wir von anonymen Verkehrsteilnehmenden nicht unwillkürlich zu gläsernen PassagierInnen werden wollen. Überdies könnten zahlreiche Berufe durch diesen Mobilitätswandel überflüssig werden, manch andere ganz neu entstehen – was in jedem Fall von den betroffenen ArbeitnehmerInnen nicht immer einfach zu leistende Lern- und Anpassungsprozesse erfordern wird.

Für Städte und Gemeinden werden sich überdies die Fragen stellen: Wer bezahlt und wer unterhält die notwendige technologische Infrastruktur für den Verkehr der Zukunft? Wer gewährleistet künftig deren Funktion auch in kritischen Situationen, hängt doch die Sicherheit der transportierten Personen von ihr ab? Nicht zuletzt wird die Heterogenität des öffentlichen Raums und die bauliche Struktur bestehender Städte zu Verzerrungen führen: Während den BürgerInnen in einigen urbanen Zentren eine Vielzahl von individuell wählbaren Transportmöglichkeiten zur Verfügung stehen wird, können diese andernorts kaum in vergleichbarer Weise bereitgestellt werden oder sinnvoll interagieren. Die Bedürfnisse und Erwartungen unterschiedlicher sozialer Gruppen, von Stadt- und Landbevölkerung, von öffentlichen Institutionen, Privatpersonen oder Unternehmen werden dabei erheblich divergieren.

Dieses Buch möchte einen Beitrag leisten, Grundlagen für die zu erwartende öffentliche Debatte bereitzustellen und allen beteiligten Diskursgruppen notwendige Informationen an die Hand zu geben. Über zwei Jahre hinweg hat die Daimler und Benz Stiftung zu diesem Zweck unter dem Titel „AVENUE21 – Autonomer Verkehr: Entwicklungen des urbanen Europa" ein interdisziplinäres Forschungsvorhaben an der Technischen Universität (TU) Wien gefördert. Anhand ausgewählter Städte und Ballungsgebiete wurde untersucht, welche Szenarien für Europa zu erwarten sind und welche Entwicklungen sich bereits heute weltweit abzeichnen. Wichtig war es den beteiligten WissenschaftlerInnen vor allem, Szenarien zu entwerfen und tragfähige gesellschaftliche Lösungen für die Zukunft aufzuzeigen, die einen Mehrwert für alle Beteiligten in sich tragen und die helfen können, zu erwartende Konflikte durch sachliche Einordnung bereits im Vorfeld zu entschärfen. Ihre in diesem Band präsentierten Forschungsergebnisse möchten weiter dazu beitragen, ein nachhaltiges Planungsverständnis zu entwickeln, das nicht auf Veränderungen reagiert, sondern diese antizipiert. ArchitektInnen, StadtplanerInnen und BürgerInnen soll es auf diese Weise gelingen, die anstehenden Veränderungen insbesondere auch als eine historische Chance zu begreifen, um gemeinsam die Stadt der Zukunft sozial attraktiv, lebenswert und ökologisch nachhaltig zu gestalten.

Prof. Dr. Eckard Minx
Vorstandsvorsitzender

Prof. Dr. Lutz H. Gade
Vorstandsmitglied

VORWORT
AVENUE21

Der Blick auf die Geschichte der „Europäischen Stadt" (zur Verwendung des Begriffs s. Kap. 3.2) zeigt die enge Bindung von gebauter Stadt, Verkehr und Mobilität. Jede neue Transporttechnologie hat mit der Mobilität der Stadtgesellschaften das soziale Gefüge des Raums geprägt und neue Stadtstrukturen hervorgebracht. Unter den „Revolutionen der Erreichbarkeit" (Schmitz 2001) kommt dem Automobil eine besondere Rolle zu. Anders als bei der Eisenbahn, der Straßenbahn oder dem Flugzeug wurde für die individuelle Nutzung der Autos zunächst kein separates Verkehrsnetz angelegt, sondern der bestehende öffentliche Raum der Straße für den Autoverkehr adaptiert. Die im Straßenraum entstandenen Nutzungskonflikte zwischen dem für die Funktionsfähigkeit notwendigen Transport auf der einen und der Sicherstellung der Bewohnbarkeit der Stadt auf der anderen Seite wurden im Sinne der Moderne meist zugunsten der Funktion gelöst, Flächen dementsprechend verteilt und deren Nutzung in Gesetzen festgeschrieben.

Wenn die Auswirkungen des automatisierten und vernetzten Verkehrs (avV) untersucht werden, wird wieder davon ausgegangen, dass sich die Technologie des avV im bestehenden öffentlichen Raum der Straße durchsetzen wird. Bislang wurden in den meisten Studien die Heterogenität der Straßennetze und auch die Gestaltungsspielräume lokaler Planungskulturen kaum berücksichtigt. In der vorliegenden Publikation begegnen wir mittels unterschiedlicher Perspektiven diesem Reduktionismus. Der genaue Blick auf unterschiedliche Straßenräume und Planungsrationalitäten hat relevante Folgen für die Einschätzung der technologischen Machbarkeit und die Durchsetzbarkeit des avV in der Europäischen Stadt.

Automatisierte und vernetzte Fahrzeuge (avF) sind Teil eines breiten technologischen, ökonomischen, ökologischen und sozialen Wandels: Globalisierung, Digitalisierung, Klimawandel, Urbanisierung, gesellschaftliche Ausdifferenzierungen und die Integration zunehmend unterschiedlicher Kulturen sind beispielhafte Herausforderungen, an die sich moderne Gesellschaften anpassen werden müssen. Hartmut Rosa spricht von einer sich selbstverstärkenden Beschleunigung eines technikgetriebenen sozialen Wandels, der das Alltagsleben stark beeinflusst (2012, 2013; s. Abb. 0.1).

Ein Feld, auf das diese Herausforderungen besonders deutlich zutreffen, ist die Mobilität in einer sich beschleunigenden mobilen Gesellschaft. Daher steht die Europäische Stadt vor einer tiefgreifenden Wende,

1 mit der der Weg in ein „postfossiles Zeitalter" aktiv eingeleitet, gestaltet und gelebt werden muss (Kollosche & Schwedes 2016) und

2 die aufgrund von insbesondere technologischen Innovationen eine Eigendynamik entwickelt hat und deren Potenziale und Risiken sich erst nach und nach zeigen (Rosa 2013).

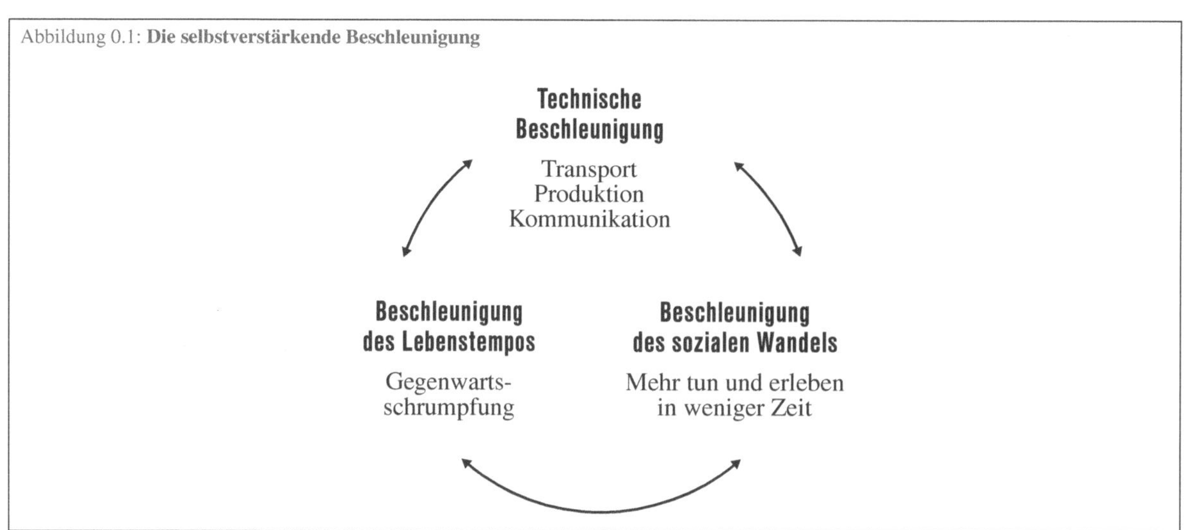

Abbildung 0.1: **Die selbstverstärkende Beschleunigung**

Quelle: AVENUE21 nach Rosa (2012)

Diese Wende wird weder „von selbst" eintreten noch mit bestehenden Planungsroutinen angemessen gesteuert werden können, sondern vor allem kollaboratives und proaktives Lernen und Handeln verlangen. Zentrale Bedeutung hat daher die Frage, unter welchen Bedingungen der avV einen Beitrag zur Verkehrswende leisten kann und inwiefern unvorhersehbare Risiken entstehen können.

Das Forschungsprojekt verfolgt den Ansatz, die Heterogenität von Stadtregionen und der lokalen Governance stärker zu berücksichtigen. Es zeigt sich, dass dadurch einige der angenommenen Effekte des avV – zum Beispielbezüglich der Verkehrssicherheit, der Vermeidung von Staus oder des möglichen veränderten Standortverhaltens von Personen und Betrieben – nicht nur neu, sondern auch differenzierter bewertet werden müssen. Dies hat wichtige Folgen vor allem für die zeitlich naheliegende Planungspolitik und -praxis, durch die wesentliche Weichenstellungen getroffen werden sollten. Hierzu wurden innerhalb des Forschungsprojekts Handlungsfelder und mögliche Maßnahmen entwickelt, die in der Publikation vorgestellt werden.

In der automatisierten und vernetzten Mobilität (avM) verdichten sich die Fragestellungen, die an eine Mobilität im Wandel gerichtet werden. Der Einsatz dieser Technologie wird, wie in der Vergangenheit, einen entscheidenden Einfluss auf die künftige Entwicklung der Städte nehmen. Wie dieser genau ausfallen wird, ist eine weitgehend offene Frage und wird sich vor allem kleinräumig sehr unterschiedlich zeigen. Die technischen Entwicklungen rund um den avV befinden sich gegenwärtig und für den gesamten Betrachtungszeitraum der Studie in einer formativen Phase. Diese Zeit wird von Experimenten geprägt sein und schrittweise Lösungen hervorbringen. Es ist daher auch eine Phase des Gestaltens: für die Technologieentwicklung, aber eben auch für die Politik, Planung, Verwaltung und die Zivilgesellschaft.

Projektteam AVENUE21

KURZFASSUNG: DIE AUSWIRKUNG VON AUTOMATISIERTEM UND VERNETZTEM VERKEHR AUF DIE STADTENTWICKLUNG IN EUROPA

Von der fortschreitenden Automatisierung und Vernetzung von Fahrzeugen wird erwartet, dass sie die Mobilität in Stadt und Land und alle damit verbundenen Wirtschaftszweige grundlegend neu organisieren werden. Fahrassistenzsysteme und vernetzende Funktionen in Neuwagen setzen sich rasch in der Gesamtflotte durch. Gleichzeitig werden Automatisierung und Vernetzung im Kontext von bedarfsorientierten Mobilitätsdienstleistungen – bislang räumlich eingeschränkt – weltweit erprobt. Und auch wenn gegenüber der ersten Euphorie die technische Machbarkeit heute nüchterner bewertet wird, könnte der Wandel des Mobilitätssystems ähnlich gravierende räumliche und soziale Folgen haben wie jener des Automobils vor rund 100 Jahren. Sich auf diese Herausforderung vorzubereiten, die Chancen und Risiken von automatisierten und vernetzten Fahrzeugen im Kontext der Verkehrswende besser zu verstehen und damit nutzbar zu machen, sind daher zentrale Aufgaben der Siedlungs- und Mobilitätsentwicklung am Beginn des 21. Jahrhunderts (Kap. 2).

EXPERTENMEINUNG: EINE UMFASSENDE URBANE TRANSFORMATION IST ZU ERWARTEN

Im Rahmen von AVENUE21 wurden zwei Expertenbefragungen mit mehr als 300 teilnehmenden Personen durchgeführt und damit der aktuelle Wissensstand im erweiterten Umfeld der Stadtentwicklung zu möglichen Wirkungen von automatisierten und vernetzten Fahrzeugen ermittelt:

- Die Befragten haben großes Vertrauen in die öffentliche Hand. Auf kommunaler und regionaler Ebene werden steuernde Maßnahmen gefordert, jedoch besteht kein Konsens darüber, wie gesteuert werden soll.

- Eine stärkere Beteiligung von AkteurInnen der Politik und der Zivilgesellschaft am Diskurs wird von den Befragten explizit erwünscht.

- Automatisierten Verkehrsmitteln wird hohes Verdrängungspotenzial gegenüber nichtautomatisierten zugetraut. Der Einschätzung der ExpertInnen folgend, geht das höchste Verdrängungspotenzial von automatisierten Car- und Ride-Sharing-Angeboten aus (97,6 % der Befragten meinen, dass diese Anwendungen nichtautomatisierte Verkehrsmittel verdrängen werden). An zweiter Stelle wird der automatisierte und vernetzte Pkw gesehen (96,2 %).

- Die Ergebnisse lassen darauf schließen, dass ein Paradigmenwechsel der Mobilität bevorsteht. Dies zeigt sich dran, dass im Zusammenhang mit automatisierten Fahrsystemen der für die Verkehrs- und Siedlungspolitik grundlegenden Frage „Welches Verkehrsmittel wählen Personen für einen bestimmten Weg?" die Frage „Erfordert ein Weg die Anwesenheit eines Menschen oder wird dieser von Maschinen delegiert?" vorgelagert wird.

- Die ExpertInnen erwarten, dass dieser Wandel nicht gleichmäßig über die gesamte Siedlungsstruktur einsetzt. Die früheste und höchste Eignung für automatisierte und vernetzte Fahrzeuge wurde Industriegebieten und suburbanen Siedlungsgebieten attestiert, während historischen Stadtkernen und Innenstädten die schlechtesten Prognosen zugeschrieben werden (Kap. 3.4).

DIFFERENZIERTE BETRACHTUNG DES SIEDLUNGSRAUMS – DAS LANGE LEVEL 4

Grundsätzlich festzuhalten ist, dass Straßen innerorts gleichzeitig die Bewohnbarkeit und auch die Funktionsfähigkeit von Städten und Gemeinden sicherstellen müssen. Die daraus resultierenden Nutzungskonflikte prägen ihre Entwicklung. Dass auch im Fall des automatisierten und vernetzten Verkehrs die Optimierung der Straßen für Transportzwecke mit deren Nutzung als Lebens- und Aufenthaltsraum im Widerspruch stehen wird, wurde bislang in Studien wenig berücksichtigt. Ebenso wenig beachtet wurde die entscheidende Rolle von Politik und Planung, deren Aufgabe es ist, jeweils eine Balance zwischen beiden Ansprüchen zu finden (s. Kap 4.1, 4.2).

Im Fall von automatisierten Fahrsystemen hat dieser Widerspruch auch Einfluss auf die technologische Machbarkeit. Deren Einsatz in einem heterogenen Straßennetz, das aus belebten Innenstädten genauso wie Autobahnen, Wohn-, Gewerbe- oder Industriegebieten besteht, bewirkt, dass kein Datum für den bevorstehenden Wandel genannt werden kann (s. Kap. 4.4). Wahrscheinlicher ist ein sich schrittweise vollziehender Prozess über mehrere Jahrzehnte, währenddessen nur Teile des Straßennetzes automatisiert befahren werden können und so herkömmliche Verkehrsmittel weiter eine wesentliche, aber spezialisiertere Rolle spielen dürften. Wir nennen diesen Zustand das „Lange Level 4".

Vom Zustand eines Langen Level 4 ausgehend, lassen sich folgende Forschungsergebnisse zusammenfassen:

- Automatisierte und vernetzte Fahrzeuge werden sich für lange Zeit nur in Teilräumen der Stadt durchsetzen. Bislang angenommene Wirkungen – von der Verkehrssicherheit bis zur Verkehrsleistung und Rückgewinnung von Parkplatzflächen – müssen neu bewertet werden.

- Das Projektteam von AVENUE21 hat mit der „automated drivability" einen Index entwickelt, mit dessen Hilfe erstmals die Eignung von Straßenräumen für hochautomatisierte Fahrzeuge bestimmt werden kann. Für die Analyse werden ausschließlich öffentlich zugängliche Daten verwendet, wodurch große funktional verflochtene Gebiete mit geringem Ressourcenaufwand bewertet werden können (s. Kap. 4.4; zentrales Ergebnis der Dissertation von Aggelos Soteropoulos).

- Ein bedeutender Widerspruch prägt das Lange Level 4: Straßen mit hoher Aufenthaltsqualität stellen die größte technologische Herausforderung dar und können langfristig nicht mit heute üblichen Geschwindigkeiten automatisiert befahren werden. Hier ist ein hoher Druck auf die Entwicklung dieser Straßenzüge zu erwarten.

- Die ungleichmäßige Durchsetzung neuer Services im Personen- und Güterverkehr wird dazu führen, dass sich das Wirkungsgefüge Raum und Verkehr destabilisiert – schon ab dem Zeitpunkt, ab dem auf Autobahnen automatisiert gefahren werden kann.

- Eine differenzierte Eignung des Straßennetzes dürfte hohen Einfluss auf das Standortwahlverhalten von Personen und Betrieben haben. Während des Langen Level 4 wird eine hohe Dynamik in der Flächennutzung erwartet.

- Vor allem in peripheren und bereits autoaffinen Standorten konzentrieren sich Chancen (bessere Versorgung durch öffentliche Verkehrsmittel, steigende Attraktivität des Standortes für transportintensive Wirtschaftssektoren, Rückgewinnung von öffentlichem Raum), aber auch Risiken (Probleme der Verkehrssicherheit, Nutzungskonflikte im Straßenraum, wachsendes Verkehrsaufkommen).

- Fortschreitende Zersiedelung ist, ohne steuernde Maßnahmen, der erste räumliche Effekt automatisierter und vernetzter Fahrzeuge. Aufgrund des Erreichbarkeitszuwachses durch neue Mobilitätsservices werden Flächenreserven aktiviert, welche Druck auf regionale Bodenmärkte ausüben.

- Die zunehmende Automatisierung, Vernetzung und Elektrifizierung von Fahrzeugen führt zu erheblichen gemeindefiskalischen Effekten, die im Zuge des Projektes qualitativ erfasst werden (s. Kap. 4.3).

WEITERENTWICKLUNG VON LOKALER UND REGIONALER VERKEHRSPOLITIK SOWIE VERKEHRSPLANUNG IM KONTEXT DER VERKEHRSWENDE

Automatisierte und vernetzte Fahrzeuge entstehen als Teil einer Gegenwart, die von einem breiten und tiefgehenden gesellschaftlichen Wandel geprägt ist (s. Kap. 3.1). Wie in der Vergangenheit verdichten sich aktuelle Wandlungsdynamiken in neuen Transporttechnologien. Sie treiben den Wandel voran und bestimmen letztlich dessen Raumwirksamkeit.

Im Rahmen des Forschungsprojekts wird davon ausgegangen, dass es aufgrund der Klimakrise und vielfach belasteter Straßenräume in europäischen Stadtregionen unumgänglich ist, unter dem Paradigma von mehr ökologischer Nachhaltigkeit eine Verkehrswende einzuleiten, die soziale und ökonomische Wirkungen mitberücksichtigt. Die Relevanz dieses Aspekts bestätigte sich auch in den Expertenumfragen, in der die Senkung von Umweltbelastungen, die Verbesserung der Verkehrssicherheit, die Entwicklung hin zu kompakteren Städten und einer sozial inklusiveren Mobilität als wichtigste Stadtentwicklungsziele benannt wurden. Im aktuellen Diskurs besteht weitgehend Einigkeit darüber, dass allein durch neue Technologien wie etwa automatisierte und vernetzte Fahrzeuge diese Ziele nicht erreicht werden können. Insbesondere die urbane Mobilität muss also völlig neu aufgesetzt werden, indem Verkehr vermieden, Wege auf den Umweltverbund verlagert und der öffentliche Raum in seiner Funktion als Aufenthaltsraum verbessert wird.

Zur Umsetzung dieser „drei Vs der Verkehrswende" – vermeiden, verlagern, verbessern – bedarf es etablierter Instrumente und Maßnahmen (z. B. Verkehrsvermeidung in der „Stadt der kurzen Wege") ebenso wie gänzlich neuer Ansätze. Angesichts der möglichen urbanen Transformation wird engagiertes Handeln jedenfalls unumgänglich. Neue AkteurInnen müssen anerkannt und einbezogen werden, während es Kompetenzgrenzen zu hinterfragen gilt.

Als erster Rahmen für eine kritische Reflexion bestehender Planungs- und Politikansätze zeigen sich folgende Punkte:

- Eine Diskursanalyse unterschiedlicher verkehrspolitischer Ebenen in der Europäischen Union (EU) macht widersprüchliche Zielsetzungen deutlich. In der EU und den meisten Nationalstaaten festigt sich ein Bild, das automatisierte und vernetzte Fahrzeuge als umwelt- und klimafreundliche, sichere sowie „smarte" Modernisierung des Automobils zeichnet, mit dem der Wirtschaftsstandort und die Binnenverkehre gestärkt werden können. Diese Darstellung wird auf lokaler verkehrspolitischer Ebene, wo verkehrliche Belastungen sichtbar werden, angezweifelt (s. Kap. 4.6; zentrales Ergebnis der Dissertation von Andrea Stickler).

- Eine umfassende Koordinierung und der Austausch zwischen unterschiedlichen politischen Ebenen wurden als Folge dieses Dissenses noch nicht geleistet – Chancen kommunaler und regionaler Steuerung bleiben deswegen bislang weitestgehend ungenutzt.

- Städte bestimmen in starkem Maße über die alltäglichen Lebensbedingungen ihrer BewohnerInnen. Kommunale und regionale Politik und Planung bieten größere Gestaltungsspielräume und höhere Flexibilität. Außerdem können Planungs- und Steuerungsentscheidungen relativ zeitnah und eher zielgerichtet getroffen werden.

- Im Zuge einer Fallstudie zu internationalen Vorreiterregionen (San Francisco, Stadtregion London, Göteborg, Stadtregion Tokio, Singapur) wurde deutlich, dass in nahezu allen Vorreiterregionen der Wandel der Mobilität (als Teilaspekt der Digitalisierung) als so grundlegend erachtet wird, dass damit begonnen wird, die Verwaltung strukturell neu aufzustellen. Es besteht die Grundannahme, dass die etablierten Strukturen nicht über die nötige Flexibilität verfügen, um die neu entstehenden Querschnittsmaterien zu bewältigen (s. Kap. 4.5).

- Die hohen Unsicherheiten, die auf die Stadt- und Mobilitätsplanung in den nächsten Jahren zukommen, machen es notwendig, reflexive Planungs- und Steuerungskonzepte zu etablieren, in denen die Möglichkeit der Revision einen integrierten Teil des Planungsverständnisses bildet (s. Kap. 4.7; zentrales Ergebnis der Dissertation von Emilia Bruck).

- Realexperimente und Pilotvorhaben bieten großes Potenzial, in einem revisionsoffenen Prozess automatisierte und vernetzte Fahrzeuge den Zielen der Verkehrswende entsprechend zu erproben und in das bestehende Verkehrssystem zu integrieren bzw. dahingehend zu entwickeln.

HANDLUNGSFELDER FÜR DIE NÄCHSTEN 5 BIS 10 JAHRE

Der Einfluss des räumlichen Kontexts auf die Durchsetzung von automatisiertem und vernetztem Verkehr und der Umstand, dass eine Verkehrswende auch klassischer politisch-planerischer Mittel bedarf, führen dazu, dass die lokale Gestaltbarkeit möglich wird und in den Fokus rückt. Im Forschungsprojekt wurden narrative Szenarien entwickelt, in denen dieser Umstand thematisiert wird. Als Schlüsselfaktor für das „Scenario Writing" wurde die Haltung der handelnden AkteurInnen in Politik und Planung bzw. die Akteurskonstellation, innerhalb derer Handlungen umgesetzt werden, bestimmt. Durch das Einbinden mehrerer Fokusgruppen floss Praxiswissen in den Szenarioprozess ein (s. Kap. 5).

Die Ergebnisse der Analysen und der Szenarioarbeit wurden in praxisorientierten Handlungsfeldern zusammengeführt, die sich jenen zentralen Fragen widmen, die Städte und Stadtregionen in den nächsten 5 bis 10 Jahren behandeln müssen. Wichtige Voraussetzung ist die Formulierung klarer Zielsetzungen im Kontext von Stadt(teil)entwicklung und Mobilität, unter denen die Verkehrswende im Sinne einer „nachhaltigen städtischen Mobilität für alle" eingeleitet und erreicht werden kann (s. Kap. 6).

Der Weg der Verkehrswende erfordert entschiedenes Handeln. Automatisierte und vernetzte Fahrzeuge bieten sowohl Chancen als auch Risiken und stellen stadtregionale Verwaltungen und Planung vor neue Herausforderungen. Eingebunden in den Kontext der Verkehrswende sind die Ansprüche und Rahmenbedingungen zu definieren, mit welchen Steuerungslogiken (adaptiv, kontrollierend, restriktiv und/oder fördernd) automatisierte und vernetzte Fahrzeuge dazu beitragen können, diese hochgesteckten Ziele zu erreichen. Die Dynamiken, die durch eine ungleichmäßige Durchsetzung von automatisierten und vernetzten Fahrzeugen in Teilräumen von Stadtregionen während des Langen Level 4 entstehen, machen zeitnahes Handeln notwendig. Dabei bleiben gegenwärtig die hohen Gestaltungsspielräume von Städten und Regionen ungenutzt, wenn abgewartet wird, bis auf höheren verkehrspolitischen Ebenen die Rahmenbedingungen „festgezurrt" und/oder bereits die neuen Technologien im Straßenverkehr eingesetzt werden.

Innerhalb der EU sind seit dem Jahr 2013 die Städte und Regionen bestärkt worden, nachhaltige Mobilitätsplanung (Sustainable Urban Mobility Plans – SUMPs) zu entwickeln und mit der EU zu evaluieren. Ende 2019 wurde die Überarbeitung der SUMPs unter Berücksichtigung der durch den automatisierten und vernetzten Verkehr entstehenden Herausforderungen (Chancen und Risiken) zur Diskussion vorgestellt. Die Ergebnisse von AVENUE21 flossen teilweise in die Überarbeitung ein (vgl. Backhaus et al. 2019). Um das Ziel einer nachhaltigen Entwicklung auf der lokalen und regionalen Ebene sicherzustellen, geht es vor allem darum, die planende Verwaltung und Politik dieser Ebenen zu stärken und sie in ihren Strategien zu unterstützen.

AUSBLICK

Die Daimler und Benz Stiftung hat sich dazu entschlossen, das als Ladenburger Kolleg geförderte Forschungsprojekt für ein weiteres Jahr zu unterstützen. Während der ersten beiden Forschungsjahre wurde die Bedeutung von ländlichen Räumen im Kontext von automatisierter und vernetzter Mobilität deutlich. Da, vor allem für Europa, bislang kaum Studien zur räumlichen Entwicklung bzw. zu Steuerungs- und Planungsansätzen vorliegen, wurden internationale AutorInnen eingeladen, an einem Sammelband zu Chancen und Risiken von automatisierten und vernetzten Fahrzeugen für die Mobilitäts- und Siedlungsentwicklung in städtischen und ländlichen Gebieten mitzuwirken. Diese Publikation wird Ende 2020 fertiggestellt sein.

ENGLISH SUMMARY: THE IMPACT OF AUTOMATED AND CONNECTED TRANSPORT ON URBAN DEVELOPMENT IN EUROPE

Increasing automation and connectivity of transport is expected to fundamentally reorganize mobility in urban and rural areas and all related economic sectors. Driving assistance systems and connectivity in new cars are quickly becoming established in the entire fleet. At the same time, automation and connectivity are being tested worldwide in the context of demand-oriented mobility services—as yet limited to test areas. Even though the technical feasibility of connected and automated vehicles (CAVs) is assessed more soberly today than when they first gained widespread media attention roughly 10 years ago, this change in the mobility local systems could have spatial and social consequences as far-reaching as the advent of the automobile some 100 years ago. Preparing for this challenge, better understanding the opportunities and risks of CAVs with regard to more sustainable transport, and hence making CAVs practicable, are therefore the central tasks of spatial and mobility planning at the beginning of the 21st century.

EXPERT OPINION: EXTENSIVE URBAN TRANSFORMATION IS TO BE EXPECTED

Within the framework of the project AVENUE21, two expert surveys with more than 300 participants were carried out to determine the current scientific knowledge of the potential impacts of CAVs. The central findings are:

- The respondents have great confidence in the public sector. Policy measures are called for at the local and regional level, but there is no consensus as to the specific nature of these policies.

- The interviewees explicitly desire stronger participation by political actors and civil society in the discourse surrounding CAVs.

- Automated means of transport are expected to have a high potential to displace non-automated means of transport. According to the experts' assessment, the highest pressure in this regard comes from automated car- and ride-sharing services (97.6% of respondents believe that these applications will displace non-automated means of transport). The private CAV was named second (96.2%).

- The results suggest that a paradigm shift in mobility is imminent. This is shown by the fact that, in the context of automated driving systems, the question "Will this trip require the presence of a human being or will it be delegated to a machine?" will have to be answered first, before addressing the hitherto fundamental question of mobility planning, "Which mode of transport will people choose for a particular trip?"

- The experts expect that this change will not occur evenly across the settlement structure. The earliest and highest suitability for the deployment of CAVs was attested to streets in industrial and suburban areas, while historical city centers and inner cities are believed to have the worst suitability (see chapter 3.4).

A SPATIALLY DIFFERENTIATED PERSPECTIVE: THE LONG LEVEL 4

It should be noted that streets simultaneously have to ensure both the functioning and the livability of cities. The resulting conflicts of use have shaped their development. To date, most studies have largely ignored the fact that with CAVs, the optimization of streets for this technology could undermine their use as public spaces. The decisive role played by politics and planning, whose task it is to find a balance between these two demands, has also been widely disregarded (see chapters 4.1, 4.2).

In the case of automated driving systems, this contradiction has an influence on technological feasibility. Their use in a heterogeneous road network, consisting not only of busy inner cities but also highways, residential, commercial, and industrial areas means that no date can be predicted for the impending change (see chapter 4.4). A gradual process is more likely, extending over several decades, during which CAVs will be deployed only in parts of the road network. During this period of transition, conventional means of transport will continue to play an essential but increasingly specialized role. We call this stage the "Long Level 4."

The following findings can be summarized for the Long Level 4 stage:

- For a long time, CAVs will only be available in parts of the city. Previously anticipated impacts—from road safety to traffic performance issues and the potential of reclaiming land currently used for parking spaces—must be reassessed.

- With "automated drivability" we have developed an index that can be used to determine the suitability of road segments for highly automated vehicles. Only publicly accessible data is used for the analysis, meaning that large road networks can be evaluated at little expense (see chapter 4.4; main finding of the dissertation by Aggelos Soteropoulos).

- The Long Level 4 is characterized by a fundamental contradiction: roads that are attractive public spaces constitute the greatest technological challenge and will not allow for automated driving at today's regular speeds. Considerable pressure is to be expected on the development of these streets.

- The uneven deployment of new mobility services in passenger and freight transport will lead to the destabilization of the spatial/transport system from the very moment that automated driving is possible on highways.

- A differentiated suitability of road segments is likely to have a high influence on the location choices of businesses and individuals, causing extremely dynamic land use.

- Opportunities (better connection to the public transit network, increasing attractiveness of the location for transport-intensive economic sectors, recovery of public space) but also risks (problems of traffic safety, road use conflicts, increasing traffic volume) will be concentrated in peripheral and already car-friendly locations.

- Without any management measures, progressive urban sprawl will be the first spatial effect. The increase in accessibility of new mobility services activates land reserves, which will in turn exert pressure on regional land markets.

- The automation, connectivity, and electrification of vehicles will lead to considerable municipal fiscal effects that were qualitatively recorded during this project (see chapter 4.3).

TOWARD SUSTAINABLE MOBILITY: ADVANCEMENT OF LOCAL AND REGIONAL TRANSPORT POLICY AND PLANNING WITH CAVS

Connected and automated vehicles are part of a present that is characterized by profound social changes (see chapter 3.1). As in the past, current dynamics of change will be intensified by new transport technologies. They drive change and ultimately determine its spatial effectiveness.

The project team acknowledges that, due to the climate crisis and the frequently polluted roads in European urban regions, change will inevitably be initiated within a paradigm of greater ecological sustainability that also takes social and economic effects into account. The relevance of this aspect was also confirmed in the expert surveys, in which the reduction of environmental pollution, the improvement of traffic safety, the development toward more compact cities and more socially inclusive mobility were named as the most important urban development goals. There is wide agreement that these goals cannot be achieved through new technologies such as CAVs alone. Urban mobility in particular must be completely reimagined to (1) avoid traffic, (2) encourage walking, cycling, and use of public transit, and (3) improve the attractiveness of streets as public spaces.

This will require established instruments and policy measures (e.g., traffic avoidance by making short distances possible), as well as completely new approaches. As CAVs are likely to bring about far-reaching urban transformation, effective measures by dedicated actors is imperative. New actors must be identified and involved, while existing competence boundaries must be questioned.

The following points are an initial framework for a critical reflection on existing planning and policy approaches:

- A discourse analysis of different transport policy levels in the European Union (EU) revealed contradictory objectives. In the EU and in most nation states, CAVs are portrayed as the environmentally friendly, safe, and "smart" modernization of the automobile that is capable of strengthening both business in the EU and inter-European cohesion. This view is contested at the local and regional levels of transport policy, where traffic issues are apparent (see chapter 4.6; main finding of Andrea Stickler's dissertation).

- Full coordination and communication between the various political levels have not yet been achieved as a result of this dissent—opportunities for municipal and regional action have therefore remained largely unexploited.

- Cities determine the everyday living conditions of their inhabitants to a large extent. Local and regional policy and planning therefore offer greater scope and flexibility. In addition, planning and control decisions can be made relatively quickly and be more targeted.

- In the course of a case study on international pioneering regions (San Francisco, London region, Gothenburg, Tokyo, Singapore), it became clear that in almost all such regions the change in mobility (as a partial aspect of digitization) is regarded as so fundamental that the administration itself is being restructured. The basic assumption is that the established structures do not have the necessary flexibility to cope with the newly emerging cross-sectional issues (see chapter 4.5).

- The considerable uncertainties that will arise in urban and mobility planning in the coming years make it necessary to establish reflexive planning and governance concepts in which the possibility of revision is an integrated part of the planning process (see chapter 4.7; main finding of Emilia Bruck's dissertation).

- Trials, pilot projects, and urban living labs offer great potential to test CAVs as part of a revisable process in line with the objectives of sustainable mobility and to integrate them into the existing traffic system or to develop them to this end.

FIELDS OF ACTION FOR THE NEXT 5 TO 10 YEARS

The influence of the spatial context on the implementation of CAVs and the fact that a shift toward sustainable transport also requires classic political planning, suggests that the transition period can be shaped locally. During this project, narrative scenarios were developed to emphasize local management opportunities. For the scenario writing aspect, the constellation of actors in politics and planning and their mindset were selected as the key factor. By involving several focus groups, practical knowledge flowed into the scenario process (see chapter 5).

The results of the analyses and scenario work were combined in practice-oriented fields of action. They address central questions that cities and urban regions will have to address in the next 5 to 10 years. An important prerequisite is the formulation of clear objectives in the context of urban and neighborhood development in order to provide sustainable urban mobility for all (see chapter 6).

The transition to sustainable mobility requires decisive action. Connected and automated vehicles offer opportunities and risks. They pose new challenges for urban regional administrations and planning. Requirements and framework conditions must be defined for governance and planning processes (adaptive, controlling, restrictive, and/or promoting) so that CAVs can contribute to achieving the ambitious goals of sustainable mobility. The dynamics that result from an uneven spatial deployment of CAVs during the Long Level 4 are expected to be a central challenge for cities and metropolitan regions. Cities and regions have to accept their responsibility to shape the future and cannot wait until issues are fixed at higher policy levels and/or until the new technologies have already been deployed.

Within the EU, cities and regions have been encouraged since 2013 to develop and jointly evaluate Sustainable Urban Mobility Plans (SUMPs). In late 2019, the revision of the SUMPs was presented that considers the challenges—both opportunities and risks—of CAVs. The results of AVENUE21 were partly incorporated into this revision (cf. Backhaus et al. 2019). In order to ensure the goal of sustainable development at the local and regional level, the main objective is to strengthen the planning and policy at these levels and to support the respective actors in their strategies.

OUTLOOK

The Daimler and Benz Foundation has decided to support the research project in the context of the Ladenburg Research Cluster for another year. During the first two years of research, the importance of rural areas in the context of automated and connected mobility became apparent. Furthermore, due to the minimal number of studies on spatial planning or approaches to management and planning that focus on Europe, international authors were invited to contribute to a reader on the opportunities and risks of CAVs in the context of spatial and mobility planning in urban and rural areas. This publication will be completed by the end of 2020.

DANKSAGUNG & ERWEITERTES PROJEKTUMFELD

Die hier vorliegende Studie geht auf ein Forschungskonzept zurück, das im Jahr 2016 an der TU Wien, angeregt durch die Daimler und Benz Stiftung, entwickelt wurde. Die Konkretisierung hat erheblich vom Dialog mit den VertreterInnen der Stiftung profitiert. Es ist der Weitsicht der Stiftung zu verdanken, dass dieses Projekt als Ladenburger Kolleg gefördert und mit einem Budget von 880.000 Euro ausgestattet wurde.

Während der gesamten Projektlaufzeit konnten wir stets von einem engagierten fachlichen Austausch in einem kontinuierlich wachsenden Netzwerk von KollegInnen profitieren. Ihnen sei an dieser Stelle herzlich gedankt. Insbesondere der beständige Austausch mit Austria-Tech, und hier allen voran Martin Russ und Christian Steger-Vonmetz, war über die gesamte Projektlaufzeit von zentraler Bedeutung.

In den vergangenen zweieinhalb Jahren hat das Projektteam an zahlreichen Workshops, Konferenzen und Präsentationen teilgenommen, was sowohl den fachlichen Austausch stärkte als auch ein tieferes Verständnis der technologischen Entwicklung ermöglichte. Zusätzlich hat das Projektteam gezielte Impulse gesetzt, um den Diskurs zwischen Forschung und Praxis in einem Feld, das zu Projektstart erst am Anfang stand, anzuregen.

FORMATE DES AUSTAUSCHS

Im Juni 2017 fand in Wien ein zweitägiges Review-Meeting statt, um die ersten erarbeiteten Forschungsschwerpunkte mit einem internationalen Kollegium zu diskutieren. Die Ausstellung „Hello, Robot" am MAK – Museum für angewandte Kunst bot hierfür den geeigneten Rahmen.

Bei der dato größten ExpertInnen-Umfrage im erweiterten Feld der Stadtentwicklung in Europa konnten im Oktober 2017 und Herbst 2018 über 300 Personen aus Forschung, Verwaltung und Planung erreicht werden.

Einer Einladung zur Urban Future Global Conference in Wien folgend, wurden im März 2018 erste Ergebnisse des Szenarioprozesses einem größeren Publikum vorgestellt und durch Impulse von internationalen AkteurInnen erweitert.

Im April 2018 organisierte das AVENUE21-Team verschiedene Fokusgruppen an der TU Wien, in denen Haltungen und Handlungsspielräume kritisch diskutiert wurden.

Nicht nur der Fachdiskurs wurde während der Projektlaufzeit gesucht. Im Mai 2018 sind Teilergebnisse zu einem Beitrag für die Lange Nacht der Forschung aufbereitet worden. So konnten in diesem Rahmen viele anregende Diskussionen mit interessierten BesucherInnen geführt werden. Wir verdanken es dem teilweise sehr jungen Publikum, uns ganz neue Perspektiven auf automatisierte und vernetzte Fahrzeuge eröffnet zu haben.

Auf Anregung von AustriaTech und dem BMVIT, dem österreichischen Bundesministerium für Verkehr, Innovation und Technologie, wurde die Initiative für einen „Städtedialog automatisierte und vernetzte Mobilität" ergriffen, den das Projektteam von Beginn an wissenschaftlich mitgestalten durfte. Im Zuge der Überarbeitung des Aktionsplans „Automatisiertes Fahren: Automatisiert – Vernetzt – Mobil" wurde dieser formal festgeschrieben und die Umsetzung begonnen.

WIR DANKEN FÜR DEN AUSTAUSCH

Stefan Arbeithuber — MO.Point, Wien

Helmut Augustin — Stadt Wien

Gerald Babel-Sutter — Urban Future Global Conference

Martina Baum — Universität Stuttgart

Jerome Becker — TU Wien

Patrick Bonato — Graphik-Design & Illustration, Innsbruck

Robert Braun — IHS, Wien

Johann Bröthaler — TU Wien

Kris Carter — City of Boston

Francesco Ciari — Joanneum Research, Graz

Fabian Dorner — TU Wien

Linda Dörrzapf — TU Wien

Angelus Eisinger — RZU, Zürich

Tomoyuki Furutani — Keio University, Tokio

Arnulf Grübler — IIASA, Laxenburg (AT)

Susanna Hauptmann — Kapsch, Wien

Philipp Haydn — mobyome, Wien

Wencke Hertzsch — Stadt Wien

Andreas Käfer — TRAFFIX, Wien/Salzburg

Sven Kesselring — HfWU Nürtingen-Geislingen

Christoph Kirchberger — aspern.mobil.LAB, Wien

Wolfram Klar — AustriaTech, Wien

Hans Kramar — TU Wien

Daniela Krautsack — Mykamabook

Nico Larco — University of Oregon

Chris Leck — Futures Division Ministry of Transport, Singapur

Thomas Madreiter — Stadtentwicklung und Stadtplanung, Stadt Wien

Katharina Manderscheid — Universität Hamburg

Anna Mayerthaler — Wiener Stadtwerke

Alexandra Millonig — AIT, Wien

Teresa Morandini — TU Wien

Michael Nikowitz — BMVIT, Wien

Graham Parkhurst — UWE Bristol

Paul Pfaffenbichler — BOKU, Wien

Patrick Poh — Land Transport Authority, Singapur

Karl Rehrl — Salzburg Research

Jack Robbins — FXCollaborative Architects, New York City

Peter Rojko — Thinkport VIENNA

Martin Russ — AustriaTech, Wien

Katja Schechtner — OECD, Paris

Claus Seibt — Universität Kassel

Eriketti Servou — mobil.LAB, TU München

Vanessa Sodl — TU Wien

Henriette Spyra — BMVIT, Wien

Christian Steger-Vonmetz — AustriaTech, Wien

Karin Tausz — Schweizerische Bundesbahnen SBB, Bern

Gregory Telepak — Stadt Wien

Arjan van Timmeren — AMS Institute, Amsterdam

Karen Vancluysen — POLIS, Brüssel

Marlene Wagner — buildCollective, Wien

Angelika Winkler — Stadt Wien

Cornelia Zankl — Salzburg Research

Renate Zuckerstätter-Semela — SUM-Nord, Wien

Jakob Zwirchmaier — TTTech, Wien

sowie den TeilnehmerInnen des „Städtedialogs Automatisierte Mobilität" 2019 in Bern und der „Langen Nacht der Forschung" 2019 in Wien

ABKÜRZUNGSVERZEICHNIS

ADS	Automated Driving System(s)/Automatisiertes Fahrsystem
ADUS	Automated Driving for Universal Services
AR	Augmented Reality
av	automatisiert und vernetzt
avF	automatisierte und vernetzte Fahrzeuge
avM	automatisierte und vernetzte Mobilität
avV	automatisierter und vernetzter Verkehr
B2B	Business-to-Business
B2C	Business-to-Consumer
BASt	Bundesamt für Straßenwesen
BEIS	Department for Business, Energy & Industrial Strategy
BEV	Battery Electric Vehicle/Batteriefahrzeuge
C2C	Consumer-to-Consumer
CARTS	Committee on Autonomous Road Transport for Singapore
CCAV	Centre for Connected and Autonomous Vehicles
CIAM	Congrès Internationaux d'Architecture Moderne
C-ITS	Cooperative Intelligent Transport Systems/ Kooperative Intelligente Verkehrssysteme
DAB	Digital Audio Broadcasting
DDoS	Distributed Denial of Service
DfT	Department for Transport
DMB	Digital Multimedia Broadcasting
G2C	Governance-to-Consumer
IBA	Internationale Bauausstellung
IoT	Internet of Things/Internet der Dinge
IuK	Informations- und Kommunikationstechnologie
KI	Künstliche Intelligenz
LSEV	Low-speed electric vehicle
MaaS	Mobility as a Service/Mobilität als Dienstleistung
MIV	Motorisierter Individualverkehr
MLP	Multi Level Perspective/Multi-Ebenen-Perspektive
NGO	Nichtregierungsorganisation(en)
ODD	Operational Design Domain(s)
ÖV	Öffentlicher Verkehr
PHEV	Plug-in hybrid electric vehicle
PPP	Public-Private Partnership
PPPP	Public-Private-People Partnership
SECAV	Shared-Electric-Connected-Automated Vehicles
SFMTA	San Francisco Municipal Transportation Agency
SIP	Cross-Ministerial Strategic Innovation Promotion Program
SIP-ADUS	SIP-Automated Driving for Universal Services
SUMP(s)	Sustainable Urban Mobility Plan(s)

INHALTSVERZEICHNIS

AUTOMATISIERTER UND VERNETZTER VERKEHR

WAS KOMMT DA AUF UNS ZU?

1

© Der/die Herausgeber bzw. der/die Autor(en) 2020
M. Mitteregger et al., *AVENUE21. Automatisierter und vernetzter Verkehr: Entwicklungen des urbanen Europa*, https://doi.org/10.1007/978-3-662-61283-5_1

1.

AUTOMATISIERTER UND VERNETZTER VERKEHR: WAS KOMMT DA AUF UNS ZU?

Spätestens seit der Jahrtausendwende wird deutlich, dass Städte in Europa vor einer zunehmenden Zahl an intensiver werdenden Herausforderungen stehen. Die zwei großen globalen Treiber, die auch den gesellschaftlichen Wandel in Europa bestimmen, sind der Klimawandel sowie die globale technologische Entwicklung. Sie machen es notwendig, sich erneut grundsätzlichen Fragen zur Stadtentwicklung zu stellen. Diese beiden großen Aspekte bestimmen auch die Entwicklung der urbanen Mobilität, die vor einer grundsätzlichen Wende steht. Es werden zum einen im Zuge der Automatisierung eine Reihe von Sensoren, Fahrassistenzsystemen und Antriebssystemen entwickelt, zum anderen entstehen innerhalb der Digitalisierung – über Plattformen oder Apps gesteuert – Mobilitätsangebote (MaaS – Mobility as a Service/Mobilität als Dienstleistung), welche die Nachfrage ausdifferenzieren sowie vergrößern und dadurch neue Mobilitätsstile hervorbringen. In einer modernen mobilen Gesellschaft sind die Verkehrssysteme für die objektiv und subjektiv wahrgenommene Lebensqualität von entscheidender Bedeutung und untrennbar mit Herausforderungen der Stadtentwicklung verbunden. Neue Technologien und ein Wandel der Mobilität auf der Basis neuer Mobilitätsstile erfordern daher auch städtebauliche, stadtpolitische und stadtplanerische Neuausrichtungen von Leitbildern, Strategien, Maßnahmen, Prozessen und Instrumenten.

Neue Mobilitätstechnologien eröffnen eine ganze Palette von Möglichkeiten; die Digitalisierung kann für eine Stadtpolitik und -planung ein zusätzliches Werkzeug sein, dessen Potenziale sich erst nach und nach erschließen werden (Giffinger et al. 2018). Automatisierte und vernetzte Fahrzeuge (avF) sind ein wesentlicher Aspekt bei der Ausgestaltung von Smart City-Strategien. Zur Debatte stehen umfassende infrastrukturelle Investitionen in den Ausbau digitaler Vernetzung (5G und G5-Netze), intelligente Bordsteine oder Sensoren in der Fahrbahn oder an Ampeln (Mitteregger et al. 2019). Wie man aus der bereits länger andauernden Diskussion um das Konzept der Smart City und deren bisheriger Umsetzung ableiten kann, werden die Folgen jedoch sehr unterschiedlich eingeschätzt (Hajer 2014, Kitchin 2015, Bauriedl & Strüver 2018, Libbe 2018). Es zeigen sich hinsichtlich der Diskurse, der Notwendigkeit für politisch-planerische Entscheidungen und der Umsetzungsprobleme gewisse Parallelitäten zu der etwas jüngeren Reflexion der avM.

Stimmt die Annahme, wie umfassend die Transformation aussehen könnte – annähernd jener durch die Einführung des Automobils –, dann wird deutlich, dass avM nicht allein eine verkehrsplanerische Aufgabe darstellt. Die Integration von avF in die Europäische Stadt (zur Verwendung des Begriffes „Europäische Stadt" s. Kap. 3.2) sollte daher dazu genutzt werden, die Angemessenheit und den gewohnten Umgang mit bestehenden Instrumenten (Verkehrsmittel, Infrastrukturen, Plattformen und politisch-planerische Steuerungsansätze) zu reflektieren. Deshalb muss schon heute gefragt und überprüft werden, inwieweit die neuen Technologien einen Beitrag zu den aktuellen Zielen einer nachhaltigen Mobilität leisten können, ohne sich dadurch unerwünschte Nebeneffekte einzuhandeln.

HOFFNUNGEN UND RISIKEN DES AUTOMATISIERTEN UND VERNETZTEN VERKEHRS

Automatisierte und vernetzte Fahrzeuge werden in den Medien aktuell viel diskutiert. Dabei überwiegen Meldungen über technische Fortschritte sowie Anwendungsmöglichkeiten und Erwartungen, die mit diesen Mobilitätsinnovationen verbunden sind. Die Berichte werden mit futuristisch aussehenden Fahrzeugen und mit schematischen Darstellungen der Vernetzungen der Fahrzeuge in einer Smart City graphisch unterlegt. Auch in den wissenschaftlichen Veröffentlichungen dominieren Berichte über die weiterentwickelten Fahrzeugtechnologien und die neuen Potenziale aus der Vernetzung – der Fahrzeuge untereinander, mit den Smartphones und/oder dem Smart Home.

Kritische Berichte sind seltener, betreffen vor allem Fragen der Ethik, der Haftung oder der Zulassung technischer Neuerungen sowie automatisierter Fahrsysteme und bringen eine breite Skepsis der Bevölkerung zum Ausdruck. Aber auch aus der Wissenschaft kommen auf der Basis von Szenarien eine Reihe von Zweifeln ob der problemlösenden Potenziale der avM auf. Vielmehr werden Befürchtungen genannt, dass durch avF neue Probleme erzeugt bzw. bestehende verstärkt werden.

Die wissenschaftliche Auseinandersetzung um die Zukunft und die Auswirkungen des avV auf die Straßen- und Siedlungsstruktur wird von den folgenden Punkten bestimmt.

■ Der Diskurs um avF ist lange von (sukzessiver oder disruptiver) technologischer Machbarkeit und/oder ökonomischer Effizienz geprägt worden (Freudendahl-Pedersen et al. 2019). Erst in jüngster Zeit wurden häufiger auch die Wechselwirkungen von ökonomischen, ökologischen und sozialen Folgen thematisiert. Dementsprechend wurde auch das Spektrum der involvierten Disziplinen erweitert, die sich dem Thema widmen (Meyer & Beiker 2014, 2016, 2018, 2019).

■ Der überwiegende Teil der Studien, der sich den Effekten des avV widmet, fokussiert auf verkehrliche Themen (z. B. steigende Effizienz oder Belastungen des Verkehrssystems, Verkehrsmittelwahl) und grenzt Fragestellungen, welche die Planung, Politik und Gesellschaft betreffen, weitgehend aus (Milakis et al. 2017, Soteropoulos et al. 2018a).

■ „Selbstfahrende" Fahrzeuge werden oftmals als „Problemlöser" der aktuellen negativen Effekte und Nebeneffekte der (urbanen) Mobilität dargestellt: Sie sollen helfen, Staus zu vermeiden, die Unfallzahlen auf nahezu null zu senken, durch die „intelligente" Verkehrslenkung weniger Energie zu verbrauchen und dadurch auch die Menge der schädlichen Emissionen zu verringern. Darüber hinaus sollen bislang mobilitätseingeschränkten Personen der Zugang zu eigenständiger Mobilität und damit soziale Integration (wieder) ermöglicht werden (BMVIT 2016b, 2018; Dangschat 2018; BMVI 2018; POLIS 2018).

■ Während in nordamerikanischen und asiatischen (Vor-)Städten avF intensiv getestet werden und bereits erste Probebetriebe aufgenommen wurden (Lee 2018), wird in europäischen Städten erst auf ausgewählten Routen und bei geringen Geschwindigkeiten (8 bis 15 km/h) getestet (Boersma et al. 2018, Rehrl & Zankl 2018). Bislang sind die vielseitigen, dichten und rasch wechselnden Situationen von Straßenräumen in europäischen Städten noch zu komplex, um dort avF testen zu können.

■ Der gesellschaftlich-mediale Diskurs und die wissenschaftlichen Betrachtungen über den avV beziehen sich überwiegend auf die Entwicklung von Fahrzeugtechnologien und deren Konnektivität. Diese Diskussion wird von verschiedenen Fächern der Ingenieurswissenschaften und von den Herstellern von Fahrzeugen sowie von global agierenden Unternehmen der IT-Industrie und Unternehmensberatern beherrscht (Milakis et al. 2017).

■ In der medialen Darstellung und im Zuge des Marketings von Smart Citys und „smart mobility" wirken die Fahrzeuge eher futuristisch, luxuriös sowie im Stil einer Lounge. In Animationen gleiten die Fahrzeuge entweder durch eine „gesäuberte" Stadt, die menschenarm ist und keinerlei Hinweise auf „urbane Herausforderungen" liefert, oder sie werden in eine weiträumige Natur hineinversetzt – Natur und Umwelt bieten dabei jedoch eine lediglich ästhetische Kulisse (Manderscheid 2018).

■ In den meisten Szenarien wird fast ausschließlich auf das vollautomatisierte Fahren im SAE-Level 5 referenziert, wobei unter anderem unterschiedliche Grade der Marktdurchdringung variiert werden (meist 10 %, 50 %, 90 %; Soteropoulos et al. 2018a). Dazu werden diese Szenarien zur künftigen Entwicklung überwiegend aus einer Sichtweise auf die Interessen unterschiedlicher Akteure der Angebotsseite geprägt (Automobilindustrie, IT-Industrie, Netzwerkbetreiber; Beiker 2015).

■ Daneben werden Zukunftsbilder über Straßen, Kreuzungen und Autobahnen entworfen, bei denen verschiedenen Fahrzeugen jeweils abgetrennte Spuren zugewiesen werden, was in der Realität teils zu 60 bis 80 Meter breiten innerstädtischen Straßen führen würde (NACTO 2017). Konsequenzen dieser Gestaltungen über den Verkehr hinaus, wie veränderte Aufenthaltsqualität oder steigende Trennwirkung, werden dabei weitgehend ignoriert (Mitteregger 2019, Riggs et al. 2019).

■ Gerade in der Werbung, aber auch innerhalb alltäglicher Diskurse und wissenschaftlicher Publikationen steht der Pkw im Mittelpunkt künftiger Mobilitätsentwicklungen (im privaten Besitz oder im Rahmen von Sharing-Konzepten; Canzler & Knie 2016). Vor dem Hintergrund einer allgemein zunehmenden Kritik an der Automobilität (und insbesondere der Antriebssysteme) wird durch diese Zukunftsbilder versucht, dem „selbstfahrenden" Auto ein neues Image als smarter „third space" zu geben (neben der Wohnung und dem Arbeitsplatz).

ABGRENZUNG

Gegenstand dieser Studie sind unterschiedliche mögliche Anwendungen von avF auf Straßen im individuellen und öffentlichen Verkehr sowie in den verschiedenen Mischformen des Sharing. Die Betrachtung ist eine systematische, d. h. sie schließt alle anderen heute bekannten Modi ein. Anwendungen des Güterverkehrs und hier vor allem jene der urbanen Logistik auf der „letzten Meile" werden mitgedacht. Andere mögliche neue Transporttechnologien, von denen erwartet wird, dass sie eine Rolle im Verkehrssystem der Zukunft einnehmen könnten (Drohnen u. a.), werden in der Studie explizit ausgeschlossen.

Mit der vorliegenden Untersuchung werden die Wirkungen der avF auf die Europäische Stadt analysiert, sowohl hinsichtlich ihres normativen Rahmens, dem eine bestimmte politisch-planerische Haltung naheliegt, als auch ihres analytischen Rahmens, der Kriterien des städtischen Raums, der zukunftsfähigen Mobilität und einer heterogenen Stadtgesellschaft einschließt.

Der Betrachtungshorizont ist die zeitlich naheliegende Phase des Übergangs. Die Handlungsfelder (s. Kap. 6.3) betreffen Weichenstellungen, die in der Stadtentwicklung in den nächsten fünf bis zehn Jahren eingeleitet werden sollten. Es wird davon ausgegangen, dass avF während dieser Phase aufgrund der Heterogenität der Straßenräume und deren Nutzungen nicht gleichmäßig über die Siedlungsstruktur eingesetzt werden können. Damit rücken Phänomene eines sozial und räumlich selektiven Einsatzes des avV in den Mittelpunkt der Betrachtung. Das erfordert eine räumlich und sozial differenzierte Analyse, für die hier erste Schritte gesetzt werden. Gleichzeitig wird ein umfangreicher Forschungsbedarf ersichtlich.

Die allgemeine Debatte über avM konzentriert sich allerdings, wie bereits beschrieben, vor allem auf den technischen Fortschritt (Wann werden welche Assistenzsysteme verfügbar sein?) und auf die futuristische Gestaltung der Fahrzeuge, insbesondere der Pkws. Die Assistenzsysteme werden danach eingeordnet, wie die Mensch-Maschine-Schnittstelle der Verantwortung über das Führen des Fahrzeugs aufgeteilt ist. Im internationalen Maßstab orientiert man sich am SAE-System (SAE International, ehemalige Bezeichnung: Society of Automotive Engineers) bzw. der SAE-Norm J3016, in Deutschland am System des BASt (Bundesamt für Straßenwesen). Ein großer Teil der bisherigen Studien und vor allem der Publikationen in den Medien beschränkt sich auf diese Einstufungen und konzentriert sich hinsichtlich der Möglichkeiten auf das vollautomatisierte Fahren, dem SAE-Level 5. Im Rahmen dieses Berichts ist jedoch das hochautomatisierte Fahren Gegenstand der Betrachtung, der sogenannte Level 4 (SAE 2019, s. Kap. 4).

Auch die Frage des Zeitpunkts der Zulassung entsprechend automatisierter Fahrzeuge nimmt einen Teil der öffentlichen wie wissenschaftlichen Debatte ein. Es geht also um einen doppelten internationalen Wettbewerb: einen unter den Unternehmen der klassischen Automobil- und IT-Branche hinsichtlich der Technologie und einen zwischen den Nationalstaaten resp. nachgeordneten Gebietskörperschaften (Bundesstaaten, Bundesländer und Städte) um die Zulassungen im Straßenverkehr.

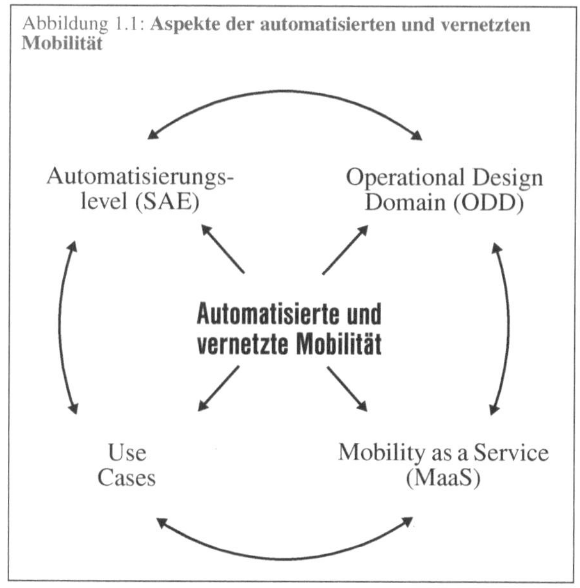

Abbildung 1.1: **Aspekte der automatisierten und vernetzten Mobilität**

Quelle: AVENUE 21

Die Zulassung unterschiedlicher Automatisierungsgrade hängt vor allem von den Einsatzgebieten (ODD – Operational Design Domain) wie Autobahnen, ländlichem Raum, innerstädtischen Quartieren oder Betriebsgeländen sowie weiteren Umweltbedingungen wie der Tageszeit oder dem Wetter ab. Aufgrund unterschiedlicher Komplexität der Verkehrssituationen, aber auch der Verfügbarkeit von leistungsfähigen Internetverbindungen werden die Zulassungen automatisierter Fahrzeuge im zeitlichen Ablauf vor allem davon abhängig sein, wie bestimmte Verkehrssituationen im gemischten Verkehr sicher organisiert werden können.

Aufgrund des Klimawandels und der überfüllten Straßenräume geht es in europäischen Stadtregionen aber gleichzeitig auch darum, eine Verkehrswende einzuleiten – dazu sind neben neuen postfossilen Antriebsformen neue Mobilitätskonzepte und Verhaltensänderungen notwendig. Digitale Plattformen werden zunehmend eingerichtet, um verschiedene Fahrzeuge für unterschiedliche Wege zu buchen, zu nutzen sowie um Kosten berechnen und eine gewisse Kontrolle ausüben zu können – MaaS. Insbesondere dem Car- und Ride-Sharing wird hierbei eine prägende Rolle zugeschrieben. Ziel der Verkehrswende ist also nicht, ein aktuelles Fahrzeug gegen ein „intelligenteres" auszutauschen, sondern vor allem die urbane Mobilität völlig neu aufzusetzen, indem (1) Verkehr vermieden, (2) der Verkehr auf den Umweltverbund verlagert (aktive Mobilität – zu Fuß gehen und Rad fahren – und öffentlicher Personenverkehr) und (3) der öffentliche Raum in seiner Funktion als Aufenthaltsort verbessert wird (3-V-Strategie). Ein solcher Wandel hätte auch bemerkenswerte Auswirkungen auf das Gesicht der Europäischen Stadt.

Da in der Regel von den genannten Aspekten (Automatisierungslevel, ODD, Use Cases und MaaS) nur Ausschnitte – und diese eher parallel und nicht aufeinander bezogen – diskutiert oder in Szenarien berücksichtigt werden, erscheint es notwendig, die vier angesprochenen Aspekte immer im Zusammenhang zu betrachten (s. Abb. 1.1).

Da das Projekt AVENUE21 nicht darauf ausgelegt ist, künftige Entwicklungen der Mobilität in europäischen Städten zu quantifizieren, wurde auch kein klassisches „impact assessment" angestrebt. Es geht demnach vielmehr darum, für einen erweiterten Kreis von AkteurInnen der Stadt- und Mobilitätsplanung Möglichkeiten der aktiven Gestaltung des bevorstehenden Wandels zu entwickeln und zu belegen.

Nicht nur wegen der weitreichenden Folgen der avM, sondern letztlich auch, weil insbesondere bei weiten Teilen der Bevölkerung, (kritischen) SozialwissenschaftlerInnen und gerade auch auf kommunaler verkehrspolitischer Ebene Skepsis gegenüber den Auswirkungen des avV herrscht, ist es geboten, sich bereits jetzt mit den Bedingungen der Implementierung von avF auseinanderzusetzen, um negative Effekte bezüglich einer nachhaltigen Stadtentwicklung resp. für bestimmte Teilräume und soziale Gruppen zu vermeiden. Daher ist es das Ziel des AVENUE21-Projekts, für die lokale/regionale politisch-planerische Verwaltung alternative Szenarien zu entwickeln, woraus nicht nur der unmittelbare Handlungsbedarf ersichtlich wird, sondern auch mögliche Auswirkungen unterschiedlicher Handlungsprämissen verdeutlicht werden.

FRAGESTELLUNG UND ZUGANG

ZEITLICH NAHELIEGENDE WIRKUNGEN AUTOMATISIERTER UND VERNETZTER FAHRZEUGE IN DER EUROPÄISCHEN STADT

2

2.1

ZIELSETZUNG DER STUDIE

Das Forschungsprojekt „AVENUE21 – Automatisierter und vernetzter Verkehr: Entwicklungen des urbanen Europa" hat zum Ziel, die zeitlich naheliegenden Auswirkungen des avV auf die Europäische Stadt zusammenzutragen und hinsichtlich ihrer positiven und negativen Potenziale zu reflektieren. Durch den Perspektivenwechsel weg von den technischen Möglichkeiten und deren Implementationswahrscheinlichkeiten hin zu den Auswirkungen auf die politisch-planerische Steuerung, die städtebaulichen Folgen und die Stadtgesellschaft selbst wird die Aufmerksamkeit auf einen bis dahin wenig resp. oftmals nur selektiv betrachteten Bereich gelenkt. Wie die vielen Diskussionen unter WissenschaftlerInnen, insbesondere aber auch unter „urban stakeholders" während der Projektlaufzeit gezeigt hat, werden diese Perspektivenwechsel von jenen, die sich mit der Akzeptanz der neuen technischen Systeme und deren steuernde Umsetzung befassen, als dringend notwendig angesehen.

Das Projekt sollte den bislang „ausgetretenen Pfaden" möglichst wenig folgen, sondern vielmehr die Herausforderungen und Chancen, die sich durch die Einbettung der künftigen Mobilität in eine breite technologische Entwicklung im Zuge einer weitreichenden Digitalisierung ergeben, benennen. Es geht dabei weniger darum, Annahmen zu treffen, wie sich der avV auf die urbane Mobilität der Zukunft bei einer Marktdurchdringung von x Prozent auswirken wird, sondern eher darum,

- welche politische Steuerung für die Umsetzung aktueller Zielsetzungen der stadtregionalen Entwicklung, vor allem hinsichtlich einer notwendigen Verkehrswende, sinnvoll wäre;

- welche städtebaulichen Herausforderungen durch die Anpassung resp. Ermöglichung von neuen Formen der Mikromobilität hinsichtlich der Umgestaltung des Straßenraums, neuer multimodaler Verkehrshubs sowie veränderter Quartiere und Gebäudestrukturen entstehen;

- wie gesellschaftliche Innovationen und Wandlungsdynamiken, die mit den erwartbaren Prozessen einhergehen, gestaltet werden (autofreie Multimodalität, neue Geschäftsmodelle, neue Formen der „sharing economy" etc.);

- welche Kooperationen und Kompetenzen es dafür in Planung und Verwaltung braucht.

Diese Fragestellungen gehen letztlich auf die Zusammensetzung des Forschungsteams an der TU Wien zurück – Raum- und VerkehrsplanerInnen, ArchitektInnen, ArchitekturtheoretikerInnen sowie SoziologInnen.

Mit dem Projekt „AVENUE21" ist der Anspruch verbunden, eine praxisrelevante Grundlage für zeitlich naheliegende Fragestellungen zu liefern, die in den nächsten fünf bis zehn Jahren in der Stadt- und Mobilitätsentwicklung behandelt werden sollten. Es soll hier ein Beitrag dazu geleistet werden, dass sich EntscheidungsträgerInnen in Städten und Regionen den Herausforderungen, Chancen und Risiken des avV der nächsten 20 bis 30 Jahre rechtzeitig stellen, die Entwicklungen in einen breiten Wandel der Rahmenbedingungen einordnen, wesentliche Fragen der Zukunft mitdenken und konkrete Maßnahmen entwickeln können, um letztlich den Übergang in ein neues Mobilitätssystem aktiv zu gestalten.

Eine solche Herangehensweise schließt ein Nachdenken über andere Formen der Zukunftsgestaltung mit ein und formuliert auch Fragen, auf die Technologie alleine keine Antwort geben kann. Ein grundsätzliches „Denken in Alternativen" (Minx & Böhlke 2006) wird entscheidend dafür sein, die Herausforderungen in der sich abzeichnenden Übergangszeit annehmen zu können.

2.2
AUFBAU DER STUDIE

Abbildung 2.2.1: **Gliederung des Forschungsberichts von AVENUE21**

Quelle: AVENUE21

In der Betrachtung der möglichen Mobilitätszukünfte durch avM dienten die Herausforderungen bzw. der vielfältige und tiefgreifende Wandel europäischer Städte als Referenzrahmen. Auf die zentrale Frage, wie sich die Zulassung von avF auf die Städte Europas auswirken kann und wie darauf seitens der Kommunal- und Regionalpolitik sowie der planenden Verwaltung reagiert werden sollte, wird in drei Schritten eingegangen.

In einem ersten Schritt wird die Ausgangslage reflektiert (Kap. 3). Hierbei wird zuerst der Kontext des umfassenden gesellschaftlichen Wandels (technologisch, ökonomisch, ökologisch, gouvernmental und sozial) aufgespannt (Kap. 3.1). Nach diesem „big picture" wird der Begriff der Europäischen Stadt und dessen Entwicklung in einen historischen Kontext gestellt (Kap. 3.2), bevor auf den Wandel hin zur Neuen Mobilität eingegangen wird (Kap. 3.3). Darauf folgen die Einschätzungen von rund 300 Fachleuten über die künftigen Entwicklungslinien und Relevanz des avV im Kontext der Stadtentwicklung (Kap. 3.4). Danach folgt ein Überblick zur Ausgangslage in drei europäischen Metropolregionen: dem Großraum London, dem niederländischen Randstad und dem Raum Wien-Niederösterreich (Kap. 3.5).

Ausgehend von der Annahme einer lang andauernden Übergangsphase im Level 4 – hier als „Langes Level 4" bezeichnet[1] –, wird in Kapitel 4 der Fokus auf die technologische Entwicklung des Verkehrs und deren gesellschaftliche und räumliche Auswirkungen im Detail gelegt: die technologischen Entwicklungen der Automatisierung und Vernetzung (Kap. 4.1); die Zeitlichkeit des Wandels und die Bedeutung der Straßeninfrastruktur (Kap. 4.2); den Forschungsstand zu verkehrlichen und räumlichen Wirkungen von avM, der in einer Übersichtsstudie internationaler Simulationen entwickelt wurde (Kap. 4.3); eine kritische Reflexion, wo innerhalb der bestehenden Stadtstruktur überhaupt avF fahren könnten – die „automated drivability" am Beispiel von Wien (Kap. 4.4). Im Gegensatz zu den meisten Studien hat sich das AVENUE21-Projektteam nicht auf den technologischen „Endzustand" des hoch- und insbesondere vollautomatisierten Fahrens (SAE-Level 5) konzentriert, sondern die lange Phase des Übergangs zu Level 4, innerhalb derer die Investitionen in die Zukunft getätigt werden, die betriebswirtschaftlichen und zeitlichen Vorteile jedoch erst eingeschränkt genutzt werden können.

In Kapitel 4.5 werden internationale Vorreiterregionen der avM insbesondere hinsichtlich der verfolgten Ziele, die durch avF erreicht werden sollen, vorgestellt. Dabei wird dargelegt, welche begleitenden Maßnahmen des politisch-planerischen Steuerns bzw. des institutionellen Wandels gesetzt werden. In Kapitel 4.6 wird nachvollzogen, wie auf unterschiedlichen politischen Ebenen in Europa ein „Bild" (Narration) der avM hinsichtlich der technischen Möglichkeiten und den damit verbundenen Erwartungen verhandelt wird. Das Kapitel schließt mit einer Betrachtung von Möglichkeiten reflexiver Planung, die angesichts vieler offener Fragen und im Kontext von Realexperimenten in städtischen Quartieren von Bedeutung sein werden.

In Kapitel 5 werden die Aspekte der europäischen Stadtentwicklung, die eingangs aufgegriffen wurden, mit den in Kapitel 4 entwickelten Perspektiven zur Siedlungsentwicklung, Verkehrspolitik und Planung während der Übergangszeit in drei Szenarien zusammengeführt. Für die normativ-narrativen Szenarien wurden als Schlüsselfaktor die politisch-planerischen Handlungsspielräume und die zugrunde liegende Haltung gewählt, um unterschiedliche Ziele, Entwicklungen und die Möglichkeiten zur Gestaltung und die daraus abgeleiteten Handlungslogiken hervorzuheben (Kap. 5.2). Dabei wird ein marktgetriebener, ein politikgetriebener und ein zivilgesellschaftlich getriebener Ansatz unterschieden. Um die jeweiligen möglichen Zukünfte sichtbar zu machen und im Abstimmungsprozess mit Externen besser kommunizieren zu können, wurde zu jedem der Szenarien eine deskriptive Zusammenfassung (Kap. 5.3 bis 5.5) mit einer graphischen Aufbereitung sowie ein tabellarischer Vergleich erstellt (Kap. 5.6).

Die Auswertung der Szenarien wird in den nachfolgenden Absätzen auf zwei Ebenen vorgenommen: Zum einen werden in Fokusgruppen mit externen Fachleuten die Potenziale, Gefahren und möglichen ausgleichenden Handlungen reflektiert (Kap. 5.7), zum anderen eine vertiefende Betrachtung der sozialräumlichen Dynamiken des avV im Langen Level 4 angestellt (Kap. 5.8).

In Kapitel 6 werden Handlungsfelder in bewusster Ergänzung zu bestehenden Politikpapieren zum avV entwickelt. Nach einer Neubewertung möglicher Wirkungen von avF auf die Europäische Stadt (Kap. 6.1) wird dazu der aktuelle Stand der Diskussion politisch-planerischer Strategiepapiere auf unterschiedlichen Ebenen zusammengefasst (Kap. 6.2). Darauf aufbauend werden sieben Handlungsfelder formuliert, von denen erwartet wird, dass sie in das Aufgabenrepertoire der Stadtentwicklung aufgenommen werden (Kap. 6.3).

---

1 Mit dem Begriff des „Langen Level 4" wird zum Ausdruck gebracht – und dies zeigt sich sowohl in der aktuellen Literatur (Beiker 2018, Shladover 2018) als auch in öffentlichen Statements der Industrie (Krafcik in Marx 2018) –, dass während einer Jahrzehnte dauernden Übergangszeit avF nur einigen Fahraufgaben gewachsen sein werden und damit Teile von Städten durch diese nicht erschlossen werden können.

2.3

FORSCHUNGSANSATZ UND -METHODE

Aufgrund des breit gefächerten Forschungsthemas und der vielfältigen Arbeitspakete wurde ein disziplinenübergreifender Zugang gewählt, um den unterschiedlichen Fragestellungen gerecht zu werden (OECD 2015; Kollosche & Schwedes 2016). Gleichzeitig wurde ein breiter Methodenmix angewandt, jedoch überwiegend aus dem Bereich der qualitativen Methoden empirischer Sozialforschung. Einen großen Teil nimmt dabei die „desk research" im umfangreichen und sich rasch ausdehnenden Feld der Publikationen zum avV ein, das insbesondere im Rahmen von drei Dissertationen[1] in weitere Anschlussbereiche erweitert wurde. Im Zuge der Vernetzung, der Reflexion von (Teil-)Ergebnissen und der Dissemination fanden zusätzliche Methoden Anwendung: Experteninterviews[2], Gruppendiskussionen, Fokusgruppen u. a.

Einen breiten Raum hat die Erstellung der drei Szenarien im Rahmen des „scenario writings" beansprucht (s. Kap. 5) – auch hier wurde auf das bestehende Netzwerk aus wissenschaftlichen KollegInnen sowie Personen aus Politik und planender Verwaltung zurückgegriffen, insbesondere, um die innere Konsistenz und die Plausibilität der Grundannahmen umfassend abzusichern. Darüber hinaus wurden die – auch vorläufigen – Erkenntnisse in einer Reihe von internationalen Konferenzen und Workshops „auf den Prüfstand" gestellt und insbesondere im Fortlauf des Projekts auch zunehmend durch Vorträge in die Diskussion eingebracht sowie in diversen Formaten publiziert.

Schließlich wurde großer Wert auf die graphische Umsetzung der „Zukunftsbilder" gelegt. Gerade vor dem Hintergrund, dass die möglichen Zukünfte des avV noch nicht wirklich sichtbar sind, aber vielfältige sprachliche, graphische und mediale Zukunftsbilder dazu entworfen werden, sind die visualisierten Darstellungen ein wichtiges Instrument, um Diskussionen anzustoßen, wobei dem Forschungsteam von AVENUE21 bewusst ist, dass in graphische Darstellungen immer auch eigene „subjektive" Bilder, Wertvorstellungen und Überzeugungen einfließen.

---

1   Andrea Stickler befasst sich mit dem politischen Diskurs zur automatisierten und vernetzten Mobilität in Europa und schätzt dessen Zusammenwirken mit lokalen politischen und gesellschaftlichen Gegebenheiten ab (Kap. 4.6).

Thema der Dissertation von Emilia M. Bruck sind die Planungsansätze zur Gestaltung räumlicher und gesellschaftlicher Transformationsprozesse angesichts neuer Mobilitätstechnologien wie automatisierte und vernetzte Fahrzeuge. In ihrer theoretischen Auseinandersetzung mit reflexiven und explorativen Planungsmethoden sowie in der komparativen Fallstudienuntersuchung geht sie der Frage nach, in welchem Ausmaß der „stadtgerechte" Einsatz von avF eines Wandels lokaler Planungsansätze bedarf (Kap. 4.7).

Aggelos Soteropoulos untersucht in seiner Doktorarbeit potenzielle verkehrliche und räumliche Wirkungen automatisierter und vernetzter Fahrzeuge in Städten unter besonderer Berücksichtigung einer vorherrschenden Heterogenität von städtischen Straßenräumen, insbesondere deren verkehrliche und städtebauliche Merkmale. In seiner Forschungsarbeit wird ein besonderes Augenmerk auf die Untersuchung unterschiedlicher Straßenräume hinsichtlich deren Eignung für den automatisierten und vernetzten Verkehr gelegt. Ausgangspunkt sind hierbei aktuelle Problemstellungen automatisierter und vernetzter Fahrzeuge, die aus Testberichten stammen. Unter Berücksichtigung dieser Rahmenbedingungen werden mögliche Effekte sowie auch potenzielle Maßnahmen aufgezeigt (Kap. 4.4).

2   Ein Verzeichnis der in direkte Diskussionen eingebundenen ExpertInnen ist in der Danksagung zu finden. Darüber hinaus wurden über 300 Fachleute durch eine Expertenbefragung eingebunden. Ebenso wurde ein wissenschaftlicher Austausch mit zahlreichen internationalen KollegInnen auf Fachtagungen geführt.

AUSGANGSLAGE

DER WANDEL DER EUROPÄISCHEN STADT AM WEG ZUR NEUEN MOBILITÄT

3

© Der/die Herausgeber bzw. der/die Autor(en) 2020
M. Mitteregger et al., *AVENUE21. Automatisierter und vernetzter
Verkehr: Entwicklungen des urbanen Europa*, https://doi.org/10.1007/978-3-662-61283-5_3

Abbildung 3.1.1: **Das Spektrum der Entwicklungen – Trends und Teilbereiche**

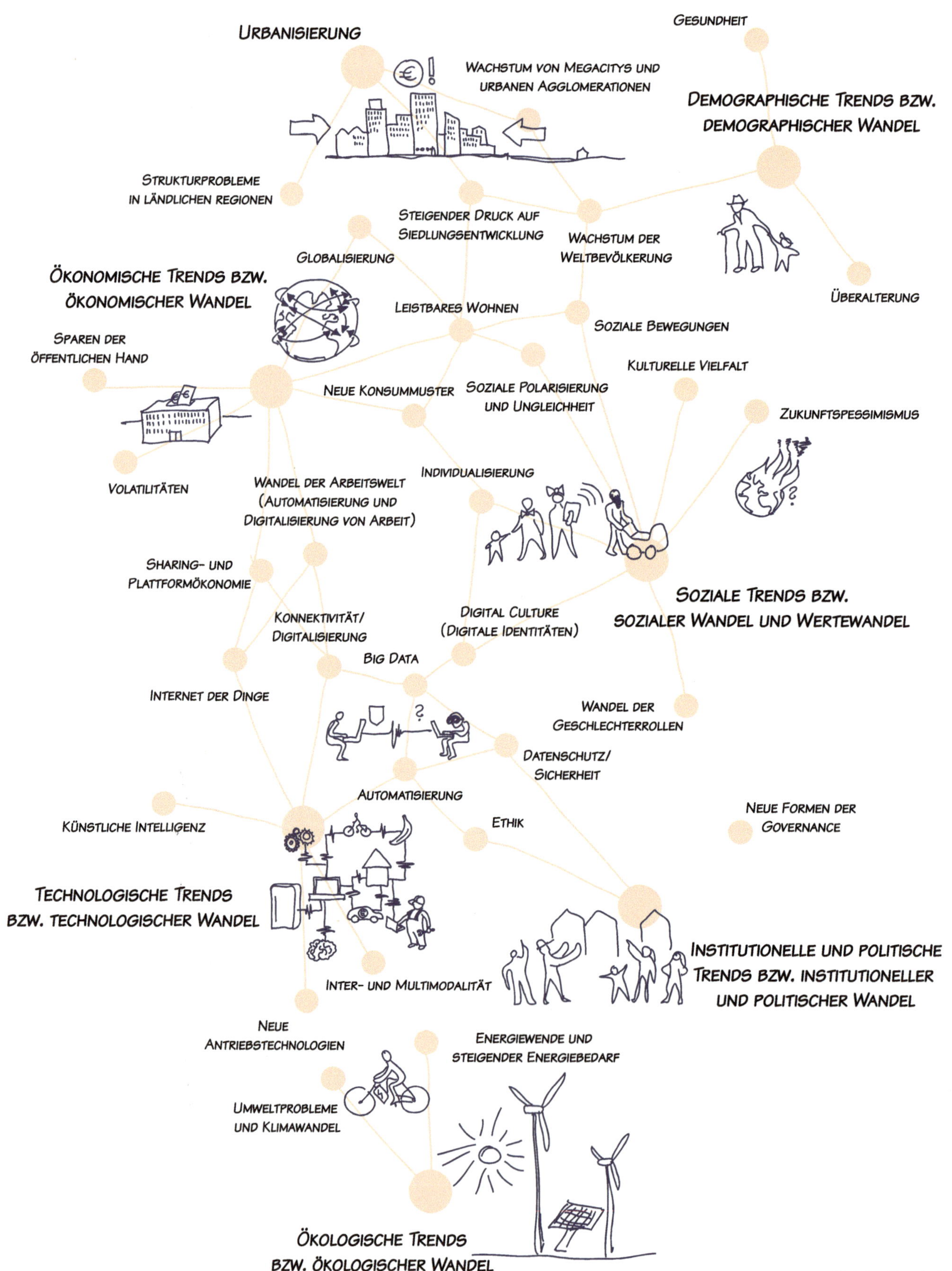

Illustration: Alexander Diem

3.1

GESELLSCHAFTLICHER WANDEL ALS ENTWICKLUNGSRAHMEN DER MOBILITÄT

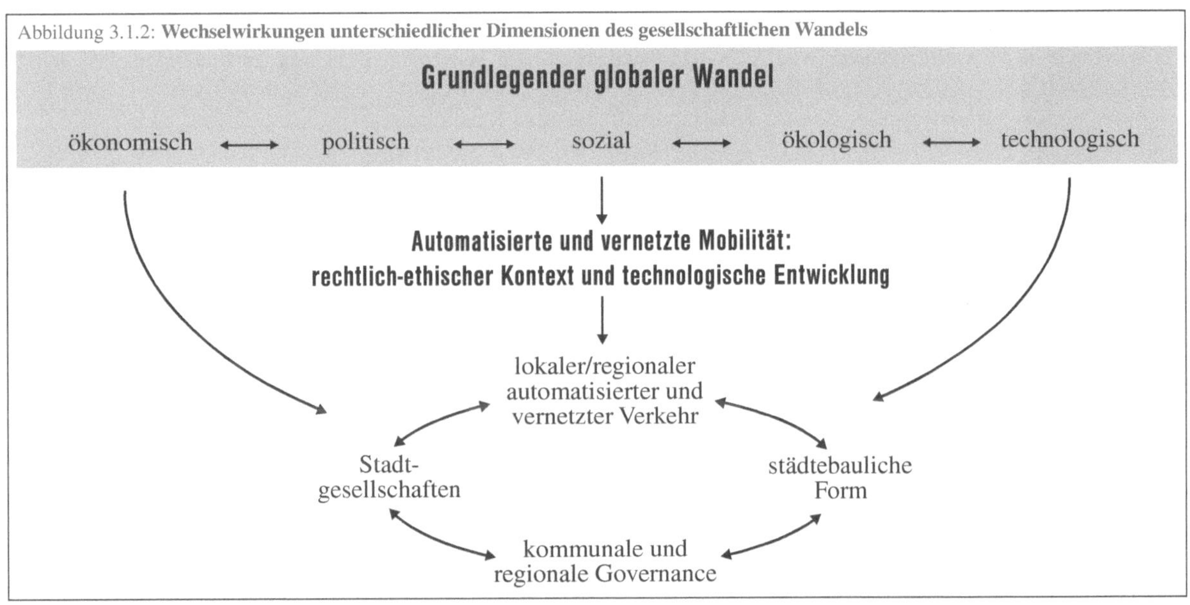

Abbildung 3.1.2: **Wechselwirkungen unterschiedlicher Dimensionen des gesellschaftlichen Wandels**

Quelle: AVENUE21

Die moderne Gesellschaft befindet sich in einem raschen, intensiven und umfassenden Wandel. Der erste wesentliche Grund liegt in der zunehmenden Dynamik der Globalisierung, die insbesondere die Handelsbeziehungen, die Finanzkapitalmärkte und damit den ökonomischen Wettbewerb zwischen Nationalstaaten forciert, aber auch den kulturellen Austausch ausweitet. Eine wesentliche technische Voraussetzung hierfür bildet die globale Kommunikation im Internet 2.0 (s. Kap. 3.1.1). Der zweite wesentliche Faktor für den gegenwärtigen gesellschaftlichen Wandel ist die zunehmende Digitalisierung/digitale Transformation im Kontext eines breiten und vielfältigen technologischen Wandels. Sie betrifft nicht nur aktuelle und künftige Arbeitsmärkte, sondern ermöglicht und unterstützt weitere Formen des technologischen Wandels und hat einen erheblichen Einfluss auf alltägliche Praktiken (s. Kap. 3.1.2).

Während die beiden genannten Aspekte des gesellschaftlichen Wandels ökonomisch und technologiegetrieben sind, weist der ökologische Wandel vor allem auf die Folgen (1) der intensiven Ausbeutung der Rohstoffe auf globaler Ebene sowie (2) der lokalen Umweltbelastungen hin, an denen der Verkehr einen relevanten Anteil hat (s. Kap. 3.1.3). Mit der Urbanisierung – der zunehmenden Verstädterung – ist ein vierter Wandel von Bedeutung (WBGU 2016): Auch wenn die demographischen Veränderungen aufgrund des Bevölkerungs-

wachstums vor allem Asien und Afrika betreffen, sind sie auch in Europa durch die Verschiebung der Bevölkerungsdynamik in die großstädtischen Agglomerationen von Relevanz (s. Kap. 3.1.4).

Der fünfte hier behandelte Aspekt des gesellschaftlichen Wandels bezieht sich auf die veränderte Form des politisch-planerischen Steuerns durch das Einbeziehen weiterer AkteurInnen („governance"; s. Kap. 3.1.5). Abschließend werden die Auswirkungen der angesprochenen Trends auf die (europäischen) Gesellschaften hinsichtlich der sozioökonomischen, soziodemographischen, soziokulturellen und sozialräumlichen Aspekte betrachtet (Dangschat 2019; s. Kap. 3.1.6).

3.1.1 GLOBALISIERUNG

Die Globalisierung ist kein neuer Trend – einige AnalytikerInnen datieren ihn bereits in die weltweiten Handelsbeziehungen der griechischen und römischen Imperien oder zumindest der Hanse zurück (Jeute 2017). Seit Ende der 1960er Jahre wird unter dem Begriff der Globalisierung eine erneute Forcierung der Handelsbeziehungen, die Öffnung der Finanzkapitalmärkte (Bretton-Woods-Abkommen), der Abbau von Importrestriktionen (Zölle, industrielle Normen, Auflagen gegenüber Direktinvestitionen aus dem Ausland), die

Ausweitung des Weltluftverkehrs (Open-Skies-Abkommen) und vor allem der Auf- und Ausbau des Internet verstanden. Mit Japan und Südkorea und der Entwicklung in weiteren Schwellenländern Südamerikas und Asiens sowie letztlich mit der Öffnung (ehemals) kommunistisch geprägter Staaten hin zur Marktwirtschaft hat sich die Konkurrenz der Produktionsstandorte und Handelsbeziehungen in der Triade aus Europa, Ost- und Südostasien sowie Nordamerika ausgeweitet, was zudem eine Verschiebung von Produktionsstandorten und ökonomischen Machtstrukturen von den Staaten der „Ersten Welt" zu den aufkommenden Schwellenländern (BRIC-Staaten, Tigerstaaten) nach sich zog (Ohmae 1985, Beck 1997).

Mit dem Internet und insbesondere der Interaktivität des Internet 2.0 wurde nicht nur weltweit die Kommunikation in Echtzeit ermöglicht, zunehmend finden Transfers zwischen Computern und mit digital verbundenen Gerätschaften nach vorgegebenen Algorithmen statt (Finanzmarkt, Handelsbeziehungen, aktuell auch Produktionen). Durch die ausgeweiteten Produktions- und Handelsbeziehungen treten Nationalstaaten und Gesellschaften in einen konkurrenzgetriebenen Kontakt zwischen unterschiedlichen Wirtschaftsordnungen, wohlfahrtsstaatlichen Handlungen, Politikstilen, Wertvorstellungen und Alltagspraktiken.

Für die Automobilindustrie, die Entwicklung von avF und deren Einführung hat dieser globale Wettbewerb erhebliche Folgen (Porter & Heppelmann 2014). Neben der zunehmenden Konkurrenz zwischen Automobilherstellern aufgrund der neuen Marktteilnehmer (zuerst Japan, dann Korea, China und Indien) drängen zunehmend auch Zulieferbetriebe (Bosch, Continental), Medienfirmen (Samsung) und IT-Unternehmen (Waymo, IBM, NVIDIA, Aurora) sowie Mobilitätsdienstleister (Uber, Lyft) in den Herstellungsprozess von Fahrzeugen der „nächsten Generation" (Bormann et al. 2018). Zudem verschieben sich die bedeutenden Absatzmärkte in die stark wachsenden Volkswirtschaften, die sich in Geschäftsmodellen, staatlichen Regulationen und Nachfragen unterscheiden.

Die öffentliche Hand steuert die Entwicklung auf unterschiedlichen verkehrspolitischen Ebenen z. B. durch die Regulation von Geschäftsmodellen (etwa durch Partnerschaften mit ausländischen Investoren) und auch über Forschungsförderung. Weitere Steuerungsmöglichkeiten wirken indirekt oder direkt auf die Zukunft von avF, etwa durch gesetzte Grenzwerte zulässiger Emissionen oder auch Voraussetzungen für die Zulassung von hoch- und vollautomatisierten Fahrzeugen (s. Kap. 3.1.4). Die jeweilige Bevölkerung unterscheidet sich zudem weltweit hinsichtlich ihrer grundsätzlichen Affinität zu neuen Technologien und insbesondere auch der Akzeptanz von hoch- und vollautomatisierten Fahrzeugen (Ernst & Young 2013; Eimler & Geisler 2015; Fraedrich & Lenz 2015a, b; Detecton Consulting 2016; Fraedrich et al. 2016; Deloitte Development 2017a, b).

3.1.2 DIGITALE TRANSFORMATION UND TECHNOLOGISCHER WANDEL

Der Begriff „Digitalisierung" bedeutet eigentlich die Überführung analoger Mess- und Steuerungsgrößen in diskrete (abgestufte) Werte, um diese mit Computern verarbeiten zu können. Im allgemeinen Sprachgebrauch wird unter Digitalisierung jedoch die Einführung und verstärkte Nutzung digitaler Übertragungstechnik in der Wirtschaft, im öffentlichen Leben und im privaten Alltag verstanden. Für diesen an Dynamik gewinnenden Prozess werden auch Begriffe wie „Digitale Transformation", „Digitale Revolution" oder „Vierte industrielle Revolution" verwendet (Giffinger et al. 2018). In diesem Rahmen treten nicht nur mehr, sondern auch neue Qualitäten von Daten und deren Verarbeitung auf (Big Data).

Im Kontext der digitalen Transformation ist insbesondere von Industrie 4.0, dem Internet der Dinge (Internet of Things - IoT), der künstlichen Intelligenz (KI) und der „Augmented Reality" (AR) die Rede. Unter Industrie 4.0 versteht man eine umfassende Digitalisierung der industriellen Produktion, die dabei mit modernster Informations- und Kommunikationstechnik vernetzt wird; die Mensch-Maschine-Schnittstellen werden neu definiert. Technische Grundlagen hierfür sind intelligente und digital vernetzte Systeme. Mit ihrer Hilfe soll eine weitestgehend selbstorganisierte Produktion möglich werden: Menschen, Maschinen, Anlagen, Logistik und Produkte kommunizieren und kooperieren in der Industrie 4.0 direkt miteinander (Bauernhansl et al. 2014).

Im Zuge des IoT werden sehr unterschiedliche Endgeräte miteinander verbunden und vernetzt – neben dem Laptop, Notebook und Smartphone sind es Haushaltsgeräte, Haustechnik (Smart Home), „weareable devices" (tragbare Computertechnologie) und künftig auch avF, die der damalige deutsche Verkehrsminister Alexander Dobrindt im Jahr 2017 als „third space" (neben Wohnung und Arbeitsplatz) bezeichnete. Kern des IoT sind die Weiter- und Neuentwicklungen im Bereich der Informations- und Kommunikationstechnologien (IuK; Chui et al. 2010).

Das IoT ist auch ein wesentlicher Treiber gerade des vernetzten Fahrens, weil in diesem Zusammenhang On-trip-Daten personenbezogen erzeugt und entsprechend kapitalisiert werden können. Die vor allem durch vernetztes Fahren gewonnenen Daten tragen zu einer sichereren und effizienteren Steuerung der Verkehrsflüsse bei und ermöglichen eine effektivere Mobilitätsdienstleistung (s. Kap. 3.3). Weiters werden datenbasierte Geschäftsmodelle möglich. Diese können auch steuernd wirken, wenn die Nutzung der Verkehrswege und des öffentlichen Raums gemäß der jeweiligen Nutzungsintensität (durch die öffentliche Hand) oder der aktuellen Nachfrage (durch den Mobilitätsdienstleister) bepreist wird (POLIS 2018, S. 5).

In diesem Zusammenhang ist die künstliche Intelligenz von immenser Bedeutung, weil lernende Computernetzwerke und Endgeräte eine wesentliche Voraussetzung dafür sind, dass die Steuer- und Kontrollmechanismen des avV effizient und effektiv eingesetzt werden können. Auch im Straßenraum könnten künftig Menschen und künstlich intelligente Maschinen kommunizieren und kooperieren. Damit stellen sich jedoch verstärkt Fragen der technologischen Überwachung, der persönlichen Freiheit und der Verwertung von Daten des öffentlichen Raums der Straße (Boeglin 2015; Mitteregger 2019).

Unter „Augmented Reality" wird die computergestützte Erweiterung der Realitätswahrnehmung verstanden. Diese Information kann alle menschlichen Sinne ansprechen. Häufig wird unter AR jedoch nur die visuelle Darstellung von Informationen verstanden, also die Ergänzung von Bildern oder Videos mit computergenerierten Zusatzinformationen oder virtuellen Objekten mittels Einblendung oder Überlagerung. Bereits jetzt wird bei innovativen Fahrzeugen damit geworben, dass man bei der Fahrt die reale Welt ausblenden und durch eine virtuelle Welt ersetzen kann. Neben der breiten Anwendung im Gaming-Bereich kann AR beispielsweise in der Diskussion künftiger Alternativen der Stadtentwicklung eingesetzt werden, worunter auch Präsentation, Gestaltung und Steuerung eines künftigen avV mit entsprechenden Verkehrsbauten gehören (Car Trottle 2017).

Neben den technologischen Entwicklungen im Kontext der digitalen Transformation gibt es weitere im Bereich der Speicherungs- und Sensortechnik, welche die Voraussetzung für eine angemessene, leistungsfähige Wahrnehmungsfähigkeit von Informationen, eine Verarbeitung in Echtzeit und die Entscheidung des Fahrverhaltens von avF sind (Soteropoulos et al. 2019).

3.1.3 ÖKOLOGISCHER WANDEL

Der ökologische Wandel besteht zum einen im Klimawandel, der sich insbesondere in einer Aufheizung der Atmosphäre der Erde mit entsprechenden Folgen für den Meeresspiegel, die Luft- und Wasserströmungen und damit letztlich des Wetters zeigt (Dürre, Starkregen mit Überschwemmungen, Murenabgänge, Auftauen des Permafrostes, Aufheizen insbesondere der Städte). Zum anderen besteht der ökologische Wandel in einer extensiven Ausbeutung von natürlichen, insbesondere nichtregenerierbaren Ressourcen (WBGU 2016). Die Ursachen liegen in den Auswirkungen der menschlichen Zivilisation, ihren Wachstumsvorstellungen, Wirtschaftsweisen und nichtnachhaltigen Lebensstilen (Brundtland 1987, S. 1).

Um die Temperatur der Erdatmosphäre nicht über 2 °C steigen zu lassen, wurde bei der 21. UN-Klimakonferenz in Paris im Jahr 2015 von knapp 200 Staaten beschlossen, die Emissionen schädlicher Treibhausgase zu begrenzen (insbesondere von Kohlendioxid – CO_2 und Stickoxiden – NO_x). Bei der Folgekonferenz in Kattowice im Jahr 2018 wurden einheitliche Maßstäbe zur Messung und zum Vergleich nationaler und regionaler Entwicklungen beschlossen. Bisherige Grenzwerte wurden jedoch von den meisten Ländern nicht erreicht, wobei vor allem der straßengebundene Verkehr für einen weiterhin wachsenden Ausstoß an Treibhausgasen sorgt (EEA 2017).

Insbesondere im Verkehrssektor konnten folglich bislang die notwendigen Einsparungen trotz aller technologischen Fortschritte nicht erreicht werden: In Deutschland haben die Emissionen im Zeitraum zwischen 1990 und 2014 von 1.248 auf 902 Mio. Tonnen CO_2-Äquivalent abgenommen (−25,4 %), wobei im Verkehrssektor innerhalb dieser 24 Jahre lediglich 1,9 % CO_2-Äquivalent eingespart wurden (von 163 auf 160 Mio. Tonnen CO_2-Äquivalent; BMUB 2016, S. 8). Die angestrebten Einsparungen im Verkehrssektor von 40 % bis 42 % bis zum Jahr 2030 sollen – laut des eingebetteten „Klimaschutzkonzeptes Straßenverkehr" (BUMB 2016, S. 49–55) – mittels der Förderung alternativer Antriebe, des öffentlichen Verkehrs (ÖV), des Schienenverkehrs und des Rad- und Fußverkehrs, d. h. über einen veränderten Modal Split, aber auch durch eine Digitalisierungsstrategie und einen höheren Anteil „sauberer Energie" erreicht werden. Die dazu notwendigen Verhaltensänderungen in Politik und Verwaltung sowie der Bevölkerung bleiben in dieser Strategie jedoch unberücksichtigt.

Die Ursachen für das Verfehlen der Einsparungsziele im Verkehrbereich sind Lock-in- und Rebound-Effekte, die sich in Folge einer raumgewordenen Autoabhängigkeit ergeben. Außerdem werden Effizienzsteigerungen in der Antriebstechnik durch immer größere, schwerere und hubraumstärkere Fahrzeuge getilgt und die Nachfrage nach eben diesen Fahrzeugen steigt: 15,2 % der Neuzulassungen in Deutschland im Jahr 2017 waren SUVs, was einen Zuwachs von 22,5 % gegenüber 2016 bedeutet (Kraftfahrt-Bundesamt 2018). Hinzu kommt, dass im statistischen Mittel längere Strecken zurückgelegt werden sowie schneller gefahren wird (für Österreich: Tomschy et al. 2016, S. 97). Schließlich ist die Bereitschaft der Gesetzgebung zu gering, entsprechende Vorschriften zum Ausstieg aus fossilen Antrieben zu erlassen (Canzler 2015).

Für batteriegetriebene Elektrofahrzeuge und für die Automatisierung und Vernetzung muss in zunehmendem Maße auf knappe Rohstoffe (Silizium, Kobalt, Seltene Erden etc.) zurückgegriffen werden, deren Gewinnung und Recycling zudem wenig umweltfreundlich ist und die oftmals unter inakzeptablen Arbeitsbedingungen abgebaut werden. Auch entsprechende Fahrzeugmodule werden oftmals unter sehr schlechten, nicht tragbaren Arbeitsbedingungen hergestellt.

3.1.4 URBANISIERUNG

Parallel zu demographischen und ökonomischen Entwicklungen in den Schwellenländern findet eine starke Urbanisierung statt, insbesondere in Asien und Afrika. Das Erreichen der 50-Prozent-Marke von Menschen, die 2007 weltweit in Städten lebten, wurde zwar von der UN gefeiert (UN 2008) und das aktuelle Jahrhundert von der OECD (2015) und dem Wissenschaftlichen Beirat der Bundesregierung „Globale Umweltveränderungen" (WBGU 2011) als „Jahrhundert der Metropolen" ausgerufen, doch die Urbanisierung geht nicht nur mit spektakulären Skylines und technologischen Innovationen einher, sondern auch mit zunehmenden sozioökonomischen Polarisierungen, starken Stadt-Land-Gegensätzen, dem Verlust traditioneller Werte, einem hohen Energiekonsum und hohen Emissionen.

Die Urbanisierung in Europa drückt sich weniger als ein quantitativer, sondern vielmehr als ein qualitativer Prozess aus. Zwar wird auch hier der bereits hohe Urbanisierungsgrad von 74 % weiter ansteigen (UN 2018), doch die Dynamik zeigt sich eher in einer Verschiebung von Klein- in Großstädte und vom ländlichen Raum in urbane Agglomerationen.

Mit diesem Wandel gehen zum einen Steuerungsprobleme der Unter- und Überlastung von Infrastrukturen einher, zum anderen steigen die Lebenshaltungskosten innerhalb der Kernstädte (insbesondere Wohn-, aber auch gewerbliche Mieten) stark an, was zu Verdrängungseffekten von Haushalten mit mittleren und geringeren Einkommen an die regionale und ökonomische Peripherie führt (Gentrifikation). Urbanes Leben bedeutet auch eine Intensivierung des Wertewandels und eine zunehmende kulturelle Vielfalt, die teilweise als überfordernd wahrgenommen wird (Dangschat 2015a). Gerade die damit einhergehenden urbanen Lebensstile sind kaum nachhaltig, auch wenn auf das zunehmende Car-Sharing in den Großstädten eine große Hoffnung gelegt wird (Gossen 2012).

In Großstädten werden gute Voraussetzungen dafür gesehen, die Mobilitätswende produktiv mitzugestalten. Hierfür steht die sogenannte 3-V-Strategie:

- ■ *vermeiden*: das Vermeiden von Fahrten, insbesondere umweltschädlichen Fahrten

- ■ *verlagern*: weitgehender Ausstieg aus der ausschließlichen Automobilität hin zu einer möglichst autofreien Multimodalität (Nutzen des Umweltverbundes aus öffentlichen Verkehrsmitteln, Radfahren und Zufußgehen)

- ■ *verbessern*: unterschiedliche Aspekte im Rahmen der funktionalen Verbesserung des öffentlichen Raums (z. B. der Lebens- und Aufenthaltsqualität)

Als Teil des Umstiegs wird in Großstädten ein oftmals breites Angebot an gewinnorientiertem, „free-floating" Car-Sharing gesehen, was zwar dazu beiträgt, dass die Kfz-Zulassungszahlen in Städten in der jüngsten Zeit rückläufig waren und die Zahl der Pkws im Straßenraum leicht rückläufig ist, die Zahl der (kurzen) Fahrten jedoch hat zugenommen (VCÖ 2017). Damit steht das Car-Sharing in Konkurrenz zur aktiven Mobilität resp. zum ÖV. Ein Car-Sharing auf der Basis von avF würde weitere Gewinnerwartungen (also weitere Anbieter), geringere Kosten und mehr Komfort, also mehr spontane Fahrten und Fahrten aus Bequemlichkeit, bedeuten.

3.1.5 VOM GOVERNMENT ZUR GOVERNANCE

Bereits in den 1990er Jahren sind öffentliche Verwaltungen in die Kritik geraten, nicht ausreichend effizient zu handeln. Seitens der Wirtschaft wurde der Druck erhöht, ein „neues Verwaltungsmanagement" (New Public Management) einzuführen. Die bürokratische, zentralistische und hierarchische Steuerung sollte durch eine ergebnisorientierte, transparente und dezentrale Steuerung ersetzt werden. Statt vorgegebener enger Regeln sollte es verstärkt um die Orientierung am Ergebnis gehen, was durch eine Kostenrechnung (statt Kameralistik), eine Produktorientierung, einen Leistungsvergleich und ein Kontraktmanagement erreicht werden sollte. Mit der Einführung von „Verantwortungszentren" und „flachen Hierarchien" sollte der interne und externe Wettbewerb erhöht und die Eigenverantwortung gestärkt werden (Jann et al. 2006).

Neben der Kritik aus Kreisen der Wirtschaft wurde auch die Unzufriedenheit der BürgerInnen mit der öffentlichen Verwaltung seit den 1990er Jahren zunehmend stärker. Gerade bei der Stadt- und Quartiersentwicklung fühlten sich viele zu wenig in Diskussionen und Entscheidungen eingebunden. Daraus entstand eine zunehmende Forderung nach Partizipation und „co-creation" (Sinning 2008) – dieser Prozess wird häufig auch als „Übergang vom Government zur Governance" bezeichnet (Heeg & Rosol 2007, S. 504; Bröchler & Lauth 2014).

In der staats- bzw. politikwissenschaftlichen, aber auch in der organisationssoziologischen bzw. betriebswirtschaftlichen Diskussion kennzeichnet der Begriff „Governance" oftmals zugleich die Abkehr von vornehmend auf imperative Steuerung ausgerichteten Strukturen („command and control"). Vielmehr sollen unter Rückgriff auf Elemente der Eigenverantwortung die zu steuernden Organisationen, Einheiten oder AkteurInnen eine aktive Rolle in der Bewältigung der jeweiligen Aufgaben bzw. Herausforderungen einnehmen.

Zusätzlich beinhaltet der Begriff „Governance" häufig auch Formen der Kooperation mehrerer AkteurInnen. Im politischen Umfeld ist der Ausdruck in Ergänzung oder auch als Ersatz zum Begriff „Government" (Regierung) entstanden und soll ausdrücken, dass innerhalb der jeweiligen Einheit die Steuerung und Regelung nicht nur vom Staat als „Erstem Sektor", sondern auch von der Privatwirtschaft als „Zweitem Sektor" und vom „Dritten Sektor" – Vereine, Verbände, Interessenvertretungen – durchgeführt werden können (Heeg & Rosol 2007, S. 504; Hamedinger 2013, S. 62). Privatwirtschaftliche und zivilgesellschaftliche AkteurInnen werden folglich als Ressourcen und Instrumente anerkannt, die gemeinsam mit der lokalen Politik und Verwaltung steuernd eingreifen. Dementsprechend wandeln sich nicht nur die Akteurslandschaften, sondern auch die Zuständigkeiten, Verantwortungen, Kompetenzen sowie die Fähigkeit zur Herrschaftsausübung. Mit der Vervielfältigung von AkteurInnen und Interessen in politisch-planerischen Entscheidungsprozessen nimmt auch die Komplexität von Institutionen und Regelstrukturen und damit der Kommunikations- und Abstimmungsbedarf kontinuierlich zu. Vor diesem Hintergrund der Diversifikation von Akteursinteressen und der Komplexitätssteigerung ist es entscheidend, in welche Richtung sich politisch-planerische Steuerung in Zukunft orientiert.

Daher wurde bei der Konzeption der Szenarien (s. Kap. 5.2) idealtypisch von drei unterschiedlichen Formen politisch-planerischer Steuerung ausgegangen. Dabei werden die Sektoren Markt, Staat und Zivilgesellschaft in unterschiedlichem Ausmaß in den Mittelpunkt gerückt. Auf Grundlage der jeweiligen Charakteristika von Markt, Staat und Zivilgesellschaft wird verdeutlicht, in welche Richtung sich Herrschafts- und Machtverhältnisse in politisch-planerischen Steuerungsprozessen verschieben und damit wesentlich auf den Einsatz von avF wirken können.

Es ist bislang noch offen, wie „die Politik" die Herausforderungen des avV annehmen wird. Die ExpertInnen sind sich einig, dass es wichtig ist, sich möglichst frühzeitig auf diese Aufgaben einzulassen (Fagnant & Kockelman 2015); schon allein, um den Rückfall in eine autogerechte Stadtentwicklung (weitgehend) zu vermeiden (Jones 2017). Zum einen ist zu erwarten, dass sich die Schwerpunkte in der Politik und planenden Verwaltung zwischen der EU und den meisten Nationalstaaten von denen auf der regionalen und lokalen Ebene unterscheiden. Während Erstere stärker die Wettbewerbssituationen betonen (Kauffmann & Rosenfeld 2012), werden in Kommunen und Regionen die Folgen des Verkehrs sichtbar und rücken in den Fokus der Planung und Politik.

3.1.6 SOZIALER WANDEL

Bezüglich der Überlegungen zur Verstädterung wurde bereits auf einige Punkte des sozialen Wandels verwiesen, insbesondere den Wertewandels und die sich veränderten Lebens- und Mobilitätsstile. Unter sozialem Wandel werden in der Regel drei Aspekte verstanden:

■ *Sozioökonomischer Wandel*
Hierunter werden vor allem die zuletzt wieder deutlich steigenden Unterschiede der Einkommen und insbesondere der Vermögen verstanden (Bach 2013, Castells-Quintana et al. 2015). Hinzu kommen eine veränderte bzw. zwischen und innerhalb von Nationalstaaten unterschiedliche Sozialpolitik und regional unterschiedliche Arbeitsmarktrisiken.

■ *Soziodemographischer Wandel*
Mit diesem Begriff wurde lange die zunehmende Zahl von kinderlosen und kleinen Haushalten („Versingelung"; Hradil 1995) und die zunehmende Alterung von modernen Gesellschaften aufgrund steigender Lebenserwartung und rückläufiger Fruchtbarkeit verstanden (Wehrhahn 2016). In jüngster Zeit prägen jedoch Themen wie Migration, Flucht und Integration diesen Bereich.

■ *Soziokultureller Wandel*
Dieser versteht sich vor allem als ein Wertewandel (einschließlich der Pluralisierung von Werten), ein Herauslösen aus traditionellen Bindungen (Individualisierung) und eine verstärkte Rückbettung in Wertegemeinschaften (soziale Milieus), die sich in einer neuen Vielfalt von Lebensstilen zeigen (Dangschat 2014).

Diese Kategorien bewirken aufgrund unterschiedlicher Präferenzen und Zwänge hinsichtlich der Wohnstandortwahl, des Aufenthalts im öffentlichen Raum, der Mobilität etc. jedoch sehr unterschiedliche Verteilungsmuster (Segregation) und Verhaltensweisen – es ist also mit den sozialräumlichen Umstrukturierungen von einer vierten Dimension des sozialen Wandels auszugehen. Dieser vierte Aspekt ist insbesondere deshalb bedeutsam, weil viele Aussagen zur Einführung und Akzeptanz des avV auf nationaler Ebene oder ohne jeglichen Raumbezug (Verkehrsnetz, Siedlungsstrukturen, Angebots- und Nachfrage-Profile, Erreichbarkeiten) getroffen werden.

Auf der Ebene des Wertewandels haben sich die oben beschriebenen Aspekte des gesellschaftlichen Wandels nicht einheitlich, sondern eher polarisierend niedergeschlagen und neue gesellschaftliche Trennlinien („die feinen Unterschiede"; Bourdieu 1987) erzeugt und bestehende (Xenophobie) vertieft. Während jüngere Generationen, besser gebildet und technikaffin, eher positiv in die Zukunft schauen, ist ein zunehmender Teil der Gesellschaft eher verunsichert und verängstigt. Das gilt insbesondere für jene Gruppen, die als „Modernisierungsverlierer" den Anschluss an die ökonomische Entwicklung („Fahrstuhl-Effekt"; Beck 1986) verloren haben resp. den Wertewandel nicht mitgehen konnten. Insbesondere die Mittelschichten und beginnend auch die Eliten sind von diesen neuen Verunsicherungen betroffen (Zweck et al. 2015).

Darüber hinaus hat das Web 2.0 einen wesentlichen Einfluss auf eine veränderte Kommunikation, ein verändertes Zeitmanagement des Alltags und letztlich auch auf die Um- und Neugestaltung von sozialen Beziehungen. Hier zeigt sich die Zweischneidigkeit technologischer Entwicklungen in besonderem Maße, sind doch Smartphones und Tablets die Voraussetzung dafür, dass neue Geschäftsmodelle möglich werden, soziale Beziehungen gegenüber „Fremden" auf pragmatischen Ebenen aufgebaut (Tausch oder Teilen von Informationen, Zeit und Gebrauchsgegenständen) und soziale Innovationen ermöglicht werden. Beispielsweise konnte sich die Sharing Economy erst aufgrund des Web 2.0 durchsetzen und auch Crowdfunding und das Nutzen der Schwarmintelligenz wäre ohne diese Technologie nicht möglich (Dangschat 2015b).

Auf der anderen Seite ist das Internet die Voraussetzung für das rasche Verbreiten von Fake News, von Hasskommentaren aus der Anonymität des Netzes heraus, von demokratiefeindlichen Aktionen („disruptive democracy"; Bloom & Sancino 2019) und von vielfältigen Formen der Cyberkriminalität und des Hackings. Zudem können mittels entsprechender „intelligenter Algorithmen" Diskussionen und demokratische Wahlkämpfe durch Social Bots manipuliert werden.

Die Verunsicherung von Teilen der Bevölkerung ist in Deutschland und insbesondere Österreich besonders stark, was sich u. a. in der weit verbreiteten Skepsis gegenüber der avM zeigt (Fraedrich & Lenz 2015a, 2015b). Auch an der hohen Bedeutung, die ExpertInnen in der Befragung dem Bereich der Daten (im Positiven wie im Negativen) zumessen (s. Kap. 3.4), lässt sich dieser Trend ablesen.

Wie oben kurz skizziert, hat der vielfältige und in Teilen grundlegende gesellschaftliche Wandel einen großen Einfluss auf die künftige Mobilität. Es gibt dabei beharrende Elemente, die sich als Lock-in-Effekte auswirken, innovative, die jedoch bestehende Rebound-Effekte verstärken und neue erzeugen, und disruptive, die zur weiteren Verunsicherung großer Teile der Gesellschaft beitragen. Die Frage, ob und in welcher Form vor diesem Hintergrund die avM dabei hilft, nicht nur die aktuellen Probleme der (urbanen) Mobilität zu lösen, sondern auch einen Beitrag zum gesellschaftlichen Zusammenhalt zu leisten, ist vorerst noch offen (s. Kap. 4.3). In jedem Fall bedeutet diese Herausforderung der technologischen Entwicklungen vor dem Hintergrund des gesellschaftlichen Wandels, dass Politik und planende Verwaltungen sowie Unternehmen und Zivilgesellschaft diese Herausforderungen annehmen und die eigentliche Frage klären müssen, inwiefern sich Städte den avF resp. der avM einfach anpassen wollen oder ob sie nur jene Geschäfts- und Mobilitätsmodelle zulassen sollen, die dabei helfen, Ziele einer nachhaltigen Stadt- und Verkehrsentwicklung durchzusetzen (Rupprecht et al. 2018).

3.2
DIE EUROPÄISCHE STADT: ANALYSERAHMEN UND POLITISCH-PLANERISCHES LEITBILD

Wenn hier von der „Europäischen Stadt" gesprochen wird, dann in dem Bewusstsein, dass dieser Begriff – und die damit verbundenen Zuschreibungen – vor allem in jüngerer Zeit auch kritisch hinterfragt wurde (Rietdorf 2001, Hassenpflug 2002, Häußermann 2005, Kazepov 2005, Brake 2011, Siebel 2015). Zum einen wird vor dem Hintergrund zunehmender medialer Vernetzung, der Globalisierung von Warenströmen, Finanztransaktionen und (urbanen) Kulturen sowie zunehmenden regionalen und transnationalen Verflechtungen sozialer Milieus grundsätzlich bezweifelt, ob es überhaupt noch „Stadt" im Gegensatz zum „ländlichen Raum" gibt (Saunders 1987). Zum anderen wird – letztlich aufgrund des Stadtwachstums in den sich rasch ökonomisch entwickelnden Ländern – das 21. Jahrhundert vom Wissenschaftlichen Beirat der Bundesregierung Globale Umweltveränderungen (WBGU 2016) als das „Jahrhundert der Städte" bezeichnet (The Urban Task Force 2003, Läpple 2005, Dangschat 2010).

Jenseits dessen hält sich ein Bild über die Europäische Stadt, die sich in funktionaler und architektonischer Vielfalt, Geschlossenheit und Gestaltung des öffentlichen Raums verbunden mit Erlebnisdichte als „Urbanität" zeigt. Aus kultur-, sozial- und geisteswissenschaftlicher Sicht bedeutet sie zum anderen einen Ort der Bürgerlichkeit, der Selbstorganisation, der Arbeitsteilung und sozialen Vielfalt, der Toleranz, der (zivilisierten) Fremdheit und Distanz.

Das Konzept der Europäischen Stadt ist von Max Weber (1921) als „okzidentale Stadt" in Abgrenzung zur „orientalischen Stadt" entwickelt worden. Weber sah sie – durch den Markt – als wirtschaftliches und soziales Zentrum geprägt. Simmel (1903) betrachtete sie als Ort der Geldwirtschaft und einer zunehmend rationalen Lebensweise. Aktuell wird die Europäische Stadt entweder der „Amerikanischen Stadt" gegenübergestellt (Bagnasco & Le Galès 2000, Kaelble 2001, Le Galès 2002, Giersig 2005, Häußermann & Haila 2005) oder im Rahmen des postkolonialen Ansatzes als Teil des Globalen Nordens gegenüber den Städten des Globalen Südens betrachtet (Gugler 2004, Grant & Nijman 2006, Robinson 2006, Simon 2006, Haferburg & Oßenbrügge 2009, Diez & Scholvin 2017).

Auch wenn durchaus bezweifelt wird, ob die „charakteristischen Merkmale" der Europäischen Stadt wie die kommunale Selbstverwaltung, die Rolle der aktiven StadtbürgerInnen, die Erosion des Gegensatzes aus Öffentlichkeit und Privatheit innerhalb der aktuellen Entwicklung noch Bestand haben (Sennett 1983, Siebel 2015), kann umgekehrt argumentiert werden, dass die Fähigkeit, auf aktuelle Prozesse flexibel zu reagieren, ebenfalls ein Charakteristikum der Europäischen Stadt ist (Sennett 2018, BBSR 2010).

Im Zentrum unserer Überlegungen zu den Auswirkungen der avM auf die Europäische Stadt steht der Zusammenhang von Stadtgesellschaft, Stadtplanung und Stadtpolitik hinsichtlich der sich wandelnden ökonomischen, ökologischen, sozialen und baukulturellen Zielsetzungen. Das setzt voraus, dass die Europäische Stadt mehrdimensional verstanden und interdisziplinär bearbeitet wird.

Ein wesentlicher politisch-planerischer Aspekt der Europäischen Stadt ist im Rahmen eines subsidiären Prinzips die relativ hohe Autonomie von Stadtpolitik und -planung. In diesem Zusammenhang werden nationale Aufgaben auf die regionale/lokale Ebene delegiert und finanziell durch Transferzahlungen der Nationalstaaten abgesichert (Siebel 2004). Diese Bindung von Städten an Staaten macht sie jedoch auch für Umstrukturierungen des Wohlfahrtsstaates anfällig, im Zuge dessen Aufgaben ohne entsprechende Finanzierung „nach unten" verlagert werden (Jessop 1992, Brenner 2004). Vor diesem Hintergrund wurde auch die Europäische Stadt zu einer „unternehmerischen Stadt" (Harvey 1989, Häußermann 2001) – der frühere Hamburger Bürgermeister Dohnanyi war der erste Bürgermeister einer deutschen Stadt, der sie als ein Unternehmen definierte (Dohnanyi 1983, Dangschat 1992).

Aktualität und Bedeutung der finanziellen Autonomie zeigen sich auch im Bezug zu möglichen fiskalischen Wirkungen des avV, die im Zuge des Projekts für Wien untersucht wurden (Soteropoulos et al. 2018b; s. auch Kap. 4.3). Parallel zu den skizzierten Trends der Stadtentwicklung kann die Verkehrs- und Mobilitätsplanung der Europäischen Stadt in der Zeit nach dem Zweiten Weltkrieg in drei unterschiedliche Phasen gegliedert werden (s. Kap 3.2.1 bis 3.2.3 sowie Abbildung 3.2.4 und 3.2.5).

Abbildung 3.2.1: **Dimensionen der Europäischen Stadt**

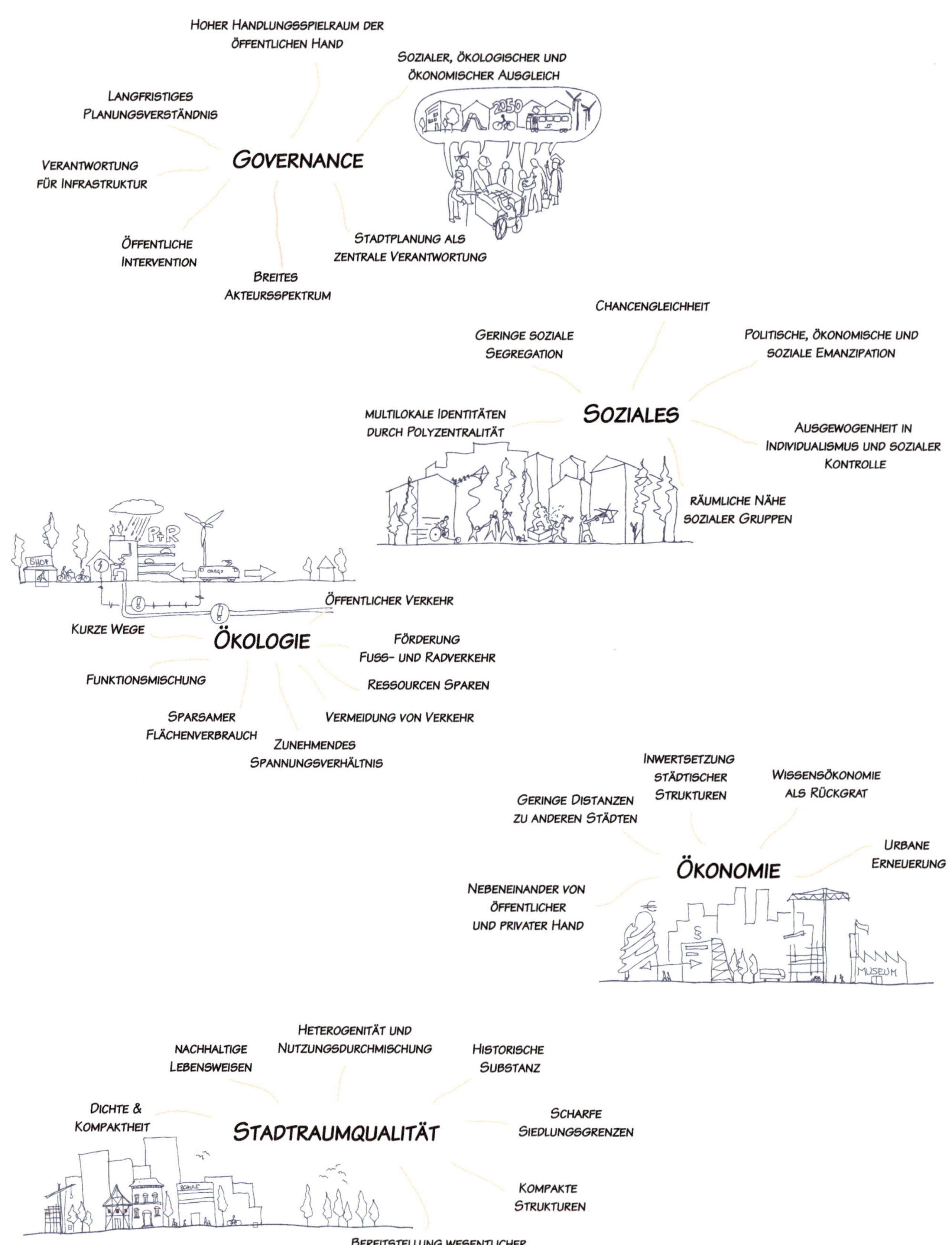

3.2.1 DIE ZERSTÖRUNG DURCH DEN WIEDERAUF-BAU – PHASE 1

Die weitgehende Zerstörung durch den Zweiten Weltkrieg ermöglichte eine Distanzierung von der Industrie- und Arbeiterstadt der Enge, der Sorgen und des Überlebenskampfes. Licht, Luft und Sonne sollten aufgehen und es wurde daraus – orientiert an der „Charta von Athen", einem beinahe verloren gegangenen Pamphlet eines Treffens von Mitgliedern der CIAM (Congrès Internationaux d'Architecture Moderne) und unter der Federführung von Le Corbusier – das Konzept der „aufgelockerten und gegliederten Stadt" entwickelt (Göderitz et al. 1957; s. Abbildung 3.2.2). Neben den Kriegszerstörungen trug die daraus folgende Orientierung an der funktionalen Trennung zur weiteren „Zerstörung" der traditionellen Europäischen Stadt bei: ihrer städtebaulichen Strukturen, der Vorstellungen von Urbanität und des gesellschaftlichen Zusammenhalts.

Die Nachkriegszeit brachte auch die rasante Zunahme der autoorientierten Mobilität. Das Auto, von Henry Ford als „Universalmodell" konzipiert, das sich auch die ArbeiterInnen der Fabrik leisten können sollten, vom Dritten Reich als „Volkswagen" instrumentalisiert, wurde nun als Symbol des Wirtschaftswunders und des „Wir sind wieder jemand!" hochstilisiert. Unter diesen Bedingungen war man bereit, dem Auto reichlich Platz einzuräumen und die Städte autogerecht zu entwickeln – mit dem Konzept der „autogerechten Stadt" von Hans Bernhard Reichow, der dazu 1959 eine konzeptionelle, jedoch nach unterschiedlichen Verkehrsarten differenzierte planerische Grundlage entwickelte. In der Fol-

gezeit geriet die Vorstellung der autogerechten Stadt vollkommen aus den Fugen. Der Autoverkehr musste möglichst störungsfrei fließen, weswegen jegliche Hindernisse wie Bauten, Fußgängerquerungen oder auch Straßenbahntrassen aus dem Weg geräumt wurden. Entworfen wurden Schneisen für Stadtautobahnen und ausgedehnte Verkehrsknoten, für welche die städtische Bebauung zu weichen hatte.

Etwa fünf Jahrzehnte war dieses städtebauliche Leitbild für den Wiederaufbau und den Ausbau der Siedlungsstrukturen europäischer Städte in Westeuropa, aber auch in sozialistischen Ländern prägend (Goldzamt 1973): Man baute Großsiedlungen neben Bürostandorten, Einkaufszentren neben Universitäten und anderen Bildungseinrichtungen – getrennt durch Grüngürtel und verbunden durch autogerechte Straßen. Die sich ausweitende Automobilität seit dem Ende der 1960er Jahre war auch die Voraussetzung für eine Suburbanisierung, die Abwanderung von jungen, aufstiegsorientierten Familien, von haushaltsbezogenen Dienstleistungen, später von Büros und Leichtindustrie ins städtische Umland (Friedrichs 1978, Brake et al. 2001).

Ende der 1960er und Anfang der 1970er Jahre setzte ein Prozess des Umdenkens ein. Der Sozialwissenschaftler Alexander Mitscherlich veröffentlichte 1965 sein Buch zur „Unwirtlichkeit der Städte" und kritisiert darin die rein an funktionalistischen Prinzipien orientierten Strategien der Stadtentwicklung und der Stadterneuerung. Der Deutsche Städtetag unter dem Vorsitz des Münchener Bürgermeisters Hans-Jochen Vogel forderte schließlich „Rettet unsere Städte jetzt!"

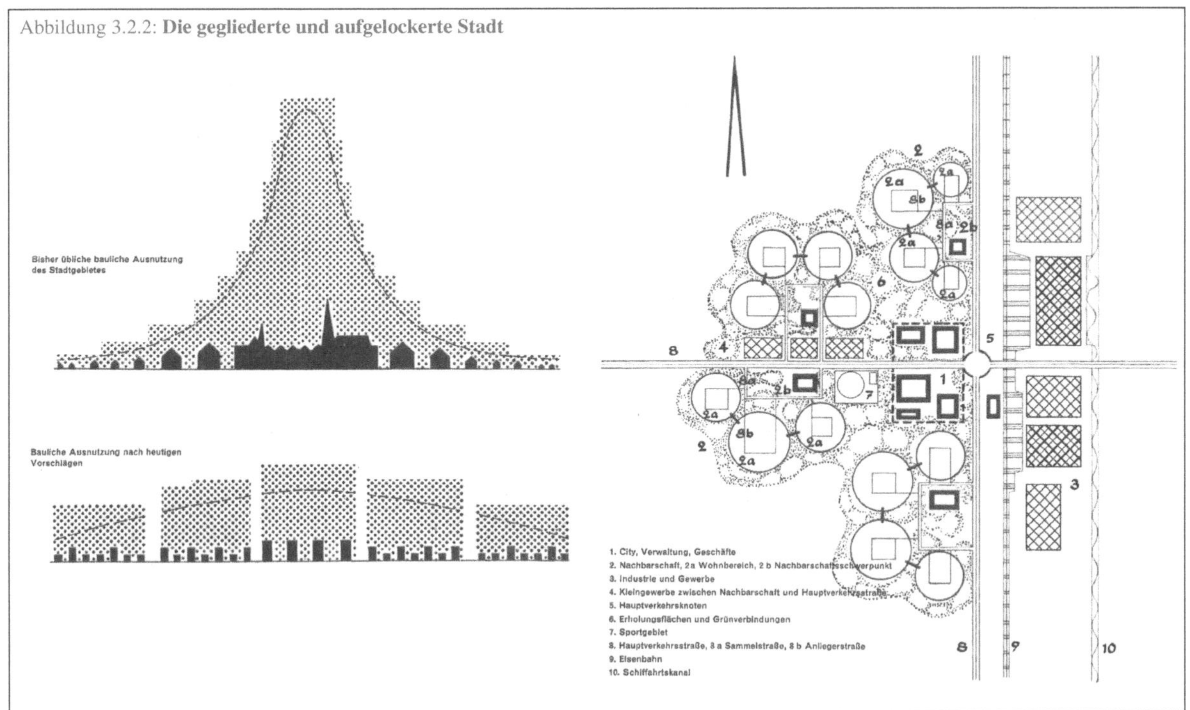

Abbildung 3.2.2: **Die gegliederte und aufgelockerte Stadt**

Quelle: Göderitz (1957) © Wasmuth & Zohlen Verlag, Berlin

Abbildung 3.2.3: **Friedrich-Engels-Platz in Leipzig nach dem Umbau im Jahr 1971**

Autogerechte Stadt durch Entmischung der Verkehrsträger: getrennte, konfliktarme Verkehrsflächen für FußgängerInnen, Autoverkehr und Straßenbahn sowie großzügige Gestaltung des gesamten Verkehrsraums

Quelle: Bundesarchiv Deutschland

(DStT 1971), der Club of Rome veröffentlichte 1972 seinen Bericht zu den „Grenzen des Wachstums". Vor allem aber die Ölkrise von 1972 machte deutlich, dass ein Umdenken in Fragen des Ressourcenverbrauchs zwingend notwendig ist. All dies führte zu einer Neuorientierung und zur Rückbesinnung auf die Werte und Qualitäten der Europäischen Stadt.

3.2.2 EINE BEHUTSAME STADTERNEUERUNG – PHASE 2

In der zweiten Phase der Nachkriegsentwicklung wurde begonnen, nicht zuletzt ausgelöst durch massive Bürgerproteste, die Strategie der Flächensanierungen aufzugeben, und durch die Strategie der „behutsamen Stadterneuerung" ersetzt. Ging es dabei anfänglich ausschließlich um die bauliche Entscheidung darüber, ob ein Gebäude „erhaltenswert" sei, wurde aufgrund der neuen Gesetzeslage über das Städtebauförderungsgesetz im Jahr 1971 die Beteiligung von BewohnerInnen bei Sanierungsmaßnahmen verpflichtend. Ende der 1970er Jahre wurden im Zuge der Sanierung von Berlin-Kreuzberg erstmals „12 Grundsätze der Stadterneuerung" entwickelt (Hämer 1990), die auf Bezirksebene politisch akzeptiert wurden und über die Internationale Bauausstellung (IBA) in Berlin 1984 zum Leitbild der Berliner Bevölkerung und letztlich auch der deutschen Stadterneuerung geworden sind.

Diese Art der „behutsamen Stadterneuerung" beförderte im Kontext staatlicher Regelungen (wie Mieterschutz, Wohnbau- und Sanierungsförderung, Abschreibungen für Wohnungsbesitz etc.) und baulicher Umgestaltung des öffentlichen Raums durch Verkehrsberuhigung eine veränderte Nachfrage nach innenstadtnahem Wohnen, was in Großstädten wie München, Hamburg und Düsseldorf seit den späten 1970er Jahren zur Gentrifizierung führte (Dangschat 1988). Die Verkehrsentwicklung wurde nun durch den starken Ausbau des (schienengebundenen) ÖV gestärkt, ohne jedoch vorerst noch den Raum für Autos zu beschneiden.

3.2.3 DIE LEBENSWERTE STADT – PHASE 3

Die Phase des „Sowohl-als-auch" wurde durch eine dritte Phase des Rückbaus, der Verbesserung des Aufenthalts im öffentlichen Raum, der Steigerung der Lebensqualität durch die Verringerung von Emissionen (wie Lärm und Treibhausgase) und das Fördern – und das Fordern seitens bestimmter sozialer Gruppen – aktiver Mobilität durch Zufußgehen, Fahrrad- und Rollerfahren abgelöst (Jones 2017). Auf Bund- und Länderebene wurden Programme zur Wohnumfeldverbesserung und Verkehrsberuhigung aufgelegt, die später in einem umfassenderen Verständnis zum Bund-Länder-Programm „Soziale Stadt" weiterentwickelt wurden, in dem integrierte Planungsansätze mit dem Ziel der Beförderung lebendiger Nachbarschaften und des sozialen Zusammenhalts deutlich an Bedeutung gewonnen haben.[1] Aufgrund zunehmender ökologischer und (stadt)klimatischer Probleme und Herausforderungen, aber auch des Wertewandels von Teilen der Stadtgesellschaft, die stärker an ökologischer Ernährung, Gesundheitsbewusstsein, Wellness und Lebensqualität orientiert sind (LOHAS = Lifestyles of Health and Sustainability), wurden und werden zunehmend Ziele einer nachhaltigen Stadtentwicklung gestärkt.

Politisch-planerisch wurde auf diese veränderten Rahmenbedingungen mit der Neu- und Umgestaltung des öffentlichen Raums, der Verkehrsberuhigung und der Ausweitung von Fahrradwegen sowie dem Rückbau von Parkplätzen reagiert. Im Wohnungsbau wurden zunehmend Auflagen für Energieeinsparungen und Behindertengerechtigkeit eingeführt und Mobilitätskonzepte entwickelt, die den Verzicht auf das eigene Auto und damit die Einsparung von Mobilitätskosten zum Gegenstand haben. Gleichzeitig wurden wieder die Bemühungen um eine soziale Mischung bei der Erstbelegung verstärkt und in „problematischen" Stadtteilen ein Quartiersmanagement eingeführt.

Im Verkehrs- und Mobilitätsbereich wurde eine verstärkte Aufmerksamkeit auf die Verlagerung des motorisierten Individualverkehrs (MIV) hin zum ÖV, dem Fahrradfahren und Zufußgehen (Umweltverbund) gelegt. Der Ausbau multimodaler Verkehrskonzepte rückt in den Fokus der Stadt- und Mobilitätsentwicklung. Zudem wurden seit den letzten Jahren erste Vernetzungen unterschiedlicher Verkehrsträger mittels Apps und digitaler Plattformen hergestellt, die zum einen ein breites Angebot möglicher Verkehrsträger, ein übergreifendes Ticketing, die Berechnung der Kosten und weitere Informationen beinhalten (MaaS). Das aktu-

Abbildung 3.2.4: **Phasen der Verkehrs- und Mobilitätsplanung und -politik in der Europäischen Stadt**

	PHASE 1 Anpassung an das Verkehrswachstum	**PHASE 2** Unterstützung der Verkehrsverlagerung	**PHASE 3** Förderung lebenswerter Städte
MERKMALE NACH JONES	• Starker Anstieg von Fahrzeugbesitz (sozial differenziert) • Fokus auf Fahrzeug und Infrastruktur • Wirtschaftswachstum als Zielsystem • Geringe Investitionen in Fuß- und Radverkehr	• Negative soziale und Umwelteffekte werden sichtbar • Steuernde Lösungsansätze und öffentliche Einflussnahme • Ausbau des ÖV • Parkraumbewirtschaftung, Zufahrtsbeschränkungen	• Fokus auf lebenswerten Raum und nachhaltige Mobilitätsformen • „Weiche" Standortfaktoren als Ziel • Stärkere Steuerung und sozialwissenschaftliche Lösungsansätze • Rückgewinnung des öffentlichen Raums • Rückgang des Fahrzeugbesitzes
PLANUNGS-PARADIGMEN	• Gegliederte und aufgelockerte Stadt (Göderitz 1957) • Autogerechte Stadt (Reichow 1959) • Traffic in Towns (Buchanan 1963) • Charta von Athen (CIAM 1933)	• 12 Grundsätze zur behutsamen Stadterneuerung (Hämer 1990) • IBA Berlin (1984) • Verkehrsberuhigung in Wohngebieten: Großversuch (DE), Woonerf (NL)	• Deutscher Städtetag 2018 • SUMP (Sustainable Urban Mobility Plans) • RASt (Richtlinien für die Anlage von Stadtstraßen) • Charta von Leipzig 2007

Quelle: Merkmale nach Jones (2017)

elle Ziel der Verkehrs- und Mobilitätspolitik ist, eine weitgehend autofreie Multimodalität in den Städten zu unterstützen. Gleichzeitig aber ist zu beobachten, wie – bedingt durch die starke Bedeutungszunahme des digitalen Handels – die Distributionsverkehre in den Städten zunehmen.

3.2.4 DER EINFLUSS VON AUTOMATISIERTEN UND VERNETZTEN FAHRZEUGEN AUF DIE VERKEHRS- UND MOBILITÄTSPOLITIK

Es stellt sich die Frage, wie die Einführung des avV die Verkehrs- und Mobilitätspolitik in der Europäischen Stadt beeinflusst. Der avV wird in der Regel positiv eingeschätzt (STRIA 2019), aber welche (städte)baulichen Maßnahmen, Regulationen und Überwachungssysteme dazu notwendig werden, wird in diesem Zusammenhang kaum erwähnt. Es stellt sich daher die Frage, ob der avV den Zielen der aktuellen Stadt- und Mobilitätsentwicklung der Phase 3 entspricht und diese unterstützt oder ob aufgrund des Platz- und Abgrenzungsbedarfs des avV eigene, oftmals geschützte Fahrspuren neue Verkehrsbauten notwendig machen (Rupprecht et al. 2018). Letztlich wird auch aufgrund der Annahme, dass durch avF das Verkehrsaufkommen steigt, befürchtet, dass die Europäische Stadt avF-gerecht umgebaut werden könnte (Rückfall in Phase 1; Jones 2017, Dangschat 2018, Rupprecht et al. 2018). In Abbildung 3.2.4 wird deutlich, dass die künftige Adaption der Verkehrs- und Mobilitätsplanung in starkem Maße von der zukünftigen Governance abhängt und welche Zielsetzungen sich in

diesem Zusammenhang durchsetzen (dazu die Szenarien in Kap. 5).

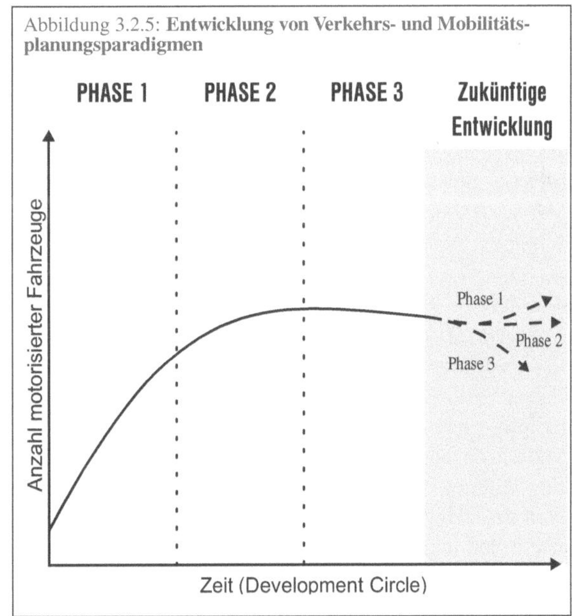

Abbildung 3.2.5: **Entwicklung von Verkehrs- und Mobilitätsplanungsparadigmen**

Quelle: AVENUE21 nach Jones (2017)

1   Auf europäischer Ebene wurde anlässlich der Ratsführerschaft Deutschlands mit der „Charta von Leipzig" ein europaweites Leitbild nachhaltiger Entwicklung erstellt und für die europäische Stadtentwicklung als verbindlich erklärt (BMVBS 2007). Die dort formulierten Ziele stehen in deutlichem Widerspruch zu den in der „Charta von Athen" verankerten Orientierungen.

3.3
NEUE MOBILITÄT:
ENTWICKLUNGEN, CHANCEN UND RISIKEN[1]

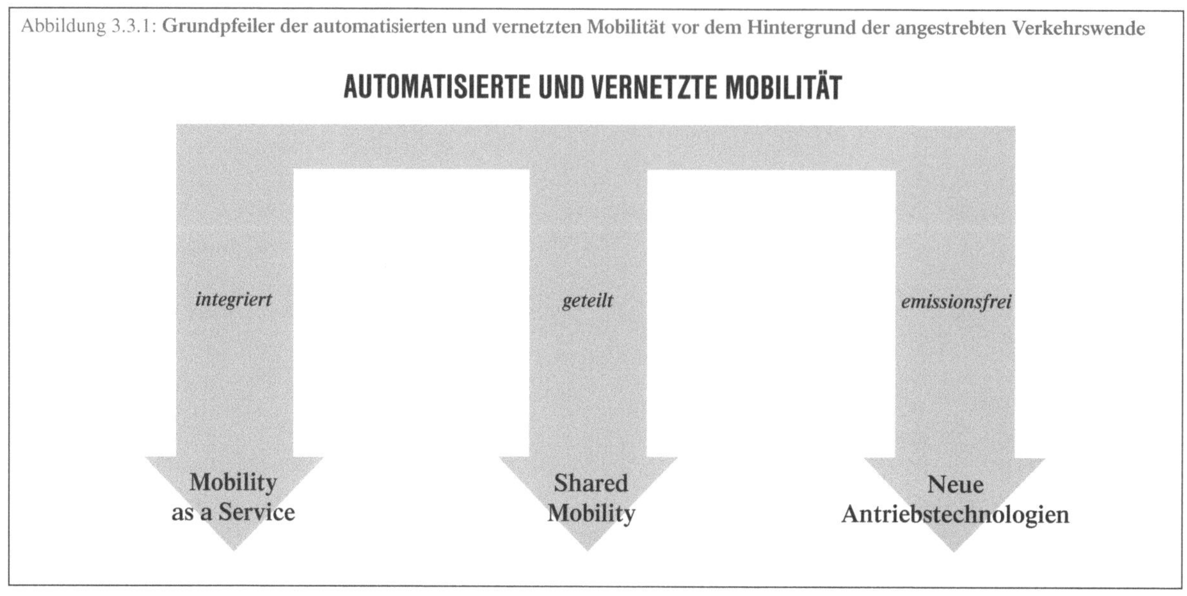

Abbildung 3.3.1: **Grundpfeiler der automatisierten und vernetzten Mobilität vor dem Hintergrund der angestrebten Verkehrswende**

Quelle: AVENUE21

Megatrends eignen sich gut, um mögliche zukünftige Entscheidungsräume einzuengen[2] und eine Orientierung für zukunftsgerichtete Forschung darzustellen (WBGU 2011). Aktuelle Megatrends – mit Auswirkungen auf (automatisierte) Mobilität – werden in Kapitel 3.1 näher diskutiert. Vor dem Hintergrund der angestrebten Verkehrswende (Kapitel 1) wird die reine Automatisierung von Fahrzeugen nur schwer dem immer stärker drängenden Handlungsbedarf in Zeiten des Klimawandels gerecht. Entscheidend wird sein, inwieweit automatisierte Fahrzeuge emissionsfrei und eingebettet in ein integriertes Mobilitätsdienstleistungskonzept (MaaS) als Shared Mobility zum Einsatz kommen (Lennert & Schönduwe 2017). Hier werden deshalb das MaaS-Konzept sowie die Themenfelder Shared Mobility und neue Antriebstechnologien vor dem Hintergrund des automatisierten Fahrens dargestellt und deren zukünftige Entwicklungsmöglichkeiten diskutiert.

3.3.1 MOBILITY AS A SERVICE

Mobility as a Service (MaaS), d. h. Mobilität als Dienstleistung, ist ein Konzept, welches öffentliche und private Verkehrsangebote (sowie unterschiedliche Verkehrsarten, darunter auch automatisierte Fahrzeuge) mit einem einheitlichen, digitalen Zugangsportal (Plattform, App) kombiniert, um so auf individuelle Bedürfnisse

angepasste, maßgeschneiderte Mobilitätslösungen anzubieten (EPOMM 2017; Jittrapirom et al. 2017, S. 14). Automatisierte und vernetzte Fahrzeuge unterstützen die Entwicklung der MaaS insofern, als dass durch die Automatisierung von Fahrzeugen die Grenzen zwischen klassischem ÖV und MIV immer weiter aufgelöst werden, was eine zunehmend flexiblere und unabhängigere Fortbewegung ermöglicht (Lenz & Fraedrich 2015, S. 189; Bruns et al. 2018, S. 12). Mit der technologischen Entwicklung von avF bieten sich neue Möglichkeiten für die Entwicklung von Geschäftsmodellen, die neuen Anbietern den Markteintritt eröffnen. Aufgrund der Automatisierung und Vernetzung sind disruptive Entwicklungen im Mobilitätsbereich und eine weitere Transformation der heute bekannten Angebotsformen vorstellbar (Gertz & Dörnemann 2016, S. 5). Wesentliche Bestandteile einer MaaS-Lösung sind (Jittrapirom et al. 2017, S. 16; Lund 2017):

- *MaaS-Betreiber/-Integratoren*
  Sie verkaufen einen gesamten Service an EndkundInnen, betreiben u. a. das Kundenmanagement und führen Marketingstrategien durch. MaaS-Angebote können entweder privat, öffentlich oder eine Mischung aus beidem sein. Die Mischformen werden als PPP (Public-Private Partnership)-Modell oder PPPP (Public-Private-People Partnership)-Modell bezeichnet.

Letzteres zeichnet sich durch die Erweiterung um Peer-to-Peer-Sharing und soziale Dimensionen aus (Aapaoja et al. 2017, S. 9–11). Die Schwierigkeiten in der Praxis bestehen oftmals in der Suche nach einer geeigneten Betreiberstruktur: Auf der einen Seite haben reine Plattformanbieter keine Kontrolle und keine Verantwortung für die einzelnen Dienstleistungen, auf der anderen Seite haben ÖV-Betreiber und private Mobilitätsbetreiber als Akteure ein Interesse daran, ihr eigenes Mobilitätsangebot zu favorisieren (Smith et al. 2017, S. 8).

■ *Zusammenarbeit verschiedener Mobilitätsanbieter*

Die Zusammenarbeit verschiedener Mobilitätsanbieter (wie Car- und Bike-Sharing- sowie ÖV- und Taxibetreiber) als horizontale Integration ist für ein erfolgreiches System erforderlich (Joschunat et al. 2016, S. 70; Li & Voege 2017). Um eine Tür-zu-Tür-Mobilität zu ermöglichen, ist eine gebündelte Integration aus angebotsorientierten Services (ÖV im Taktfahrplan) und nachfrageorientierten Angeboten (z. B. Bike-Sharing, av-Ride-Sharing, av-Car-Sharing) anzustreben (Lund 2017). Vor allem bezüglich der ersten und letzten Meile wird großes Potenzial für automatisierte Fahrzeuge als Zubringersysteme zu ÖV-Knoten im städtischen wie im ländlichen Raum gesehen (BMVIT 2016c, Ohnemus & Perl 2016). Mit einer großen Auswahl an Verkehrsmitteln bzw. Mobilitätsservices können MaaS-Betreiber eher die unterschiedlichen Bedürfnisse und Präferenzen der KundInnen erfüllen (Goulding & Karmagianni 2018, S. 2).

■ *Mobilitätsplattformen (Informations- und Kommunikationstechnologie)*

Die Kernkomponenten wie Informationen zu Mobilitätsalternativen und Buchungen sowie Zahlungen und Abrechnungen von genutzten Mobilitätsservices werden auf einer Plattform verwaltet (vertikale Integration; Joschunat et al. 2016, S. 70). Der Umfang der vertikalen Integration kann nach Sochor et al. (2017, S. 193–196) in unterschiedliche Level eingeteilt werden: Level 0 (keine Integration), Level 1 (Integration von Informationen), Level 2 (zusätzliche Integration von Buchung und Zahlung), Level 3 (zusätzliches integriertes Serviceangebot) und Level 4 (Integration von gesellschaftspolitischen Zielen, Incentives).

Ansätze der MaaS werden international derzeit in verschiedenen Kontexten implementiert[3]: In Göteborg wurde 2014 im Rahmen des „Go:Smart/UbiGo"-Pilotprojekts mit 70 Haushalten eine entsprechende App getestet, in Stockholm wurde 2018 ein Pilottest der Mobilitäts-App „UbiGo"[4] gestartet. Wesentliche Erkenntnis aus dem ersten Pilotprojekt in Göteborg ist, dass MaaS zu einer Veränderung im Mobilitätsverhalten und zu einer erhöhten Zufriedenheit der Nutzenden führen kann (https://ubigo.me/). In Helsinki gibt es seit 2016 die App „Whim" (https://whimapp.com/), in Österreich besteht funktional und modal integrierte MaaS-Erfahrung durch das nationale Projekt „SMILE – einfach mobil" (2012–2015), in Wien steht seit 2017 die „WienMobil"-App zur Verfügung.

Mittlerweile ist bereits ein wachsender Anteil der Bevölkerung multimodal unterwegs, d. h. Personen nutzen

Abbildung 3.3.2: **MaaS – Chancen, Risiken und Hindernisse**

CHANCEN	• Schaffung von wettbewerbsfähigen, nachhaltigen Alternativen zum privaten Pkw und Verringerung der MIV-Nutzung (etwa Lund 2017, Holmberg et al. 2016) • Verbesserung der Effizienz von bestehenden Mobilitätsangeboten und öffentlichem Verkehrseinsatz, auch in Hinblick auf weniger dicht besiedelte Räume (Gertz & Dörnemann 2016, Hoadley 2017, Bösch et al. 2018) • Entwicklung eines inklusiven Mobilitätssystems durch die Möglichkeit, MaaS angepasst an die eigenen persönlichen Bedürfnisse zu nutzen (Personalisierung des Angebots; Hoadley 2017)
RISIKEN	• Exklusion zum einen von nicht technikaffinen Personen durch Digitalisierung der Mobilitätsservices („digitale Kluft"; Hoadley 2017), zum anderen von Personen, die sich den Zugang nicht leisten können (Mobilitätsarmut), durch Business-Modelle, d. h. private Betreiberstrukturen (Pangbourne et al. 2019) • Sozialräumliche Ungleichheiten, wenn kommerziell ausgerichtete Betreiberstrukturen dazu führen, dass MaaS ausschließlich in dichten urbanen Räumen angeboten wird und nicht in weniger dicht besiedelten Räumen (Alberts et al. 2016) • Rebound-Effekte, z. B. wenn durch ein Ungleichgewicht der Modi (Eckhardt et al. 2018) Personen Zugang zu motorisierten Fahrzeugen bekommen, die vorher keinen hatten (Datson 2016, Durand et al. 2018)
HINDERNISSE	• Leichtfertige Verwendung der Bezeichnung MaaS – Ziel von MaaS muss das Erreichen der MaaS-Level 3 und 4 sein (Harms et al. 2018) • Noch große Ungewissheit über Auswirkungen von MaaS – auf individueller Ebene (Mobilitätsverhalten, Alltagsintegration) und gesellschaftlicher (z. B. soziale und ökologische Nachhaltigkeit; Durand et al. 2018) • Governance-Strukturen stehen durch MaaS vor großen Herausforderungen – z. B. fehlende Verankerung von MaaS in öffentlichen Strategieplänen, Machtverschiebungen durch Datenverfügbarkeit (Big Data) an private Akteure, Gefahr des Outsourcings von Innovationen an den privaten Sektor (Pangbourne et al. 2019)

verschiedene Verkehrsmittel in ihrem Alltag, um Wege zurückzulegen (Busch-Geertsema et al. 2016, S. 757). Vor allem im urbanen Bereich und bei jüngeren Personen wird mittels Smartphone und App recherchiert, mit welchen Modi der Weg am besten (z. B. am schnellsten, am bequemsten ohne Umsteigen) zurückgelegt werden kann: zu Fuß, mit dem Rad, dem ÖV, Car-Sharing etc. (BMVIT 2019). Durch die (technologische) Weiterentwicklung der Plattformen (Individualisierung der Angebote, Anpassung an persönliche Routinen) sowie eine Integration zusätzlicher Angebote können neue Zielgruppen erreicht werden. Dabei fällt auf, dass bisherige sozialökologische Ideale zusehends von pragmatischen Mobilitätsorientierungen der KundInnen abgelöst werden: Durch flexible Angebote werden hochmobile, wahlfreie Menschen angesprochen, die ihre Mobilität mit vielfältigen Zugängen sichern wollen (Maertins 2006).

Das Ausmaß der Mobilitätsnachfrage nach MaaS-Angeboten hängt von verschiedenen Faktoren ab (Harms et al. 2018, S. 23–24):

- *Mobilitätsverhalten*
  Studien zeigen, dass AutobesitzerInnen[5], die ihr Auto sehr häufig benutzen (vier oder mehr Tage pro Woche) und nicht oder kaum mit dem ÖV unterwegs sind, am wenigsten geneigt sind, sich für MaaS zu entscheiden (Ho et al. 2017). Erfahrungen in der (intermodalen) Nutzung von öffentlichen Verkehrsmitteln erhöhen hingegen die Wahrscheinlichkeit, auch MaaS zu verwenden.

- *Wegecharakteristika*
  MaaS verfügt über ein besonderes Potenzial bei Freizeitwegen bzw. bei unregelmäßigen Wegen zu unbekannten Zielen das Mehr an Informationen wird durch MaaS integriert abgedeckt (Harms et al. 2018, S. 23).

- *Digitale Skills*
  Junge Erwachsene mit guten digitalen Fähigkeiten neigen eher dazu, MaaS zu nutzen, als ältere und gegebenenfalls technikfremdere Generationen (Kamargianni et al. 2018).

- *Soziodemographie*
  Haushalte mit zwei oder mehr kleinen Kindern zeigen ein geringeres Interesse an MaaS als andere Haushalte (Haahtela & Viitamo 2017; Ho et al. 2017). Vor dem Hintergrund, dass soziale Strukturen die individuelle Mobilität und den Zugang zu dieser maßgebend beeinflussen, ist es wichtig, bei künftiger MaaS-Forschung nicht Individuen, sondern auch familiäre Strukturen als Analyseeinheit heranzuziehen (Haahtela & Viitamo 2017).

- *(Mobilitäts)kulturelle Aspekte*
  Von besonderer Bedeutung ist der Grad der „Serviceorientierung" einer Gesellschaft (Haahtela & Viitamo 2017).

Die exemplarisch angeführten Punkte zeigen, dass in der Gesellschaft unterschiedliche Voraussetzungen für die Zugänglichkeit zu MaaS-Angeboten bestehen. Vor die-

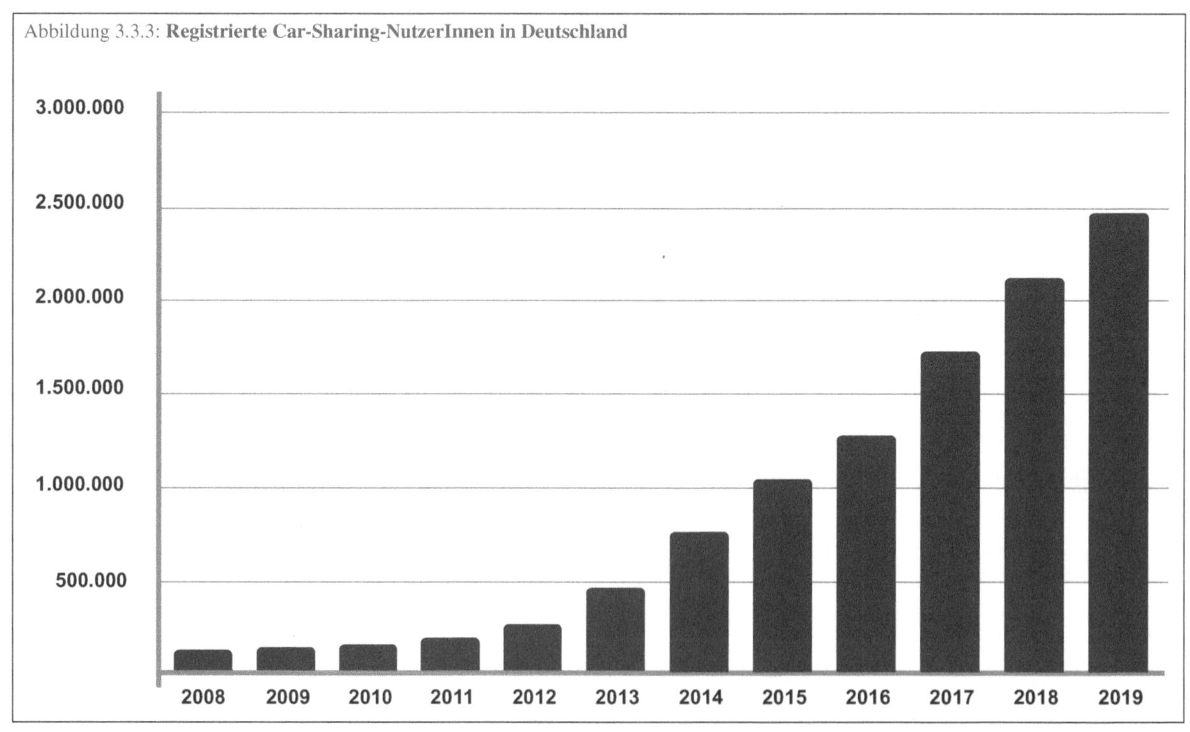

Abbildung 3.3.3: **Registrierte Car-Sharing-NutzerInnen in Deutschland**

Quelle: AVENUE21 nach Bundesverband für CarSharing (2019), Zugriff über Statista sem Hintergrund müssen MaaS-Angebote zielgruppenspezifisch eingeführt werden, damit ein Reproduzieren von Ungleichheiten in der Gesellschaft (z. B. „digital divide") vermieden werden kann (Durand et al. 2018).

3.3.2 SHARED MOBILITY

Shared Mobility ist ein Teilbereich der Sharing Economy und bezieht sich auf Mobilitätsdienstleistungen, die eine gemeinsame Nutzung durch mehrere Personen ermöglichen (BMVIT 2016c, S. 12). Shared Mobility ist zwischen eigentumsbasierter und öffentlicher Mobilität angesiedelt und erlaubt den Zugang zu Verkehrsmitteln, ohne sie besitzen zu müssen (Kollosche & Schwedes 2016, S. 26).

Shared Mobility gilt – durch die Erhöhung der Auslastung von Fahrten und Fahrzeugen – als ein wesentlicher Hoffnungsträger in Hinblick auf eine klima- und ressourcenschonende Mobilität. Auch im Kontext von automatisierten Fahrzeugen ist ihre geteilte Nutzung die Voraussetzung dafür, dass die Zahl an Pkws deutlich verringert wird, die bestehende Infrastruktur effizienter genutzt und die Lebensqualität durch die Rückgewinnung und Umnutzung des Straßenraums gesteigert werden kann (BMVIT 2016c, S. 60; s. auch Kap. 4.3).

Üblicherweise werden die geteilten Mobilitätsangebote über eine App und/oder eine Internetplattform gebucht und abgerechnet. Innerhalb der letzten Jahre ist eine Vielzahl an Sharing-Angeboten im Mobilitätsbereich mit unterschiedlichen Organisationsformen und Motivlagen entstanden (Scholl et al. 2013; BMVIT 2016c): kommerziell (Business-to-Consumer – B2C, Business-to-Business – B2B), nicht kommerziell (Consumer-to-Consumer – C2C) und öffentlich (Government-to-Consumer – G2C). Aktuell werden Shared-Mobility-Systeme vorrangig über zwei verschiedene Standortsysteme angeboten: als stationsbasierte oder stationsunabhängige („free-floating"). Die zunehmende Attraktivität der Shared Mobility ist vor allem auf Free-floating-Systeme zurückzuführen, die durch avF, die einige Meter zum Abholort zurückkehren können, weiter absolut und relativ bedeutsamer werden könnten (Shaheen & Chan 2016, S. 577).

Nach wie vor wird Shared Mobility jedoch sozial selektiv benutzt: Die KundInnen sind häufiger männlich und tendenziell jünger als der Durchschnitt der Bevölkerung, sie verfügen über eine vergleichsweise bessere Bildung und ein höheres Einkommen (Böhler et al. 2007, Kopp et al. 2015, Riegler et al. 2016, Hülsmann et al. 2018).

Fördernde soziokulturelle Faktoren für Shared Mobility sind:

- Wertewandel, der durch einen Bedeutungsverlust des Eigentums gekennzeichnet ist (Botsman 2013, Owyang et al. 2014, Priddat 2015);

Abbildung 3.3.4: **Shared Mobility – Chancen, Risiken und Hindernisse**

CHANCEN	• Datenanalyse des Mobilitätsverhaltens durch wachsenden Automatisierungsgrad und darauf aufbauend Optimierungspotenzial der Angebote (Freese & Schönberg 2014) • Kosteneinsparungen und effizientere Nutzung der Ressourcen durch automatisierte und vernetzte Fahrzeuge (Bösch et al. 2018) • Erweiterung des Angebots der Shared Mobility durch zunehmende Vielfalt an Fahrzeugtypen (z. B. E-Autos; BMVIT 2016c) • Nutzen statt besitzen: Veränderte Einstellungen führen tendenziell zu einer weiteren Verbreitung geteilter und vernetzter Formen von Mobilität (BMVIT 2016c), getrieben von Informations- und Kommunikationstechnologien, Digitalisierung und kulturellen Wandlungsprozessen (Alberts et al. 2016)
RISIKEN	• Große Unübersichtlichkeit der Sharing-Angebote, fehlende Vernetzung und Integration (wenn Einbettung in ein MaaS-System unterbleibt), großer Aufwand für NutzerInnen (BMVIT 2016c) • Relocation-Herausforderung bei Free-floating-Systemen: Fahrzeuge stecken in „Cold Spots" fest, unattraktiv für NutzerInnen, Stehzeiten für Betreiber unrentabel (Weikl & Bogenberger 2013) • Durch neue Formen der Shared Mobility (E-Scooter) Nutzungskonflikte im öffentlichen Raum (Riegler 2018)
HINDERNISSE	• Routinengeprägte Alltagsmobilität (Scheiner 2009) • Ängste und Vorbehalte gegenüber „den Anderen" behindern eine hohe Nachfrage an der geteilten Nutzung von fahrerlosen Kleinfahrzeugen (Salonen & Haavisto 2019) • Zugänglichkeit (Entfernung zum Fahrzeug) und Verfügbarkeit der Fahrzeuge – Automatisierung und Vernetzung der Systeme könnte dem entgegenwirken (BMVIT 2016c) • Organisatorische und unternehmensstrategische Aspekte behindern die Entstehung einer integrierten Informations- und Kommunikationsplattform (MaaS; BMVIT 2016c) • Teils Mangel an Planbarkeit und Sicherheit durch die hohe Flexibilität von Shared Mobility (Vogel et al. 2014)

- Sharing wird mit modernen Werten, einem Zugewinn an Freiheit sowie hoher Flexibilität und Ungebundenheit assoziiert (Harms 2003).

- Wachsendes allgemeines Bewusstsein für die ökologischen Folgen des eigenen Handelns, auch wenn das „grüne Image" (Steding et al. 2004, Gossen 2012, Lindloff et al. 2014) mittlerweile an Bedeutung verliert.

- Alltagskompatibilität und pragmatische Argumente gewinnen an Bedeutung (Loose 2010, Lindloff et al. 2014; z. B. Komfort, Flexibilität, gute Erreichbarkeit der Leihstandorte, einfache und unkomplizierte Nutzung, Kostenersparnis).

Relevant im Kontext des avV sind v. a. zwei Formen der Shared Mobility: Car-Sharing, sprich das Teilen von Fahrzeugen, und Ride-Sharing, das Teilen von Fahrten. Automatisierte und vernetzte Fahrzeuge bieten in beiden Fällen Potenziale, die Systeme kostengünstiger und effizienter zu gestalten (Bösch et al. 2018, S. 82). Im Folgenden werden beide Formen kurz diskutiert.

Das kommerzielle Car-Sharing (B2C) hat sich in europäischen Großstädten bereits etabliert. Vor allem Free-floating-Systeme erreichten in den letzten Jahren immer mehr Großstädte, in denen Geltungsbereiche sukzessive ausgeweitet werden – wobei auch eine modale Differenzierung durch Bike-Sharing, E-Moped-Sharing oder E-Scooter-Sharing stattfindet. Obwohl (Car-)Sharing durch eine große Wachstumsdynamik[6] geprägt ist, bleibt der Anteil der Car-Sharing-NutzerInnen an der Gesamtbevölkerung bislang noch gering (s. Abb. 3.3.3).

Noch niedrige Nutzungszahlen bei steigender Tendenz zeigen sich auch in Österreich: Von den etwa 3,9 Mio. österreichischen Privathaushalten nutzen nur rund 100.000 Haushalte Car-Sharing (BMVIT 2016a in VCÖ 2018b). In einer Studie von PwC (2018) wird prognostiziert, dass im Jahr 2030 mehr als jeder dritte gefahrene Kilometer in Europa auf einer der verschiedenen Formen von „Sharing" beruhen wird. Wie viele private Pkws durch Car-Sharing ersetzt werden können, hängt vom Car-Sharing-System, den Rahmenbedingungen des Verkehrssystems in den jeweiligen Städten und (mobilitäts)kulturellen Aspekten ab – daher kommen Szenarien und Prognosen zu einem sehr unterschiedlichen Einsparungspotenzial. Für München gehen die AutorInnen der Studie beispielsweise davon aus, dass ein „free-floating" Car-Sharing-Auto 3,6 private Pkws ersetzen kann (Schreier et al. 2015), für Bremen ergibt eine Studie, dass pro stationsbasiertem Car-Sharing-Auto 16 private Pkws ersetzt werden können (Schreier et al. 2018). Generell wird die Zukunft des Car-Sharings von den großen Betreibern in der Automatisierung und Nutzung von Elektromobilität gesehen. So soll die Flotte von Car2Go beispielsweise im Jahr 2030 komplett autonom und elektrisch fahren (Stüber 2018).

Neben dem Sharing des Verkehrsmittels selbst („good sharing") gibt es weiteres „Teilen" bei der gemeinsamen gleichzeitigen Nutzung eines Fahrzeugs von unterschiedlichen Personen: je nach Fahrtanbieter wird zwischen Ride-Pooling (Verkehrs-, Mietwagen- bzw. Taxiunternehmen mit Betriebspflicht), Ride-Sharing (z. B. Blabla Car) und Ride-Selling bzw. Ride-Hailing (kommerzielle Plattformanbieter, z. B. Uber) unterschieden (Sommer 2016). Aktuell gibt es v. a. beim (C2C-)Ride-Sharing insbesondere aus Sicht der NutzerInnen einige Hemmnisse (Verfügbarkeit, Sicherheit, Nähe zu fremden Personen; Nielsen et al. 2015). Eine Automatisierung und Vernetzung des Ride-Sharing könnte dahingehend eine große Chance darstellen, durch Ermöglichung einer höheren Flexibilität den Besetzungsgrad zu steigern (Bruns et al. 2018, S. 22).

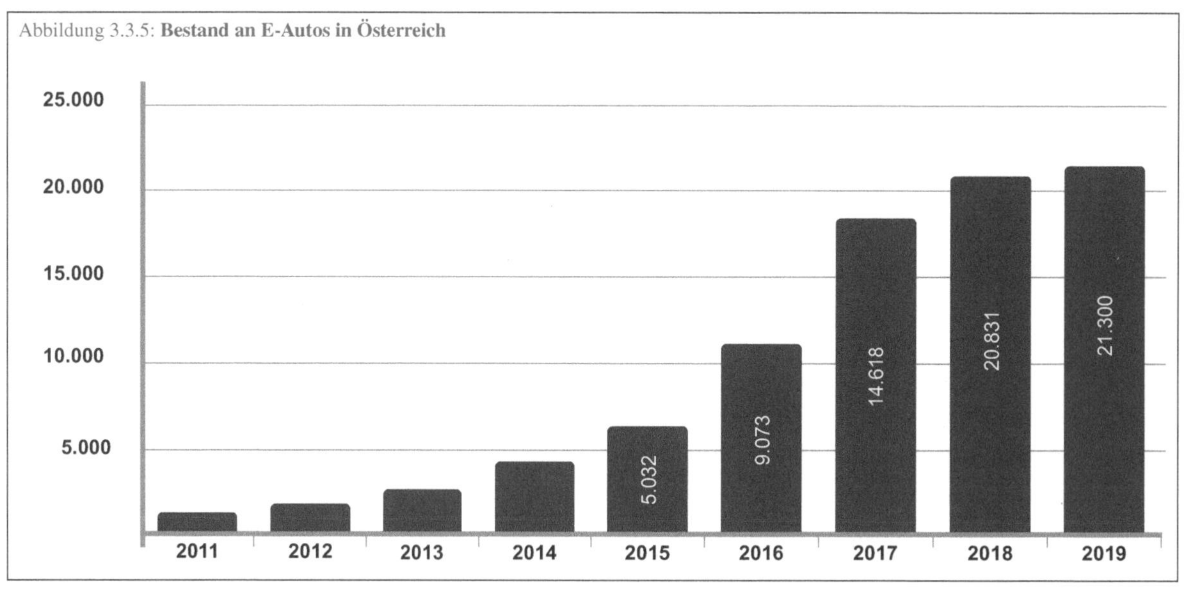

Abbildung 3.3.5: **Bestand an E-Autos in Österreich**

Quelle: AVENUE21, Statistik Austria (2019b)

3.3.3 NEUE ANTRIEBSTECHNOLOGIEN

Vor dem Hintergrund einer zunehmenden Ressourcenverknappung und einer evidenten Klimaveränderung müssen avF auch im Kontext von alternativen Kraftstoffen und neuen Antriebskonzepten diskutiert werden[7]. Neben fossilen Brennstoffen werden zunehmend auch alternative Lösungen entwickelt (Kollosche & Schwedes 2016, S. 19–20):

- Batteriebetriebene Elektrizität (aus erneuerbaren Energien),

- Elektroantriebe mit direkter Stromaufnahme (durch Leitungen oder Induktion),

- Biokraftstoffe unterschiedlicher Generation,

- Wasserstoff als Kraftstoff für den Betrieb von Brennstoffzellenfahrzeugen (zu den Vor- und Nachteilen der einzelnen Generationen UBA 2015).

Um neue Kraftstoffe anwenden zu können, bedarf es auch der Entwicklung und Produktion veränderter Antriebssysteme. Die Effizienz (Wirtschaftlichkeit, Umweltverträglichkeit, Praxistauglichkeit etc.) der Entwicklung abgestimmter Antriebssysteme und Kraftstoffe wird darüber entscheiden, welche sich am Markt durchsetzen werden (Kollosche & Schwedes 2016, S. 19–20):

- *Batteriefahrzeuge (Battery Electric Vehicle – BEV)*: Elektromotor mit Batterie, am Stromnetz aufladbar; geringere Reichweite von 200–400 km.

- *Brennstoffzellenfahrzeuge* erzeugen die benötigte Energie mithilfe einer Brennstoffzelle, die einen Elektromotor antreibt; Wasserstoff dient als Kraftstoff; keine Anbindung an das Stromnetz; durchschnittliche Reichweite von 400–600 km.

- *Brennstoffzellen-Hybrid-Elektrofahrzeuge*: Wasserstoff wird in der Brennstoffzelle in elektrische Energie umgewandelt; Fahrzeuge verfügen daher neben der Brennstoffzelle noch über eine Batterie.

- *Hybridfahrzeuge*: Kombination von klassischem Verbrennungsmotor und Elektromotor; keine Anbindung an das Stromnetz (Ausnahme: plug-in hybrid electric vehicle – PHEV).

Die Elektromobilität wird auf (nationaler und internationaler) politischer Ebene als Schlüsseltechnologie für die Dekarbonisierung des Verkehrs angesehen (BMVIT o. J.; Europäische Kommission 2018). Bislang nimmt die Zahl der zugelassenen Elektrofahrzeuge zwar schrittweise zu, doch insgesamt geht die Entwicklung nur schleppend voran (AustriaTech 2018). Die Voraussetzung für eine nennenswerte Marktdurchdringung alternativer Kraftstoffe und Antriebstechnologien ist eine bestimmte und steigende Akzeptanz durch die KundInnen. Wie die Zulassungszahlen zeigen, ist die Skepsis hier recht groß: Zum einen, weil die Vorteile dieser Technologien zu wenig bekannt sind und die noch vorhandenen Restriktionen (Anschaffungskosten, Reichweite, Dichte der Ladestationen) in den Vordergrund gestellt werden (Bobeth & Matthies 2016) – diese Argumente dienen aber häufig auch als Rationalisierung von emotionalen Vorbehalten. Obwohl die Reichweite für die größte Zahl der Fahrten völlig ausreichend wäre (Kollosche & Schwedes 2016, S. 19–20), werden diese Argumente immer wieder genannt. Zum anderen wird der Zusammenhang der eigenen (fossilen) Mobilität mit dem Klimawandel aufgrund der Emissionen teils bewusst ausgeblendet.

In Sharing-Systemen dagegen sind Elektrofahrzeuge mit deutlich höherer Akzeptanz und Attraktivität verbunden – sie werden als umweltfreundlicher und beinahe genauso praktisch wie konventionelle Fahrzeuge empfunden (Hülsmann et al. 2018, S. 120). Car-Sharing spielt demnach eine wichtige Rolle im Abbau der Hemmschwellen zur E-Mobilität und in der Ermög-

Abbildung 3.3.6: **Neue Antriebstechnologien – Chancen, Risiken und Hindernisse**

CHANCEN	• Möglichkeit eines niederschwelligen Zugangs zu neuen Antriebstechnologien durch Shared Mobility (VCÖ 2018b; Hülsmann et al. 2018) • Erhöhte Lebensqualität in Städten durch weniger Emissionen (Schadstoffe und Lärm; VCÖ 2011)
RISIKEN	• Pfadabhängigkeit durch aktuelle Fokussierung auf E-Mobilität (Fischedick & Grunwald 2017) • Skepsis der NutzerInnen gegenüber neuen Antriebstechnologien (Kollosche & Schwedes 2016) • Verkehrssicherheitsbedenken bzgl. Geräuscharmut von alternativen Antrieben (Ingenieur.de 2018)
HINDERNISSE	• Industriepolitische Strategien, die einen weiteren Ausbau der Technologien zur Gewinnung alternativer Kraftstoffe und Antriebe verhindern (Kollosche & Schwedes 2016) • E-Mobilität und deren Verbreitung sind an den Infrastrukturausbau (Ladestationen) und die Standardisierung von Steckern und Zugangsschemata, Kommunikationsprotokollen und Systemlösungen für die Abrechnung gebunden (z. B. Ebert et al. 2012)

lichung von niederschwelligen Kontaktpunkten (Hülsmann et al. 2018, S. 120). In fast jedem österreichischen Bundesland gibt es bereits E-Car-Sharing-Anbieter (e:mobil 2018), wobei gemeindebasiertes (stationäres) E-Car-Sharing vor allem im ländlichen Raum etabliert wird (u. a. durch gezielte „klimaaktiv mobil"-Förderungen; klimaaktiv 2017).

Insbesondere das politisch angestrebte Ziel, die Anzahl der E-Fahrzeuge zu erhöhen, erfordert einen deutlich intensiveren Ausbau der Ladeinfrastruktur in Wohngebäuden, der erneuerbaren Energien sowie der Netzkapazitäten. Wichtig für die Akzeptanz der E-Mobilität ist neben der Verfügbarkeit von Ladestationen auch die Dauer des Ladevorganges. Es ist daher wichtig, dass die auftretenden Wartezeiten attraktiv genutzt werden können; hier besteht allerdings aktuell noch ein großer Bedarf an geeigneten Angeboten (Ebert et al. 2012).

In diesem Sinne gilt es auch zunehmend, die Synergien zwischen Elektromobilität und automatisiertem Fahren zu nutzen – so kann die Automatisierung einigen derzeit existierenden Hemmschwellen der Elektromobilität entgegenwirken (Angst der NutzerInnen vor zu geringen Reichweiten, Zugang zu Ladeinfrastruktur, Ladezeitmanagement). Automatisierte und vernetzte Fahrzeuge können diese Aspekte selbstständig basierend auf der Echtzeit-Fahrtennachfrage verwalten (Chen et al. 2016). Zur Nutzung der Synergien auf technologischer Seite beschäftigt sich deswegen ein derzeit laufendes Projekt der RWTH Aachen (UNICARagil, www.unicaragil.de) mit der Entwicklung eines modularen und skalierbaren Fahrzeugkonzeptes für elektrisch angetriebene automatisierte Fahrzeuge, die sich flexibel an vielfältige Anwendungsfälle in Logistik und Personentransport anpassen können.

Zusammenfassend ist festzuhalten, dass avF nicht losgelöst von den drei oben beschriebenen Trends – MaaS, Shared Mobility und neue Antriebstechnologien – weitergedacht werden dürfen, um Potenziale für die Verkehrswende nutzen zu können. Aus diesem Grund wurden diese in der Szenarienentwicklung aktiv mitgedacht (s. Kap. 5).

---

1 Dieser Beitrag wurde unter besonderer Mitarbeit von Vanessa Sodl (Forschungsbereich für Verkehrssystemplanung, TU Wien) verfasst, wobei im Speziellen ihr Wissen zu MaaS und neuen Antriebstechnologien von großem Mehrwert war.

2 Megatrends stellen jedoch allenfalls global wirksame Rahmenbedingungen dar – sind also keine deterministischen Entwicklungspfade.

3 Auch wenn der Integrationsgedanke von MaaS erst in wenig Projekten umfassend verankert ist.

4 Die App kombiniert öffentliche Transportmittel, Car-Sharing, Autoverleihe und Taxis in einem intermodalen Mobilitätsservice. Jeder Haushalt wählt ein flexibles Monatsabo, das alle Familienmitglieder über den gleichen Zugang nutzen können.

5 Im Jahr 2017 hatte Wien 371 Kfz pro 1.000 EinwohnerInnen (andere österreichische Landeshauptstädte liegen aufgrund eines weniger leistungsfähigen ÖV eher bei 500 Kfz pro 1.000 Einwohner). Die Werte von München mit 349 Kfz und Hamburg mit 346 liegen knapp darunter, in Berlin sind es mit 384 ein wenig mehr. Die Zahl 300 Kfz pro 1.000 EinwohnerInnen kristallisiert sich in den entwickelten Städten Europas zu einer Art Ziel-Benchmark für einen deutlich gesenkten Kfz-Bestand heraus (ORF 2018).

6 In den letzten Jahren ist die Wachstumsdynamik allerdings etwas zurückgegangen, sichtbar auch an der Fusion verschiedener Anbieter.

7 Dennoch wird angenommen, dass die Veränderungen eher in kleinen Schritten stattfinden werden, so dass bis zum Jahr 2040 der Verbrennungsmotor weiterhin die dominierende Antriebsart darstellen wird (Bukold 2015, S. 3). Andererseits zeigen politische Beschlüsse beispielsweise in Norwegen, Frankreich und China auch, dass der Umstieg zumindest in einigen Regionen schneller ablaufen könnte.

3.4

WIRKUNGSEINSCHÄTZUNG VON AUTOMATISIERTER UND VERNETZTER MOBILITÄT DURCH EXPERT/INNEN[1]

3.4.1 ZIEL DER UMFRAGEN UND METHODOLOGIE

Im Herbst 2017 und Winter 2018/2019 wurden im Rahmen des AVENUE21-Projekts zwei Online-Befragungen unter ExpertInnen im erweiterten Feld der Stadtentwicklung, Mobilitätsplanung und Technologieentwicklung durchgeführt. Mit beiden Umfragen sollte der aktuelle Wissensstand zum Zusammenhang der Automatisierung und Vernetzung von Straßenfahrzeugen und der Entwicklung von europäischen Stadtregionen in verschiedenen Wissenschafts-, Planungs- und Wirtschaftsbereichen herausgearbeitet werden – ein Bereich, der nach Fraedrich et al. (2018) immer noch wenig erforscht ist. Innerhalb des Projekts sollten die beiden Befragungen zudem die Erstellung von parallel laufenden Szenarien unterstützen (Kap. 5).

Die Erhebungen wurden mittels standardisierter elektronischer Fragebögen durchgeführt, insgesamt wurden ca. 980 Personen über die Umfrage informiert und um Teilnahme gebeten. Bei der Auswahl der Fachleute wurde darauf geachtet, ein möglichst breites Feld an Expertisen zu berücksichtigen. Befragt wurden Personen, die in verschiedenen Bereichen der Wissenschaft forschen (technische, sozial-, wirtschafts- oder rechts-wissenschaftliche Forschung) oder bei Mobilitätsanbietern arbeiten sowie ExpertInnen aus der Entwicklung und der öffentlichen Verwaltung, der Raumplanung, der Beratung oder der Politik. In beiden Befragungen wurden sowohl Fachleute aus deutschsprachigen Ländern (mit einem deutschsprachigen Fragebogen) als auch aus dem übrigen Europa (überwiegend aus den Niederlanden und Großbritannien, mit einem englischsprachigen Fragebogen) kontaktiert. In beiden Umfragen überwiegen die deutschsprachigen Teilnehmenden deutlich.[2]

Mit den Befragungen konnte mit über 200 Rückmeldungen eine Rücklaufquote von über 20 % erreicht werden (erste Befragung 211, zweite Befragung 216). Obwohl dies für eine derartige Befragung eine relativ hohe Zahl darstellt, ist aufgrund der Non-Response-Rate von knapp 80 % mit Verzerrungen zu rechnen.

Da in diesem Projekt das Thema des avV in Bezug auf seine Auswirkungen auf die Europäische Stadt (Governance, architektonische und städtebauliche Auswirkungen, Stadtgesellschaft) betrachtet wird, sind stadtgestaltende und verkehrsplanende Professionen verhältnismäßig überrepräsentiert und Fachleute, die

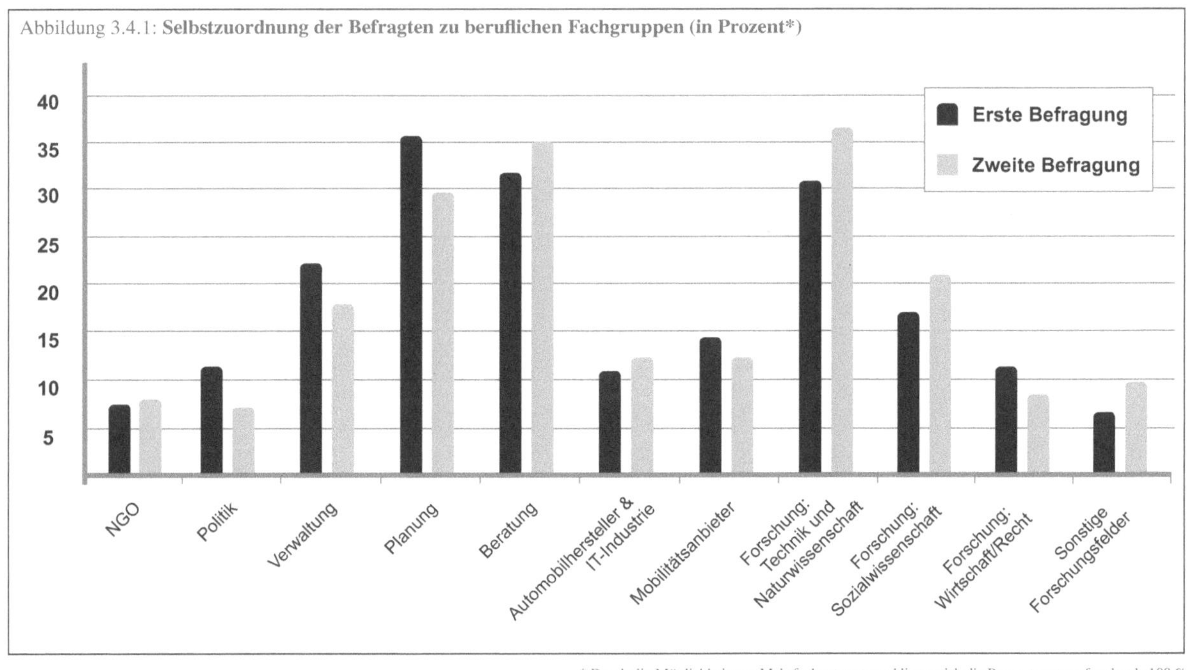

Abbildung 3.4.1: Selbstzuordnung der Befragten zu beruflichen Fachgruppen (in Prozent*)

* Durch die Möglichkeit von Mehrfachantworten addieren sich die Prozentwerte auf mehr als 100 %
Quelle: AVENUE21

sich mit technischen Systemen im engeren Sinne beschäftigen, eher unterrepräsentiert. Laut der Selbstzuordnung der Befragten (s. Abb. 3.4.1) haben besonders viele Personen teilgenommen, die sich in die Berufsfelder „Raumplanung", „Beratung" und „technisch-naturwissenschaftliche Forschung" (jeweils zwischen 30 % und 37 % der Teilnehmenden) einreihen. In der zweiten Befragung bildeten die VertreterInnen der technisch-naturwissenschaftlichen Forschung interessanterweise – im Gegensatz zur ersten Befragung – die größte Gruppe.

3.4.2 ERSTE BEFRAGUNG: STAKEHOLDER/INNEN UND IHRE BEWERTUNG DER RISIKEN UND CHANCEN DES AUTOMATISIERTEN UND VERNETZTEN VERKEHRS

Die erste – im Herbst 2017 durchgeführte – Befragung zielte darauf ab,

- den Wissensstand und die Wissensquellen der teilnehmenden ExpertInnen abzufragen,

- unterschiedliche Anwendungen (Use Cases) von avF differenziert zu betrachten und

- häufig formulierte Chancen und Risiken aus Sicht der Stadtentwicklung und Mobilitätsplanung zu bewerten.

Zunächst wurden die Teilnehmenden dazu befragt, wie sie sich über das Thema informieren bzw. wie weit ihre persönliche Erfahrung mit avV reicht. Demnach beziehen knapp 75 % der befragten ExpertInnen ihre Informationen aus (Fach-)Medien. Darüber hinaus gaben rund 60 % der Befragten an, bereits eine vertiefende wissenschaftliche Recherche oder eine Beschäftigung im Zuge von Planungs- oder Forschungsaktivitäten geleistet zu haben. Ein deutlich kleinerer Personenkreis arbeitet konkret an Tests mit avF (ca. 27 %) oder hat bereits persönliche Erfahrungen mit avF gesammelt (ca. 29 %). Personen der drei letztgenannten Gruppen wurden zudem gebeten, ihre Antworten hinsichtlich unterschiedlicher Anwendungsbereiche von avF zu differenzieren (s. Tab. 3.4.1).

Gefragt nach der Relevanz von avF für das jeweilige Berufsfeld, sehen die Teilnehmenden zu 68 % hohes bzw. sehr hohes Potenzial, mittels avF innovative Produkte oder Planungsansätze zu entwickeln. Hohes oder sehr hohes Potenzial wurde auch der Möglichkeit zugeschrieben, durch die Beschäftigung mit avF den Status der eigenen Institution zu heben (ca. 38 %) und mit avF Angebote zu entwickeln, die Kundenwünschen besser entsprechen. Die Teilnehmenden sahen zu 78 % keine Gefährdung ihres Berufsfelds durch avF.

Bei den bisherigen Praxiserfahrungen stehen automatisierte Shuttlebusse klar an erster Stelle (ca. 74 %), deutlich vor Level-4-Autos (ca. 40 %), während andere Use Cases derzeit offensichtlich noch eine geringe Rolle spielen. Die Befragten trauen unterschiedlichen Use Cases mehrheitlich zu, dass diese positiv auf ihr Berufsfeld wirken: 61 % der Befragten gaben an, dass automatisierte Shuttlebusse einen positiven Beitrag zu Herausforderungen und offenen Fragen in ihrem Berufsfeld leisten können (Abb. 3.4.1).

Tabelle 3.4.1: **Persönliche Erfahrungen und Bedarf der Befragten, differenziert nach Use Cases**

	Mit welchen Anwendungen automatisierter und vernetzter Fahrzeuge haben Sie bereits Erfahrungen gesammelt? (n = 149)			Von welchen Anwendungen automatisierter und vernetzter Fahrzeuge erwarten Sie einen positiven Beitrag im Kontext ihrer beruflichen Tätigkeit? (n = 193)		
	Antworten		% der Fälle*	Antworten		% der Fälle*
	N	%		N	%	
SHUTTLE	110	29,7	73,8	118	17,6	61,1
ÖV	47	12,7	31,5	112	16,7	58,0
CAR-SHARING	41	11,1	27,5	102	15,2	52,8
RIDE-SHARING	37	10,0	24,8	86	12,8	44,6
LEVEL 5 [3]	28	7,6	18,8	78	11,6	40,4
LEVEL 4 [4]	59	15,9	39,6	62	9,3	32,1
GÜTERVERKEHR	33	8,9	22,1	62	9,3	32,1
ANDERER USE CASE	15	4,1	10,1	7	1,0	3,6

Allen Teilnehmenden wurde die Frage gestellt, inwiefern sie automatisierten Verkehrsmitteln zutrauen, herkömmliche Mobilitätsformen zu verdrängen. Das höchste Verdrängungspotenzial wird dabei den automatisierten und vernetzten Sharing-Angeboten zugetraut. 97,6 % der Befragten erwarten, dass dieser Use Case eine der bisherigen Mobilitätsformen verdrängen wird, knapp gefolgt vom automatisierten und vernetzten Pkw (96,2 %) und dem fahrerlosen ÖV (93,4 %), während der vollautomatisierten Güterbeförderung ein deutlich geringerer Impact zugetraut wird (49,3 %; s. Abb. 3.4.2).

Umgekehrt gefragt gehen die Fachleute davon aus, dass der traditionelle ÖV am stärksten von der Verdrängung betroffen sein wird (93,4 % der ExpertInnen meinen, dass mindestens eine der abgefragten automatisierten Mobilitätsformen den herkömmlichen ÖV verdrängen wird), gefolgt vom traditionellen Pkw (89,6 % der Befragten). Diese jeweils hohen Bewertungen unterstreichen das häufig vorgebrachte Argument, dass ein zentrales Merkmal der Automatisierung sein wird, dass Grenzen zwischen Individual- und öffentlichem Verkehr verschwimmen werden („Hybridisierung", Lenz & Fraedrich 2015, S. 189–190).

Auch wenn deutlich weniger Fachleute erwarten, dass das Fahrradfahren (61,1 %) und das Zufußgehen (56,4 %) an Bedeutung verlieren, heißt es doch, dass auch diese aktiven Mobilitätsformen mit hoher Wahrscheinlichkeit durch den avV verdrängt werden, was im Widerspruch zu den Zielen der aktuellen Mobilitätspolitik, die aktive Mobilität auszuweiten, steht.

Ein weiterer relevanter Punkt ist das hohe Verdrängungspotenzial von avF gegenüber herkömmlichen Verkehrsmitteln (s. Abb. 3.4.2). Hierbei wird der voll-

automatisierten Güterbeförderung gegenüber geläufigen Pkws (42,7 %) ein auffällig hoher Wert zugesprochen. Das bedeutet, dass die Automatisierung nicht nur die bisherige Nutzung der Verkehrsmittel verändern wird, sondern auch die Frage aufwirft, welche Wege komplett an Maschinen delegiert werden könnten.

Um herauszufinden, wie die Befragten häufig angebrachte Argumente zu möglichen Wirkungen von avF bewerten, wurden diese nach möglichen Vor- und Nachteilen – hier in zwei Tabellen (Tab. 3.4.2 und 3.4.3) aufgeführt und strukturiert – zur Bewertung vorgelegt.

Die 14 abgefragten Vorteile wurden mithilfe einer Faktorenanalyse, einer statistischen Methode, bei der miteinander korrelierende Variablen zusammengefasst werden, gruppiert (s. Tab. 3.4.2, Backhaus et al. 2019). Zwei Faktoren konnten so ermittelt werden: Der erste Faktor fasst strukturpolitische und soziale Aspekte zusammen (mit einer Varianzaufklärung von 28 %), der zweite eher marktwirtschaftlich relevante Aspekte (Varianzaufklärung 21 %). Reiht man die einzelnen Aussagen nach den durchschnittlichen Zustimmungswerten, so erhalten die marktwirtschaftlich relevanten Vorteile fast durchgängig höhere Zustimmungswerte als die strukturpolitisch und sozial relevanten Aspekte.

Den strukturpolitisch und sozial relevanten Vorteilen wird tendenziell weniger zugestimmt (s. Tab. 3.4.2): Bei den letzten beiden Aussagen liegen die Mittelwerte der Befragten sogar im Bereich der leichten Ablehnung (< 4,0). Die Befragten glauben demnach eher nicht, dass der avV dazu führen wird, dass der ländliche Raum stabilisiert oder urbane Flächen zurückgewonnen werden können. Der letzte Punkt steht im bemerkenswerten Widerspruch zu den Ergebnissen mehrerer Studien und zur

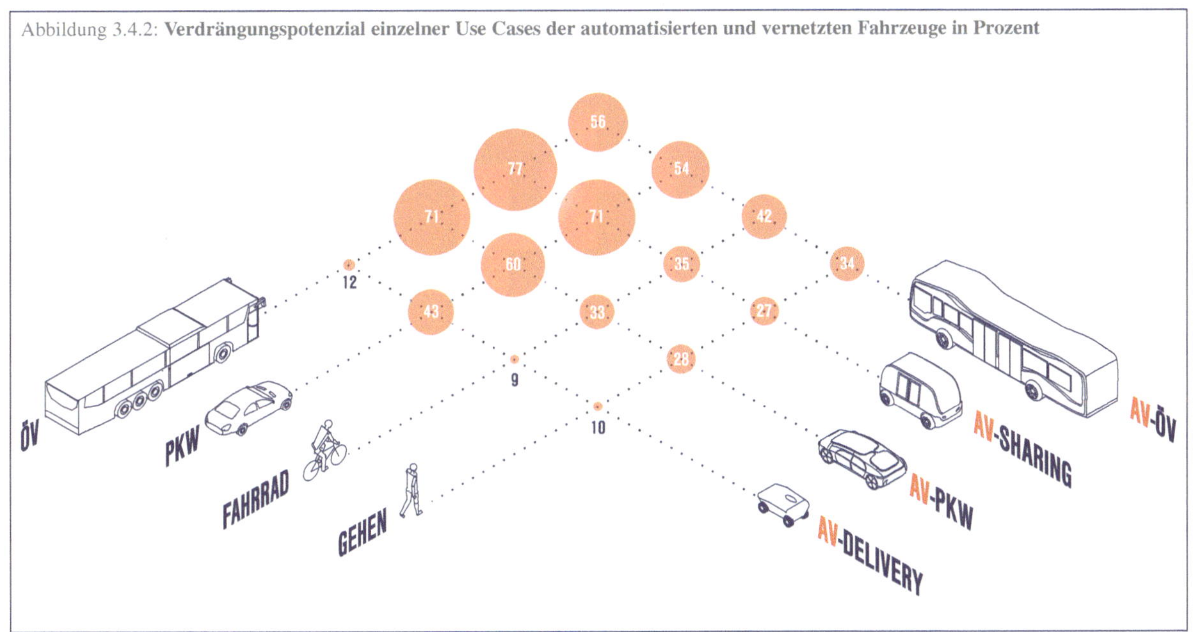

Abbildung 3.4.2: **Verdrängungspotenzial einzelner Use Cases der automatisierten und vernetzten Fahrzeuge in Prozent**

Quelle: AVENUE21

zentralen Einschätzung der Stadtplanung, wonach der avV dazu führen werde, dass innerstädtische Verkehrsflächen zurückgewonnen und neu genutzt werden können (s. Kap. 1 sowie 4.1 und 4.3).

Der Zusammenhang von avV und der Produktion und Verwertung digitaler Daten, die während des Betriebs entstehen, wird von den Befragten als besonders relevant eingeschätzt (s. Tab. 3.4.2). So liegt bei den Vorteilen die Aussage „Zunehmende Automatisierung und Vernetzung des Verkehrs wird dazu führen, dass größere Mengen zusätzlicher Daten gesammelt und zur effizienten Steuerung des Verkehrs genutzt werden" mit einem arithmetischen Mittel[5] von 5,33 auf Platz 2 der abgefragten Vorteile.

Aber auch die damit möglicherweise einhergehenden Risiken und kontraproduktiven Entwicklungen werden von den Befragten als bedeutend wahrgenommen (s. Tab. 3.4.3). Reiht man die abgefragten Nachteile nach ihren Zustimmungswerten, so findet man unter den vier am stärksten gewichteten Nachteilen drei, welche die Datensicherheit betreffen:

- 91 % treffen die Aussage „Automatisierter und vernetzter Verkehr wird dazu führen, dass große Mengen zusätzlicher Daten gesammelt und von Dritten genutzt werden" (bei einem arithmetischen Mittel von 6,00 – einem der höchsten Werte im Datensatz).

- 78 % sagen, „Automatisierter und vernetzter Verkehr wird dazu führen, dass große Mengen zusätzlicher Daten gesammelt und zur ständigen Überwachung eingesetzt werden" (bei einem arithmetischen Mittel von 5,44).

- 72 % der Befragten stimmen der Aussage zu, „Automatisierter und vernetzter Verkehr wird dazu führen, dass Verkehr durch Hacking zu einem Sicherheitsrisiko wird" (bei einem arithmetischen Mittel von 5,13).

Tabelle 3.4.2: Experteneinschätzung der Chancen und Möglichkeiten im Zuge der Einführung des automatisierten und vernetzten Verkehrs

ZUNEHMENDE AUTOMATISIERUNG UND VERNETZUNG DES VERKEHRS WIRD DAZU FÜHREN, DASS ...	Mittelwerte	STRUKTURPOLITISCHER UND SOZIALER FAKTOR	MARKTWIRTSCHAFTLICHER FAKTOR
		Faktorladungen	
... neue Lösungen im Logistikbereich entstehen.	5,67	0,199	0,639
... große Mengen zusätzlicher Daten gesammelt und zur effizienten Steuerung des Verkehrs genützt werden.	5,33	0,160	0,734
... die Verkehrssicherheit erhöht wird.	5,31	0,428	0,518
... intermodale Angebote durch Services auf der letzten Meile im Personenverkehr gestärkt werden.	5,25	0,690	0,297
... der Komfort von Mobilität gesteigert wird.	5,18	0,325	0,582
... Sharing-Angebote ausgeweitet werden.	4,89	0,542	0,354
... die Leistungsfähigkeit des Verkehrsnetzes erhöht wird.	4,79	0,274	0,576
... öffentliche Verkehrsangebote kosteneffizienter werden.	4,71	0,567	0,494
... die Wirtschaft angekurbelt wird.	4,52	0,049	0,523
... das öffentliche Verkehrsangebot ausgeweitet wird.	4,5	0,557	0,375
... sozial inkludierende Mobilitätsangebote geschaffen werden.	4,42	0,671	0,340
... das Mobilitätssystem dekarbonisiert wird.	4,03	0,605	0,277
... der ländliche Raum stabilisiert wird.	3,87	0,771	−0,011
... urbane Flächen zurückgewonnen werden.	3,82	0,790	0,143
Mittelwerte Faktoren[6]		4,44	5,26
Varianzaufklärung der Faktoren		28%	21%

1 = stimme nicht zu, 7 = stimme zu
Quelle: AVENUE21

Den Auswirkungen in sozialpolitischer und struktureller Hinsicht wird sowohl für die potenziellen positiven als auch die möglichen negativen Aspekte ein eher geringerer Einfluss zugesprochen. So finden sich bei den Aussagen zur Zersiedelung, zum Bedeutungsverlust des stationären Einzelhandels, zur Gefährdung von Berufen und der Grundversorgung räumlicher Mobilität nur geringe Zustimmungswerte (s. Tab. 3.4.3). Darüber hinaus gehen die Befragten davon aus, dass der Kfz-Verkehr in Zukunft nicht ab-, sondern zunehmen wird.

Laut den Befragten wird die Zunahme gleichzeitig kein kurzfristiger Effekt sein: Mit einem Mittelwert von 3,06 lehnen sie die Aussage „Die Zunahme der Verkehrsmengen durch automatisierte und vernetzte Fahrzeuge ist ein Effekt der Übergangszeit" ab (s. Abb. 3.4.3). Gleichzeitig stimmen die Befragten der Aussage „Höheren Verkehrsmengen sollte regulativ entgegengewirkt werden" mit einem Mittelwert von 5,26 deutlich zu.

Bemerkenswert ist, dass die Befragten aus deutschsprachigen Ländern diesen Statements wesentlich eindeutiger zustimmen, als dies die Befragten des englischsprachigen Fragebogens tun. Während bei Ersteren die durchschnittlichen Zustimmungswerte bei diesen beiden Fragen signifikant unterschiedlich sind, liegen bei Zweiteren die mittleren Zustimmungswerte mit 4,62 (Regulation) und 3,9 (Zunahme temporär) so dicht beieinander, dass die Unterschiede auf dem 95-Prozent-Niveau nicht signifikant sind.

Tabelle 3.4.3: Experteneinschätzung der Risiken und Folgen durch die Einführung des automatisierten und vernetzten Verkehrs

AUTOMATISIERTER UND VERNETZTER VERKEHR WIRD DAZU FÜHREN, DASS …	MITTELWERTE
… große Mengen zusätzlicher Daten gesammelt und von Dritten genutzt werden.	6,00
… große Mengen zusätzlicher Daten gesammelt und zur ständigen Überwachung eingesetzt werden.	5,44
… der Kfz-Verkehr zunehmen wird.	5,26
… Verkehr durch Hacking zu einem Sicherheitsrisiko wird.	5,13
… Zersiedelung zunimmt, da periphere Standorte zunehmend attraktiv werden.	4,89
… Produktion und Lieferketten sich vollkommen wandeln werden.	4,73
… der stationäre Einzelhandel gegenüber E-Commerce weiter an Bedeutung verliert.	4,69
… auch Berufe gefährdet sind, die auf den ersten Blick nicht direkt mit Fahrzeuglenkung im Zusammenhang stehen.	4,53
… die Grundversorgung räumlicher Mobilität durch Privatisierung von Mobilitätsservices gefährdet wird.	4,08

1 = stimme nicht zu, 7 = stimme zu
Quelle: AVENUE21

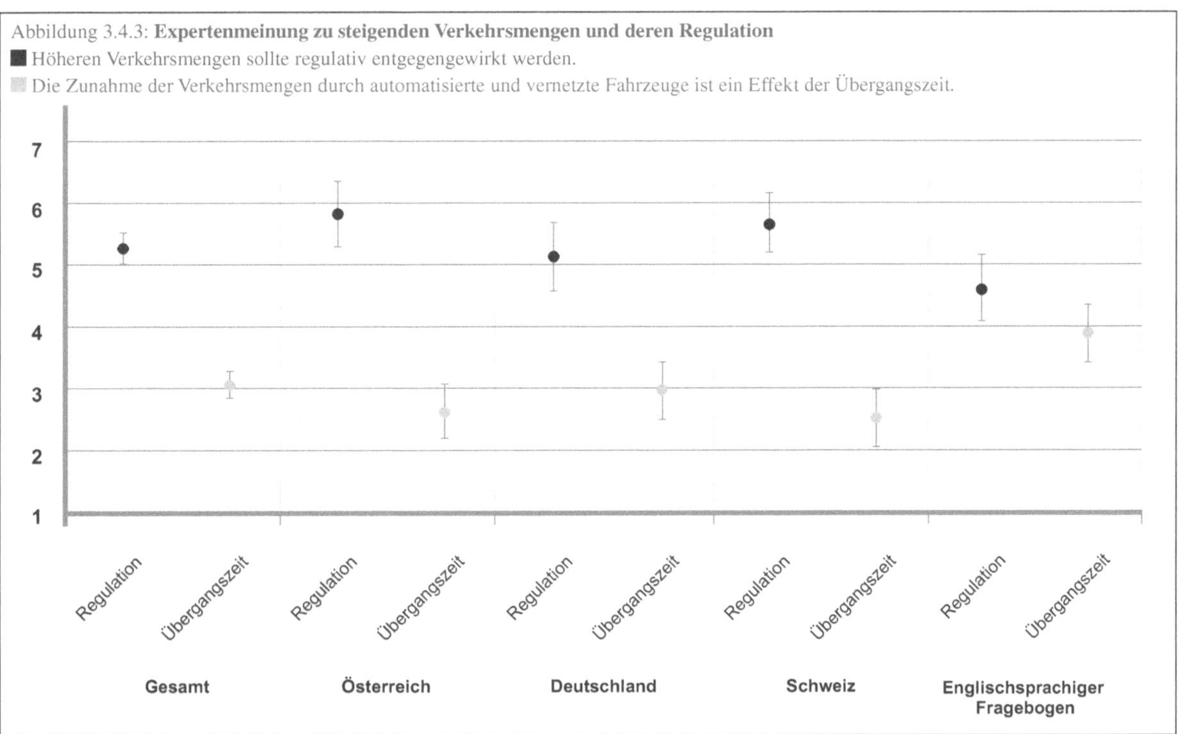

Abbildung 3.4.3: **Expertenmeinung zu steigenden Verkehrsmengen und deren Regulation**

Mittelwerte und 95% Konfidenzintervalle; 1 = stimme nicht zu, 7 = stimme zu
Quelle: AVENUE21

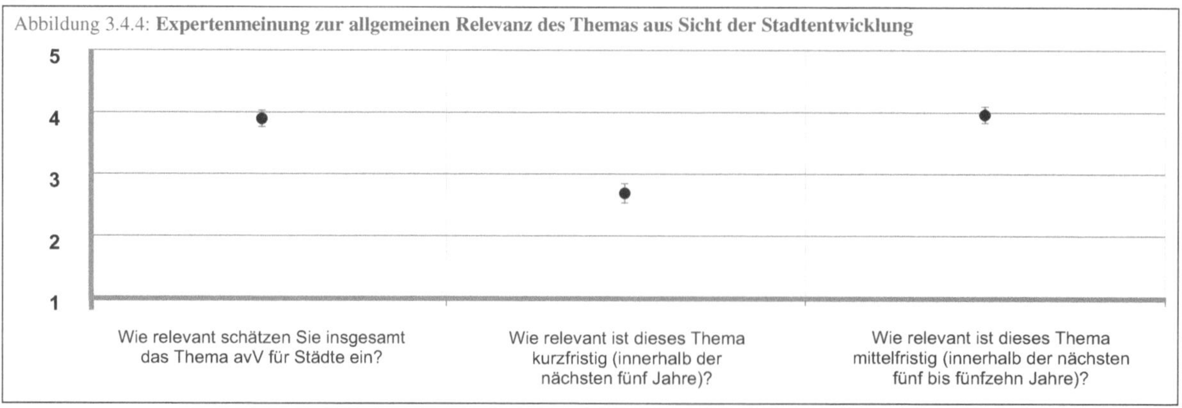

Mittelwerte und 95 % Konfidenzintervalle; 1 = nicht relevant, 5 = äußerst relevant
Quelle: AVENUE21

3.4.3 ZWEITE BEFRAGUNG: AKTEUR/INNEN UND HANDLUNGSSPIELRÄUME IN STÄDTEN BEI DER EINFÜHRUNG VON AUTOMATISIERTEN UND VERNETZTEN FAHRZEUGEN

Im Winter 2018/2019 wurde eine zweite Befragungsrunde durchgeführt. Mit dieser konnten 216 ExpertInnen zur Teilnahme bewegt werden, von denen 98 bereits an der ersten Befragung teilgenommen haben.

Die Schwerpunkte der zweiten Befragung waren:

- die möglichen Handlungen und Gestaltungsmöglichkeiten von Stadtregionen,

- die Relevanz des beruflichen Hintergrunds von AkteurInnen hinsichtlich der Einschätzungen,

- Kooperations- und Konfliktpotenziale und

- exemplarische Maßnahmen zur Beeinflussung der Auswirkungen des avV.

Die Teilnehmenden wurden darum gebeten, die Relevanz des avV innerhalb unterschiedlicher Zeiträume zu bewerten. Dabei zeigt sich, dass die Befragten das Thema erst mittelfristig für wirklich bedeutsam halten (s. Abb. 3.4.4), innerhalb der nächsten fünf Jahre ist der avV aus Sicht der Befragten noch nicht relevant.

Zudem sollten die Teilnehmenden die Eignung unterschiedlicher Siedlungsstrukturen für den Einsatz von avF bewerten (s. Abb. 3.4.5). Industrie- und Gewerbegebieten wird dabei die größte Tauglichkeit zugesprochen, auf dem zweiten Rang finden sich die suburbanen Siedlungsgebiete, knapp dahinter die Neubauquartiere. Allerdings liegen die mittleren Ränge beider Siedlungstypen so nah beieinander, dass nicht (mit einer statistischen Sicherheit von 95 %) festgestellt werden kann, welcher von beiden auf dem zweiten und welcher auf dem dritten Rang liegt. Klarer ist wiederum das Votum für die folgenden Plätze: Stadtquartiere der Nachkriegszeit liegt eindeutig auf dem vierten Rang und historische Innenstadtränder bzw. historische Stadtkerne klar auf dem letzten Rang. Diese Bewertung durch die ExpertInnen entspricht sehr deutlich der Analyse von AVENUE21 zur Automated Drivability (s. Kap. 4.4).

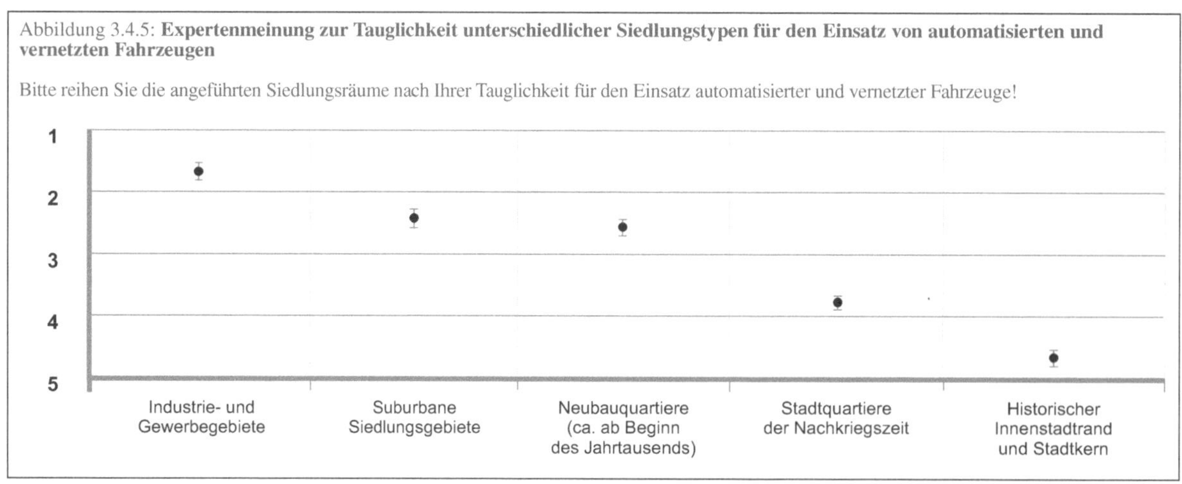

Mittlere Ränge und 95 % Konfidenzintervalle;
1 = eignen sich am besten, 5 = eignen sich am schlechtesten
Quelle: AVENUE21

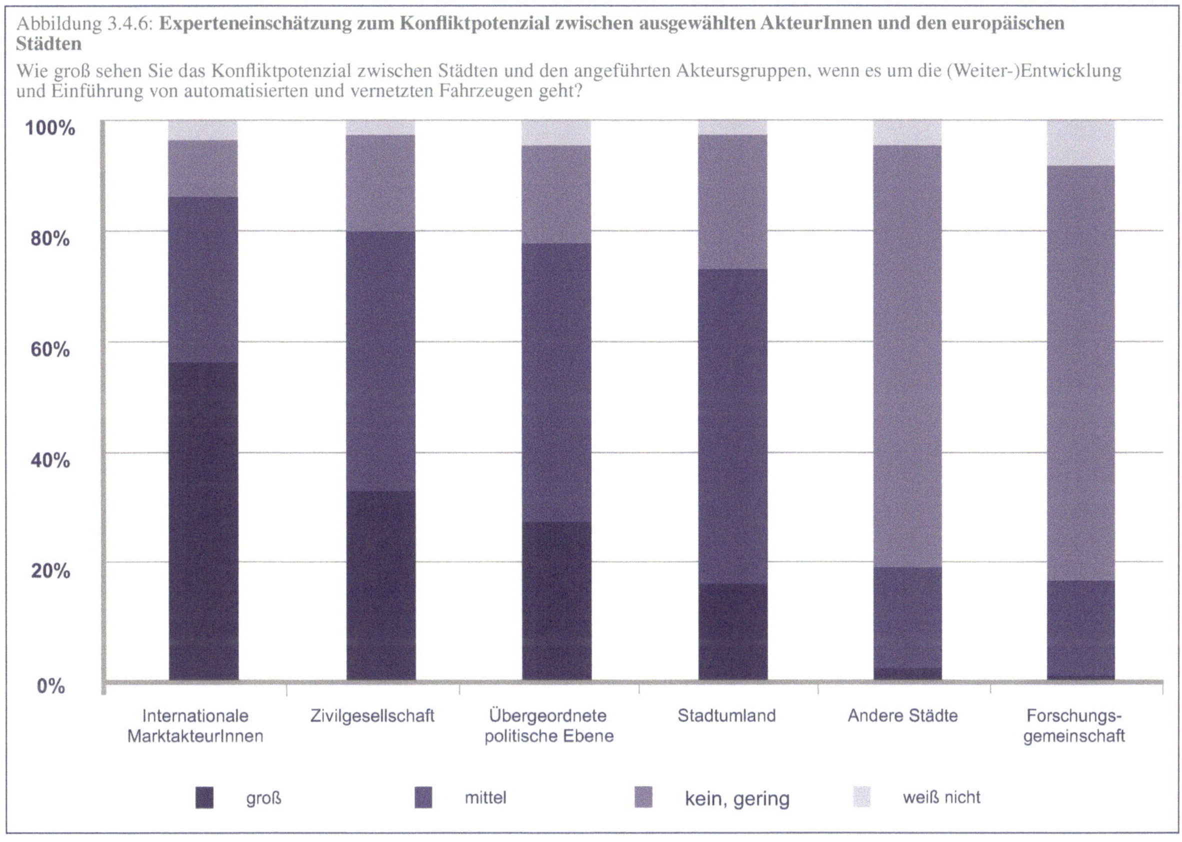

Abbildung 3.4.6: **Experteneinschätzung zum Konfliktpotenzial zwischen ausgewählten AkteurInnen und den europäischen Städten**
Wie groß sehen Sie das Konfliktpotenzial zwischen Städten und den angeführten Akteursgruppen, wenn es um die (Weiter-)Entwicklung und Einführung von automatisierten und vernetzten Fahrzeugen geht?

Quelle: AVENUE21

Im Anschluss wurde in mehreren Fragen u. a. nach dem Konfliktpotenzial zwischen Städten und verschiedenen AkteurInnen aufgrund divergierender Ziele gefragt (s. Abb. 3.4.6). Das Konfliktpotenzial zwischen Städten und internationalen MarktakteurInnen wurde als am höchsten eingeschätzt (knapp 60 %). Etwas geringer wird das Konfliktpotenzial von Städten mit der Zivilgesellschaft, übergeordneten politischen Ebenen und dem Stadtumland gesehen (Werte zwischen ca. 20 % und ca. 30 %). Mehrheitlich – mit rund 75 % – sehen die Befragten kein oder nur geringes Konfliktpotenzial zwischen den Städten sowie zwischen Städten und der Forschung.

Ein Ziel des zweiten Fragebogens war es, die Meinung der ExpertInnen zu erfassen, wie Städte ihre verschiedenen Handlungsmöglichkeiten bei der Einführung von avF gestalten sollten (s. Abb. 3.4.7). In den Antwortmöglichkeiten wurde eine zeitliche Komponente (von Beginn an handeln vs. erste Entwicklungen abwarten) mit der Art, wie Handlungen gestaltet sein sollen (avV fördern vs. avV reglementieren), verknüpft. Hier zeigt sich, dass die ExpertInnen die Förderung von avV für wichtiger halten als dessen Reglementierung: So wird die Option „Von Beginn an bei der Einführung aktiv unterstützen" als am wichtigsten angesehen, gefolgt von „Erste Entwicklungen abwarten und

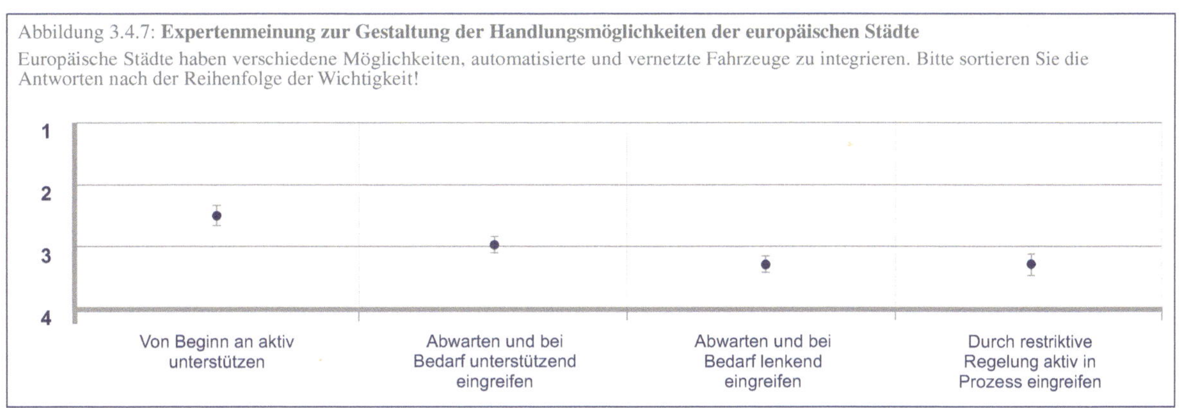

Abbildung 3.4.7: **Expertenmeinung zur Gestaltung der Handlungsmöglichkeiten der europäischen Städte**
Europäische Städte haben verschiedene Möglichkeiten, automatisierte und vernetzte Fahrzeuge zu integrieren. Bitte sortieren Sie die Antworten nach der Reihenfolge der Wichtigkeit!

Mittlere Ränge und 95% Konfidenzintervall: 1 = am wichtigsten, 4 = am unwichtigsten
Quelle: AVENUE21

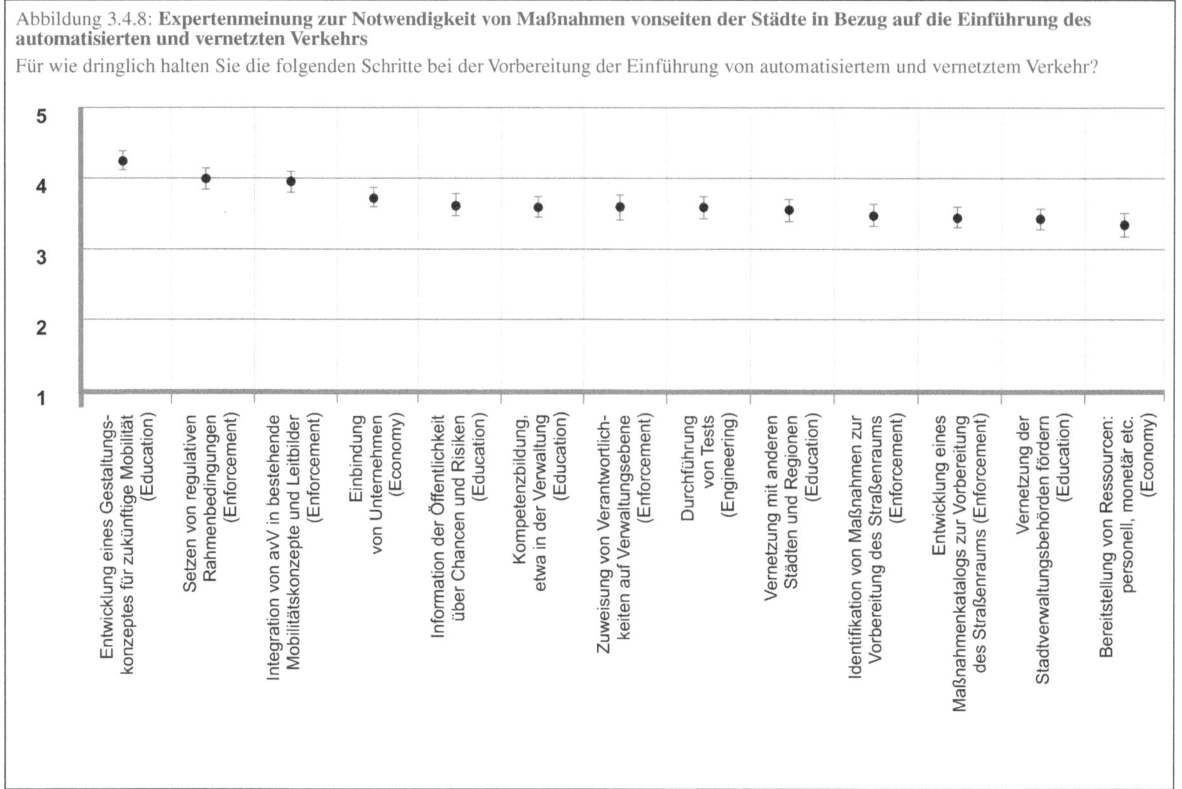

Abbildung 3.4.8: **Expertenmeinung zur Notwendigkeit von Maßnahmen vonseiten der Städte in Bezug auf die Einführung des automatisierten und vernetzten Verkehrs**

Für wie dringlich halten Sie die folgenden Schritte bei der Vorbereitung der Einführung von automatisiertem und vernetztem Verkehr?

Mittelwerte und 95% Konfidenzintervall; 1 = nicht dringlich, 5 = sehr dringlich
Quelle: AVENUE21

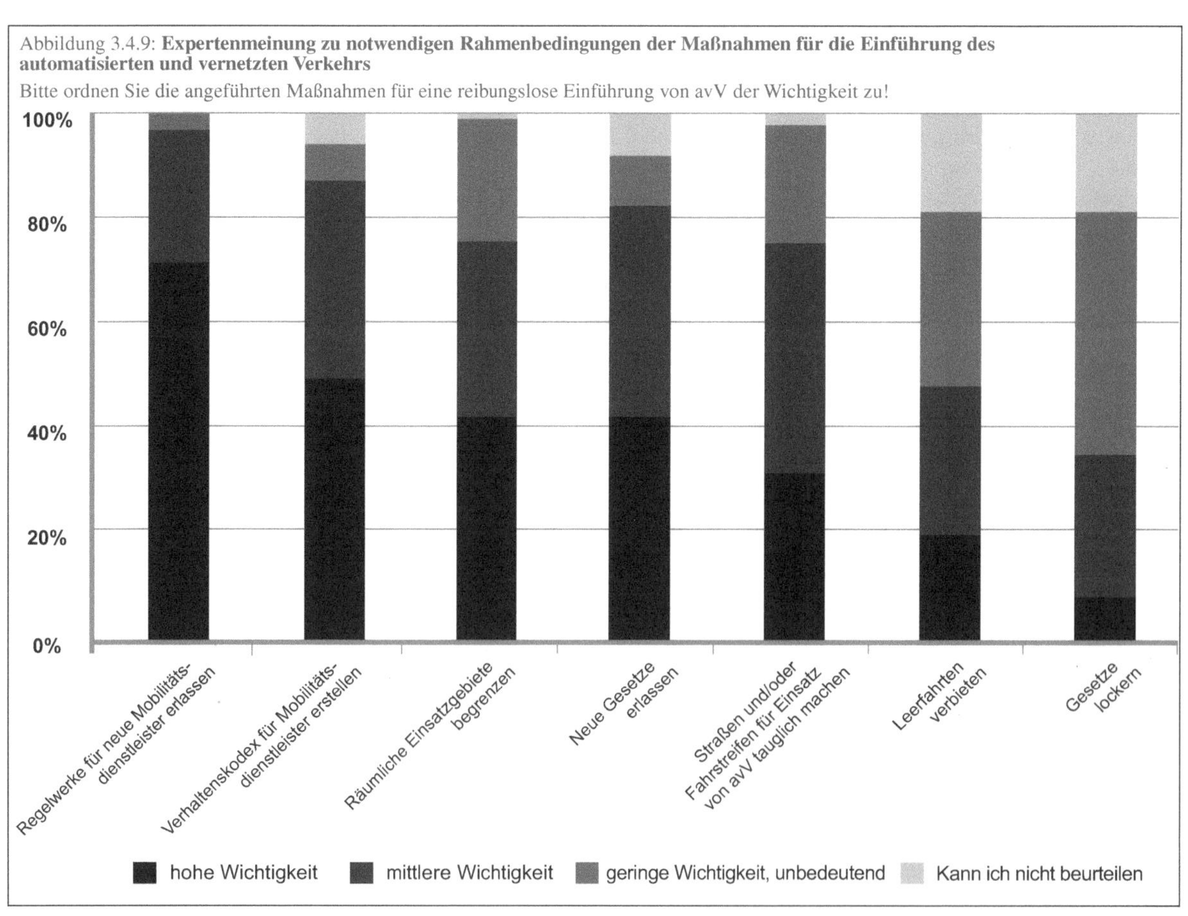

Abbildung 3.4.9: **Expertenmeinung zu notwendigen Rahmenbedingungen der Maßnahmen für die Einführung des automatisierten und vernetzten Verkehrs**

Bitte ordnen Sie die angeführten Maßnahmen für eine reibungslose Einführung von avV der Wichtigkeit zu!

Quelle: AVENUE21

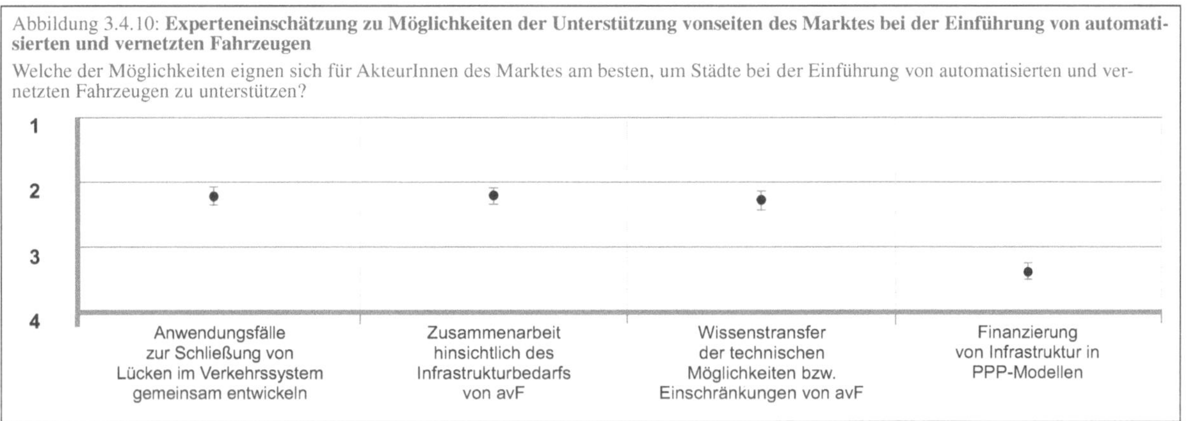

Abbildung 3.4.10: **Experteneinschätzung zu Möglichkeiten der Unterstützung vonseiten des Marktes bei der Einführung von automatisierten und vernetzten Fahrzeugen**

Welche der Möglichkeiten eignen sich für AkteurInnen des Marktes am besten, um Städte bei der Einführung von automatisierten und vernetzten Fahrzeugen zu unterstützen?

Mittlere Ränge und 95% Konfidenzintervall; 1 = am wichtigsten, 4 = am unwichtigsten
Quelle: AVENUE21

bei Bedarf unterstützend eingreifen". Auf dem dritten und vierten Rang werden – beinahe gleichauf – die Gestaltungsoptionen „Erste Entwicklungen abwarten und bei Bedarf lenkend eingreifen" und „Durch restriktive Regelung aktiv in den Einführungsprozess eingreifen" genannt.

Im Weiteren wurden die Teilnehmenden nach der Einschätzung von notwendigen Maßnahmen, die die Städte ergreifen sollten, gefragt (s. Abb. 3.4.8). „Entwicklung eines Gestaltungskonzepts für zukünftige Mobilität", „Setzen von regulativen Rahmenbedingungen" und „Integration von avV in bestehende Mobilitätskonzepte und Leitbilder" werden als besonders dringlich eingeschätzt (Mittelwerte von 4,2 bzw. ca. 4), die übrigen Items liegen allerdings alle in einem Mittelwertbereich von 3,4 bis 3,75 und unterscheiden sich damit kaum.

Hier zeigt sich ein Sachverhalt, der eine aktuelle Dilemmasituation aus Sicht der Stadt- und Mobilitätsplanung deutlich macht: In der ersten Befragung wurden avF als ein Thema von hoher Relevanz für Berufsgruppen im erweiterten Feld der Stadt- und Mobilitätsplanung bestätigt, in der zweiten Befragung haben sich avF als mittelfristig hoch relevantes Stadtentwicklungsthema herauskristallisiert (Abb. 3.4.4). Allerdings zeigt sich

kein Konsens in der Bewertung der notwendigen Maßnahmen, die die Städte ergreifen sollten (s. Abb. 3.4.8). Dass gehandelt werden muss, scheint klar. Wie dies geschehen soll, bleibt allerdings weitestgehend offen.

Wenn Städte die Einführung von avV steuern wollen, können sie Maßnahmen aus verschiedenen Bereichen wählen. Die ExpertInnen wurden gefragt, wie wichtig sie die Bereiche Economy (z. B. ökonomische Anreize, preisliche Maßnahmen, Fiskalpolitik), Enforcement (z. B. Durchsetzung rechtlicher Maßnahmen, Ordnungspolitik), Education (z. B. Maßnahmen der Bewusstseinsbildung, Kommunikation, Information) und Engineering (z. B. technische Duchführung planerischer, straßenverkehrstechnischer, angebotsseitiger Maßnahmen) für die Unterstützung und Förderung des avV sehen (s. Abb. 4.3.8). Hier zeigt sich, dass die befragten ExpertInnen den Maßnahmenbereich Economy (zwei abgefragte Aspekte) mit einem arithmetischen Mittel von 3,22 bei einer Skala von 1 (nicht dringlich) bis 5 (sehr dringlich) relativ neutral einschätzen. Als (eher) wichtig werden dagegen die Bereiche Enforcement (Mittelwert von 4,2 bei fünf abgefragten Aspekten), Engineering (Mittelwert 3,96, ein abgefragter Aspekt) und Education (Mittelwert 3,81, ein abgefragter Aspekt) bewertet.

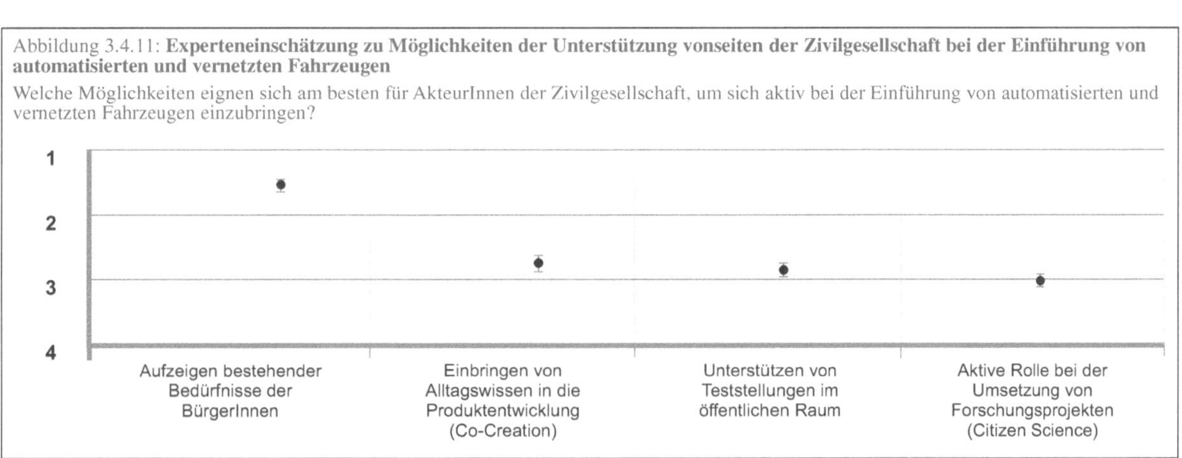

Abbildung 3.4.11: **Experteneinschätzung zu Möglichkeiten der Unterstützung vonseiten der Zivilgesellschaft bei der Einführung von automatisierten und vernetzten Fahrzeugen**

Welche Möglichkeiten eignen sich am besten für AkteurInnen der Zivilgesellschaft, um sich aktiv bei der Einführung von automatisierten und vernetzten Fahrzeugen einzubringen?

Mittlere Ränge und 95% Konfidenzintervall; 1 = am wichtigsten, 4 = am unwichtigsten
Quelle: AVENUE21

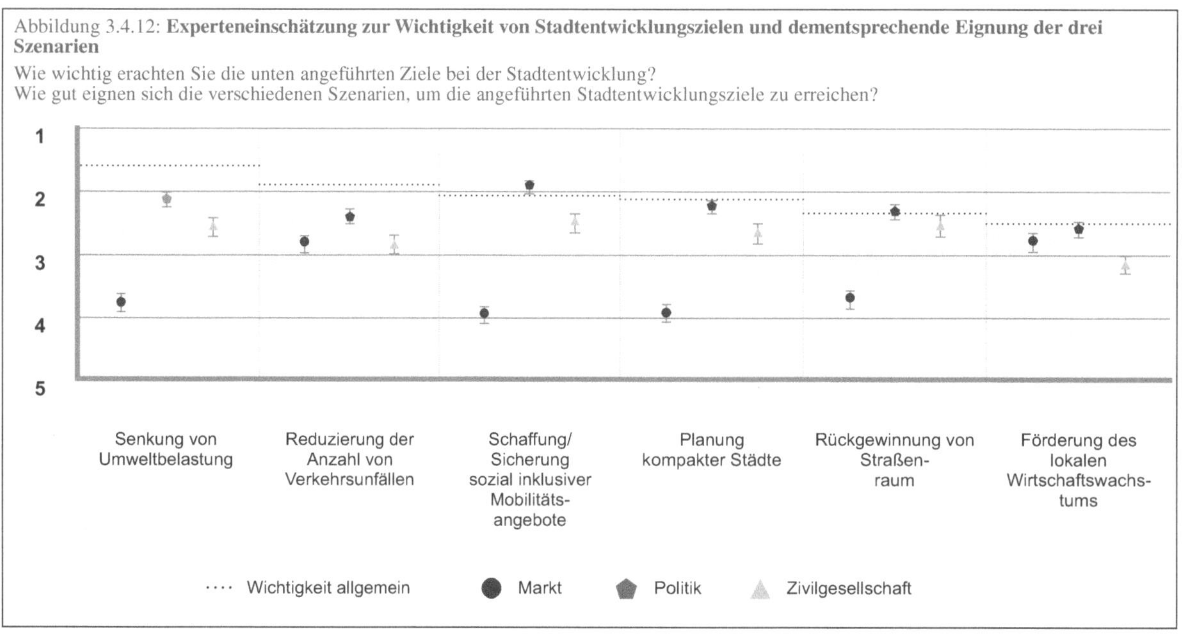

Abbildung 3.4.12: Experteneinschätzung zur Wichtigkeit von Stadtentwicklungszielen und dementsprechende Eignung der drei Szenarien

Wie wichtig erachten Sie die unten angeführten Ziele bei der Stadtentwicklung?
Wie gut eignen sich die verschiedenen Szenarien, um die angeführten Stadtentwicklungsziele zu erreichen?

Stadtentwicklungsziele: 1 = äußerst wichtig, 5 = äußerst unwichtig; Eignung: 1 = Szenario eignet sich sehr gut, 5 = Szenario eignet sich überhaupt nicht
Quelle: AVENUE21

Im nächsten Schritt sollten von den Befragten die nötigen Rahmenbedingungen konkreter Maßnahmen für die Einführung des avV beurteilt werden (s. Abb. 3.4.9). Dabei wurde dem Aspekt „Regelwerke für neue Mobilitätsdienstleister erlassen" die höchste Bedeutung gegeben (ca. 70 %), gefolgt von der Festlegung eines Verhaltenskodex für Mobilitätsdienstleister (knapp 50 %). Eher weniger wichtig wird das Verbot von Leerfahrten und die Lockerung von Gesetzen angesehen. Allerdings ist mit knapp 20 % der Anteil der Befragten, die angeben, die Wichtigkeit der Maßnahme nicht beurteilen zu können, verhältnismäßig hoch.

Zudem wurde bei den Befragten die Einschätzung erhoben, wie die Städte bei der Einführung avF von den AkteurInnen des Marktes (s. Abb. 3.4.10) und der Zivil

gesellschaft (s. Abb. 3.4.11) unterstützt werden können. Dazu wurde jeweils eine Reihe möglicher Maßnahmen mit der Bitte vorgelegt, diese nach ihrer Eignung von „am wichtigsten" hin zu „am unwichtigsten" zu sortieren.

Vergleicht man die mittleren Rangplätze der Experteneinschätzung bzgl. der Maßnahmen, mit denen der Markt Städte bei der Einführung von avV unterstützen kann (s. Abb. 3.4.10), zeigt sich, dass sich die Befragten darin einig sind, dass die „Finanzierung von Infrastruktur in PPP-Modellen" die unbedeutendste der abgefragten Möglichkeiten darstellt. Hinsichtlich der anderen vorgeschlagenen Maßnahmen („Anwendungsfälle zur Schließung von Lücken im Verkehrssystem gemeinsam entwickeln", „Zusammenarbeit hinsichtlich des

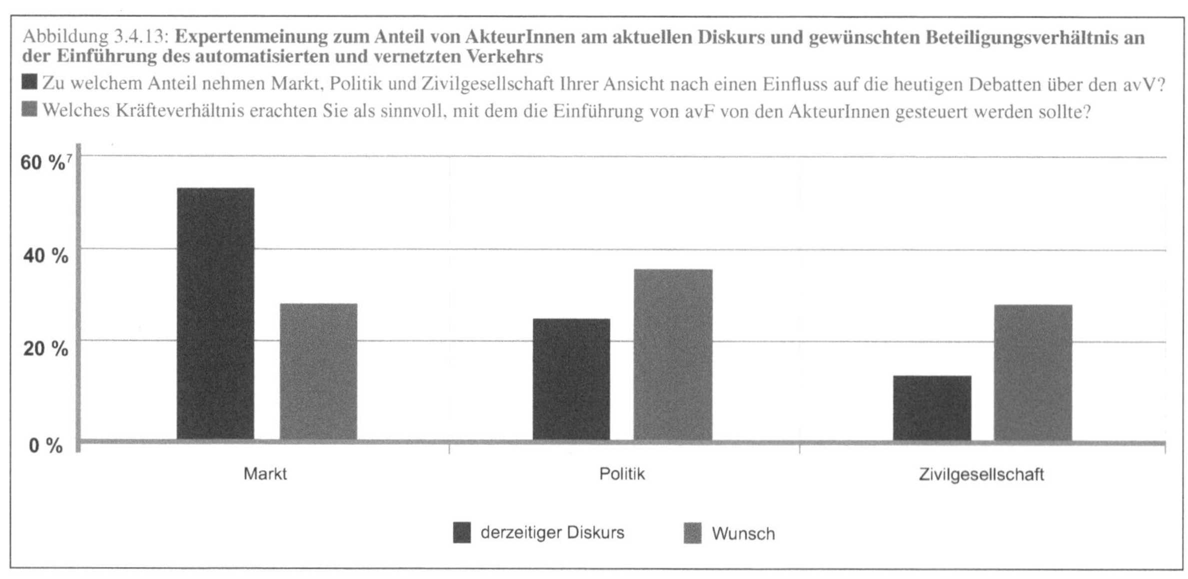

Abbildung 3.4.13: Expertenmeinung zum Anteil von AkteurInnen am aktuellen Diskurs und gewünschten Beteiligungsverhältnis an der Einführung des automatisierten und vernetzten Verkehrs

■ Zu welchem Anteil nehmen Markt, Politik und Zivilgesellschaft Ihrer Ansicht nach einen Einfluss auf die heutigen Debatten über den avV?
■ Welches Kräfteverhältnis erachten Sie als sinnvoll, mit dem die Einführung von avF von den AkteurInnen gesteuert werden sollte?

Quelle: AVENUE21

Infrastrukturbedarfs von avF" und „Wissenstransfer der technischen Möglichkeiten bzw. Einschränkungen von avF") zeigen die Befragten keine klaren Präferenzen, was sie als besser geeignet erachten.

Für die Möglichkeiten, mit denen die Zivilgesellschaft Städte unterstützen kann, zeigt sich ein ähnliches Bild (s. Abb. 3.4.11). Die Befragten sind sich hier weitgehend einig, dass es die beste Möglichkeit für die Zivilgesellschaft ist, Städte bei der Einführung von avF zu unterstützen, indem sie die bestehenden Mobilitätsbedürfnisse aus den Alltagserfahrungen der BürgerInnen einbringen. Bei den übrigen Punkten („Einbringen von Alltagswissen in die Produktionsentwicklung", „Unterstützen von Teststellungen im öffentlichen Raum" und „Aktive Rolle bei der Umsetzung von Forschungsprojekten") sind sich die Befragten jedoch über die Reihenfolge der Wichtigkeit kaum einig.

Im Zuge des Projekts AVENUE21 wurden drei Szenarien entwickelt, welche Folgen die Integration des avV in europäische Städte künftig haben kann, wenn die Einführung hauptsächlich von drei AkteurInnen – Markt, Politik/Planung, Zivilgesellschaft – gelenkt werden wird (s. Kap. 5). Daher war eines der Ziele der zweiten Befragung, die entwickelten Szenarien mit einer Einschätzung der ExpertInnen zu unterfüttern. Dazu wurde gefragt, wie gut sich die drei erarbeiteten Szenarien jeweils eignen, um häufige Stadtentwicklungsziele zu erreichen (s. Abb. 3.4.12). Alle abgefragten Stadtentwicklungsziele wurden dabei als tendenziell relevant erachtet. Am wichtigsten war es den Befragten, dass die lokale und globale Umwelt- und Klimabelastung gesenkt werden, gefolgt von der Verringerung der Zahl der Verkehrsunfälle und -toten. Demgegenüber wurde die Förderung des lokalen Wirtschaftswachstums/Standortpolitik als am wenigsten wichtig eingeordnet. Im Vergleich der Szenarien schnitt das marktgetriebene Szenario fast durchgängig am schlechtesten ab bzw. liegt es immer unter dem Niveau der anderen beiden Szenarien. Einzig bei der Förderung des lokalen Wirtschaftswachstums liegt es vor dem zivilgesellschaftlich getriebenen Szenario und bei der Reduzierung von Verkehrsunfällen und -toten mit ihm auf gleicher Höhe. Von den drei Szenarien erhält das politikgetriebene Szenario durchgängig die beste Bewertung. Damit wird deutlich, dass europäische ExpertInnen in jedem Fall skeptisch gegenüber der Lösungskompetenz des freien Marktes für die Einführung des avV sind und hier vor allem der Politik und planenden Verwaltung bzw. den Städten vertrauen.

Um die Relevanz der Szenarien für die Realität besser abschätzen zu können, wurde gefragt, welche Gruppen den stärksten Anteil an heutigen Debatten rund um den avV haben (s. Abb. 3.4.13). Die Befragten sehen einen starken Einfluss vom Markt (über 50 %), mit großem Abstand gefolgt von der Politik (ca. 25 %) und der Zivilgesellschaft (ca. 15 %). Geht es nach den gewünschten Kräfte- bzw. Beteiligungsverhältnissen, dann würden Markt, Politik und Zivilgesellschaft relativ ausgewogen die Einführung des avF steuern, wobei die Politik etwas mehr Einfluss (ca. 37 %) als Markt und Zivilgesellschaft haben sollten (jeweils ca. 30 %). Eine Diskrepanz zwischen gegenwärtigem Diskurs und zugemessenen positiven Wirkungsmöglichkeiten wird also offensichtlich.

3.4.4 ZUSAMMENFASSUNG

Die beiden Befragungen wurden mit dem Ziel durchgeführt, die Meinung von ExpertInnen aus dem erweiterten Feld von Stadt- und Mobilitätsplanung zum Thema avF und im Besonderen im Bezug zu aktuellen Stadtentwicklungszielen abzufragen. Die mehr als 300 Teilnehmenden der beiden Befragungen gingen davon aus, dass die Auseinandersetzung mit avF sowohl in ihrem

Abbildung 3.4.14: **Aus den Befragungen wird ein neues Paradigma der Mobilität in städtischen Räumen erkennbar**

EIN PARADIGMENWECHSEL DER MOBILITÄT ...

WELCHES VERKEHRSMITTEL WÄHLE ICH FÜR DIESEN WEG?

FAHRE ICH DIESEN WEG SELBST ODER ÜBERLASSE ICH IHN DER MASCHINE?

... IN TEILRÄUMEN DER STADTREGION

Quelle: AVENUE21

jeweiligen beruflichen Umfeld als auch allgemeiner im Kontext der Stadtentwicklung sinnvoll und notwendig ist. Als wesentlicher Beitrag der beiden Umfragen kann gelten, dass die vorliegenden Ergebnisse ein differenziertes Bild zeichnen, das zwischen Skepsis und Hoffnung changiert. So sind die 211 Befragten der ersten Welle zwar der Meinung (s. Tab. 3.4.2), dass aufgrund des avV

- neue Lösungen bezüglich des Logistikbereichs entstehen,

- große Mengen zusätzlicher Daten gesammelt und zur effizienten Steuerung des Verkehrs genutzt werden,

- die Verkehrssicherheit erhöht wird,

- intermodale Angebote durch Services der letzten Meile gestärkt werden und

- der Mobilitätskomfort gesteigert wird.

Sie äußern sich jedoch weniger zustimmend zu den aufgeworfenen und ihnen gestellten Fragen, dass aufgrund des avV

- urbane Flächen zurückgewonnen,

- der ländliche Raum stabilisiert,

- das Mobilitätssystem dekarbonisiert und

- sozial inkludierende Mobilitätsangebote geschaffen werden.

Die durch die Automatisierung und Vernetzung anfallenden Daten werden als auffallend ambivalent angesehen, denn am skeptischsten wird das Risiko und die Folge des avV gesehen (s. Tab. 3.4.3), dass

- die gesammelten Daten von Dritten genutzt,

- die gesammelten Daten zur ständigen Überwachung eingesetzt und

- der Verkehr durch das Hacking zum Sicherheitsrisiko werden können.

Ein weiteres Problem besteht laut Befragung darin (s. Tab. 3.4.3), dass durch avF die Kfz-Verkehrsmenge zu- und nicht abnehmen wird (wovon auch zahlreiche andere Szenariostudien ausgehen; s. Kap. 4.3). Da zudem vermutet wird, dass die Verkehrszunahme keine vorübergehende Folge ist, gehen die Befragten der ersten Welle davon aus, dass Regulierungen notwendig sein werden, um die erwartete Zunahme zu vermeiden (s. Abb. 3.4.3). Mit avF und neuen Geschäftsmodellen, die auf diesen aufbauen, wird von den Befragten der ersten Welle ein hohes Verdrängungspotenzial vermutet (s. Abb. 3.4.2):

- eindeutig positiv, weil durch av-basierte Sharing-Angebote der traditionelle Pkw-Verkehr reduziert wird (71 %),

- ebenfalls positiv, weil av-basierter öffentlicher Verkehr den klassischen ÖV (56 %) und den traditionellen Pkw (54 %) ersetzt,

- moderat positiv, weil ein traditioneller Pkw durch einen „intelligenten" ersetzt wird (60 %), was aber dazu führt, dass die Automobilität weiter unterstützt wird.

Als problematisch, wenn auch mit deutlich geringerer Zustimmung, wird die Verdrängung der aktiven Mobilitätsformen betrachtet, welche in europäischen Städten aktuell stark gefördert werden. Die stärkste Konkurrenz entsteht durch

- den av-ÖV (Verdrängungswahrscheinlichkeit gegenüber dem Fahrradfahren 42 % und dem Zufußgehen 34 %),

- das av-Sharing (35 % bzw. 27 %) und

- den av-Pkw (33 % bzw. 28 %).

Zwei zentrale Ergebnisse der Einschätzung möglicher Verdrängungspotenziale sind, dass

- die These der „Hybridisierung" von Angebotsformen und damit das Verschwinden der Grenzen zwischen Individual- und öffentlichem Verkehr nachgewiesen werden kann, aber möglicherweise zu kurz gegriffen ist, da

- der Wandel letzten Endes nicht nur die Wahl der Verkehrsmittel betrifft, sondern sich zur Wahlmöglichkeit wandelt, ob eine Person den Weg selbst übernimmt oder diesen an eine Maschine delegiert.

In der zweiten Befragungswelle wurde das Hauptgewicht auf die Aspekte der Steuerung und die Bewertung der im Projekt entwickelten Szenarien gelegt. Die 216 Teilnehmenden sehen die Debatte über den avV hauptsächlich von Unternehmen bzw. dem Markt bestimmt (s. Abb. 3.4.13), äußern sich aber, dass die Politik die leitende Rolle einnehmen sollte. Sie sehen auf der Seite von Städten bzw. der Politik und planenden Verwaltung den dringlichsten Handlungsbedarf darin (s. Abb. 3.4.8),

- ein Konzept zur künftigen avV-basierten Mobilität zu entwickeln,

- regulative Rahmenbedingungen zu setzen,

- den avV in bestehende Mobilitätskonzepte zu integrieren,

■   Unternehmen stärker einzubinden und

■   die Öffentlichkeit über Chancen und Risiken zu informieren.

In Bezug auf die Art der Gestaltung der Handlungsmöglichkeiten von lokaler/regionaler Politik und planender Verwaltung der Städte sind sich die Fachleute nicht einig. Die beiden Haltungen, die in ähnlichem Umfang befürwortet wurden, widersprechen sich (s. Abb. 3.4.7): Die Antwortmöglichkeiten, avF durch Regelungen restriktiv zu kontrollieren oder deren Durchsetzung proaktiv zu fördern, erzielten vergleichbare Zustimmungswerte.

Unter den möglichen Maßnahmen, avV zu steuern, wird ein Regelwerk bzw. Verhaltenskodex für die „neuen" Mobilitätsdienstleister als am wichtigsten erachtet. Gesetze allgemein zu lockern oder die in der Literatur häufig geäußerte Forderung, Leerfahrten von avF zu verbieten (Fagnant & Kockelman 2015), wurde als wenig wichtig angesehen (s. Abb. 3.4.9).

Die Stärken von privatwirtschaftlichen Unternehmen würden Städte am besten unterstützen, wenn diese sich in kooperativen Projekten beteiligen (Anwendungen, Infrastrukturbedarf definieren, Wissenstransfer ermöglichen), während die Beteiligung von Marktakteuren an der Infrastrukturentwicklung und deren Finanzierung im Rahmen von PPP-Modellen von den Befragten deutlich abgelehnt wird (s. Abb. 3.4.10). Folgerichtig wird auch das größte Konfliktpotenzial für Städte im Kontakt zu international tätigen Konzernen gesehen, gefolgt von Konflikten mit der Zivilgesellschaft (s. Abb. 3.4.6).

Laut Expertenmeinung könnten Städte davon profitieren, würden Bedürfnisse und Alltagswissen der Zivilgesellschaft während der Einführung von avF berücksichtigt werden (s. Abb. 3.4.11). Eine aktive Rolle in Forschungsprojekten im Kontext von Citizen Science findet bei den ExpertInnen am wenigsten Zustimmung.

Neben den unmittelbaren verkehrlichen Zusammenhängen wurde auch nach der Wichtigkeit von Stadtentwicklungszielen gefragt (s. Abb. 3.4.12). Demnach ist besonders wichtig:

■   die Senkung der Umweltbelastung,

■   die Verringerung der Zahl der Verkehrsunfälle,

■   die Planung einer kompakten Stadt und

■   die Sicherstellung sozial inklusiver Mobilitätsangebote.

Darüber hinaus wurden im Zuge dieser Fragestellung die drei Szenarien des Projekts knapp vorgestellt und die Befragten gebeten, ihr Urteil darüber abzugeben, welches

Szenario die sechs genannten Stadtentwicklungsziele am ehesten unterstützen würde. Für alle Ziele werden dem politikgetriebenen Szenario die positivsten Wirkungen unterstellt, gefolgt vom zivilgesellschaftlich getriebenen Ansatz. Dem marktgetriebenen Ansatz wird lediglich bei der Förderung des Wirtschaftswachstums mehr Erfolg zugemessen als beim zivilgesellschaftlich getriebenen, aber immer noch weniger als beim politikgetriebenen.

Die Befragten haben nach wie vor großes Vertrauen in die öffentliche Hand. Es wird aber auch deutlich, dass

■   eine frühzeitige Befassung mit den gesellschaftlichen Herausforderungen durch die Einführung des avV notwendig ist;

■   Politik und planende Verwaltung bzw. die Städte eine konsequente Rolle einnehmen sollten – ob proaktiv oder reaktiv ist jedoch umstritten;

■   unklar bleibt, mit welchen Maßnahmen diese Rolle vertreten werden sollte, und dass

■   der avV keineswegs die optimistischen Erwartungen erfüllen wird.

Wann und wie Politik und Planung steuernd eingreifen werden, wird maßgeblich dafür sein, ob die positiven Auswirkungen überwiegen und die negativen Entwicklungen weitgehend vermieden werden können.

———

1   Die beiden Umfragen wie auch deren statistische Auswertung samt Interpretation der Ergebnisse wurden maßgeblich von Julia Dorner konzipiert und durchgeführt.

2   Erste Befragung: 149 vollständig ausgefüllte deutschsprachige Fragebögen, 62 englischsprachige Fragebögen. Zweite Befragung: 181 vollständig ausgefüllte deutschsprachige Fragebögen, 35 englischsprachige Fragebögen.

3/4 Zum Zeitpunkt der Umfrage existierten keine automatisierten Level-5-Fahrsysteme nach SAE J3016. Dennoch wurden von 28 der Befragten Erfahrungen mit Level-5-Fahrzeugen angegeben.

5   Ob mit (eigentlich ordinal-skalierten) Likert-Skalen auf metrischem Niveau gerechnet werden darf, wird immer wieder diskutiert. Aufgrund der Tatsache, dass sich parametrische Auswertungsverfahren gegenüber verschiedenen Verletzungen der statistischen Voraussetzungen als robust erwiesen haben (s. etwa Norman 2010) und gleichzeitig wesentlich mehr statistische Möglichkeiten eröffnen, wurden hier Likert-Skalen und auch likertskalierte Items auf metrischem Skalenniveau ausgewertet.

6   Trotz der scheinbar eindeutigen Faktorladung auf den marktwirtschaftlichen Faktor wurde das Item „Zunehmende Automatisierung und Vernetzung des Verkehrs wird dazu führen, dass die Wirtschaft angekurbelt wird" auf Basis einer Reliabilitätsanalyse nicht in den marktwirtschaftlichen Faktor mit aufgenommen.

7   Die Tatsache, dass sich die Prozentwerte auf weniger als 100 % summieren, liegt daran, dass es eine zusätzliche Kategorie „Andere" gibt, die nur teilweise genutzt wurde. Die häufigste Nennung in dieser Kategorie waren ForscherInnen.

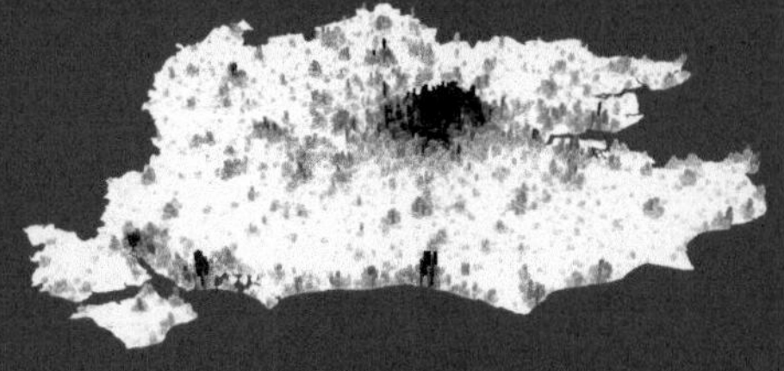

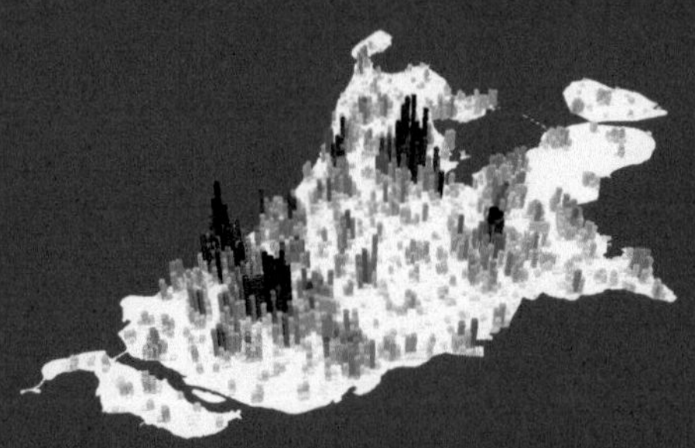

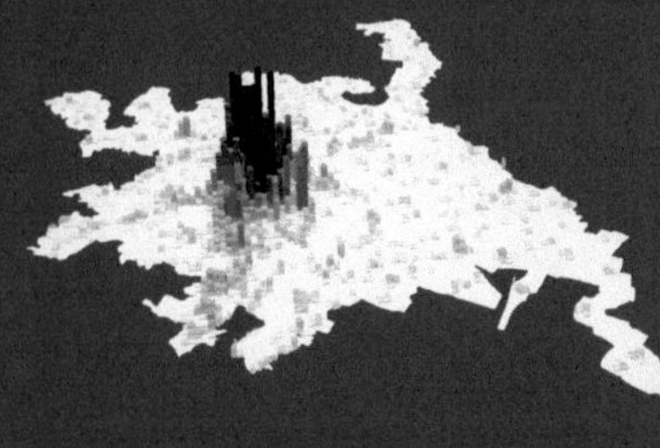

Abbildung 3.5.1: **Bevölkerungsdichte in den Referenzregionen im Jahr 2011, EinwohnerInnen pro km²**

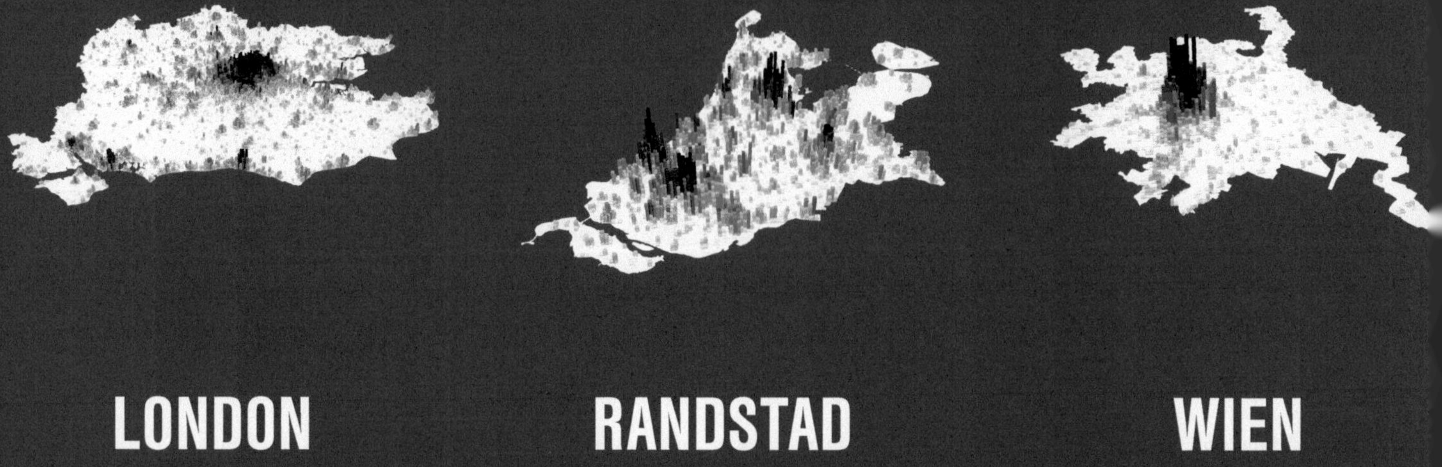

Darstellung: AVENUE21; Quelle: Eurostat 2011

Abbildung 3.5.2: Bevölkerungsdichte in Europa 2014 auf einem Raster von 10 x 10 Kilometern

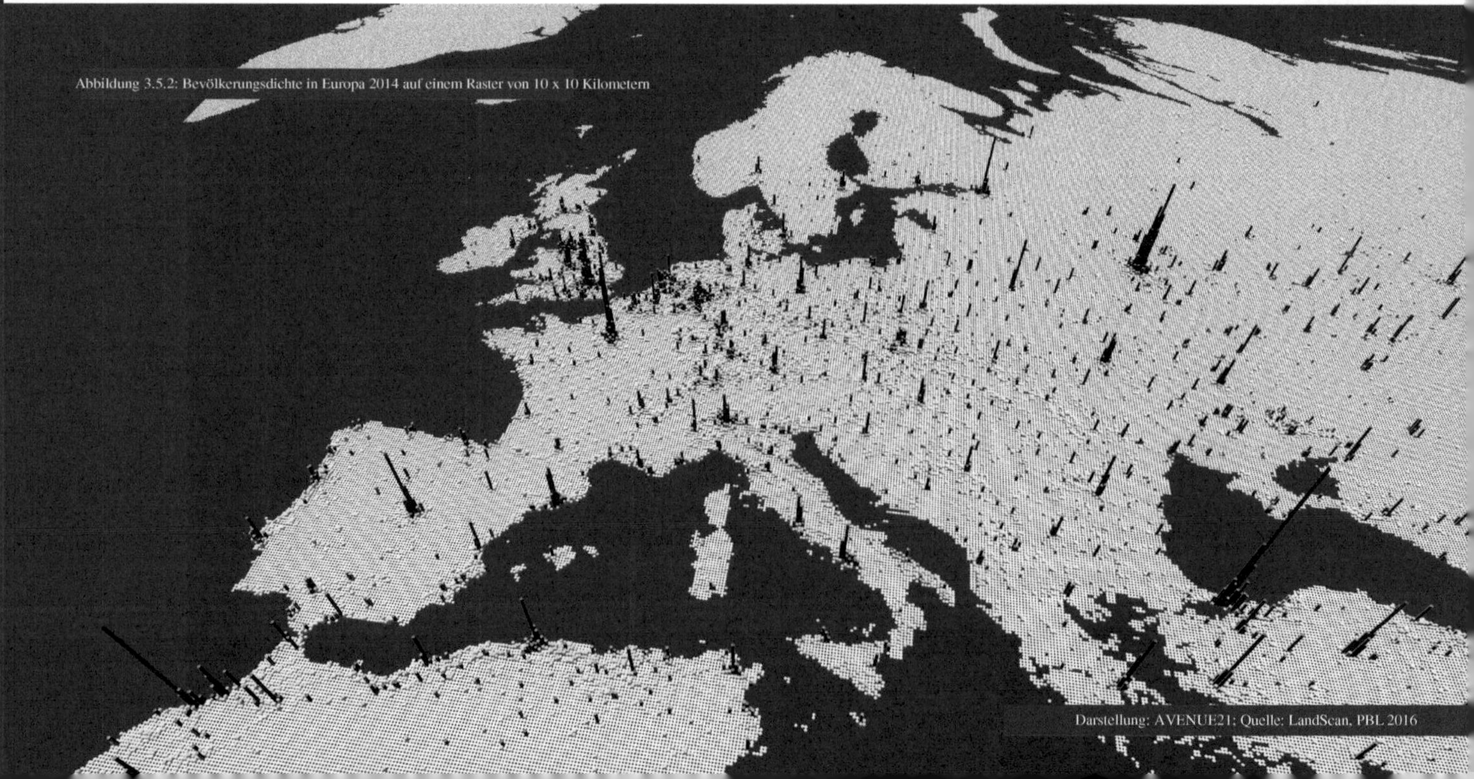

Darstellung: AVENUE21; Quelle: LandScan, PBL 2016

3.5

ENTWICKLUNGEN VON VERKEHRS- UND SIEDLUNGSPOLITIK: LONDON, RANDSTAD, WIEN

Um exemplarisch das Spektrum des Begriffs der Europäischen Stadt aufzuspannen, in dem sich die Wirkungen des avV entfalten können, wurden drei Referenzregionen ausgewählt und analysiert: die Stadtregion London, die Region Randstad in den Niederlanden und Wien/Niederösterreich. Durch die Analyse dieser Regionen sollen nicht nur die lokalen Gegebenheiten und städtischen Herausforderungen in den Mittelpunkt gerückt werden, sondern auch die Kontextabhängigkeit des Einsatzes von avV betont und Möglichkeitsräume für politisch-planerisches Handeln aufgezeigt werden. Wie die Zukunft jedoch fortgeschrieben wird, hängt nicht nur von räumlichen Gegebenheiten und Infrastrukturen ab, sondern wesentlich von der politisch-planerischen Haltung, die gegenwärtig und künftig verfolgt wird (s. Kap. 3.2 und

4.6). Die Analyse der Referenzstädte illustriert somit die Vielfalt an möglichen Zukünften mit avV in Bezug zu heutigen räumlichen Strukturen, planerischen Konzepten und wahrgenommenen Herausforderungen. Der Horizont der Betrachtung wird in Kapitel 4.5 auf internationale Vorreiter ausgeweitet.

3.5.1 METHODIK UND AUSWAHL

Die Analyse fokussiert auf die Wechselwirkungen von Governance, Mobilität und Stadtentwicklung in ausgewählten lokalen Gegebenheiten. Die Referenzstädte bzw. -regionen London, Randstad und Wien wurden theoriegeleitet ausgewählt: Kriterien für die Auswahl waren

Abbildung 3.5.3: **Übersicht der Referenzregionen**

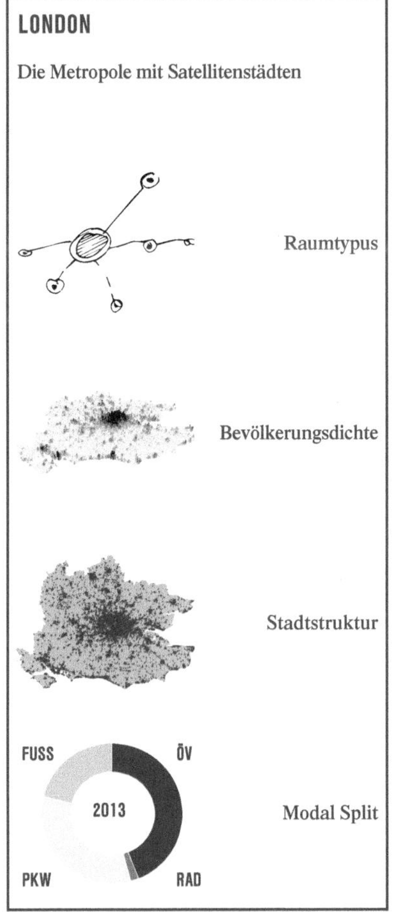

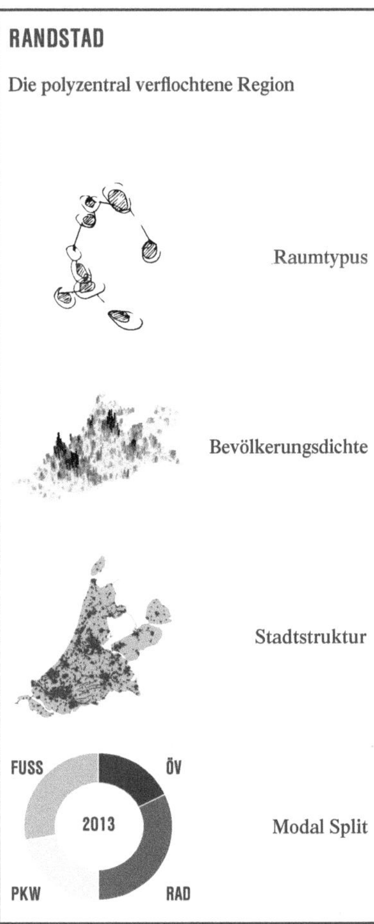

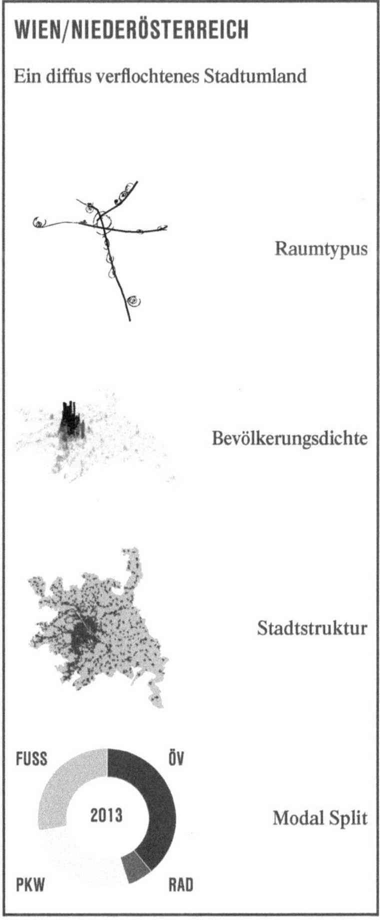

Quelle: AVENUE21, Eurostat (2017)

insbesondere siedlungsstrukturelle Voraussetzungen und Raumtypen, Mobilitätskulturen und Infrastrukturen sowie Planungs- und Governance-Systeme, die sich in den drei Regionen erheblich unterscheiden. Die ausgewählten Städte/Regionen sind zudem drei europäische Räume, die sich durch eine dynamische wirtschaftliche und demographische Entwicklung auszeichnen. Abbildung 3.5.4 stellt verkehrs- und mobilitätspolitische Maßnahmen der Regionen gegenüber und greift dabei auf das in Kapitel 3.2 vorgestellte Schema nach Jones (2017) zurück.

Zudem werden die Städte/Stadtregionen als jeweils prototypisch für ihre Siedlungsstruktur betrachtet. Für die verkehrliche Erschließung ist bedeutsam, dass Wien ein überwiegend konzentrisches Stadtmodell zur Grundlage hat, Randstad vor allem durch polyzentrale Verflechtungen gekennzeichnet ist (eine Bandstadt, die sich um das „Green Heart" legt) und London (umgeben vom „Green Belt") über Vernetzungen des übermächtigen Zentrums zu umliegenden Satellitenstädten verfügt.

Abbildung 3.5.4: **Übersicht der Verkehrs- und Mobilitätspolitik in den drei Referenzregionen**

	PHASE 1 Anpassung an das Verkehrswachstum	**PHASE 2** Unterstützung der Verkehrsverlagerung	**PHASE 3** Förderung lebenswerter Städte
LONDON STADTREGION	• Planung von vier konzentrischen Ringautobahnen und radialen Achsen • Rückbau des Straßenbahnsystems • Bau von Stadtautobahnen • Einbahnstraßen und Parkraum	• „Homes before Roads"-Initiative • Zonen und Tageskarten im ÖV • Bau der „Jubilee Line" • Verringerung der Beförderungskosten und einheitliches Zonensystem im ÖV • Bau der „Docklands Light Railway" und „Thameslink" • Planung des „Thameslink network"	• Ausbau des ÖV-Netzes (v. a. Verbesserung der Stationen und Tür-zu-Tür-Services) • Einführung der „Oyster Card" • Starke Förderung des Fuß- und Radverkehrs (Radverkehrsnetz, „Cycle Superhighways") • „Healthy Streets" als neues Narrativ für London
RANDSTAD	• Zusammenführung verschiedener Bahnbetriebe zu einem nationalen Anbieter • Bereitstellung eines umfassenden Autobahnnetzwerkes in den gesamten Niederlanden • Erste nationale langfristige räumliche Entwicklungspläne • Neue Politikinstrumente, die der politischen, geographischen und sozialen Lage entsprechen (Randstad, „Green Heart")	• Landesweites Ticket- und Preissystem im ÖV • Vorrang für den ÖV an Ampeln • „Stop de Kindermoord"-Proteste in Eindhoven (1973) • Straßenspieltag (1986) • Politik für eine Abkehr vom Auto hin zum ÖV • Kontrolle von Fahrzeugkilometern mit restriktiven Politiken • „Kompakte Stadt" als planerisches Leitbild	• Strukturleitbild für Infrastruktur und Raumordnung • „Randstad 2040"-Strategie • OV-chipkaart • „OV-fiets": Verknüpfung von Fahrrad und Bahn • Förderung des multimodalen Verkehrs, Ausbau von Mobilitätsknoten und Verkehrsinformation • Dezentralisierung der nationalen Politik hin zu den Regionen • PPP-Modelle für Infrastrukturverbesserungen • Umsetzung von Straßenbepreisungen für gefahrene Kilometer
WIEN/NIEDER-ÖSTERREICH	• Stilllegung von Straßenbahnlinien und Ersatz durch Autobusverkehr • Reduktion der angebotenen Nutzkilometer des Straßenbahnnetzes um ein Drittel • Radial-konzentrisches Wachstum	• Einführung Verkehrsverbund Ost-Region (1984) • Erhöhung Fahrleistung und Netzlänge im ÖV (z. B. U-Bahn-Ausbau) • Einsatz von Niederflur-Straßenbahnen • Bandförmige Stadterweiterung entlang von Siedlungsachsen	• STEP 2025: Stärkung des Umweltverbunds, Senkung des Anteils des MIV am Modal Split bis 2025 auf 20 % • Bau der Linien U2, U5; Ausbau der S-Bahn • 365-Euro-Ticket für den ÖV, WienMobil-App zur Stärkung von Inter- und Multimodalität • Förderung des Fuß- und Radverkehrs (z. B. Einrichtung von Fußgänger- und Begegnungszonen, Mobilitätsagentur etc.)

Quellen: Greater London: Jones (2017); Randstad: Reid (2017), OECD (2014), MOT (2017), Alpkokin (2012); Wien/Niederösterreich: Schubert (1985), Békési (2005), Stadt Wien (2017)

Ausgehend von diesen unterschiedlichen Gegebenheiten setzen die Städte und Regionen verschiedene Prioritäten bei der Verkehrs- und Siedlungsentwicklung. Abbildung 3.5.5 zeigt die in den Regionen exemplarisch behandelten Themen.

Abbildung 3.5.5: **Themen der Stadt- und Mobilitätsplanung in den Referenzregionen**

LONDON STADTREGION

- Verkehrserschließung von Entlastungsstädten (Last-Mile-Lösungen)
- Dezentralisierung der Region hin zu Polyzentralität

RANDSTAD

- Inter- und Multimodalität (mit hohem Anteil an Radverkehr)
- Siedlungsentwicklung entlang von multimodalen Verkehrsknotenpunkten

WIEN/NIEDERÖSTERREICH

- Stadtregionale Verflechtungen im Umland
- Stärke des öffentlichen Verkehrs

Quelle: AVENUE21

Vergleicht man die ausgewählten europäischen Regionen, so zeigen sich einerseits recht große Unterschiede aufgrund der jeweiligen historischen Entwicklungspfade und siedlungsstrukturellen Besonderheiten (s. Abb. 3.5.4 und Abb. 3.5.5), andererseits lassen sich jedoch auch Ähnlichkeiten ableiten. Der Begriff der Europäischen Stadt (s. Kap. 3.2) wird in allen drei Regionen durch die starken stadtregionalen Vernetzungen und Beziehungen, die auch über die Stadtgrenzen hinausgehen, herausgefordert. Dies macht neue Steuerungsmodelle notwendig, die nicht an den Stadtgrenzen enden, sondern auch die überregionalen Verflechtungen einbeziehen und die Bedeutung von spezifischen (international) bedeutsamen Knotenpunkten hervorheben (SUMP; Backhaus et al. 2019, Wefering et al. 2014). Automatisierter und vernetzter Verkehr wird neue Verbindungen schaffen bzw. ermöglichen und damit auch wesentlich auf die räumliche und verkehrliche Situation sowie die Ausprägung der Europäischen Stadt wirken. Folglich wird ein Überblick über ausgewählte Themen der Stadt- und Mobilitätsplanung der drei Regionen gegeben und auf aktuelle Projekte zum avV in den Regionen eingegangen. Dabei wird deutlich, dass der Einsatz von avF kontextspezifisch zu betrachten ist und in der bewussten Gestaltung bzw. Steuerung des avV Möglichkeiten und Chancen für wünschenswerte Veränderungen liegen. Diese (künftige) Gestaltung und Steuerung wird mit dem avV jedoch nicht gänzlich neu definiert, sondern bettet sich in historisch gewachsene räumliche Entwicklungsstrategien ein.

3.5.2 RANDSTAD

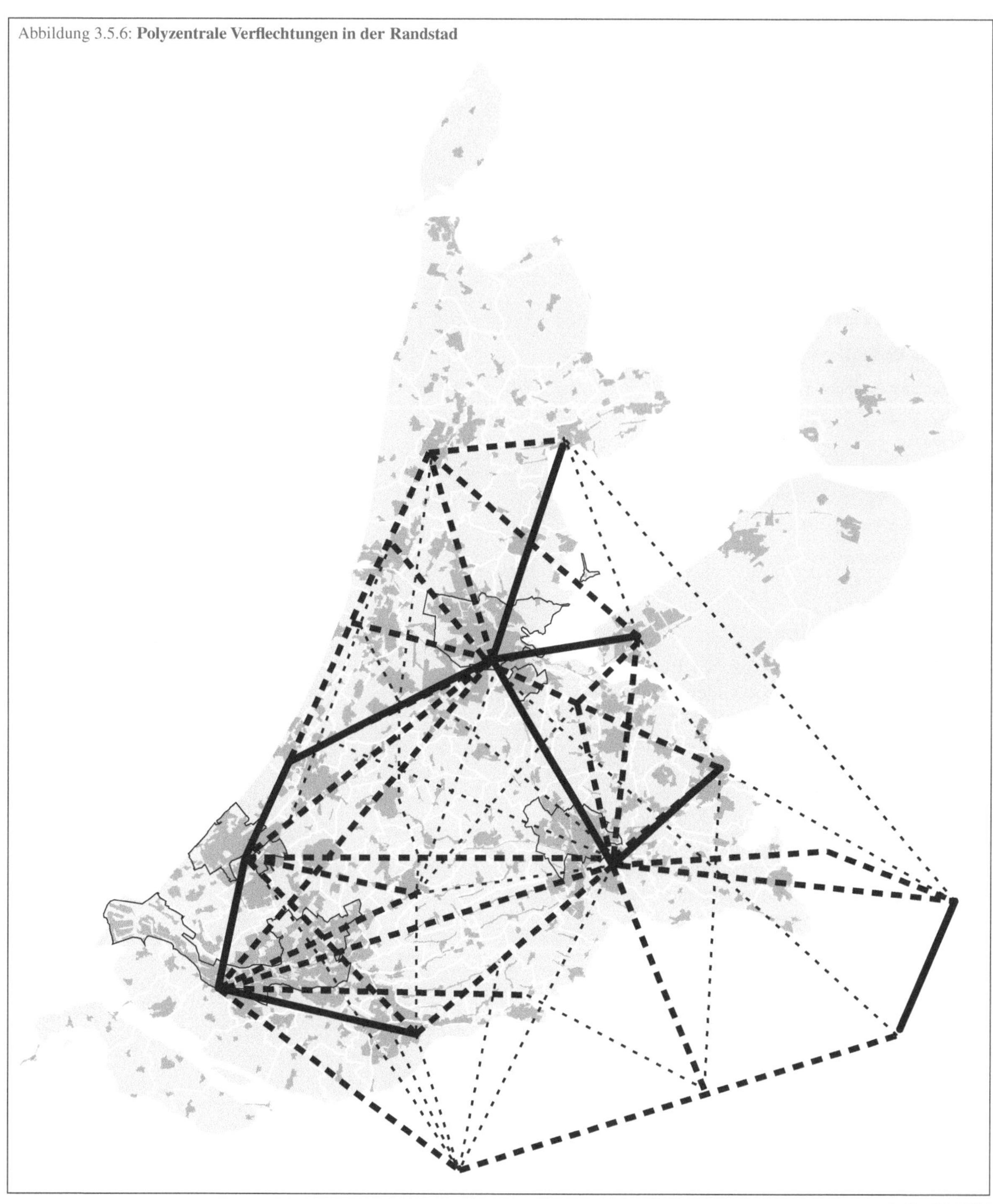

Abbildung 3.5.6: **Polyzentrale Verflechtungen in der Randstad**

Quelle: AVENUE21

Randstad ist ein Ballungsraum, der sich vor allem durch den hohen funktionellen Verflechtungsgrad seines urbanen Gebietes auszeichnet und eine polyzentrale Siedlungsstruktur aufweist, die auch in weiten Teilen Europas vorzufinden ist (Europäische Union 2011, S. 4). Die Polyzentralität bildet in Europa auch explizit eine Raumentwicklungsstrategie, die zur territorialen Kohäsion beitragen soll (Hall & Pain 2006).

DER WEG ZUM INTEGRIERTEN MOBILITÄTSSYSTEM

Die polyzentrale Struktur der Region Randstad, bestehend aus den vier großen Zentren Amsterdam, Rotterdam, Den Haag und Utrecht, bestimmt nicht nur die Siedlungsstruktur und Siedlungsentwicklung, sondern wirkt auch seit jeher auf das Verkehrs- und Mobilitätssystem.

Lange Zeit war die Verkehrsplanung in der Randstad insbesondere im öffentlichen Verkehr vorrangig von den lokalen Interessen der einzelnen Städte geprägt. Noch im Jahr 2007 schildert die OECD, dass das öffentliche Verkehrssystem der Randstad durch einzelne fragmentierte Verkehrssysteme bzw. Verkehrsverbünde der Städte in der Region gekennzeichnet ist (OECD 2007, S. 107). Mit Ende des letzten Jahrzehnts kam es jedoch zu zunehmenden Bemühungen der Entwicklung eines integrierten Mobilitätssystems in den Niederlanden und damit auch in der Randstad. So beschreiben die Strategiepapiere wie der „Mobiliteitaanpak" im Jahr 2008 oder das „Strukturleitbild für Infrastruktur und Raumordnung" im Jahr 2012 die Entwicklung eines kohärenten, integrierten Mobilitätssystems als Leitziel im Bereich Verkehr und Mobilität. Dieses soll auf nationaler Ebene in Zusammenarbeit mit den nachgeordneten Gebietskörperschaften entwickelt werden, um so das nationale und regionale Mobilitätssystem enger miteinander zu verweben und eine gute Abstimmung der Systeme zu erreichen. Die verschiedenen Verkehrsmittel sollen besser miteinander verknüpft werden, die Förderung des multimodalen Verkehrs und multimodaler Knotenpunkte steht im Vordergrund (Ministerie van Infrastructuur en Milieu 2015, S. 10).

Ein wichtiger Schritt in der Entwicklung hin zu einem kohärenten, integrierten Mobilitätssystem und insbesondere einer Vernetzung im Bereich des ÖV in der Randstad brachte die bereits im Jahr 2010 durch die niederländische Regierung initiierte, aber erst im Jahr 2012 flächendeckend in den gesamten Niederlanden (darüber hinaus bis nach Belgien und Deutschland) eingeführte, „OV-chipkaart" (Rijkswaterstaat Verkeer en Waterstaat 2010, S. 5). Die „OV-chipkaart" ist eine Chipkarte, die ein einheitliches, elektronisches Bezahlsystem für den gesamten ÖV in den Niederlanden, d. h. für alle nationalen, regionalen und lokalen Verkehrsverbünde mitsamt ihren unterschiedlichen Tarifordnungen, darstellt bzw. ermöglicht (Roland Berger 2016, S. 31).

INTER- UND MULTIMODALITÄT UND AUFWERTUNG VON VERKEHRSKNOTENPUNKTEN

Weitere Initiativen hinsichtlich der Entwicklung eines integrierten Mobilitätssystems konzentrieren sich vor allem auf die Verknüpfung von ÖV bzw. Bahnverkehr und Fahrrad, das in den Niederlanden im Vergleich zu anderen europäischen Ländern sehr häufig genutzt wird. Ein Beispiel einer solchen Initiative ist die zunehmende Errichtung und Aufwertung von Fahrradparkmöglichkeiten bzw. Fahrradgaragen an Bahnhöfen (Godefrooij 2012, S. 40). Des Weiteren wurde bereits im Jahr 2003 das landesweite, mittlerweile von der niederländischen Bahn übernommene Fahrradverleihsystem „OV-fiets" eingeführt. Mit zahlreichen und im Laufe der letzten Jahre steigenden Stationen – insbeson-

dere an Bahnhöfen vor allem auch in der Randstad – ist das Fahrradverleihsystem explizit für den letzten Teil der Bahnreise gedacht (Ministerie van Verkeer en Waterstaat 2009, S. 48).

Charakteristisch für die Randstad ist ein sehr dichtes Eisenbahnnetz mit einer Vielzahl an Bahnhöfen, die im Rahmen von Siedlungsentwicklungsprojekten auch zunehmend in den Fokus rückt (Stead & Meijers 2015, S. 12). So wird im Rahmen des Strategieplans für den nördlichen Teil der Randstad für das Jahr 2040 („Structuurvisie Noord-Holland 2040") eine verkehrsorientierte Siedlungsentwicklung („transit-oriented development") beschrieben, die zum Ziel hat, die umliegenden Areale bzw. die Einzugsgebiete von Bahnhöfen verstärkt für die Siedlungsentwicklung sowie andere urbane Funktionen zu nutzen (Deltametropol 2013, S. 228). Dies soll durch räumliche Maßnahmen und Programme im Rahmen einer abgestimmten Standortpolitik erfolgen (Provincie Noord-Holland 2015, S. 46). Verkehrsknotenpunkte sind in der Randstad meist mehr als nur Umsteigepunkte, sondern auch Orte an denen städtische Aktivitäten stattfinden, Menschen ankommen, leben und arbeiten (Deltametropol 2013, S. 85).

Das Charakteristische am Planungsansatz fassen Curtis & Scheuer (2016) wie folgt zusammen: „However, during the decade since, it has become clearer that the dichotomy of public transport versus car does not need to be regarded in competition. Instead, it can be viewed as an opportunity to work towards intelligent solutions of task-sharing and mutual support between these modes, and for walking and cycling and the growing range of hybrid forms of transport that do not neatly fit the traditional categories of collective and individual such as shared cars and bicycles, online ride-sharing or user-responsive public transport services. This type of thinking around multimodal accessibility, rather than single-mode market shares can be understood as the most significant contribution to global practice in integrated transport and land use planning to emerge from the Randstad and its unique interplay of settlement patterns and transport networks" (Curtis & Scheurer 2016, S. 287).

AUTOMATISIERTER UND VERNETZTER VERKEHR IN DEN NIEDERLANDEN UND DER RANDSTAD

Im Zusammenhang mit der Entwicklung von avF stellt sich daher hinsichtlich des Leitziels eines integrierten Mobilitätssystems in der Randstad die Frage, wie diese neue Technologie hier Chancen zu einer weiteren Integration der Verkehrsmittel (zu einem gemeinsamen Angebot) und damit auch zur weiteren Vernetzung innerhalb der Randstad führen kann sowie, darauf aufbauend, welche Chancen also der avV auch in der Anbindung von urbanen Randlagen bzw. den Zwischenstädten der Randstad birgt.

Die Niederlande werden in diversen Rankings im Spitzenfeld der Test- und Entwicklungsumgebungen für avF weltweit gesehen (KPMG 2018, Welch & Behrmann 2018). Die Aktivitäten in den Niederlanden beziehen sich sowohl auf Tests mit Fahrzeugen und der Entwicklung von Infrastruktur (z. B. Ausbau von leistungsfähiger mobiler Datenübertragung) als auch auf die proaktive Gestaltung von Policy-Strategien („Declaration of Amsterdam 2016"). Die Relevanz zeigt sich auch am Beispiel des Projekts „WEpods". Im Rahmen des Projekts werden bereits seit dem Jahr 2015 in der östlich an die Randstad angrenzenden Region Gelderland in den Städten Ede und Wageningen zwei selbstfahrende E-Shuttles (EasyMile EZ10) explizit als mögliche Last-Mile-Lösungen, d. h. als mögliche Transportmittel auf der letzten Meile von oder zum Bahnhof, getestet. Diese können als ein Service im ÖV – rund um die Uhr und on demand – gerade in Gebieten mit geringer Nachfrage ein sehr kostengünstiges öffentliches Transportmittel darstellen und hier auch als Möglichkeit zur verstärkten Integration im ÖV dienen (Scheltes 2018, Abb. 3.5.3).

Auch die niederländische Ministerin für Infrastruktur und Umwelt Schultz van Haegen betonte beim Beginn der Tests die Potenziale von avF für einen flexibleren und integrierten öffentlichen Verkehr: „With the WEpod, we are entering a completely new stage of the voyage of discovery that the Netherlands embarked on with the aim of making transport more flexible, safer and cleaner" (Wageningen University & Research 2016).

3.5.3 LONDON STADTREGION

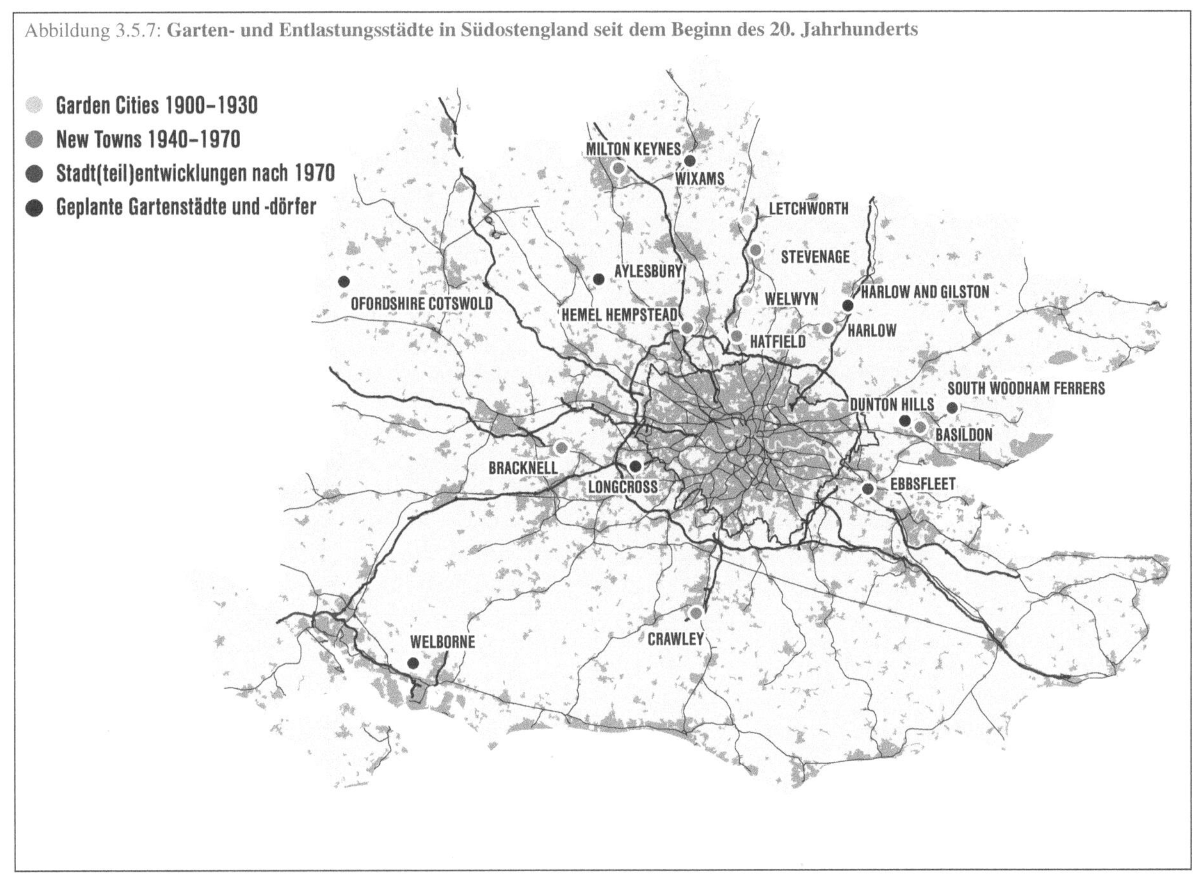

Abbildung 3.5.7: Garten- und Entlastungsstädte in Südostengland seit dem Beginn des 20. Jahrhunderts

Quelle: AVENUE21

Die Entwicklung von London ist seit über einem Jahrhundert eng an jene der Mobilität und Technologie geknüpft. Um den „Green Belt", der London umschließt, wurden zuerst unter der Prämisse des Eisenbahnverkehrs, später der individuellen Mobilität eine Reihe von Satellitenstädten errichtet. Die rasch wachsende Stadt London steht hier vor großen Herausforderungen im Hinblick auf die Siedlungs- und Verkehrsentwicklung, die sich auch in anderen europäischen Regionen, in denen die Urbanisierung weiter voranschreitet, stellen. Eine stringente, historisch gewachsene Top-down-Planung zur Handhabung des Wachstums bildet dabei jedoch eine Besonderheit der Region London.

ZUR HISTORIE DER ENGLISCHEN GARTEN- UND ENTLASTUNGSSTÄDTE

Schon bei der Planung und Entwicklung der ersten Entlastungsstädte für London zu Beginn des 20. Jahrhunderts spielte das zu dieser Zeit bestehende Mobilitätssystem im Umland von London eine wichtige Rolle. Neu gegründete Städte wie Letchworth und Welwyn Garden City im Norden von London wurden nach dem Konzept der Gartenstadt im Jahre 1903 bzw. 1920 konzipiert, entlang von Eisenbahnachsen errichtet und sollten im Zentrum über Fuß- und Radverkehr erschlossen werden: Die Größe dieser Gartenstädte war so angepasst, dass FußgängerInnen und RadfahrerInnen innerhalb von 15 Minuten jeden Punkt der Stadt bequem erreichen konnten; die Anbindung an London erfolgte mit der Eisenbahn (Schmitz 2001, S. 48–49).

Mitte des 20. Jahrhunderts erfolgte mit dem „New Towns Act" die Errichtung weiterer Entlastungsstädte in der Umgebung von London. Bei den New Towns handelte es sich im Unterschied zu den ersten Entlastungsstädten jedoch um vollkommen auf die individuelle Automobilität ausgerichtete Stadtentwicklungen. Ein Beispiel dieser Entlastungsstädte bildet die als letzte der New Towns im Jahre 1976 errichtete Stadt Milton Keynes nordwestlich von London.

ZUR AKTUALITÄT DES KONZEPTS

Auch heute bestehen noch Bestrebungen, neue Gartenstädte als Entlastungsstädte in der Umgebung von London (und in anderen Teilen Großbritanniens) zu errichten. Im Jahr 2014 gab das Department for Communities and Local Government bekannt, in Ebbsfleet, östlich von London, eine neue Gartenstadt für 15.000 EinwohnerInnen zu errichten (Department for Communities and Local Government 2015). Im Jahr 2016 veröffentlichte das Department Richtlinien, anhand derer sich Kommunen als Standorte für neue Gartenstädte bewerben konnten. Darauf aufbauend wurde Anfang 2017 bekanntgegeben, dass insgesamt drei neue Gartenstädte und 14 neue Gartendörfer in ganz Großbritannien errichtet werden sollen, wobei sich eine Vielzahl der neuen Städte und Dörfer in der Umgebung von London befinden (Department for Communities and Local Government 2017 und Abb. 3.5.7).

Aktuelle Herausforderungen für die Stadtentwicklung in London sind die schnell wachsende Bevölkerung in der Region und die Notwendigkeit, das Wachstum durch Dezentralisierung zu lenken. Die langfristige Stadtentwicklungsstrategie Londons setzt auf zwei Säulen: zum einen auf die Dezentralisierung des Wachstums („Building the Polycentric City"; NLA 2017), zum anderen auf Gesundheit und Wohlbefinden der BürgerInnen („Healthy Streets for London"; TfL 2017).

Strategiepapiere für die zukünftige Gestaltung im Bereich Verkehr und Mobilität in London und Umgebung – wie der „London Infrastructure Plan 2050" – betonen, dass das Siedlungswachstum (außerhalb von London) und damit die Planung neuer Entlastungsstädte an bestehenden, ausgebauten oder neuen Verkehrskorridoren und -stationen (insbesondere Eisenbahnstrecken) konzentriert werden sollte (Mayor of London 2014, S. 45). Während für die Gartendörfer Longcross und Dunton Hills sowie für die Gartenstädte Aylesbury und Harlow-Gilston bislang nur Standorte definiert wurden, jedoch noch keine Planung erfolgt ist, bestehen für die Gartenstadt Ebbsfleet bereits erste Entwicklungsvorstellungen, insbesondere auch im Bereich Verkehr und Mobilität.

VERKEHRSERSCHLIESSUNG DURCH AUTOMATISIERTE UND VERNETZTE FAHRZEUGE IM QUARTIER UND AUF „CONNECTED CORRIDORS"

In diesem Zusammenhang scheint es deshalb auch nicht verwunderlich, dass gerade in Milton Keynes, also in einer jener vollkommen auf individuelle Mobilität ausgerichteten New Towns, zunächst durch das Forschungsprojekt „LUTZ Pathfinder" und aktuell mit dem Forschungsprojekt „UK Autodrive" automatisierte Pods durch die Initiative „Transport Systems Catapult" getestet werden (TSC 2017). Hierbei werden, ausgehend vom Department for Transport, erhebliche Fördergelder in die Forschung eines solchen „Low-Speed Autonomous Transport Systems – L-SATS" gesteckt, das explizit als mögliche Lösung für die letzte Meile in der städtischen Mobilität gesehen wird (TSC 2014, S. 2). Auch die Stadt Milton Keynes ist fest entschlossen, die Potenziale des

avV zu nutzen. Schon 2011 beschreibt die Stadt in ihrer Verkehrsstrategie („A Transport Vision and Strategy for Milton Keynes"), dass im Bereich des ÖV langfristig personalisierte öffentliche Transportmittel, wie beispielsweise automatisierte Pods, am besten im Rastersystem der Stadt funktionieren (Milton Keynes Council 2011, S. 42–43). Zudem hat die Stadt im Jahr 2015 den Bau einer Straßenbahn abgelehnt und bei der Angabe der Gründe neben den Kosten auch auf die Nutzung der Pods als öffentliches Verkehrssystem verwiesen (Smith 2015). Dieser Umstand zeigt, dass Planungen für die zahlreichen neuen Gartenstädte – je nachdem, welche Erfahrungen in Milton Keynes gemacht werden – bereits auch auf ein öffentliches Verkehrssystem mit solchen kostengünstigeren Pods ausgelegt werden könnten.

Am Beispiel der Gartenstadt Ebbsfleet und deren Nähe zum Motorway A2 – und angebunden an das nationale und internationale (Eurostar-)Hochgeschwindigkeitsnetz der Bahn – wird ein weiterer Aspekt im Zusammenhang mit der avM deutlich: die Nutzung von avF auf Autobahnen. Das Department for Transport sieht nämlich „the creation of connected corridors – initially to test, and then deploy the technology as cornerstone of the UK in the context of connected and autonomous vehicles" (Hanson 2015, S. 4). Genau ein solcher Testkorridor befindet sich auf dem Motorway A2/M2 zwischen London und Dover (Hanson 2015, S. 5). In Zusammenarbeit mit dem für Autobahnen zuständigen staatlichen Unternehmen „Highways England" werden hier Vernetzungsmöglichkeiten zwischen Fahrzeugen sowie zwischen Fahrzeugen und der Infrastruktur vor dem Hintergrund der avM getestet (TRL Limited 2016, S. 1). In weiterer Folge sollen hier sowie auf weiteren Autobahnabschnitten auch noch Testfahrten mit avF durchgeführt werden.

3.5.4 WIEN/NIEDERÖSTERREICH

Wien verkörpert eine traditionelle europäische Stadt, die lange Zeit in der Planung konzentrisch gedacht wurde (Schubert 1985, S. 521). Seit den späten 1960er Jahren wächst die Stadt enorm über ihre Stadtgrenzen hinaus und bildet dadurch einen dispersen Siedlungsraum. Besonders in den letzten Jahren ist die Bevölkerung in Wien sowie im Umland deutlich gestiegen. Dadurch hat sich die stadtregionale Vernetzung und Verflechtung weiter gesteigert. Administrative Grenzen spielen in der Alltagsrealität und in funktionalen Beziehungen eine immer geringere Rolle (MA 18 2014, S. 88), sind jedoch in den Governance- und Verwaltungsstrukturen weiterhin stark ausgeprägt. Hierdurch ergeben sich besondere Herausforderungen der Steuerung, insbesondere in den Bereichen Raumordnung, Verkehrsplanung und Standortentwicklung. Dies zeigt sich im Speziellen im stadtregionalen ÖV.

Abbildung 3.5.8: **Entwicklungsdynamik in der Region Wien/Niederösterreich**

Quelle: AVENUE21

NOTWENDIGKEITEN VOR DEM HINTERGRUND STADTREGIONALER HERAUSFORDERUNGEN

Im Rahmen des aktuellen Stadtentwicklungsplans („STEP 2025") wird versucht, die Wachstumsdynamik für die Bevölkerung zu nutzen. In diesem Rahmen wurde ein regionales Leitbild mit regionalen Entwicklungsachsen entwickelt, das die regionalen Verflechtungen der Stadtregion Wien (Wien sowie Teile vom Burgenland und Niederösterreich) und der Centrope-Region (bestehend zusätzlich aus Westungarn, der Westslowakei und Südtschechien) sowie die Vernetzung der Metropolregion in den Mittelpunkt der Betrachtung rückt

(MA 18 2014, S. 91) Durch das Leitbild und die regionalen Entwicklungsachsen soll erreicht werden, dass die Prozesse des Bevölkerungswachstums sowie der Suburbanisierung, die ungeachtet der administrativen Grenzen erfolgen, mit einer gesteuerten, entlang der Entwicklungs- und ÖV-Achsen orientierten Siedlungsentwicklung einhergehen (Dangschat & Hamedinger 2009, S. 108; Scheuvens et al. 2016). Dieses regionale Leitbild für die gesamte Stadtregion muss in Zukunft jedoch verstärkt in den unterschiedlichen Gebietskörperschaften berücksichtigt werden. Von Wichtigkeit sind stadtregionale Governance-Strukturen, die die historisch gewachsenen Verwaltungsstrukturen der

Gebietskörperschaften, die meist das jeweils lokale Interesse vertreten, um die Aspekte von stadtregionalen Interessen, wie beispielsweise eben das stadtregionale Leitbild, ergänzen. Durch solche Strukturen könnten auch die bestehenden Kooperationspotenziale – insbesondere in den Bereichen wie Raumordnung, Verkehrsplanung oder Standortentwicklung – besser genutzt werden (MA 18 2014, S. 91).

STADTREGIONALE SIEDLUNGS- UND VERKEHRSENTWICKLUNG ALS WICHTIGE AUFGABE

Von besonderer Wichtigkeit ist hierbei eine Verschränkung von Siedlungs- und Verkehrsentwicklung. Es wird jedoch nicht nur darum gehen, eine koordinierte Siedlungsentwicklung entlang von ÖV-Achsen vorzunehmen. Vielmehr bedarf es auch einer Stärkung des ÖV-Angebots auf stadtregionaler Ebene: Während der ÖV im städtischen Verkehr in Wien schon seit jeher eine wichtige Rolle im Mobilitätssystem einnimmt und hier im Jahr 2016 mit einem Anteil von 39 % am Modal Split einen der höchsten Anteile im Vergleich europäischer Hauptstädte besitzt, zeigt sich stadtregionsübergreifend bzw. im Umland, d. h. bei den PendlerInnen, mit 21 % ein deutlich geringerer Anteil am Modal Split (Stadt Wien 2014, S.103). Zukünftig müssten jedoch Siedlungsentwicklung sowie Mobilitäts- und Verkehrsangebote in der gesamten Stadtregion – unabhängig von administrativen Grenzen und unterschiedlichen Zuständigkeiten – als integriertes System betrachtet werden. Dazu braucht es in erster Linie eine starke regionale Zusammenarbeit auf unterschiedlichen verkehrs- und siedlungspolitischen Ebenen sowie Konzepte für eine kontrollierte Siedlungsentwicklung entlang von ÖV-Achsen, in städtischen Randlagen sowie im Umland.

AUTOMATISIERTER UND VERNETZTER SOWIE ÖFFENTLICHER VERKEHR

Die bereits gewichtige Rolle des öffentlichen Verkehrs im Mobilitätssystem Wiens wird vor allem in den letzten Jahren weiter ausgebaut. Insbesonders seit dem Stadtentwicklungsplan 2005 (Dangschat & Hamedinger 2009, S. 104) und seinem Nachfolger, dem Stadtentwicklungsplan 2025, wird der ÖV letztlich als Rückgrat des Mobilitätssystems betrachtet, das weiter gestärkt und attraktiviert werden soll.

Mit dem derzeit gültigen Strategieplan im Bereich des städtischen Verkehrs, dem „Masterplan Verkehr" aus dem Jahr 2003, hat sich Wien zum Ziel gesetzt, die in den 1990er Jahren begonnene, offensivere Verkehrspolitik im Bereich des ÖV weiter fortzusetzen. So soll der Anteil des ÖV am Modal Split bis zum Jahr 2020 auf 40 % (2001: 34 %) erhöht werden und gleichfalls der Anteil des MIV bis 2020 auf 25 % (2001: 36 %) gesenkt werden (Stadt Wien 2006, S. 41). Betrachtet man die jüngsten Entwicklungen des Modal Split seit dem Jahr 2003 bis heute, zeigt sich in Wien tatsächlich eine deutliche Zunahme des Anteils des ÖV am Modal Split um 10 % auf nun 39 % im Jahr 2015. Wien weist gemeinsam mit London, Budapest, Prag, Helsinki und Tallin sowie Bukarest und Warschau den höchsten Anteil des ÖV am Modal Split unter europäischen Hauptstädten auf (Nabielek et al. 2016, S. 26).

Um die Ergänzung um avF für eine Verbesserung des bestehenden ÖV in Stadtrand- und suburbanen Gebieten zu erproben (Gertz & Dörnemann 2016, S. 22), verkehren in der Seestadt Aspern, einem neuen Stadterweiterungsgebiet im Nordosten Wiens, seit Sommer 2019 zwei automatisierte Shuttles im Testbetrieb. Entlang einer zwei Kilometer langen Route verbinden die automatisierten Shuttles die derzeit noch eher mäßig öffentlich erschlossenen Gebiete im Südwesten der Seestadt mit der U-Bahn-Endstation. Hierbei soll erprobt werden, inwiefern automatisierte Shuttles in den Betrieb des öffentlichen Verkehrsverbunds integriert werden und als Bindeglied intermodaler Mobilitätsketten dienen können. Eingebettet ist das Projekt auch in das Verkehrs- und Straßenraumkonzept der Seestadt, indem die Attraktivierung umweltschonender Mobilitätsformen und die Balance zwischen ihnen im Fokus stehen. In weiterer Folge könnten weitere Testbetriebe das Potenzial einer Ergänzung des schienengebundenen ÖV durch flexible und bedarfsgerechte automatisierte Shuttles insbesondere in der Stadtregion aufzeigen.

AUTOMATISIERTER UND VERNETZTER VERKEHR IM LANGEN LEVEL 4

SIEDLUNGSENTWICKLUNG, VERKEHRSPOLITIK UND PLANUNG WÄHREND DER ÜBERGANGSZEIT

4

© Der/die Herausgeber bzw. der/die Autor(en) 2020
M. Mitteregger et al., *AVENUE21. Automatisierter und vernetzter
Verkehr: Entwicklungen des urbanen Europa*, https://doi.org/10.1007/978-3-662-61283-5_4

4.1

TECHNOLOGISCHE ENTWICKLUNGEN AUTOMATISIERTER UND VERNETZTER FAHRZEUGE: WO STEHEN WIR HEUTE?

Abbildung 4.1.1: **Ein LIDAR-Sensor am Dach des Testautos „Homer"**

Quelle: voyage.auto

Automatisierung und Vernetzung sind die entscheidenden Treiber des Wandels des Verkehrssystems, allerdings zwei grundsätzlich verschiedene Trends, die nicht zwingend miteinander verbunden sind (Perret et al. 2017, S. 6). Ihre faktische Gleichzeitigkeit und parallele Entwicklung wird allerdings immer stärker betont: Während frühere Forschungsarbeiten noch häufig vom autonomen Fahren oder autonomen Fahrzeugen gesprochen haben, findet sich in neueren Beiträgen verstärkt der Begriff „automatisiertes und vernetztes Fahrzeug": „Even though automated vehicles do not necessarily need to be connected and connected vehicles do not require automation, it is expected that in the medium term connectivity will be a major enabler for automated vehicles" (Europäische Kommission 2018, S. 4).

Als Reaktion auf die vorherrschende begriffliche Vielfalt und deren unklarer bzw. irreführender Bedeutungen rät SAE International (2018, S. 28) von den Begriffen „selbstfahrendes Fahrzeug", „autonomes Fahrzeug",

„Fahrroboter" explizit ab. Was gemeinhin als „selbstfahrendes" oder „autonomes" Fahrzeug benannt wird, entspricht in der vorgeschlagenen und hier durchgängig verwendeten Terminologie dem „voll automatisierten Fahrzeug."

Die Gleichzeitigkeit von Automatisierung und Vernetzung von Fahrzeugen liegt darin begründet, dass schon heute eine immer stärkere Vernetzung für einige Fahraufgaben als Voraussetzung gesehen wird. So könnten Informationen über die aktuelle Verkehrssituation, den Zustand der Fahrbahn und möglicherweise Informationen von der Infrastruktur selbst (Ampeln, Mautstellen etc.) für das Fahrzeug notwendig sein, um einen sicheren automatisierten Betrieb zu ermöglichen (Ritz 2018, S. 184). Außerdem werden sich einige der gewünschten Auswirkungen von automatisierten Fahrzeugen nur einstellen, wenn diese auch vernetzt agieren oder kooperieren. Die Steigerung der Effizienz auf Straßen und im Straßennetz durch Verteilung, Erhöhung des Fahrzeugdurchsatzes oder Sicherheit sind Beispiele dafür (Kagermann 2017, S. 363; Shladover 2018, S. 196). Diese Sicht wird von der Europäischen Kommission über diverse Initiativen und Förderprogramme (CAM, C-ITS, C-Roads) vertreten (Europäische Kommission 2018, S. 4).

Im Weiteren bedeutet das: Obwohl die meisten der ersten verfügbaren automatisierten Fahrsysteme, die automatisierte Fahrfunktionen der unteren Stufen bieten, noch relativ eigenständig und nicht bzw. kaum vernetzt sind, wird es auf längere Sicht – wenn höhere Stufen von Automatisierung erreicht werden – von Wichtigkeit sein, dass automatisierte Fahrsysteme weitestgehend vernetzt sind, so dass die gewünschten Effekte auch eintreten (Abb. 4.1.2; Shladover 2018, S. 193).

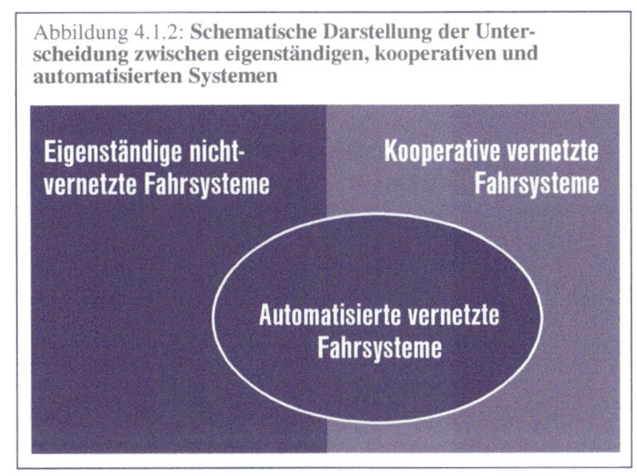

Abbildung 4.1.2: **Schematische Darstellung der Unterscheidung zwischen eigenständigen, kooperativen und automatisierten Systemen**

Quelle: AVENUE21 nach Shladover (2018)

Abbildung 4.1.3: **Stufen der Automatisierung von Fahrsystemen**

LEVEL		NAME	BESCHREIBUNG	QUER- UND LÄNGSFÜHRUNG	UMGEBUNGS-BEOBACHTUNG	RÜCKFALL-EBENE	OPERATIONAL DESIGN DOMAIN	
			FAHRER/IN FÜHRT ALLE FAHRAUFGABEN AUS					
0		KEINE AUTOMATION	FahrerIn fährt eigenständig, auch wenn unterstützende Systeme vorhanden sind.	FAHRER/IN	FAHRER/IN	KEINE	N/A	
1		ASSISTENZ-SYSTEME	Fahrassistenzsysteme helfen bei der Fahrzeugbedienung bei Längs- oder Querführung (nicht gleichzeitig).	FAHRER/IN UND SYSTEM	FAHRER/IN	FAHRER/IN	LIMITIERT	
2		TEILAUTO-MATISIERUNG	Ein oder mehrere Fahrassistenzsysteme helfen bei der Fahrzeugbedienung bei Längs- und gleichzeitiger Querführung, FahrerIn muss System dauerhaft überwachen.	SYSTEM	FAHRER/IN	FAHRER/IN	LIMITIERT	
			SYSTEM FÜHRT ALLE FAHRAUFGABEN AUS					
3		BEDINGTE AUTOMA-TISIERUNG	Automatisiertes Fahren mit der Erwartung, dass FahrerIn auf Anforderung zum Eingreifen reagieren muss.	SYSTEM	SYSTEM	RÜCKFALL-BEREITE/R NUTZER/IN	LIMITIERT	
4		HOCHAUTO-MATISIERUNG	Automatisierte Führung des Fahrzeugs mit der Erwartung, dass FahrerIn auf Anforderung zum Eingreifen reagiert. Ohne menschliche Reaktion steuert das Fahrzeug weiterhin autonom. FahrerIn muss System nicht dauerhaft überwachen.	SYSTEM	SYSTEM	SYSTEM	LIMITIERT	FOKUS AVENUE21
5		VOLLAUTOMA-TISIERUNG	Vollständig automatisiertes Fahren, bei dem die dynamische Fahraufgabe unter jeder Fahrbahn- und Umgebungsbedingung wie von einem/r menschlichen FahrerIn durchgeführt wird.	SYSTEM	SYSTEM	SYSTEM	UNLIMITIERT	

Quelle: SAE International (2018, S. 19)

AUTOMATISIERUNGSLEVEL UND IHRE BEDEUTUNG

Als automatisiert werden grundsätzlich Fahrzeuge unterschiedlicher Größen verstanden, die einen großen Anteil der Fahrleistungen eigenständig übernehmen bis hin zu fahrerlos betrieben werden können (Abb. 4.1.3). Für Fahrzeuge im Personen- und Güterverkehr gibt es unterschiedliche Einteilungen in Automatisierungsstufen, wobei sich in der wissenschaftlichen Debatte die Einteilung J3016 der SAE (Society of Automotive Engineers) international durchgesetzt hat.

Jene Systeme, die der/die FahrerIn nicht mehr dauerhaft überwachen muss, da die Längs- und Querführung in spezifischen Anwendungsfällen (Straßentypen, Geschwindigkeitsbereiche und Umfeldbedingungen) automatisiert ausgeführt wird, werden als bedingt automatisierte Fahrzeuge („conditional driving automation") bezeichnet. Der/die FahrerIn muss jedoch potenziell in der Lage sein, zu übernehmen, wenn das System die Übernahme fordert (Level 3). Als hochautomatisierte Fahrzeuge, die der Gegenstand vorliegender Studie sind, werden jene bezeichnet, deren Systeme alle Situationen automatisch bewältigen können, doch lediglich in einem dafür ausgelegten Bereich (ODD-spezifisch) fahrerlos betrieben werden bzw. die Fahraufgabe übernehmen. Es findet keine Übernahmeaufforderung statt (Level 4). Fahrzeuge deren Systeme die Fahraufgabe vollumfänglich für alle Straßentypen, Geschwindigkeitsbereiche und Umfeldbedingungen übernehmen (unabhängig von der ODD) und die somit von Start bis Ziel ohne FahrerIn betrieben werden, bezeichnet man schließlich als vollautomatisierte Fahrzeuge (Level 5; SAE International 2018, S. 19).

Die Operational Design Domain beschreibt dabei die Umfeldbedingungen, innerhalb derer ein automatisiertes Fahrsystem funktioniert. Parameter dieses Umfelds können unter anderem sein: geographische Lage, Straßentyp, Umwelt, Verkehr, Geschwindigkeit, Zeit (s. Abb. 4.1.4; SAE International 2018, S. 12).

Abbildung 4.1.4: **Operational Design Domain**

DAS LEVEL 4: AUTOMATISIERTE FAHRSYSTEME FÜR SPEZIFISCHE UMFELDBEDINGUNGEN (OPERATIONAL DESIGN DOMAINS)

Die Divergenz zwischen automatisierten Fahrsystemen („Automated Driving Systems" – ADS; SAE International 2018), die in eingeschränkten Umgebungen (ODD-spezifisch) funktionieren (Level 4), und jenen, die uneingeschränkt (ODD-unspezifisch) funktionieren (Level 5), ist tatsächlich enorm.

Außerhalb oder bei zu starker Veränderung dieser spezifischen Umfeldbedingungen bzw. der ODD ist die Funktionstüchtigkeit der automatisierten Fahrsysteme des Level 4 hingegen nicht mehr gegeben (NHTSA 2017, S. 6). Ist dies – also ein Übergang in das manuelle Fahren – notwendig wird der/die FahrerIn aufgefordert, die Fahrfunktion zu übernehmen. Ist diese/r dazu nicht imstande, wird das Fahrzeug in einen risikominimierten Systemzustand zurückgeführt (VDA 2015, S. 15; Wagner & Kabel 2018, S. 317).

Automatisierte Fahrsysteme bzw. Anwendungen des Level 4 sind seit den 1990er Jahren im Einsatz. Ein bekanntes Beispiel in Europa ist das Parkshuttle, das in Rotterdam als Zubringerlinie auf der letzten Meile den Rivium Business Park mit der Metro Rotterdam verbindet. In der zweiten Generation operiert das Parkshuttle seit 2006 auf einer Strecke von rund fünf Kilometern mit ebenso vielen Stationen. Die Limitierungen der ODD wurden hier infrastrukturell gelöst: Das Parkshuttle fährt auf einer asphaltierten Trasse, die an beiden Seiten mit einem ein Meter hohen Zaun und einer Hecke von der Umgebung abgegrenzt ist.

Der Fortschritt der Technologie könnte jedoch zukünftig ein Operieren automatisierter Fahrsysteme des Level 4 ohne solch große Infrastrukturmaßnahmen wie eine bauliche Trennung bzw. eigene Fahrstreifen etc. ermöglichen (Hollestelle 2018, S. 24). Letztlich dienen solche Maßnahmen jedoch immer dazu, die Komplexität der ODD des automatisierten Fahrsystems (z. B. Vermeidung der Interaktion mit RadfahrerInnen) und damit auch die Anforderungen an das automatisierte Fahrsystem zu reduzieren.

AUSGEWÄHLTE AUTOMATISIERTE FAHRSYSTEME DES LEVEL 4, IHRE OPERATIONAL DESIGN DOMAIN UND EINSATZFELDER

Automatisierte Fahrsysteme des Level 4 können unterschiedliche Einsatzszenarien, sogenannte Use Cases aufweisen (Wachenfeld et al. 2015, S. 12), die letztlich durch die Eigenschaften ihrer jeweiligen ODD sowie weitere Merkmale, beispielsweise das mögliche Einsatzfeld bzw. Nutzungskonzept, gekennzeichnet sind.

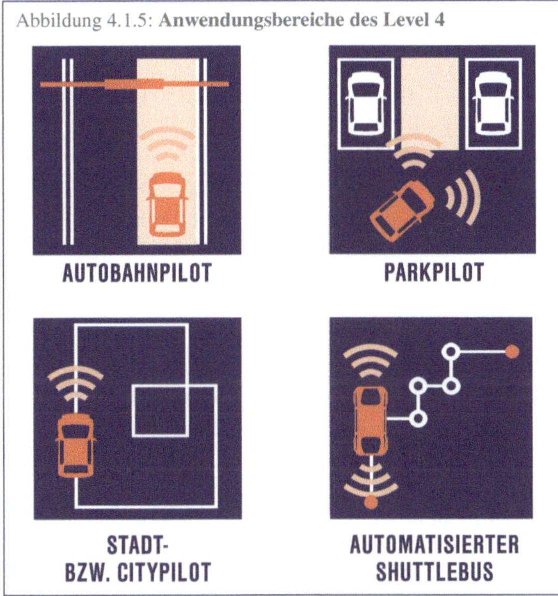

Abbildung 4.1.5: Anwendungsbereiche des Level 4

Quelle: AVENUE21

Verschiedene derzeit diskutierte automatisierte Fahrsysteme des Level 4 können dabei sehr unterschiedliche ODD sowie auch verschiedene mögliche Einsatzfelder aufweisen (Shladover 2018, S. 194). Dadurch ergeben sich zahlreiche mögliche Einsatzszenarien bzw. Use Cases solcher automatisierter Fahrsysteme (Abb. 4.1.5).

Im Folgenden werden ausgewählte, derzeit diskutierte automatisierte Fahrsysteme des Level 4 sowie ihre ODD und Einsatzfelder beschrieben. Die Auswahl beschränkt sich dabei auf vier Anwendungen.

1   AUTOBAHNPILOT

Beim Autobahnpiloten übernimmt das System ausschließlich auf Autobahnen oder autobahnähnlichen Schnellstraßen die Fahraufgabe – während der Fahrt auf der Autobahn ist kein Situationsbewusstsein von den InsassInnen gefordert, sie können anderen Tätigkeiten nachgehen (Wachenfeld et al. 2015, S. 12). Die Entwicklung von Autobahnpiloten wird vor allem von Fahrzeugherstellern vorangetrieben, befindet sich derzeit jedoch noch in der Entwicklung: Mit dem neuen A8 plant Audi beispielsweise gerade, das erste Serienfahrzeug mit einem Autobahnchauffeur (Level 3) auf den Markt zu bringen, der jedoch nur einfache Fahraufgaben bei gutem Wetter beherrscht. Wie eingangs beschrieben, muss der Fahrer daher noch potenziell in der Lage sein, zu übernehmen, wenn das System zur Übernahme auffordert (Schrepfer et al. 2018, S. 32; Ritz 2018, S. 30). Die weitere Entwicklung der Fahrzeughersteller wird jedoch in Richtung einer stetigen Steigerung der mögli-

chen zu bewältigenden Fahraufgaben auf der Autobahn hin zu einem Autobahnpiloten des Level 4 gehen, der es dem/der FahrerIn erlaubt, ein Buch zu lesen oder zu schlafen, solange der Autobahnpilot auf der Autobahn fährt (Ritz 2018, S. 31). Dies könnte nicht nur den/die FahrerIn eines Pkws, sondern auch eines Nutzfahrzeugs bzw. Lkws entlasten (Eckstein et al. 2018, S. 9) sowie zudem bei einem Fernbus Anwendung finden.

Insbesondere hinsichtlich Lkws werden häufig Autobahnpiloten auf allein für Lkw gestatteten Fahrstreifen diskutiert, um die Anforderungen an das Fahrsystem zu reduzieren. Diese Anpassungen der ODD erfolgen vor dem Hintergrund, ein solches Fahrsystem des Level 4 letztlich schneller auf die Straße zu bringen (Shladover 2018, S. 194).

2   PARKPILOT
(AUTOMATISIERTES VALET-PARKEN)

Offensichtlich scheint sich die Automatisierung des Privatwagens mit Blick auf die Fahrzeughersteller vor allem auf Autobahnen oder autobahnähnliche Straßen zu fokussieren (Schrepfer et al. 2018, S. 34). Aktuell wird jedoch von Herstellern wie beispielsweise Audi oder Daimler gleichfalls an der Entwicklung von Parkpiloten, also automatisierten Fahrsystemen, die ein automatisiertes Valet-Parken ermöglichen, gearbeitet (Ritz 2018, S. 30).

Beim automatisierten Valet-Parken fährt das automatisierte Fahrsystem, nachdem die PassagierInnen es verlassen haben, in eine nahe oder auch entfernte Parkposition. Der/die FahrerIn spart sich so die Zeit für die Parkplatzsuche oder das Abstellen des Fahrzeugs (Wachenfeld et al. 2015, S.15; Shladover 2018, S. 194). Derzeit wird ein solches automatisiertes Valet-Parken vor allem in Parkhäusern (oder Parkplätzen), also nicht im Straßennetz, sondern in als Sonderareale beschreibbaren Gebieten getestet: Daimler und Bosch beispielsweise testen in einem Parkhaus in Stuttgart ein solches System, bei dem das Fahrzeug einfach in einer „Dropoff Area" abgestellt wird, nach einem Befehl mittels Smartphone dann automatisiert parkt und nach einem abermaligem Befehl mittels Smartphone wieder automatisiert in eine „Pick-up Area" zum Abholen fährt (Daimler 2018).

In Zukunft könnten solche automatisierten Fahrsysteme jedoch nicht nur in Sonderarealen, sondern auch in definierten freigegebenen Bereichen des niederrangigen Straßennetzes (z. B. Bereiche in der Innenstadt) operieren. Der/die FahrerIn kann so beispielsweise direkt vor einem Restaurant anhalten und nach dem

Aussteigen dem Fahrzeug den Auftrag geben, automatisiert einen Parkplatz zu suchen, anzusteuern und dort zu parken (Eckstein et al. 2018, S. 9). Der Parkpilot würde aber dann den Bedingungen des Stadtpilots (s. nächster Absatz) sehr nahekommen. Aufgrund der mit diesem automatisierten Fahrsystem verbundenen Vorteile (das Fahrzeug holt PassagierInnen im Nahbereich ab) wird die Entwicklung des Parkpilots nicht nur für den privaten Pkw angedacht, sondern auch vonseiten der Hersteller (z. B. BMW und Daimler) verstärkt mit Überlegungen zu den eigenen Car-Sharing-Diensten (Drive-Now und Car2go) verschränkt (Ritz 2018, S. 114; Lenz & Fraedrich 2015, S. 185).

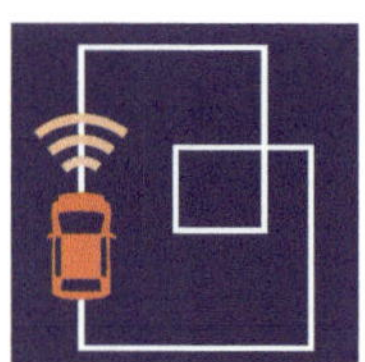

3 STADT- BZW. CITYPILOT

Die Fahrzeughersteller, die sich immer mehr als Mobilitätsanbieter darstellen, arbeiten jedoch – zum Teil gemeinsam mit neuen Playern am Mobilitätsmarkt wie Uber oder Waymo – auch an automatisierten Fahrsystemen für eher „städtische" Umfeldbedingungen bzw. definierte Bereiche im niederrangigen Straßennetz (Ritz 2018, S. 135). Aktuelle Beispiele hierfür sind die Entwicklung eines Stadtpilots durch Audi, die Tests von Waymo in einem festgelegten 100 Quadratmeilen großen Gebiet in Chandler, einem (suburbanen) Vorort von Phoenix in Arizona, oder die Ankündigung von Daimler und Bosch, in der kommenden Dekade gemeinsam Fahrzeuge des Level 4 im urbanen Umfeld auf die Straße zu bringen (Hawkins 2017; Ritz 2018, S. 30; Daimler 2018).

In diesem Fall übernimmt das häufig als Stadt- bzw. Citypilot bezeichnete automatisierte Fahrsystem in einem definierten, freigegebenen Bereich des niederrangigen Straßennetzes die Fahraufgabe. Der/Die FahrerIn wird somit in diesem Bereich zum Passagier (Wachenfeld et al. 2015, S. 17; Altenburg et al. 2018, S. 4).

Durch die Vorteile, die automatisierte Fahrsysteme in diesem Zusammenhang bringen (z. B. Möglichkeit eines Tür-zu-Tür-Service; Lenz & Fraedrich 2015, S. 185), werden solche Systeme verstärkt auch mit Überlegungen zu Konzepten wie Car-Sharing und Ride-Sharing verschränkt und dann häufig als automatisierte Einzel- oder Sammeltaxis bezeichnet. Die Grenzen zwischen MIV und ÖV sind hierbei zunehmend fließend, da in solchen Anwendungsfällen sowohl durch Fahrzeughersteller und neue Player am Mobilitätsmarkt Geschäftsmodelle gesehen werden, gleichfalls aber auch öffentliche Verkehrsunternehmen ihr Angebot durch solche automatisierten Fahrsysteme vor allem im suburbanen Raum flexibler anbieten könnten. Grundsätzlich wird mit solchen automatisierten Fahrsystemen angestrebt, dass der Fahrgast in einem Not-

fall mit der Leitstelle Kontakt aufnehmen kann und die Fahrt über das Handy bezahlt (Eckstein et al. 2018, S. 9).

Solche automatisierten Fahrsysteme werden nicht nur im Personen-, sondern auch im Güterverkehr, insbesondere als Lösungen für die letzte Meile, diskutiert. Sie sollen die letzte Meile von einem innerstädtischen Lagerhaus oder einem stationären Händler zu einem/r KundIn in einem definierten, freigegebenen Bereich im niederrangigen Straßennetz übernehmen. Als Beispiel können die häufig als Lieferroboter bezeichneten Fahrzeuge des Herstellers Starship Technologies genannt werden, die einen Behälter besitzen, in welchem eine Sendung eingelegt werden kann (Vogler et al. 2018, S. 152). Aktuell sind solche automatisierten Fahrsysteme noch meist in Büroparks (z. B. in Mountain View, USA) oder anderen Sonderarealen (wo es zum Teil schon seit längerer Zeit solche automatisierten Fahrsysteme etwa für den innerbetrieblichen Transport gibt; Flämig 2015, S. 378) in Betrieb (Hern 2018). Auch hier geht es darum, die Anforderungen an das automatisierte Fahrsystem zu reduzieren. Generell sollen solche Fahrsysteme aber in definierten, freigegebenen Bereichen auf Fußwegen mit einer Geschwindigkeit von max. 6 km/h operieren. Sie wurden in dieser Form unter anderem bereits in Hamburg (gemeinsam mit Hermes) oder Düsseldorf getestet.

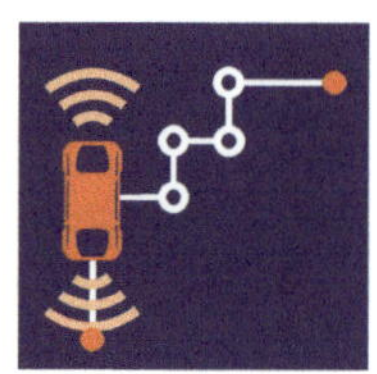

4 AUTOMATISIERTER SHUTTLEBUS

Automatisierte Shuttlebusse werden aktuell vor allem von öffentlichen Verkehrsunternehmen getestet. Beispiele hierfür sind das Testen von Shuttlebussen durch die Deutsche Bahn in Bad Birnbach, durch die Wiener Linien in Wien oder durch die PostAuto Schweiz AG in Sitten. Die bekanntesten Hersteller dieser automatisierten Shuttlebusse sind die Firmen Navya und EasyMile. Die Shuttlebusse sind meist auf eine Kapazität von 8 bis 12 Personen ausgelegt und können laut Herstellern eine Geschwindigkeit von maximal 45 km/h erreichen (Navya 2017, S. 13); derzeit operieren sie aber meist lediglich mit Geschwindigkeiten um 15 bis 20 km/h (Zankl & Rehrl 2017, S. 38; Postauto Schweiz AG 2016).

Getestet werden die automatisierten Shuttles von den öffentlichen Verkehrsunternehmen vor allem als mögliche Zubringer für die Hauptlinien des U- und S-Bahn-Verkehrs und damit als Ergänzung des ÖV, beispielsweise im suburbanen Raum (Michelmann et al. 2017, S. 2). Der mögliche Entfall der Personalkosten sowie der flexiblere Einsatz aufgrund geringerer Größen wird dabei als eine Erleichterung für den wirtschaftlichen Betrieb des ÖV-Angebots in solchen Räumen gesehen (Lenz & Fraedrich 2015,

S. 191; Haider & Klementschitz 2017, S. 7; Eckstein et al. 2018, S. 9). Es ist davon auszugehen, dass automatisierte Shuttles zunächst nur auf ausgewählten, definierten und freigegebenen sowie gekennzeichneten Routen bzw. Strecken (und Fahrbahnen) fahren und an definierten Haltestellen stehen bleiben. Sie können in diesen Bereichen ohne FahrerIn operieren, werden aber ähnlich der Luftfahrt von einer Leitwarte durch LotsInnen überwacht und gegebenenfalls manövriert werden (Eckstein et al. 2018, S. 8). Im Zuge einer fortschreitenden technischen Entwicklung könnte sich das Operationsgebiet solcher automatisierter Fahrsysteme letztlich auch auf definierte, zugelassene Bereiche im niederrangigen Straßennetz erweitern. Das automatisierte Fahrsystem des automatisierten Shuttlebusses würde sich damit dem eines Stadtpiloten annähern – verschränkt mit dem Konzept des Ride-Sharings.

ZUSAMMENFASSENDER ÜBERBLICK

Zusammenfassend können die beschriebenen, ausgewählten automatisierten Fahrsysteme anhand ihrer Geographie bzw. Szenerie, die mehrere Parameter der ODD umfasst, vereinfacht in 1) Autobahn und autobahnähnliche Straßen, 2) Bereiche im niederrangigen Straßennetz, 3) Routen im niederrangigen Straßennetz sowie 4) Sonderareale unterteilt werden (Abb. 4.1.6). Während der Autobahnpilot ausschließlich auf Autobahnen und autobahnähnliche Straßen fokussiert, ist die Funktionstüchtigkeit des Parkpiloten (Valet-Parken) zunächst allein in Sonderarealen wie Parkhäusern gegeben. Der sogenannte Stadtpilot fo-

kussiert hingegen auf definierte, freigegebene Bereiche im niederrangigen Straßennetz, während der automatisierte Shuttlebus zunächst allein auf definierten Routen im niederrangigen Straßennetz operiert. Zukünftig könnten automatisierte Fahrsysteme des Level 4 auch Kombinationen dieser Szenerien abdecken. Am Ende der technischen Entwicklung steht letztlich ein automatisiertes Fahrsystem des Level 5, dessen Funktionstüchtigkeit ODD-unspezifisch in allen Kontexten bzw. Szenerien und (weitestgehend) ohne Einschränkungen gegeben ist (Shladover 2018, S. 195).

Die hier beschriebenen automatisierten Fahrsysteme des Level 4 sind sowohl im Personen- als auch im Güterverkehr, aber nur in Teilräumen des Straßennetzes von Relevanz (Abb. 4.1.7).

Der Autobahnpilot kann dabei sowohl im privaten Pkw als auch in Logistikfahrzeugen wie Lkws und (Klein-)Transportern oder sogar bei Fernbussen eingesetzt werden. Der Parkpilot wird vor allem im Zusammenhang mit privaten Pkws oder Kleinstfahrzeugen wie etwa Pods oder LSEV (low-speed electric vehicles), aber auch im Zusammenhang mit Car-Sharing (Einzeltaxi) diskutiert. Der sogenannte Stadtpilot kann sowohl beim privaten Pkw oder bei Kleinstfahrzeugen, jedoch auch beim Car-Sharing (Einzeltaxi) und Ride-Sharing (Sammeltaxi) – hier verschwimmen die Grenzen zwischen individuellem und kollektivem Personenverkehr – sowie bei (Last-Mile-)Logistikfahrzeugen Verwendung finden. Der automatisierte Shuttlebus wird im öffentlichen Personenverkehr mit festen oder flexiblen Haltestellen sowie als Free-floating- oder routenbasiertes System thematisiert.

Abbildung 4.1.6: **Ausgewählte automatisierte Fahrsysteme und ihre Operational Design Domain**

	OPERATIONAL DESIGN DOMAIN		
AUTOMATISIERTES FAHRSYSTEM (ADS)	**VORRANGIGE SZENERIE**	**GESCHWINDIGKEIT**	**ANDERE VERKEHRSTEILNEHMER/INNEN**
AUTOBAHNPILOT	Zugangsgeregelte Autobahn bzw. autobahnähnliche Straßen (anfangs vermutlich nur bei geringem Verkehr)	Durch die Bauart bestimmte Höchstgeschwindigkeit des Fahrzeugs muss 60 km/h oder mehr betragen.	Im Mischverkehr mit anderen motorisierten VerkehrsteilnehmerInnen (keine nichtmotorisierten VerkehrsteilnehmerInnen)
PARKPILOT	Sonderareal wie z. B. Parkhaus, Parkplatz (in weiterer Folge definierter, freigegebener Bereich im niederrangigen Straßennetz)	Niedrige Geschwindigkeit	Im Mischverkehr mit anderen, auch nichtmotorisierten VerkehrsteilnehmerInnen
STADT- BZW. CITYPILOT	Definierter, freigegebener Bereich bzw. Areal im niederrangigen Straßennetz	Geschwindigkeiten in Anlehnung an den definierten, freigegebenen Bereich bzw. das Areal im niederrangigen Straßennetz	Im Mischverkehr mit anderen, auch nichtmotorisierten VerkehrsteilnehmerInnen
AUTOMATISIERTER SHUTTLEBUS	Vorgegebene Route bzw. Linie (mit gut sichtbaren Markierungen) im niederrangigen Straßennetz	Geringe Geschwindigkeit (max. 20–30 km/h)	Evtl. getrennt von anderen VerkehrsteilnehmerInnen

Quelle: AVENUE21

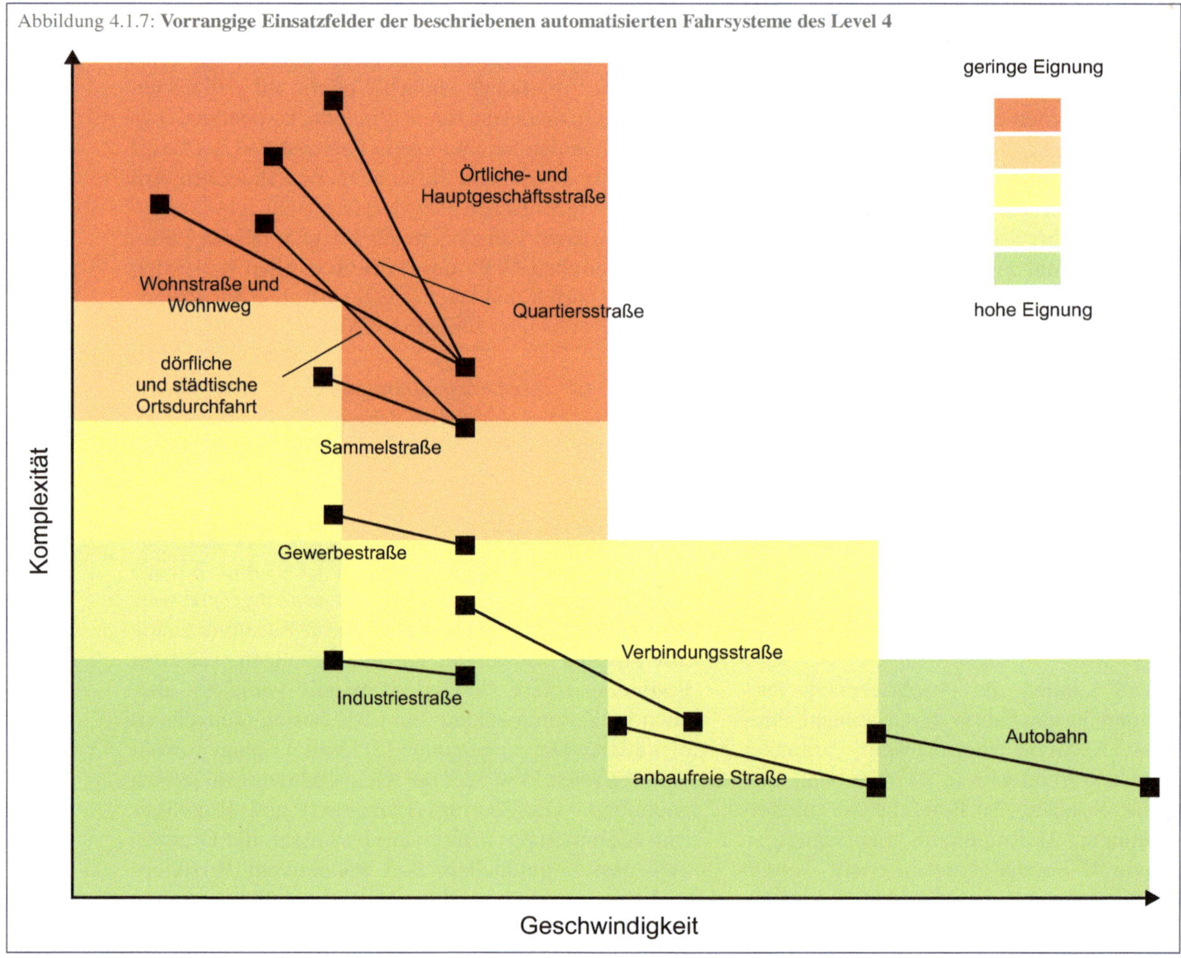

Abbildung 4.1.7: **Vorrangige Einsatzfelder der beschriebenen automatisierten Fahrsysteme des Level 4**

DIE BEDEUTUNG DES LANGEN LEVEL 4 FÜR DIE STADT- UND MOBILITÄTSPLANUNG

Der Begriff der ODD wurde von SAE erst ab dem Jahr 2016 eingeführt und gewinnt seither an Signifikanz: sowohl in der Technologieentwicklung als auch in der Stadt- und Mobilitätsplanung. Eine ausgedehnte Übergangszeit, in der automatisierte Fahrzeuge möglich sind und auch zum Einsatz kommen, aber dies nur innerhalb bestimmter Umfeldbedingungen, hat eine zeitliche Staffelung zur Folge. Diese Staffelung ergibt sich aus der Komplexität, die gerade urbane Straßenräume ausmacht. Die Ansicht, dass avF homogen in Städten eingesetzt werden, ist damit überholt. Vielmehr werden unterschiedliche Anwendungen in europäischen Städten räumlich selektiv eingesetzt werden und damit auch nur bestimmten Bevölkerungsgruppen zur Verfügung stehen. Weiters wäre ein mögliches Verschieben der Standortqualitäten die Folge, wenn nur einige Standorte an ein überregionales Verkehrsnetz angeschlossen sind und andere nicht. Die möglichen Veränderungen durch automatisierte Fahrzeuge in der Stadt finden somit zunächst nur an verstreuten Stellen statt (Ritz 2018, S. 74). Kapitel 4.4 behandelt dieses Thema im Detail. Wie in den Szenarien in Kapitel 5 gezeigt wird, erhöht sich durch diese Einschränkung sowohl der Handlungsbedarf als auch der Handlungsspielraum für AkteurInnen der Stadt- und Mobilitätsplanung.

DIE VERNETZUNG DER FAHRZEUGE

Im Zusammenhang mit der Automatisierung der Fahrzeuge spielt auch deren Vernetzung untereinander oder mit der Umwelt eine immer größere Rolle (Rammler 2016, S. 14; Bönninger et al. 2018, S. 97). Letztlich bildet die Vernetzung in den meisten der vorher beschriebenen Einsatzfeldern – insbesondere beim Car- und Ride-Sharing – die Voraussetzung für den Zugriff auf das automatisierte Fahrzeug per App oder Webportal durch die FahrzeugnutzerInnen (Johannig & Mildner 2015, S. 4).

Die Kapazität von Fahrzeugen, sich zu vernetzen, wird nach dem Gegenüber der Vernetzung gegliedert. „Vehicle to Everything" oder V2X (die Summe aller Funktionen in Abb. 4.1.8) beschreibt den Zustand vollständiger Kommunikationsfähigkeit von Fahrzeugen: sei es untereinander (V2V), mit der Infrastruktur (V2I) oder mit mobilen Endgeräten von FußgängerInnen (V2P; Shladover 2018, S. 191).

Abbildung 4.1.8: **Überblick über Vernetzungstypen und ihre möglichen Anwendungen**

VERNETZUNGSTYP	ERLÄUTERUNG	ANWENDUNGEN
 Vehicle to Vehicle (V2V)	Kommunikation zwischen Fahrzeugen	Echtzeitinformationen bzgl. • Kollisionswarnung • Gefahrenalarme • Cooperative Adaptive Cruise Control (CACC) • Platooning • Anschlusssicherheit beim Umsteigen • etc.
 Vehicle to Infrastructure (V2I)	Kommunikation mit straßenseitiger Infrastruktur	Echtzeitinformationen bzgl. • Wetter • Fahrbahnzustand • Ampelschaltung (z. B. Grüne Welle) • variable Geschwindigkeitslimits • Mautzahlungen • etc.
 Vehicle to Pedestrian (V2P)	Kommunikation mit FußgängerInnen bzw. nichtmotorisierten VerkehrsteilnehmerInnen	Echtzeitinformationen bzgl. • Position • Geschwindigkeit • Richtung • etc.

Quelle: AVENUE21 nach Shladover (2018, S. 191) und Perret et al. (2017, S. 16)

In der Anwendung reichen die Möglichkeiten von dynamischen und hoch verdichteten (Güter-)Platoons sowie vernetzten Kollisionswarnungen und Gefahrenalarmen (V2V) über Echtzeitinformationen zu Wetter- und Fahrbahnzustand (V2I) sowie Shuttles, die ihren Fahrstatus direkt an FußgängerInnen oder vorausschauend an mobile Endgeräte von FußgängerInnen kommunizieren (V2P; Owens et. al 2018, S. 71; Shladover 2018, S. 191). Darüber hinaus sollen NutzerInnen die Möglichkeit haben, von Abfahrt bis Ankunft schnittstellenlos und situationsabhängig mobil zu sein (Boban et. al 2017, S. 2). Abbildung 4.1.8 gibt einen Überblick über die unterschiedlichen Vernetzungstypen und mögliche Anwendungen.

Voraussetzung dafür ist eine verlässliche und stabile sowie vor allem eine leistungsstarke und schnelle Informations- bzw. Datenübertragung auf Basis von Kommunikationstechnologien, Sensoren und Netzwerkverbindungen (Maracke 2017, S. 64). Aufseiten der Industrie wird dafür zwischen kurzen und langen Latenzzeiten unterschieden. Während Erstere vor allem Kollisionswarnungen, Geschwindigkeitsbegrenzungen oder elektronischen Park- und Mautzahlungen dienen, betreffen Letztere vor allem Infotainment und Verkehrsinformationsleistungen bei Langstrecken.

Für die Datenübertragung können verschiedene drahtlose Kommunikationstechnologien zum Einsatz kommen (Shladover 2018, S. 192). Primär anwendbare Technologien sind hierbei ITS-G5 (WLAN IEEE 802.11p), der zellulare Mobilfunk (LTE-Vehicular/LTE Advanced oder zukünftig 5G) sowie das digitale Broadcasting wie z. B. DAB (Digital Audio Broadcasting), DAB+, DMB (Digital Multimedia Broadcasting) oder DAB-IP. Derzeit ist noch vollkommen offen, welche Kommunikationstechnologie sich in Zukunft im Zusammenhang mit dem automatisierten Fahren durchsetzen wird: Während die Europäische Kommission das Konzept eines komplementären Kommunikationsmixes mit dem Einsatz hybrider Kommunikationstechnologien verfolgt, wird in den USA durch die Behörde für Straßen- und Fahrzeugsicherheit in einem Gesetzesentwurf der Standard ITS-G5 für die (Nahbereichs-)Kommunikation favorisiert (Sänn et al. 2017, S. 62).

Durch die zunehmende Bedeutung der Vernetzung steigen auch die Sicherheits- und Datenschutzanforderungen (Lemmer 2015, S. 61). Jedes vernetzte Fahrzeug sammelt zahlreiche, zum Teil sensible Daten und Informationen über Bewegungsmuster, persönliche Fahrgewohnheiten oder Finanzdaten, die nicht nur gespeichert, sondern auch analysiert und abgesichert werden müssen. Ohne Sicherheitsstandards werden Fahrzeugsysteme mit zunehmender Vernetzung und Automatisierung anfälliger für Angriffe von außen, aber auch für einen Funktionsausfall (Seider & Schmitz 2017).

Hinsichtlich der Kommunikation von Fahrzeug zu Fahrzeug oder zwischen Fahrzeug und den Servern des Herstellers muss deshalb darauf geachtet werden, dass diese vor Hackerangriffen sicher sind, die Datenintegrität gewährleistet und die Kommunikation robust ist. Im Weiteren ist hier relevant, dass sich die Systeme nicht einfach durch Überlastungsangriffe (z. B. DDoS – Distributed Denial of Service) unterbinden lassen (Ritz 2018, S. 205). Letztlich ist das Thema Vernetzung – insbesondere vor dem Hintergrund der Nutzerakzeptanz – eng verknüpft mit der Gewährleistung des Schutzes vor Cyberangriffen und der Vertraulichkeit der Daten (Seider & Schmitz 2017 und Kap. 3.4).

DIE BEDEUTUNG DER VERNETZUNG FÜR DIE STADT- UND MOBILITÄTSPLANUNG

Für Städte ist die Frage der Vernetzung eine bedeutende. Eine Vernetzung mit der Infrastruktur (Ampeln, Verkehrsinformations- oder Leitsystem) bedeutet einen hohen finanziellen Aufwand (Mitteregger et al. 2019). Für die Organisation und den Zugriff auf multimodale Mobilitätsservices ist die Vernetzung von Fahrzeugen, aber auch von Flotten unterschiedlicher Betreiber entscheidend. Wollen Städte eine Rolle in der Organisation von Sharing-Angeboten spielen, ist der Zugriff auf Daten entscheidend. Auch für Verkehrsinformationssysteme sowie die Steuerung des fließenden Verkehrs durch Mautsysteme werden Daten in Zukunft von wachsender Bedeutung sein. Diese Daten können wiederum durch Investitionen in digitale Infrastruktur selbst erzeugt werden oder direkt von den Betreibern von Sharing-Flotten eingefordert werden (Kap. 3.3).

4.2

SIEDLUNGS- UND INFRASTRUKTURELLE ASPEKTE EINER RÄUMLICH SELEKTIVEN DURCHSETZUNG

Die Entwicklung von Siedlungen und Städten ist eng mit dem Verkehr bzw. mit der Entwicklung neuer technologischer Mobilitätsinnovationen verbunden. Wurden bis Mitte des 19. Jahrhunderts Wege fast ausschließlich zu Fuß unternommen, bildeten wenig später Pferdekutschen und -busse, Eisenbahnen, Straßen- und U-Bahnen sowie Autos den Verkehr und prägten dementsprechend die Siedlungsentwicklung (Abb. 4.2.1; Safdie & Kohn 1998, S. xii). Heute lässt sich ein Zusammenhang von Mobilitätstechnologien und der Entwicklung der europäischen Städte, ihrer Vielfalt aus historischen, mittelalterlichen Stadtvierteln und neueren Stadtquartieren herstellen. „So spiegelt die Entwicklung der Siedlungsstruktur – das heißt der Ausdehnung, des inneren Gefüges und der Verteilung der Siedlungen im Raum – die geschichtliche Entwicklung der Verkehrssysteme: der zur Verfügung stehenden Verkehrsmittel, der anzutreffenden Verkehrswege und vor allem der Verkehrsgeschwindigkeiten" (Schmitz 2001, S. 27).

Bei Mobilitätsinnovationen, die das Leben und die Gestalt der Siedlungen geprägt haben, waren sowohl Fahrzeuge als auch Verkehrsinfrastruktur (Schienen- und Straßennetze, Häfen und Flughäfen) ausschlaggebend. Auch die Geschichte der Infrastruktur ist von Innovationen geprägt, die häufig unerwähnt bleiben (McShane 1994). Die Infrastruktur stellt jenen unbeweglichen Teil dar, der für die räumliche Wirkung neuer Verkehrsmittel

(Erreichbarkeitsveränderung, Wandel von Raumnutzung und damit verbundene ökonomische, soziale Effekte) wesentlich ist. Häufig ist es (in Europa) die öffentliche Hand, die finanzielle Mittel für den Bau und die Wartung der Verkehrsinfrastruktur bereitstellt. Die volkswirtschaftliche Sinnhaftigkeit von Investitionen in Verkehrsinfrastruktur ist daher ein viel diskutiertes verkehrspolitisches Thema (Aschauer 1989, Deng 2013). Dieser Aspekt wird durch die Betrachtung von avF im SAE-Level 4, die nur in Teilen des Straßennetzes eingesetzt werden können und dadurch infrastrukturellen Investitions- bzw. Ausbaubedarf auslösen könnten, in den Mittelpunkt gerückt.

4.2.1 SIEDLUNGSENTWICKLUNG UND MOBILITÄTS-INNOVATIONEN: EIN BLICK IN DIE VERGANGENHEIT

Im Mittelalter waren europäische Städte meist durch eine hohe Dichte, Enge und Gedrängtheit geprägt. Dies resultierte aus der Notwendigkeit von Befestigungsanlagen um die Stadt, bedingt durch die relative räumliche Nähe von Städten zueinander, und aus dem Umstand, dass die meisten Wege zu Fuß unternommen werden mussten (Mumford 1984; Wegener & Fürst 1999, S. 4). Das Fußgängernetz war in weiterer Folge bis ins 19. Jahrhundert das die Stadt-

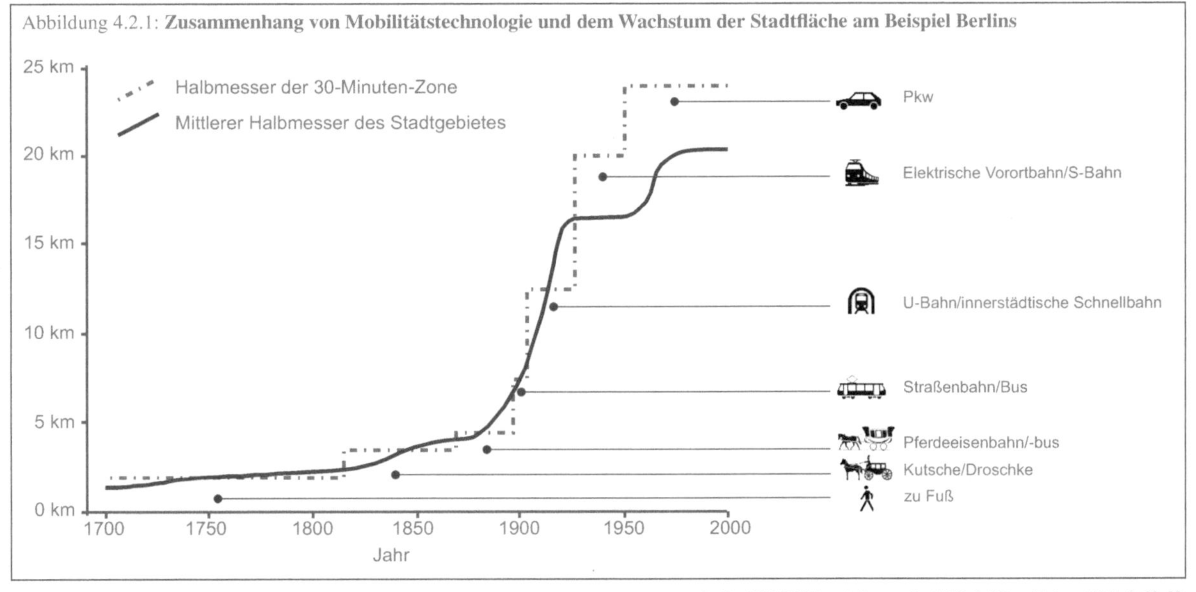

Abbildung 4.2.1: **Zusammenhang von Mobilitätstechnologie und dem Wachstum der Stadtfläche am Beispiel Berlins**

Quelle: AVENUE21 nach Kagermeier (1997, S. 25) und Lehner (1964, S. 22–23)

struktur bestimmende Verkehrssystem. Die Struktur dieser Städte war dementsprechend auf fußläufige Erreichbarkeit ausgerichtet: Städte waren kleine und geschlossene Stadtkörper und der Durchmesser des Stadtgebiets betrug nicht viel mehr als fünf Kilometer (Kainrath 1997, S. 16). Solche Strukturen findet man auch heute noch in den mittelalterlichen Kernen zahlreicher europäischer Städte (Newman & Kenworthy 1999, S. 28). Mit dem Aufkommen von Pferdebussen, Straßenbahnen, überregionalen Eisenbahnen sowie Holz- und Eisenschienen und neuen Fahrbahndecken (Stein-, Ziegel- und Holzpflasterungen, Makadam und schließlich Asphalt) im 18. Jahrhundert kam es zu Veränderungen in der Erreichbarkeit und in weiterer Folge auch der Siedlungsstruktur (Kainrath 1997, S. 16). Ein grundlegender Wandel der gesellschaftlichen Bedeutung von Mobilität und Straßenraum fand statt (McShane 1979, S. 57–80).

Die letzte weitreichende Veränderung von Mobilität brachte die Verbreitung des privaten Automobils im Laufe des 20. Jahrhunderts zunächst in den USA (wo sich auch Asphaltdecken schneller durchsetzten), nach dem Zweiten Weltkrieg dann auch in Europa. Das Auto ermöglichte durch die flächenhafte Erreichbarkeit nun auch die Nutzung der Gebiete zwischen den Eisenbahnachsen für die Stadterweiterung (Wegener & Fürst 1999, S. 5). Zudem führte die mit dem Wirtschaftswachstum verbundene allgemeine Wohlstandsentwicklung nach dem Ende des Zweiten Weltkrieges in Europa zu einer generellen individuel-

len Motorisierung. Die weite Verbreitung des privaten Autos ermöglichte und förderte gleichzeitig die räumliche Trennung von Funktionen wie etwa Wohnen und Arbeiten (Kagermeier 1997, S. 24). Die Folge war ein weniger geordnetes und stärker disperses Stadtwachstum mit dem Phänomen einer starken Zersiedelung am Stadtrand (Wegener & Fürst 1999, S. 5). Am Standrand dominiert heute das Auto, da im öffentlichen Verkehr erhebliche Lücken bestehen (Kainrath 1997, S. 16).

4.2.2 ZEITLICHKEIT DES WANDELS: DIE DIFFUSION VON TRANSPORTTECHNOLOGIEN

Bevor Transporttechnologien räumlich wirksam werden, müssen sie von einer stetig wachsenden Zahl an Mitgliedern angenommen und im Alltag genutzt werden. Dies sind langfristige Prozesse, ein Umstand, der durch die Theorie über disruptive Technologien (Christensen 2003) häufig übersehen wird (King & Baatartogtokh 2015). Die Diffusion von Innovationen (Rogers 2003) ist ein kommunikativer Prozess, währenddessen sich Individuen bzw. soziale Gruppen für die Adaptierung und den damit verbundenen Aufwand entscheiden. Die Diffusion beginnt langsam, nimmt Fahrt auf, um dann wieder an Geschwindigkeit zu verlieren, sobald Sättigungseffekte auftreten. Dies hat sich als robuste Erkenntnis erwiesen (Kucharavy & De Guio 2011, Grubler et al. 2016).

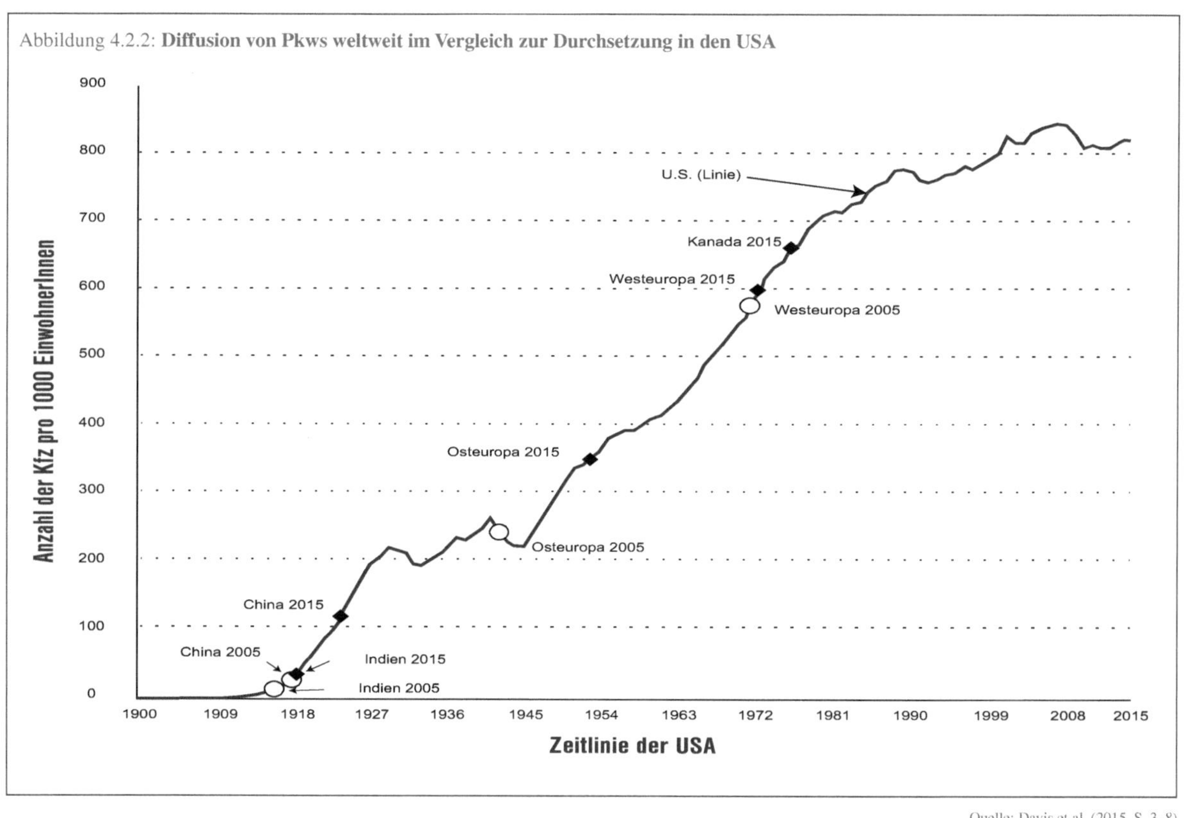

Quelle: Davis et al. (2015, S. 3–8)

Die Dauer von technologischen Diffusionsprozessen ist von einer Reihe von Faktoren abhängig. Dazu zählt die Komplexität der Technologie, die Länge der „formativen Phase" (Bento & Wilson 2016), welcher Aufwand durch die Aufhebung bestehender Praktiken besteht, wie hoch die Investitionen zur Einführung ausfallen, welche Vorteile für unterschiedliche Akteursgruppen erwartet werden und ob begleitende Anpassungen in Gesetzen und Verordnungen notwendig werden.

In Abbildung 4.2.3 werden die von Grubler et al. (2016) beschriebenen Merkmale langer Diffusionsprozesse zusammengefasst und auf die Charakteristiken des avV angewendet. Der hohe globale Durchsetzungsgrad des Straßenverkehrs und die Vielzahl an Individuen, die von den Änderungen des Verkehrs und im Straßenraum betroffen sein werden, sind wesentliche Faktoren für die Dauer des Diffusionsprozesses des avV. Hinzu kommt ein hoher Abstimmungsbedarf unterschiedlicher politischer Ebenen und StakeholderInnen (s. Kap. 4.6), z. B. in Fragen der Zertifizierung von diversen Funktionen automatisierter Fahrsysteme und Fahrzeugtypen (Walker 2016). Hinzu kommt, dass Standards für die physische und digitale Infrastruktur und zur Sicherung bestimmter ODD koordiniert und durchgesetzt werden müssen (European Commission 2017, 2019). Außerdem sind bei Investitionen auf unterschiedlichen Ebenen des Straßenverkehrsnetzes erhebliche Kosten zu erwarten, die Staaten und Kommunen vor große Herausforderungen stellen (POLIS 2018, Mitteregger et al. 2019). Aufseiten der technologischen Entwicklung ist das Zusammenführen unter-

schiedlicher Sensorendaten zu einem kohärenten Bild eine zentrale Herausforderung, die bisher in diesem Umfang in keinem anderen Anwendungsfall geleistet werden musste (s. Kap. 4.4).

FRAGEN DER AKZEPTANZ AUTOMATISIERTER FAHRSYSTEME

Die Antwort auf die Frage nach der Akzeptanz der avF wird von der Dauer des Diffusionsprozesses bestimmt. Der betrifft nicht nur die Beförderten (PassagierInnen), sondern auch alle anderen Verkehrsteilnehmenden. Wesentlich ist, dass mit den „Fahrrobotern" des Level 4 Menschen zum ersten Mal in kritischen (und potenziell tödlichen) Situationen mit automatisierten, mobilen Maschinen im öffentlichen Raum interagieren müssen. Bis heute ist diese Erfahrung spezialisierten Berufsgruppen wie der Logistik (z. B. in Häfen oder Logistikcentern), der Landwirtschaft, dem Bergbau oder dem Militär (Drohnen) vorbehalten. Abbildung 4.2.4 fasst die wesentlichen, heute diskutierten Bereiche der Akzeptanz zusammen.

PassagierInnen von avF müssen lernen, zu akzeptieren, dass sie von einer softwaregesteuerten Maschine gefahren werden, welche die Handlungen während der Fahrt umfassend steuert, überwacht und möglicherweise durch externe Instanzen (Polizei, Mobilitätsanbieter, Infrastrukturbetreibende, aber auch Hacker) beeinflusst bzw. gelenkt werden kann. Die Interaktion mit dem Fahrzeug als PassagierIn stellt für bestimmte soziale Gruppen eine hohe Hürde dar (Vertrauen, Technikaffinität, „digital divide"). Aber auch für andere Verkehrs-

Abbildung 4.2.3: **Gegenüberstellung der Merkmale langer Technologiediffusionen und Charakteristiken automatisierter und vernetzter Fahrsysteme**

MERKMALE	CHARAKTERISTIKEN
Anpassungen mehrerer Technologien, im organisatorischen und institutionellen Umfeld sowie bei Infrastrukturen werden notwendig.	• Institutionen und Organisationen müssen erst den legislativen Rahmen für den avV schaffen bzw. die Freigabe oder Zertifizierung entwickeln (Schoitsch et al. 2016). Durch transnationale Verkehrsnetze bzw. die standardisierte Produktion von Fahrzeugen besteht großer Abstimmungsbedarf auf allen politischen Ebenen. • Automatisierte und vernetzte Fahrzeuge ersetzen nicht- oder gering automatisierte Fahrzeuge in bereits existierender Infrastruktur. Auch wenn ein Teil der bestehenden Infrastruktur genutzt werden kann, erzeugt es doch einen hohen Anpassungsbedarf.
Neue technologische und soziale Konzepte müssen entwickelt bzw. erlernt werden.	• Die zentrale technische Herausforderung des avV ist das Zusammenführen unterschiedlicher Sensordaten zu einem kohärenten Bild. Dieses Bild muss maschinell (durch künstliche Intelligenz) interpretiert werden und dient als Basis für Verkehrslenkung und Fahrentscheidungen (s. Kap. 4.6). • Die Interaktion von nichtmenschlichen Akteuren und anderen Verkehrsteilnehmenden stellt neue sozialpsychologische Herausforderungen dar, die langfristig erlernt und akzeptiert werden muss (Merat et al. 2017, Rogers 2003).
Hohe Investments in weit verbreitete Technologien und Infrastrukturen werden notwendig, wodurch der Aufwand der Adaption erst zu einem späteren Zeitpunkt rentabel wird.	• Investitionen könnten auf allen Ebenen des Verkehrsnetzes notwendig werden. Relevant sind die Netzgrößen von Autobahnen und Schnellstraßen (1,9 % des Verkehrsnetzes in Österreich), Landesstraßen (29,3 %) und Gemeindestraßen (68,73 %; BMVIT 2018) und die jeweils unterschiedlichen Akteure, die mit Wartung und Instandhaltung betraut sind, sowie unterschiedliche Arten der Finanzierung (z. B. durch Maut- oder Transferzahlungen). • Darüber hinaus könnten Investitionen in die digitale Infrastruktur, die Vernetzung der Fahrzeuge hinzukommen (DG MOVE 2016, S. 41). Das Ausmaß der Investitionen ist räumlich sehr unterschiedlich und gegenwärtig kaum abzusehen.

teilnehmende, die ihr Verhalten im öffentlichen Raum mit dem des automatisierten Fahrsystems abstimmen müssen, gibt es einen hohen Bedarf, Vertrauen herzustellen (was im Rahmen aktueller Tests durch Signale an den Fahrzeugen geregelt wird). Im Fall von av-Ride-Sharing wird zudem der relativ kleine Raum des Fahrzeugs mit unbekannten Menschen für die Dauer der Fahrzeit ohne die Anwesenheit eines/r FahrerIn geteilt – eine Herausforderung, die vor dem Hintergrund zunehmender gesellschaftlicher Ausdifferenzierung dazu führen wird, dass die Akzeptanz vor allem in dünn besiedelten Räumen und zu Schwachlastzeiten zu Beginn gering ist und gegebenenfalls sinkt (Merat et al. 2017). Das gilt im besonderen Maße gerade für mobilitätseingeschränkte Gruppen, die von diesen Shuttlediensten profitieren sollten.

Eine geringe Akzeptanz automatisierter Fahrzeuge kann dazu führen, dass sich das Verhalten im öffentlichen Raum der Straße erneut grundlegend wandelt (wie dies im Fall der Automobilität bereits der Fall war, s. Kap. 3.2). Automatisierte Fahrsysteme werden im Betrieb umfassend Daten im öffentlichen Raum generieren – das Verhalten von Personen im Straßenraum eingeschlossen – und diese im Zuge datenbasierter Geschäftsmodelle oder des Verkehrsmanagements verwerten. Eine umfassende Überwachung wird aus heutiger Sicht in europäischen Städten (im Gegensatz zu chinesischen) kaum akzeptiert. In engem Zusammenhang mit der Einführung von avF steht der Wandel von passiven zu aktiven Sicherheitssystemen, die das Verständnis des öffentlichen Raums der Straße in europäischen Städten künftig erheblich wandeln (Mitteregger 2019).

4.2.3 DIE BEDEUTUNG DER VERKEHRS-INFRASTRUKTUR WÄHREND DES LANGEN LEVEL 4

Der Verkehrsinfrastruktur, hier im Besonderen der Straßeninfrastruktur, wird eine zentrale Rolle für die wirtschaftliche Entwicklung von Regionen beigemessen (Aschauer 1989). Dementsprechend wird die Planung und der Bau von Verkehrsinfrastruktur als zentrale strukturpolitische Maßnahme angesehen. Die Europäische Union hat für die „Vollendung und Modernisierung eines echten transeuropäischen Netzes" bis 2020 rund 600 Mrd. Euro beseitegestellt (Europäische Kommission 2005, S. 3). Die europäische Initiative „Kooperative Intelligente Verkehrssysteme" (Cooperative Intelligent Transport Systems – C-ITS) wird aus strukturpolitischer Sicht als eine der Schlüsselmaßnahmen, die avM auf den Weg bringen soll, angesehen. Sie schließt ein breites Spektrum an infrastrukturellen Anwendungen (Verkehrsleit- und -managementsysteme bis zur flächendeckenden Verfügbarkeit von 5G) ein. C-ITS sollen

Abbildung 4.2.4: **In der Literatur diskutierte Kriterien der Akzeptanz durch PassagierInnen und andere Verkehrsteilnehmende des SAE-Level 4**

KRITERIUM	STUDIEN
PASSAGIER/IN	
„Das Befördertwerden"	Hancock et al. 2011, Malodia & Singla 2016, Schaefer & Straub 2016
Ride-Sharing	Ahmadpour et al. 2016, Beirao & Sarsfield-Cabral 2007, Chan & Shaheen 2012, Dueker et al. 1977, Malodia & Singla 2016, Merat et al. 2017, Thompson et al. 1991, Venkatesh et al. 2003
Überwachung während der Fahrt	Crittenden 2017, Litman 2017, Schulz & Gilbert 1996
Human Machine Interaction	Grush et al. 2016, Hoff & Bashir 2015, Merat et al. 2017, Schaefer & Straub 2016, Seppelt & Lee 2007, Venkatesh et al. 2003, Wiseman 2017
Zugriff externer Instanzen	Anderson et al. 2016, Gontar et al. 2017
ANDERE VERKEHRSTEILNEHMENDE	
Leerfahrten	Elliot & Long 2016
Human Maschine Interaction	Anderson et al. 2016, Grush et al. 2016, Hoff & Bashir 2015, Merat et al. 2017, Parkin et al. 2016, Rodriguez et al. 2016, Schaefer & Straub 2016, Seppelt and Lee 2007, Venkatesh et al. 2003
Überwachung auf öffentlichen Straßen	Anderson et al. 2016, Cirittenden 2017, Schulz & Gilbert 1996

die Straßensicherheit erhöhen, deren Effizienz steigern und den Komfort verbessern (Europäische Kommission 2016, S. 3). Die weitverbreitete Ansicht in Politik und Planung, dass „Straßen zu Wohlstand führen" (Deng 2014, S. 687), ist vor allem in Europa und vor dem Hintergrund des avV differenziert zu sehen.

SIEDLUNGSENTWICKLUNG DURCH VERKEHRSINFRASTRUKTUREN

Der Zusammenhang von Effekten der Verkehrsinfrastruktur auf die Raumnutzung bzw. Siedlungsstruktur wurde in jüngeren Übersichtsstudien über unterschiedliche räumliche Maßstäbe bestätigt (Deng 2014, Kasraian et al. 2016). Er zeigt sich allerdings differenzierter als meist angenommen (Abb. 4.2.5). Es existiert ein nachweisbarer Zusammenhang zwischen dem Entwicklungsgrad des Siedlungsgebiets, dessen aktueller Erreichbarkeit und der Wirksamkeit von Verkehrsinfrastrukturinvestitionen als strukturpolitische Maßnahme. Sättigungseffekte werden deutlich, die in Gebieten ho-

her Erreichbarkeit und/oder bereits stark entwickelter Siedlungsstruktur auftreten. Folglich sind die stärksten Effekte vor allem in wenig entwickelten Gebieten zu erwarten, in denen auch die Erreichbarkeit durch eine neue Verkehrsinfrastruktur gehoben werden kann.

Ein weiteres Merkmal der Verbesserung der Erreichbarkeit durch Verkehrsinfrastrukturmaßnahmen ist, dass sie aus ökonomischer Sicht nicht allen Sektoren gleichmäßig zugutekommt (Deng 2014, S. 691–692). Verkehrsintensive Sektoren wie etwa Logistik und Bauwirtschaft profitieren ungleich stärker als z. B. die Textilindustrie (Fernald 1999, S. 628). Cantos et al. (2005) konnten auch eine ungleiche Verteilung der Erreichbarkeitswirkungen hinsichtlich der Absatzmärkte von Betrieben aufzeigen. So profitieren jene Sparten, die ihre Erzeugnisse auf nationaler bzw. transnationaler Ebene vertreiben (Industrie, produzierendes Gewerbe), während Sektoren, die regional wirtschaften (Einzelhandel, Bauwirtschaft, Dienstleistungssektor, Landwirtschaft), durch eine gesteigerte Erreichbarkeit tendenziell Gewinnrückgänge zu erwarten haben.

Abbildung 4.2.5: **Räumliche Effekte im Wirkungsgefüge von Transportinfrastrukturnetzen und Landnutzungen**

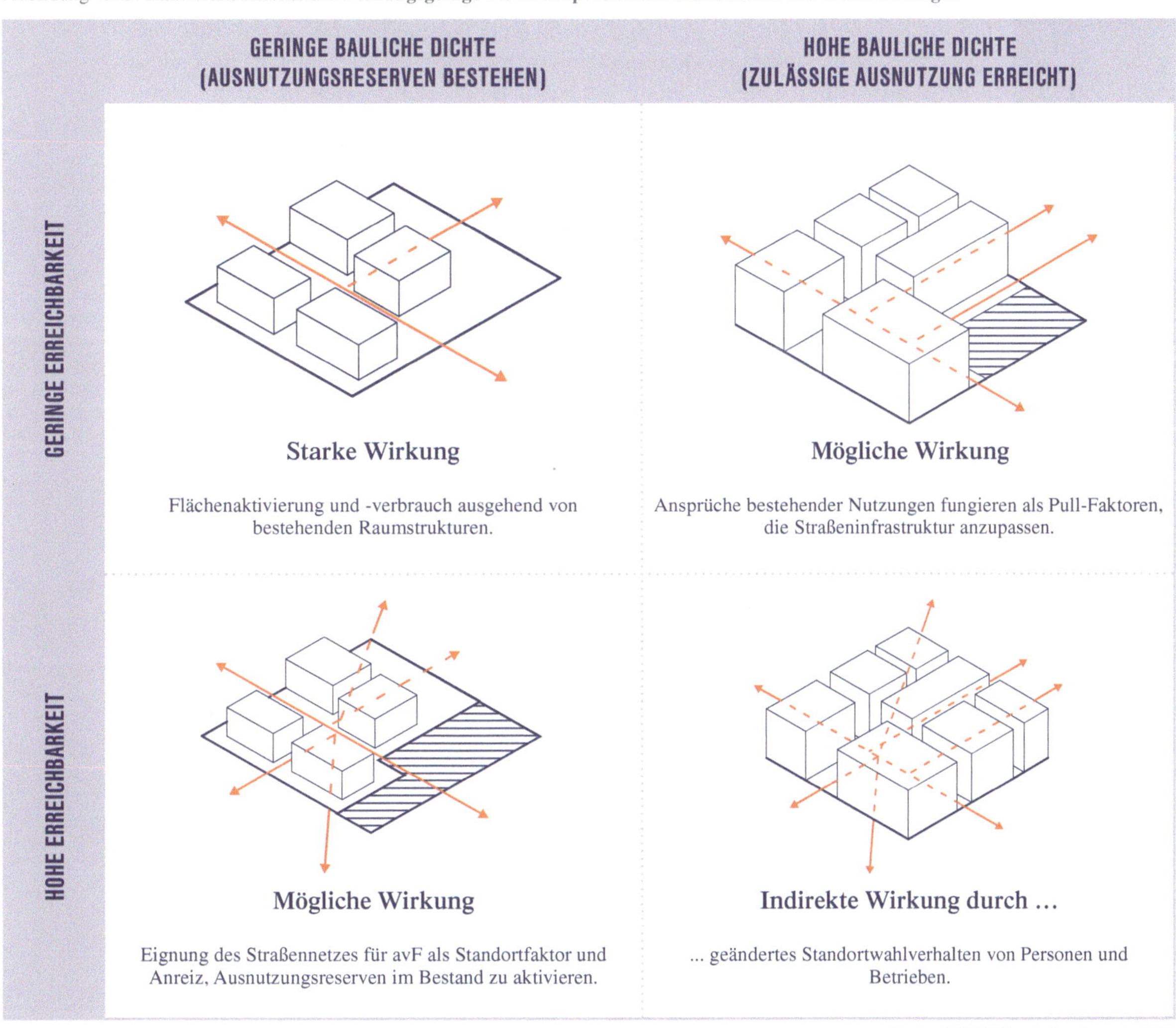

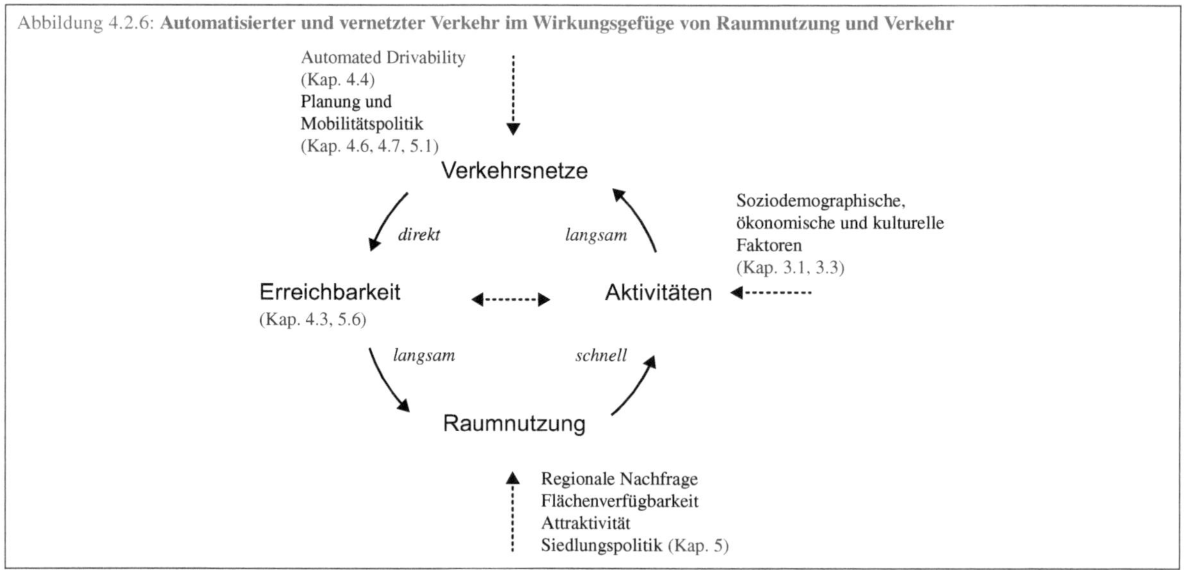

Abbildung 4.2.6: **Automatisierter und vernetzter Verkehr im Wirkungsgefüge von Raumnutzung und Verkehr**

Quelle: AVENUE21 nach Wegener & Fürst (1999) und Bertolini (2012)

4.2.4 AVV IM WIRKUNGSGEFÜGE VON RAUM-NUTZUNG UND VERKEHR

Raumnutzung und Verkehr stehen in einer Interdependenz zueinander und bilden über die zentrale Größe Erreichbarkeit ein Wirkungsgefüge (Abb. 4.2.6; Wegener & Fürst 1999, S. 5–6; Bertolini 2012, S. 19). Die Wirkungen innerhalb des Systems weisen unterschiedliche Geschwindigkeiten auf: Kommt es zu einer Veränderung im Verkehrssystem, führt dies unmittelbar zu einer Veränderung der Erreichbarkeitsverhältnisse und gleichzeitig zu entsprechenden Veränderungen in der Bewertung von Distanzen (Kagermeier 1997, S. 22). Dadurch können bei veränderten Mobilitätskosten neue bzw. andere funktionale Beziehungen zwischen bereits bestehenden Standorten aufgenommen werden. Ebenso führt eine Veränderung in der Raumnutzung bzw. Siedlungsstruktur zu einer Veränderung der Erreichbarkeitsverhältnisse und zu einer relativ schnellen Adaptierung der Mobilitätsaktivitäten (innerhalb von Jahren oder sogar Tagen; Bertolini 2012, S. 2). Die jeweiligen Veränderungen in den Erreichbarkeitsverhältnissen wirken sich jedoch nur mittel- bis langfristig (in der Größenordnung von Jahrzehnten) auf die Siedlungsstruktur oder das Verkehrsangebot aus (Bertolini 2017, S. 27). So hat der veränderte Aufwand, Distanzen zu überwinden, erst mittel- bis langfristig Effekte auf die Standortentscheidungen von Bauinvestoren (und deren Bautätigkeiten) sowie auf Personen, Haushalte und Unternehmen und damit auf die Siedlungsstruktur (Kagermeier 1997, S. 22).

Automatisierte und vernetzte Fahrzeuge bergen als Mobilitätsinnovation ein hohes Potenzial zur Veränderung des Verkehrssystems. Es ermöglicht ein anderes Verkehrsangebot, das Veränderungen in der Verkehrsnachfrage mit sich bringen wird (Abb. 4.2.2; Alessandrini et al. 2015, S. 148; Friedrich & Hartl 2016, S. 7). Lang-

fristig sind Auswirkungen auf die Stadt- und Siedlungsentwicklung wahrscheinlich (Europäische Kommission 2016, S. 2). Auf Basis der Annahme eines Langen Level 4, in dem avF nur in Teilen des Verkehrsnetzes einsetzbar sind, ist mit einer hohen Dynamik im Verkehrs- und Raumsystem zu rechnen. Vor diesem Hintergrund ist die nachstehende Betrachtung weltweiter Simulationsstudien zu sehen.

4.3
FORSCHUNGSSTAND ZU WIRKUNGEN VOLLAUTOMATISIERTER FAHRZEUGE AUF DIE STADT

Abbildung 4.3.1: **Gesammelte Ergebnisse der analysierten Simulationen aus aktuellen Studien**

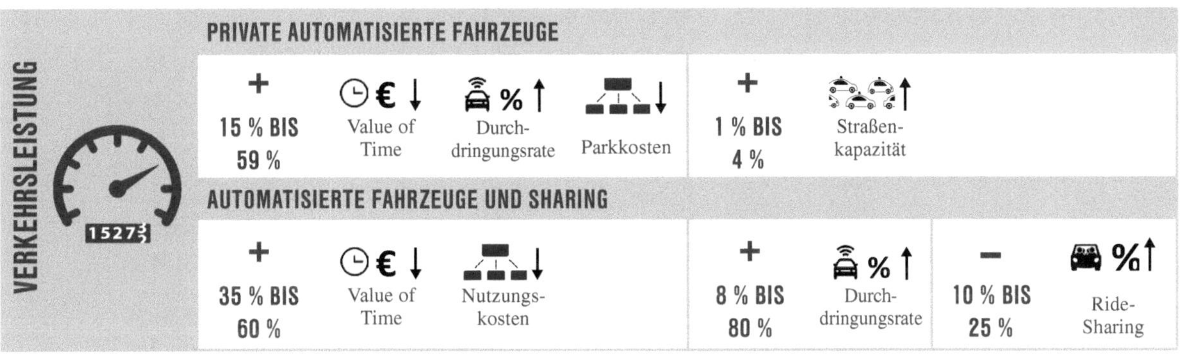

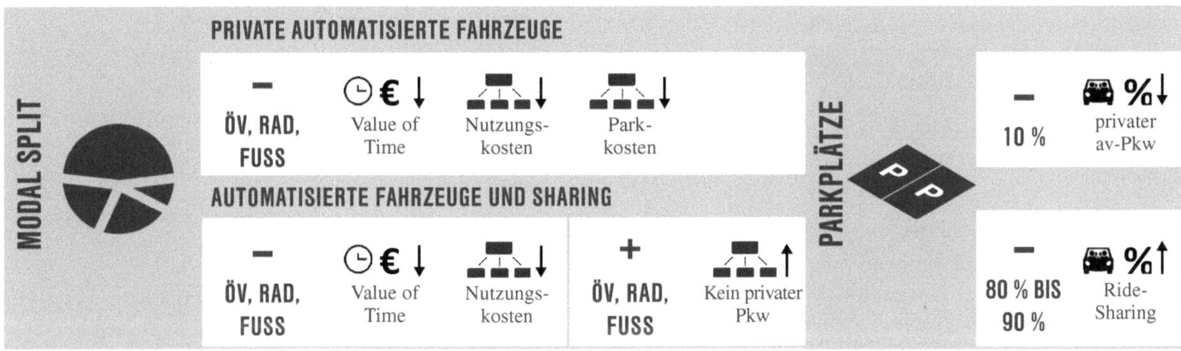

Quelle: AVENUE21

Automatisierte Fahrzeuge (Simulationsstudien untersuchen nicht die Vernetzung von Fahrzeugen, weshalb hier von automatisierten Fahrzeugen gesprochen wird) höherer Automatisierungslevels sind heute allenfalls im Rahmen von Testprojekten auf Straßen unterwegs. Um mögliche Auswirkungen automatisierter Fahrzeuge auf Städte in der Zukunft zu untersuchen und abzuschätzen, bedienen sich zahlreiche Studien daher Simulationen: Unter Verwendung von verschiedenen Annahmen und Szenarien hinsichtlich der Ausgestaltung des zukünftigen Verkehrsangebots mit automatisierten Fahrzeugen werden die möglichen verkehrlichen und räumlichen Wirkungen automatisierter Fahrzeuge computergestützt nachgebildet. Hinzu kommen Studien, die versuchen, die Wirkungen automatisierter Fahrzeuge auf Themenbereiche wie die soziale Gerechtigkeit/Inklusion oder die städtischen Budgets abzuschätzen.

Abbildung 4.3.1 und Abbildung 4.3.6 geben einen Überblick zu den Ergebnissen aktueller Studien obiger Themenbereiche und eine kurze Erläuterung der dazugehörigen Wirkungen. Diese umfassen unter anderem Straßenkapazität/Stau, Verkehrssicherheit, Verkehrsinfrastrukturen, Fahrzeugbesitz, Verkehrsnachfrage, Parkplätze, Siedlungsstruktur, soziale Gerechtigkeit, Gesundheit, Umwelt, Cybersicherheit, Wirtschaft und Governance (Milakis et al. 2017, S. 6).

Im Rahmen des Projekts wurde eine Untersuchung zu Effekten automatisierter Fahrzeuge auf die Verkehrsnachfrage und die Siedlungsstruktur bzw. Flächennutzung durchgeführt. Insgesamt wurden somit 37 Modellierungsstudien aus verschiedenen Ländern der Welt, jedoch vor allem aus den USA und Europa (Soteropoulos et al. 2018a), analysiert. Die Ergebnisse zeigen, dass die Art des Einsatzes automatisierter Fahrzeuge sowie die mit ihnen verbundenen Modellierungsannahmen (z. B. Anteil Car- und Ride-Sharing, „Value of Time", Erhöhung der Straßenkapazität) dabei von besonderer Wichtigkeit sind.

4.3.1 VERKEHRLICHE UND RÄUMLICHE WIRKUNGEN

Abbildung 4.3.2: **Untersuchte verkehrliche und räumliche Auswirkungen von automatisiertem und vernetztem Verkehr in Simulationsstudien**

Quelle: AVENUE21

Bisherige Simulationen zeigen, dass sich vor allem vier Aspekte zu den verkehrlichen und räumlichen Wirkungen von avF unterscheiden lassen, wobei einerseits die Verkehrsnachfrage und andererseits der Einfluss auf die Siedlungsstruktur bzw. die Flächennutzung Gegenstand von Untersuchungen sind (Abb. 4.3.2). Betrachtet werden hierbei weiterführend Auswirkungen auf die Verkehrsleistung, Modal Split und Parkplätze (Abb. 4.3.1) sowie die Standortwahl von Personen und Betrieben (Abb. 4.3.3).

VERKEHRSLEISTUNG

Bezüglich der Verkehrsleistung wird deutlich, dass private automatisierte Fahrzeuge überwiegend mit einer Zunahme der gefahrenen Kilometer aufgrund von Verlagerungen von anderen Verkehrsmodi einhergehen, wobei sich die Verkehrsleistung bei Annahme einer hohen Reduktion beim Value of Time (Zeitwahrnehmung und -bewertung) sowie von Parkkosten und hohen Marktanteilen von automatisierten Fahrzeugen um 15 % bis 59 % erhöht. Auch mit Sharing verbundene automatisierte Fahrzeuge führen aufgrund von Verlagerungen von anderen Verkehrsmodi sowie Leerfahrten überwiegend zu einer Zunahme der gefahrenen Kilometer. Diese Zunahme liegt zwischen 35 % und 60 % bei der Annahme einer Reduktion beim Value of Time und geringen Kosten für die Nutzung sowie zwischen 8% und 89%, wenn angenommen wird, dass ein Teil oder die gesamte Verkehrsnachfrage im MIV durch automatisierte Fahrzeuge verbunden mit Sharing abgewickelt wird. Ein Rückgang der Verkehrsleistung im Ausmaß von 10 % bis 25 % zeigt sich allein bei der Annahme eines hohen Anteils von Ride-Sharing.

MODAL SPLIT

Hinsichtlich des Modal Split wird ersichtlich, dass private automatisierte Fahrzeuge überwiegend zu einer Reduktion des Anteils des ÖV sowie des Fahrrads und des Zufußge-

hens am Modal Split führen (s. auch Expertenbefragung in Kap. 3.4), wobei hohe Reduktionen insbesondere bei der Annahme eines hohen Rückgangs beim Value of Time sowie bei Park- und Betriebskosten ersichtlich sind. Auch automatisierte Fahrzeuge verbunden mit Sharing führen überwiegend zu einem Rückgang des Anteils des ÖV sowie des Fahrrads und des Zufußgehens am Modal Split, insbesondere wenn hohe Reduktionen beim Value of Time und geringe Kosten für die Nutzung angenommen werden. Zunahme beim Anteil des ÖV, des Fahrrads und des Zufußgehens am Modal Split zeigen sich allein bei der Annahme von eher hohen Kosten für die Nutzung und keinem Vorhandensein von privaten Fahrzeugen.

PARKPLÄTZE

Bezüglich eines möglichen Rückgangs des Parkplatzbedarfs wird deutlich, dass automatisierte Fahrzeuge verbunden mit einem hohen Anteil von Sharing, insbesondere Ride-Sharing, die Gesamtanzahl an Fahrzeugen um etwa 90 % verringern könnten, was auch zu einer Verminderung von benötigten Parkplätzen im Ausmaß von 80 % bis 90 % führen könnte. Private automatisierte Fahrzeuge, bei denen das Sharing nur durch die jeweiligen Mitglieder des Haushalts stattfindet, könnten hingegen die Gesamtanzahl an Fahrzeugen nur um etwa 10 % reduzieren. Dies hätte auch eine deutlich geminderte Verringerung von benötigten Parkplätzen und damit potenziell neu nutzbaren Flächen zur Folge.

STANDORTWAHL VON PERSONEN UND BETRIEBEN

Hinsichtlich einer Veränderung in der Standortwahl von Personen und Betrieben (Abb. 4.3.3) zeigt sich, dass private automatisierte Fahrzeuge – insbesondere wenn von einer Verringerung des Wertes der Zeit im Fahrzeug und Kapazitätssteigerungen ausgegangen wird – zu einer Zunahme der Bevölkerungszahl in gut angebundenen suburbanen und ländlichen Gebieten, also zu einem tendenziell dispersen Stadtwachstum führen.

Ein effizienterer ÖV durch Automatisierung (z. B. automatisierte und vernetzte Shuttles für die letzte Meile) führt hingegen zu einer Zunahme der Bevölkerungszahl in städtischen Gebieten und damit tendenziell zu einer Begünstigung von Urbanisierungsprozessen.

Automatisierte Fahrzeuge mit Sharing könnten ebenso Zersiedelung und Suburbanisierungsprozesse dämpfen, wobei sich auch zeigt, dass sich manche Bevölkerungsgruppen aufgrund der verbesserten Erreichbarkeit weiter entfernt vom Stadtzentrum ansiedeln könnten. Automatisierte Fahrzeuge mit Sharing könnten überdies zu einem weiteren Deindustrialisierungstrend in Städten, d. h. zu einer weiteren Standortverschiebung von Betrieben aus dem sekundären Sektor in Gebiete außerhalb der Stadt, beitragen.

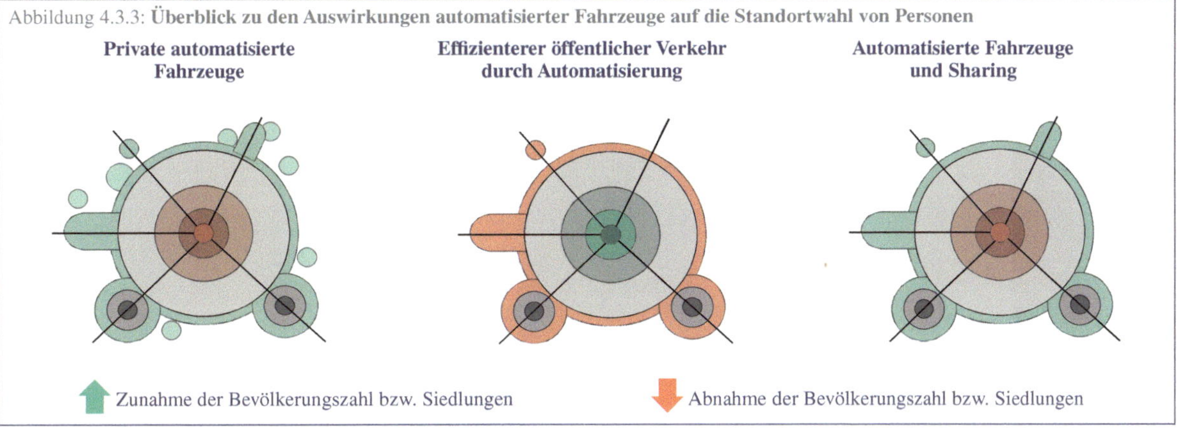

Abbildung 4.3.3: Überblick zu den Auswirkungen automatisierter Fahrzeuge auf die Standortwahl von Personen

Quelle: AVENUE21 nach Kainrath (1997)

Wie bereits erwähnt, sind die verkehrlichen und räumlichen Wirkungen automatisierter Fahrzeuge insgesamt demnach stark abhängig von der Art des Einsatzes automatisierter Fahrzeuge sowie von den mit ihnen verbundenen Modellierungsannahmen. Dazu gehören vor allem:

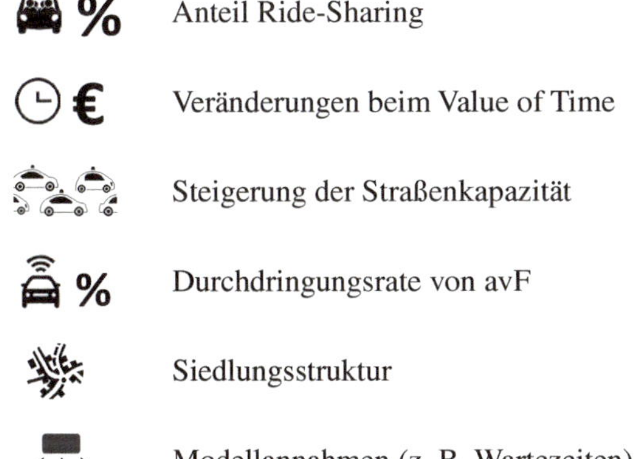

%   Anteil Ride-Sharing

€   Veränderungen beim Value of Time

    Steigerung der Straßenkapazität

%   Durchdringungsrate von avF

    Siedlungsstruktur

    Modellannahmen (z. B. Wartezeiten)

Zudem untersuchen derzeit existierende Modellierungsstudien mehrheitlich den umfangreichen Einsatz weit entwickelter automatisierter Fahrzeuge in ferner Zukunft. Mögliche Effekte in naher Zukunft, wie der etwaige Einsatz von automatisierten Fahrzeugen allein unter bestimmten Bedingungen (ODD, Kap. 4.1), z. B. in bestimmten räumlichen Kontexten (Beiker 2018, S. 125; Shladover 2018, S. 8), waren bisher selten Gegenstand wissenschaftlicher Untersuchungen. Diese sind für die Stadt- und Verkehrsplanung aufgrund des möglichen, relativ zeitnahen Handlungsbedarfs jedoch von weit wichtigerer Bedeutung. Hinzu kommt, dass sich räumliche bzw. generelle Auswirkungen neuer Transporttechnologien, wie auch jene automatisierter Fahrzeuge, bereits viel früher durch Entscheidungen, z. B. den Verzicht des Baus neuer Straßenbahnlinien in Milton Keynes, Großbritannien, oder in Nashville, USA (Smith 2015, The Economist 2018), die in Anbetracht automatisierter Fahrzeuge im Vorfeld getroffen werden, zeigen.

4.3.2 FOLGEN FÜR STÄDTISCHE BUDGETS

Neben der im Projekt durchgeführten Untersuchung zu Effekten automatisierter Fahrzeuge auf die Verkehrsnachfrage und die Siedlungsstruktur bzw. Flächennutzung wurden darüber hinaus auch die fiskalischen Effekte automatisierter Fahrzeuge, also deren Wirkungen auf öffentliche Budgets, am Beispiel Österreichs bzw. Wiens untersucht (Mitteregger et al. 2019).

Hierbei wurde davon ausgegangen, dass durch neue Phänomene im Mobilitätssystem – wie insbesondere der Automatisierung und Vernetzung, aber auch der Elektrifizierung[1] von Fahrzeugen (im Individualverkehr) – primäre Effekte wie mögliche Veränderungen von Fahrzeugbesitz, Sharing, Parkraumbedarf, Verkehrseffizienz sowie Bedarf an Infrastrukturen tragend werden, die letztlich finanzielle Auswirkungen auf öffentliche Budgets (sekundäre Effekte) haben. Zur Untersuchung der fiskalischen Wirkungen der Automatisierung und Vernetzung des Verkehrs wurden auf Basis von Studien in der Literatur die primären Effekte aufgearbeitet sowie die resultierenden sekundären Effekte für Österreich abgeleitet und schließlich der Stellenwert der betroffenen Einnahmen- und Ausgabenkategorien in den Budgets der Länder und Gemeinden in Österreich mit speziellem Fokus auf Wien dargestellt. Die budgetären Effekte eines zeitgleichen Wandels im ÖV wurden dabei nicht behandelt.

ÜBERBLICK ÜBER MÖGLICHE FISKALISCHE EFFEKTE[2]

Abbildung 4.3.4 gibt einen Überblick über die möglichen sekundären, fiskalischen Effekte durch die Automatisierung, Vernetzung und Elektrifizierung von Fahrzeugen, die sich aus den oben beschriebenen primären Effekten ergeben. Im Bereich der Infrastruktur könnten für die öffentliche Hand deutliche Ausgaben für die Einrichtung bzw. Adaptierung von Verkehrsinfrastruktur aufgrund der Automatisierung sowie für die Errichtung von Ladeinfrastruktur aufgrund der Elektrifizierung anfallen. Auch die Errichtung neuer bzw. die Optimierung bestehender Dateninfrastruktur, d. h. digitaler

Abbildung 4.3.4: **Phänomene im Individualverkehr sowie primäre und sekundäre (fiskalische) Effekte durch Automatisierung, Vernetzung und Elektrifizierung**

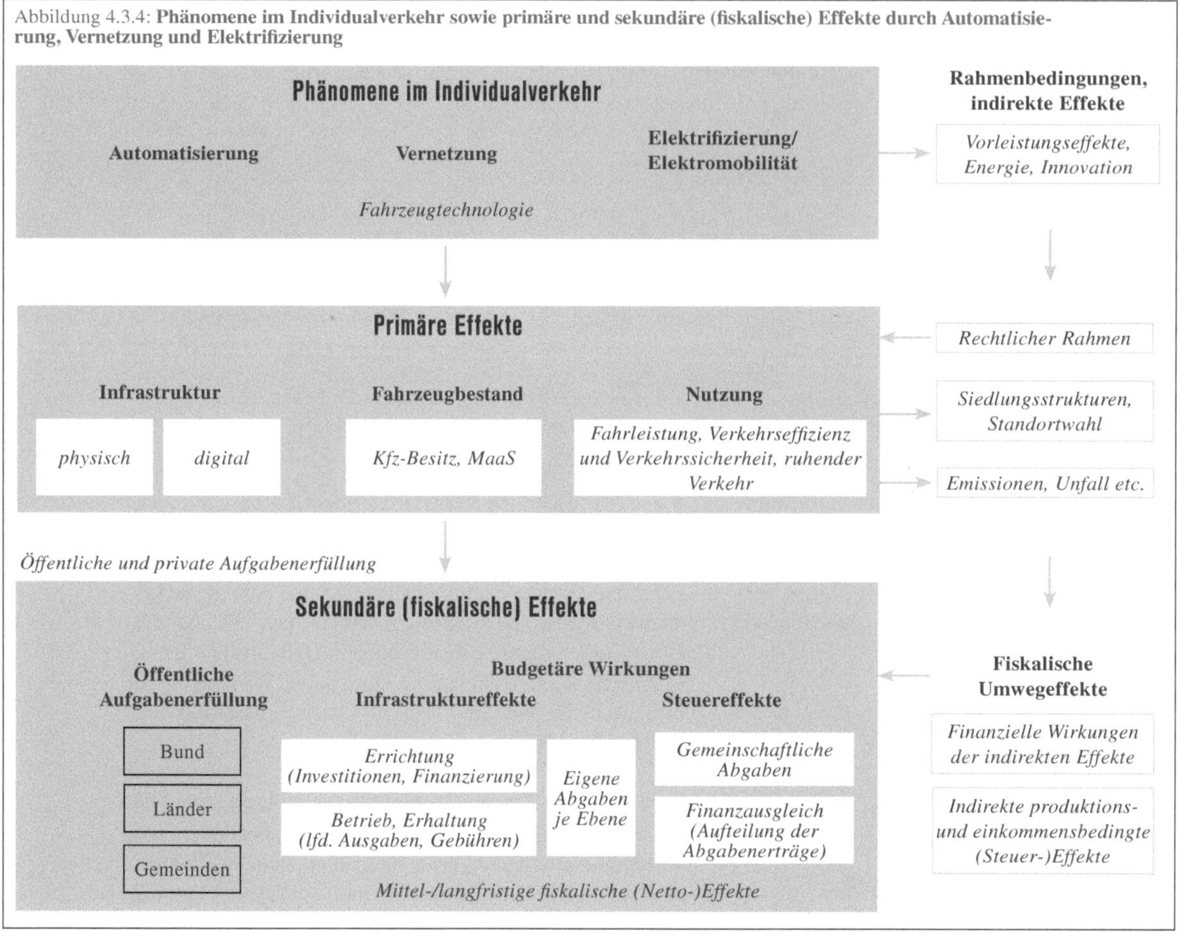

Quelle: AVENUE21

Verkehrsinfrastruktur aufgrund der Vernetzung (und Automatisierung), würde Ausgaben für die öffentliche Hand bedeuten. Der mögliche Rückgang im Fahrzeugbestand durch die Automatisierung könnte zu einer Verminderung bei Einnahmen durch die Normverbrauchsabgabe, die motorbezogene Versicherungssteuer sowie die Kraftfahrzeugsteuer führen. Der mit dem geringeren Fahrzeugbestand einhergehende Parkraumbedarf könnte darüber hinaus auch eine Reduktion der Einnahmen aus der Parkraumbewirtschaftung (Parkometerabgabe bzw. Parkgebühren) zur Folge haben. Zudem könnte der mit der erhöhten Verkehrseffizienz (durch Automatisierung und Vernetzung) verbundene geringere Treibstoffverbrauch einen möglichen Rückgang der Mineralölsteuer mit sich bringen, wobei dies möglicherweise auch durch die erhöhte Nutzung der Fahrzeuge konterkariert werden könnte (Barnes & Turkel 2017, S. 21). In jedem Fall würde jedoch bereits die Elektrifizierung von Fahrzeugen, d. h. elektrisch angetriebene Fahrzeuge, zusätzlich zu einer Verringerung von Einnahmen aus der Mineralölsteuer führen, wie dies beispielsweise schon heute in Norwegen der Fall ist (POLIS 2018, S. 7). Schließlich könnte das explizite Einhalten von Verkehrsregeln aufgrund der Automatisierung der Fahrzeuge, die ebenso zum Erreichen eines effizienteren Verkehrsflusses von Relevanz ist, zu geringeren Einnahmen aus Verkehrs-

strafen, wie etwa für Geschwindigkeitsüberschreitungen oder für Falschparken, führen (Leimenstoll 2017). Insgesamt wird somit deutlich, dass durch automatisierte, vernetzte und elektrisch angetriebene Fahrzeuge vor allem die verkehrsbezogenen Abgaben (d. h. Einnahmen der öffentlichen Hand) sowie Ausgaben für den Bereich Straßenbau, Straßenverkehr sowie Telekommunikationsdienste betroffen sind.

STELLENWERT DER BETROFFENEN EINNAHMEN- UND AUSGABENKATEGORIEN IN DEN BUDGETS DER LÄNDER UND GEMEINDEN IN ÖSTERREICH

Zwar konnte die genaue Größenordnung der oben beschriebenen sekundären, fiskalischen Effekte – auch mangels näherer quantitativer Bestimmung der primären Effekte – nicht beurteilt werden. Basierend auf der qualitativen Beschreibung der obigen Effekte wurde jedoch eine Betrachtung des aktuellen Stellenwerts der betroffenen Einnahmen- und Ausgabenkategorien der Länder und Gemeinden in Österreich mit speziellem Fokus auf Wien vorgenommen, um so die mögliche Tragweite dieser fiskalischen Effekte aufzuzeigen. Hierzu werden die in Abbildung 4.3.5 in Kursivschrift dargestellten sekun-

Abbildung 4.3.5: **Übersicht über die primären Effekte der Automatisierung, Vernetzung und Elektrifizierung sowie daraus resultierende mögliche fiskalische Effekte**

PHÄNOMEN	PRIMÄRER EFFEKT	SEKUNDÄRER, FISKALISCHER EFFEKT	
		Einnahmen	Ausgaben
Automatisierung			*Verkehrsinfrastruktur*
Vernetzung	Infrastruktur		*Dateninfrastruktur (digitale Verkehrsinfrastruktur)*
Elektrifzierung		*Mineralölsteuer*	*Ladeinfrastruktur, Stromnetz*
Automatisierung	**Fahrzeugbestand** (Rückgang der Pkws in Privatbesitz)	*Normverbrauchsabgabe*	
		Motorbezogene Versicherungssteuer	
		Kraftfahrzeugsteuer	
Automatisierung Automatisierung und Vernetzung	**Nutzung** Parkraumbedarf Verkehrseffizienz und Verkehrssicherheit	*Parkraumbewirtschaftung (Parkometerabgabe/-gebühren)* *Park-/Verkehrsstrafen* *Mineralölsteuer²*	*Parkinfrastruktur*

Quelle: AVENUE21

dären, fiskalischen Effekte (soweit möglich) mit Daten unterlegt.[3]

1   EINNAHMEN

In Österreich werden die oben beschriebenen verkehrsbezogenen Einnahmen (gemeinschaftliche Bundesabgaben), wie beispielsweise die Mineralölsteuer, grundsätzlich zunächst vom Bund erhoben. Die Länder und Gemeinden erhalten davon dann einen Anteil, der nach den Verteilungsregeln im Finanzausgleichgesetz bestimmt wird (BMF 2018, Bröthaler et al. 2017).

Blickt man auf die gemeinschaftlichen Bundesabgaben (Tab. 4.3.1), so wird deutlich, dass sich verkehrsbezogene Abgaben wie Mineralölsteuer, Normverbrauchsabgabe, motorbezogene Versicherungssteuer, Kraftfahrzeugsteuer und Versicherungssteuer durch eine Verlagerung zu automatisiert, vernetzt und/oder elektrisch angetriebenen Fahrzeugen verändern. Eine Betrachtung dieses Effekts ist wesentlich, machten diese Abgaben doch beispielsweise im Jahr 2016 mit insgesamt rund 8,5 Mrd. Euro einen Anteil von 10,7 % an den gesamten gemeinschaftlichen Bundesabgaben aus. Die Mineralölsteuer sowie die motorbezogene Versicherungssteuer besitzen dabei mit 5,6 % bzw. 3,0 % den größten Anteil. Im zeitlichen Verlauf ist der Anteil der verkehrsbezogenen Abgaben an den gemeinschaftlichen Bundesabgaben relativ stabil.

Blickt man auf die Einnahmen der Länder und Gemeinden nach der Anwendung der Verteilungsschlüssel für die gemeinschaftlichen Bundesabgaben (Abb. 4.3.2), zeigt sich, dass die Ertragsanteile an verkehrsbezogenen (gleichwohl nicht zweckgewidmeten) Abgaben im Jahr 2017 bei den Ländern ohne Wien sowie den Gemeinden ohne Wien einen Anteil von 4,0 % bzw. 3,7 % der gesamten Einnahmen hatten. Speziell für Wien zeigt sich für Erträge aus verkehrsbezogenen Abgaben von 631 Mio. Euro ein Anteil von 4,3 %. Einnahmen aus der Parkometerabgabe und Parkstrafen, die durch automatisierte, vernetzte und elektrisch angetriebene Fahrzeuge ebenfalls

Tabelle 4.3.1: **Aufkommen an gemeinschaftlichen Bundesabgaben 2007 und 2017 in Mio. Euro bzw. in Prozent**

GEMEINSCHAFTLICHE BUNDESABGABEN	2007 MIO. €	2017 MIO.€	% P.A	2017 %-ANTEIL
Mineralölsteuer	3.689	4.436	1,9	5,6
Normverbrauchsabgabe	456	469	0,3	0,6
Motorbezogene Versicherungssteuer	1.410	2.389	5,4	3
Kraftfahrzeugsteuer	1.115	38	−10,4	0
Versicherungssteuer	993	1.128	1,3	1,4
Verkehrsbezogene Abgaben gesamt	6.663	8.461	2,4	10,7
Ertragssteuern	30.516	39.269	2,6	49,5
Umsatzsteuer	19.212	25.519	2,9	32,2
Sonstige gemeinschaftliche Abgaben	3.870	6.015	4,5	7,6
Gesamtaufkommen	60.261	79.264	2,8	100

Quelle: AVENUE21 nach Gebarungsstatistik, Statistik Austria (2019a)

Tabelle 4.3.2: **Einnahmen der Länder und Gemeinden aus Abgaben und sonstigen Einnahmen 2017 in Mio. Euro bzw. Anteil in Prozent der gesamten Einnahmen**

EINNAHMEN 2017	IN MIO. EURO			IN PROZENT		
	Länder ohne Wien	Gemeinden ohne Wien	Wien	Länder ohne Wien	Gemeinden ohne Wien	Wien
Verkehrsbezogene Abgaben gesamt	1.369	741	631	4,0	3,7	4,3
Ertragssteuern	6.344	3.432	2.922	18,4	17,1	19,9
Umsatzsteuer	4.232	2.308	1.713	12,3	11,5	11,7
Sonstige gemeinschaftliche Abgaben	1.298	1.057	793	3,8	5,3	5,4
Ertragsanteile an gem. Bundesabgaben	13.244	7.537	6.059	38,4	37,7	41,2
Parkometerabgabe inkl. -gebühren		70	115		0,3	0,8
Sonstige eigene Abgaben	679	3.448	1.294	2,0	17,2	8,8
Abgabeeinnahmen gesamt	13.923	11.055	7.468	40,4	55,2	50,8
Park-/Verkehrsstrafen (mit Zweckbindung)	50	70	82	0,1	0,4	0,6
Sonstige laufende Einnahmen	15.789	5.362	4.261	45,8	26,8	29,0
Vermögenseinnahmen	4.705	3.526	2.882	13,7	17,6	19,6
Gesamte Einnahmen	34.466	20.013	14.693	100,0	100,0	100,0

Quelle: AVENUE21 nach Gebarungsstatistik, Statistik Austria (2019a)

vor Veränderungen stehen, machten im Jahr 2017 mit 115 Mio. Euro bzw. 82 Mio. Euro zusammen rund 1,4 % der gesamten Einnahmen Wiens aus.

2   AUSGABEN

Ein Blick auf die Ausgaben der Länder ohne Wien sowie der Gemeinden ohne Wien (Tab. 4.3.2) zeigt, dass die – durch automatisierte, vernetzte und elektrisch angetriebene Fahrzeuge möglicherweise veränderten – Ausgaben für Straßenbau und Straßenverkehr im Jahr 2017 einen Anteil von 3,7 % (Länder ohne Wien) bzw. 7,8 % (Gemeinden ohne Wien) an deren Gesamtausgaben ausmachte. Für Wien zeigt sich hier mit 261 Mio. Euro ein Anteil von 1,8 % an den Gesamtausgaben. Im zeitlichen Verlauf zeigt sich, dass der Anteil der Ausgaben für Straßen in Wien in den letzten zehn Jahren auf ähnlichem Niveau verblieben ist, während er bei den Ländern ohne Wien und bei den Gemeinden leicht gesunken ist.

Insgesamt machen Einnahmen- und Ausgabenkategorien, die von der Einführung automatisierter, vernetzter und elektrisch angetriebener Fahrzeuge betroffen sind, somit einen nicht unwesentlichen Anteil an den Gesamteinnahmen und Gesamtausgaben der Länder und Gemeinden Österreichs sowie im Speziellen auch der Stadt Wien aus.

---

1   Die Elektrifizierung von Fahrzeugen (Umstieg auf Elektroantrieb) wurde miteinbezogen, obwohl diese per se nicht an die Automatisierung gebunden ist. Die Gleichzeitigkeit der beiden Phänomene wird jedoch in der Literatur häufig betont (z. B. Bormann et al. 2018)

2   In diesem Abschnitt werden in gekürzter Form die Erkenntnisse aus „Shared, Automated, Electric: the Fiscal Effects of the Holy Trinity" (Mitteregger et al. 2019) dargestellt. Die Erweiterung der Analyse möglicher Effekte von avV hinsichtlich gemeindefiskalischer Wirkungen wäre ohne die Co-Autorenschaft von Johann Bröthaler (Forschungsbereich Finanzwissenschaft und Infrastrukturpolitik der TU Wien – IFIP) nicht möglich gewesen.

3   Hierbei gilt es zu berücksichtigen, dass die Eingrenzung auf der Einnahmenseite relativ genau möglich ist, jedoch keine Zweckbindung der (Abgaben-)Einnahmen vorliegt. Auf der Ausgabenseite ist demgegenüber aufgrund der haushaltsrechtlichen Kategorisierung sowie der unterschiedlichen Verbuchungen und institutionellen Rahmenbedingungen (Aufgabenkompetenzen) zum Teil nur eine gröbere Eingrenzung möglich (insbesondere betreffend Digitalisierung und Stromversorgung/Ladeinfrastruktur). Darüber hinaus beschränkt sich die empirische Darstellung auf die Haushalte der Länder und Gemeinden als Gebietskörperschaften (ohne ausgegliederte bzw. außerbudgetäre Einheiten).

Tabelle 4.3.3: **Ausgaben der Länder und Gemeinden für Straßen und ÖV 2017 in Mio. Euro**

AUSGABEN 2017	IN MIO. EURO			IN PROZENT		
	Länder ohne Wien	Gemeinden ohne Wien	Wien	Länder ohne Wien	Gemeinden ohne Wien	Wien
Straßen	1.283	1.783	261	3,7	7,8	1,8
ÖV	580	161	774	1,7	0,7	5,3
Sonstige Ausgaben	32.639	21.007	13.658	94,6	91,5	93,0
Gesamtausgaben	34.502	22.952	14.693	100,0	100,0	100,0

Quelle: AVENUE21 nach Statistik Austria (2019a)

Abbildung 4.3.6: **Wirkungen automatisierter Fahrzeuge im SAE-Level 5**

FAHRZEIT

Verringerung Zeitwahrnehmung

+
- höhere Produktivität (Durchführung anderer Aktivitäten)
- höherer Fahrkomfort (optimierte Längs- und Querbeschleunigung, Vermeidung fahrbedingten Stresses)

–
- Passagiere in avF anfälliger für Reise- bzw. Bewegungskrankheit
- ungewohnte bzw. mangelnde Erfahrung im Umgang mit avF
- geringe Abstände zwischen Fahrzeugen

Verringerung der Fahrzeit

+
- Wegfall von Parkplatzsuchverkehr
- Entfall von Parkvorgängen und Weg zum Parkplatz/Zielort

Verlässlichkeit der Fahrzeit

+
- nahezu konstante Geschwindigkeiten
- verlässliche und vorhersagbare Routen

KOSTEN

Verringerung der Betriebskosten

+
- treibstoffeffizientere und leichtere Fahrzeuge
- treibstoffsparende Fahrzeugstile
- geringere Kosten für Kfz-Versicherung
- Einsparung von Personalkosten im ÖV
- Rückgang der Verschleißkosten (z. B. für Reifen) im ÖV

Höhere Anschaffungskosten

+
- teure verbaute Sensorik und Softwarekomponenten

–
- Entfall von fahrerbezogener Ausstattung innerhalb des Fahrzeugs (Lenkrad, Brems- und Gaspedal)

Kosten pro Personenkilometer (inkl. Abschreibung)

–16 % bis +4 %

Sinkende Parkkosten

+
- Parken in günstigeren Gebieten bzw. Gebieten ohne Parkgebühren

Quelle: Bösch et al. (2017)

SICHERHEIT

Erhöhung Verkehrssicherheit

+
- Reduktion fahrerrelevanter Unfallursachen

–
- unklar während der Übergangszeit und im Mischverkehr

Unfälle

–70 % bis –95 %

Geringe Cybersicherheit

+
- Fehler in der Software
- Cyberangriffe
- Überwachung/Probleme beim Datenschutz

Quelle: BMVIT (2016b)

STRASSENKAPAZITÄT

Erhöhung Straßenkapazität

+
- Harmonisierung der Fahrweise: abgestimmte Spurwechsel, Brems- und Beschleunigungsvorgänge
- weniger Unfälle
- schmalere Fahrzeuge
- verringerte Abstände zwischen Fahrzeugen

Straßenkapazität

+50 % bis +414 %

Quelle: Van den Berg & Verhoef (2016), Bösch (2016)

NEUE NUTZERGRUPPEN

Erschließung neuer Nutzergruppen

+
- geringere Anforderungen an FahrerInnen/ PassagierInnen (kein Führerschein nötig)

Mobilitätsbeeinträchtigte Personen in Österreich

10 % bis 38 %

Quelle: Sammer et al. (2013)

ENERGIE UND UMWELT

Energieeffizienz (Treibstoffeinsparungen)	
−11 % bis −47 %	

Emissionen	
CO	−32 % bis −61 %
CO_2	−61 % bis +105 %
NO_x	−2 % bis −18 %

Hinsichtlich der Wirkungen automatisierter Fahrzeuge auf Energie und Umwelt existieren vereinzelt Studien. Allerdings besteht auch hier eine große Spannweite zwischen den Effekten. Weiterer Forschungsbedarf besteht vor allem auch hinsichtlich der Berücksichtigung der Effekte im Bereich Verkehr und Mobilität.

Quelle: Fagnant, Kockelman & Bansal (2015),
Milakis et al. (2017), Wadud et al. (2016)

WIRTSCHAFT UND ÖFFENTLICHE FINANZEN

Nutzen pro Fahrzeug	€ 2.960 bis € 3.900
Wertschöpfung	+30 %

Wegfall von Steuern/ Einnahmen	aktueller Stellenwert in Österreich
Normverbrauchsabgabe	€ 2.960 bis € 3.900
Motorbezogene Versicherungssteuer	+30 %
Parkometerabgabe	€ 2.960 bis € 3.900
Park-/Verkehrsstrafen	+30 %

In diesem Bereich existieren bisher kaum Studien. Allenfalls zeigen Studien den derzeitigen Stellenwert des möglichen Wegfalls von Einnahmequellen der öffentlichen Hand auf; wie hoch dieser tatsächlich ist, ist jedoch noch weitgehend ungeklärt und von obigen Wirkungen abhängig.

Quelle: Clements & Kockelman (2017),
Fagnant & Kockelman (2015), Mitteregger et al. (2019)

4.4

AUTOMATED DRIVABILITY: EIN DIFFERENZIERTES BILD DES RÄUMLICHEN EINSATZES VON AUTOMATISIERTEN UND VERNETZTEN FAHRZEUGEN

Einblick in die Dissertation von Aggelos Soteropoulos

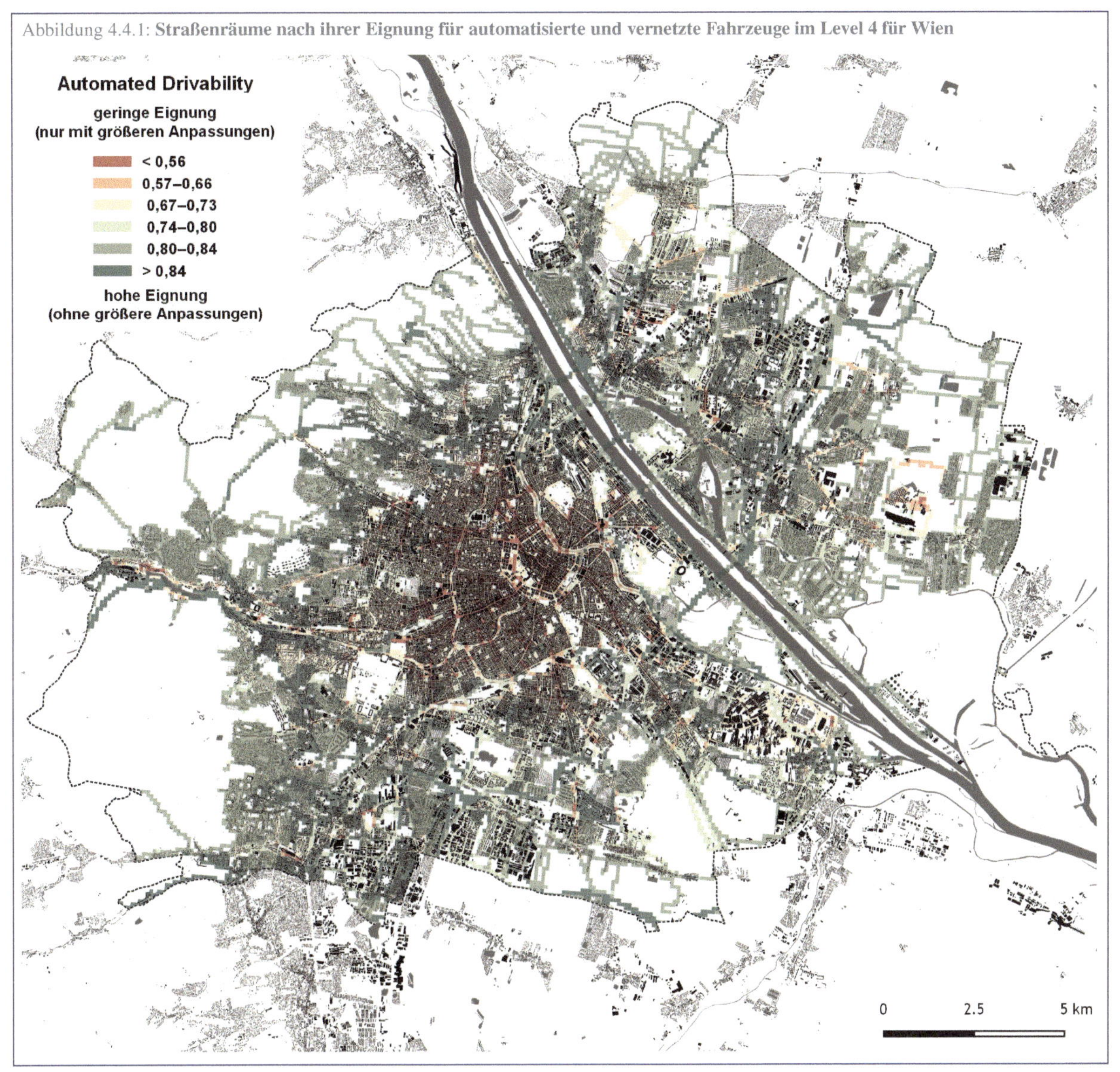

Abbildung 4.4.1: **Straßenräume nach ihrer Eignung für automatisierte und vernetzte Fahrzeuge im Level 4 für Wien**

Quelle: AVENUE21

Wie in Kapitel 4.3 dargelegt, wurden in Simulationen und Prognosen zum Einsatz von avF die qualitativen Unterschiede von Straßenräumen nur bedingt berücksichtigt. So geht man zwar heute z. B. davon aus, dass Autobahnen oder Sonderareale „leichtere" Automatisierungsaufgaben darstellen und folglich automatisierte Fahrsysteme (SAE International 2018 definiert hier

noch keine Vernetzung) dort früher zum Einsatz kommen (s. auch Kap. 4.1). Jenseits dieser groben Gegenüberstellung jedoch fehlt ein differenzierter Blick mit straßenräumlichen Eigenschaften und Umfeldbedingungen innerhalb beider Kategorien. Der Begriff der Operational Design Domain (ODD) wurde in den bekannten SAE-Levels mit der Überarbeitung im Jahr 2016 einge-

---

Abbildung 4.4.2: Unterschiedliche Eignung komplexer Straßenräume (innerorts, Auswahl)

Grad der Eignung von Straßenräumen für avV (durch die entsprechende Höhe der blauen Balken gekennzeichnet)

Quelle: AVENUE21

---

führt, um die Bandbreite an unterschiedlich komplexen Umfeldern für Fahrzeugautomatisierung darzustellen (SAE International 2018, S. 14). Ein automatisiertes Fahrsystem kann zum Beispiel nur bei geringer Geschwindigkeit, bei gutem Wetter und nur am Tag funktionieren (Fraade-Blanar et al. 2018, S. 13). Diese Einschränkungen entsprächen der ODD, auf die das System ausgelegt wurde.

Im Forschungsprojekt AVENUE21 wurde ein erster Schritt für die Entwicklung eines Index der Automated Drivability entwickelt, um die Anforderungen an automatisierte Fahrsysteme differenzierter zu betrachten, die direkt von der Komplexität der ODD abhängen (s. Abb. 4.4.3). Der Ausgangspunkt des Index liegt darin begründet, dass bestimmte straßenräumliche Kontexte die Anforderungen an automatisierte Fahrsysteme erhöhen (Metz 2018, S. 3). Dies ergibt sich insbesondere aus deren Funktionsweise: Automatisierte Fahrsysteme müssen das Umfeld mit unterschiedlichen Sensoren erfassen, dieses anhand derer abbilden (Wahrnehmung und Kognition), anschließend die entsprechenden Fahrentscheidungen (Planung und Kontrolle) treffen und diese den PassagierInnen und den anderen Verkehrsteilnehmenden kommunizieren (Mensch-Maschine-Interaktion; Ritz 2018, S. 41). Unterschiedliche Einsatzumgebungen und die damit verbundenen Rahmenbedingungen können diese Prozesse erschweren, beispielsweise wenn eine Vielzahl unterschiedlicher VerkehrsteilnehmerInnen erkannt werden muss und auch deren zukünftige Bewegungen vorhergesehen bzw. antizipiert werden müssen (Shladover 2018, S. 31).

EUROPÄISCHE STÄDTE: VIELFALT VON STRASSENRÄUMLICHEN KONTEXTEN

Gerade in europäischen Städten besteht eine Vielfalt von Straßenräumen, die sich hinsichtlich ihrer baulichen und infrastrukturellen Ausgestaltung, der umgebenden Architektur sowie der Differenziertheit der Verkehrsteilnehmenden deutlich unterscheiden und damit auch sehr unterschiedliche Anforderungen für automatisierte Fahrsysteme stellen (s. Abb. 4.4.2). Straßenräume weisen dabei unterschiedliche Funktionen (Verbindungs- oder Erschließungsfunktion) sowie Verkehrsbelastungen bzw. Verkehrsstärken auf (FGSV 2006, S. 8; Marshall

---

Abbildung 4.4.3: Grundlegender Zusammenhang von automatisiertem Fahrsystem und ODD

In Straßenräumen mit geringerer Komplexität können automatisierte Fahrsysteme die durchzuführenden Prozesse präziser und leichter vorhersehen (links). Straßenräume mit hoher Komplexität erschweren hingegen die Präzision dieser Vorhersage (rechts).

Quelle: AVENUE21

2005, S. 50). Auch die Knotenpunkte als Verbindungspunkte zwischen den Straßen sind vielfältig (Rechts-vor-links-Regelung, vorfahrtregelnde Verkehrszeichen, Lichtsignalanlagen, Kreisverkehre etc.) und abhängig von den Eigenschaften der zu verknüpfenden Straßen (FGSV 2006, S. 54).

FAKTOREN FÜR DIE EIGNUNG VON STRASSENRÄUMEN FÜR DEN EINSATZ VON AUTOMATISIERTEN UND VERNETZTEN FAHRZEUGEN: AUTOMATED DRIVABILITY

Ausgehend davon wurden Faktoren erarbeitet, welche die Eignung von Straßen- bzw. Verkehrsräumen für den Einsatz von avF, die Automated Drivability, abbilden und damit auch den räumlich differenzierten Einsatz von avF bestimmen. Diese Faktoren umfassen (s. Abb. 4.4.4):

1　　die Anzahl der Objekte im Straßenraum,

2　　die Verschiedenheit der Objekte im Straßenraum,

3　　die Stabilität der ODD,

4　　den erlaubten Geschwindigkeitsbereich und

5　　den Zustand der Infrastruktur.

ABSCHÄTZUNG DER AUTOMATED DRIVABILITY: FALLBEISPIEL WIEN

Am Beispiel der Stadt Wien wurden, vor dem Hintergrund der erarbeiteten Faktoren und in Abhängigkeit von der Datenverfügbarkeit, beispielhafte Kriterien abgeleitet und kombiniert, welche die erarbeiteten Faktoren und damit die Eignung von Straßenräumen für den funktionierenden Einsatz automatisierter Fahrsysteme so gut wie möglich abbilden (s. Abb. 4.4.5). Die verwendeten Kriterien sind ein Versuch, diese Heterogenität unterschiedlicher Straßenräume in ihrer Verortung in der Stadt abzubilden. Abbildung 4.4.1 zeigt die Abschätzung der Automated Drivability am Beispiel der Stadt Wien. Hierbei wird erkennbar, dass Städte hinsichtlich der Einsatzmöglichkeit von avF keineswegs homogene Räume darstellen. Vielmehr zeigt sich anhand der abgeleiteten Kriterien, dass ein räumlich selektiver Einsatz von avF aufgrund der unterschiedlichen Eignung der Straßenräume in Städten wahrscheinlich sein wird und die Vor- und Nachteile des Einsatzes von avF in der ausgedehnten Übergangszeit ungleichmäßig verteilt sein werden.

Eine Folge dieser Heterogenität ist die Verschiebung der Lagegunst durch die Erreichbarkeit mit avF im

Abbildung 4.4.4: **Kurzbeschreibung zu den erarbeiteten Faktoren**

FAKTOR	KURZBESCHREIBUNG
Anzahl der Objekte im Straßenraum	• Vorhandene Verkehrsteilnehmende sowie sonstige bewegliche Objekte (z. B. Tiere) und statische Objekte (z. B. Verkehrsschilder, Ampelanlagen, Bodenmarkierungen) • Häufiger Grund für Probleme und Zwischenfälle bei Tests (Favarò et al. 2018, S. 142) • Objekte im Straßenraum wie parkende Autos, Straßenlaternen, Straßenschilder oder Werbeplakate als Barrieren für Wahrnehmung und Kognition
Verschiedenheit der Objekte im Straßenraum	• Heterogenität von Verkehrsteilnehmenden (z. B. FußgängerInnen, Radfahrende) und anderen Objekten (z. B. Ampelanlagen an Eisenbahnkreuzungen)
Stabilität der ODD	• Konstanz der Umfeldbedingungen • Erschwerte (eingeschränkte) Bedingungen für die Funktionsweise der Kameras und Sensoren durch rasch wechselnde statische Hindernisse (z. B. häufige Veränderungen von Straßenschildern, Bauarbeiten) und rasch wechselnde Wetterverhältnisse oder Vegetation
Erlaubter Geschwindigkeitsbereich	• Höhere Geschwindigkeiten bedingen eine geringere Reaktionszeit (z. B. Zeit für die Wahrnehmung der Umgebung durch Sensoren und die Verarbeitung der Daten durch die Software) für das automatisierte Fahrsystem (Campbell et al. 2010, S. 4664)
Zustand der Infrastruktur	• Vorhandensein von Infrastruktur (wie Straßenmarkierungen) und auch deren Zustand bzw. Qualität • Wahrnehmung und Kognition von Straßenmarkierungen in schlechtem Zustand, fehlenden Leitpfosten oder Schlaglöchern sowie unterschiedlichen Farbwerten beispielsweise durch Flickstellen oder im Vergleich von Asphalt und Beton (Fahrbahnbeschaffenheit) als Problem für Sensoren und Software (Fellendorf 2018, S. 5; Alkim 2018, S. 22)

Quelle: AVENUE21

Abbildung 4.4.5: **Übersicht über die abgeleiteten Kriterien für die Abbildung der Automated Drivability am Beispiel Wiens (Auszug)**

ANZAHL DER OBJEKTE IM STRASSENRAUM

 Vorhandensein von Fußgänger- oder Begegnungszone

 Überwiegender Wohngebietstyp

 Durchschnittliche Fahrbahnbreite

ANZAHL UND VERSCHIEDENHEIT DER OBJEKTE IM STRASSENRAUM

 Anzahl ÖV-Haltestellen

 Anzahl Ampeln

VERSCHIEDENHEIT DER OBJEKTE IM STRASSENRAUM

 Vorhandensein von Radinfrastruktur auf der Fahrbahn

ERLAUBTER GESCHWINDIGKEITSBEREICH

 Geschwindigkeitsbeschränkung im Straßenabschnitt

STABILITÄT DER OPERATIONAL DESIGN DOMAIN

 Vorhandensein von Vegetation (Bäume, Büsche …)

ZUSTAND DER INFRASTRUKTUR

 Unterschiedlichkeit der Straßenbeläge

Quelle: AVENUE21

Personen- und Güterverkehr. Erkennbar ist, dass eher autoaffinere periphere Stadtbereiche (die in Abb. 4.4.1 grün gekennzeichnet sind) tendenziell einen Vorteil gegenüber älteren, meist komplexeren Stadtquartieren im Zentrum haben. Während Erstere ohne (größere) Anpassungen und vermutlich relativ bald erschlossen werden könnten, wäre bei Letzteren ein Einsatz von avF nur denkbar, wenn größere Anpassungen im Straßenraum vorgenommen (gebaute Infrastruktur), die Geschwindigkeit grundsätzlich reduziert und eine Ertüchtigung durch digitale Infrastruktur erfolgen würden (rot markiert) – hierzu gibt es jedoch noch keinerlei Standards. Darüber hinaus wird deutlich, dass für europäische Städte, die häufig auf FußgängerInnen ausgerichtete historische Siedlungskerne mit engen Gassen haben, den motorisierten und vernetzten Verkehr nicht aufnehmen können. Transportation Network Companies wie Uber oder Lyft reagieren mittlerweile darauf, indem sie ihre Dienste dort auf Zweirad-Fahrzeuge verlagern.

Mit der Abschätzung des Potenzials für Wien wird ein erster Überblick zur Eignung von Verkehrsräumen für den Einsatz von avF gegeben. Mit weiteren Daten kann die Analyse differenziert werden. Nichtsdestotrotz stellt die Darstellung der Automated Drivability Wiens (Abb. 4.4.1) vor dem Hintergrund des erarbeiteten Index einen Überblick von Flächen dar, die ohne (größere) Anpassungen durch avF erschlossen werden können und die sich keineswegs gleichmäßig über die Stadt verteilen werden. Zusätzlich könnte mittels einer Sozialraumanalyse festgestellt werden, welche sozialen Gruppen eher in den grün oder rot gekennzeichneten Straßen leben und welche Mobilitätsstile dort dominieren. Dieses Wissen ist von zentraler Bedeutung für Politik und Planung, um Maßnahmen differenziert entwickeln zu können.

4.5

TRANSITION MANAGEMENT IN INTERNATIONALEN VORREITERREGIONEN

Im Kontext der Auswirkungen der avM auf Stadt(regionen) können sogenannte Vorreiterregionen („Pioneering Regions") – Städte oder Stadtregionen, die sich in der Forschung, Planung und Entwicklung sowie in der Erprobung und Demonstration von avF und avM besonders engagieren und die Umsetzung von avM angesichts regionaler Herausforderungen forcieren – beschrieben werden.

Gegenstand der Betrachtung in diesem Kapitel sind die Herausforderungen, die Städte und Stadtregionen mit dem Einsatz von avF adressieren wollen, und die Transition-Initiativen, durch die Städte und Stadtregionen zu Co-Produzenten der Entwicklung von avF werden.

AUSWAHL DER VORREITERREGIONEN

Im Zuge der Recherche wurden etwa zwanzig Stadtregionen ausgewählt, untersucht und miteinander verglichen. Nach klärenden Diskussionen mit ExpertInnen wurden fünf von ihnen als Vorreiterregionen herausgefiltert: Sie liegen in den USA (San Francisco), in Großbritannien (Stadtregion London), in Schweden (Göteborg) und in Japan (Stadtregion Tokio). Als fünfte Vorreiterregion fiel

der Stadtstaat Singapur in die Auswahl (s. Abb. 4.5.1). Das Ziel der Studie war es, eine möglichst große Bandbreite von unterschiedlichen Referenzen heranzuziehen, die relevante Zukunftsvorstellungen und Entwicklungsmöglichkeiten aufzeigt, in denen Transition-Initiativen in Strategien und Programmen sichtbar werden und die für ihre Beiträge zum globalen Diskurs um den avV bereits internationale Anerkennung gefunden haben.

DIE VIER ANALYTISCHEN KATEGORIEN

Zur Analyse der Vorreiterregionen wurde der theoretische Rahmen der Transition Theory (Rotmans et al. 2001, Kemp & Loorbach 2003, Geels 2005) und der Multi-Ebenen-Perspektive (Multi Level Perspective – MLP; Geels 2010) herangezogen. Die heuristische Methode der MLP sieht Systemübergänge als relationale Prozesse an, die aus der Interaktion zwischen den Entwicklungen in drei Dimensionen resultieren (Rotmans et al. 2001):

- Die Dimension „Landscape" beinhaltet lokale oder translokale Aspekte eines Ortes/einer Region, wie beispielsweise die Auswirkungen des demographischen Wandels.

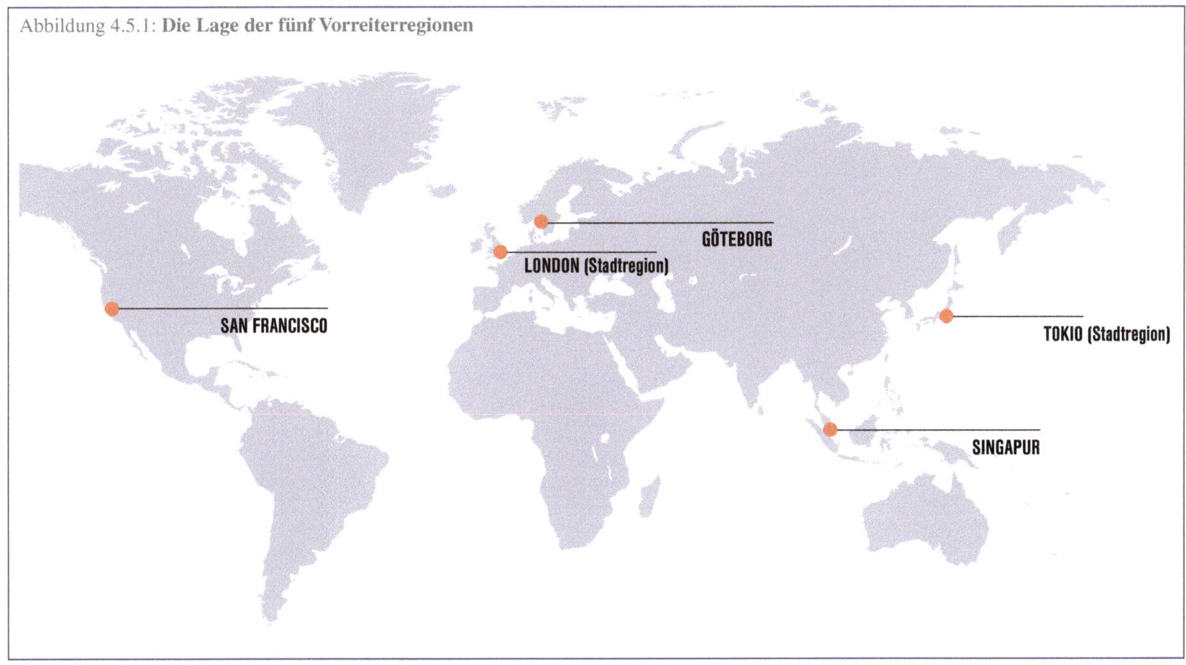

Abbildung 4.5.1: **Die Lage der fünf Vorreiterregionen**

Quelle: AVENUE21

- Die Dimension „Regime" schließt die vorherrschenden Praktiken, Regeln etc. eines Landes ein.

- Die Dimension „Nische" umfasst „geschützte Räume" wie Forschungslabore, Start-ups etc., bei denen mit Innovationen experimentiert wird.

Angelehnt an diese beiden Theorien wurden zur Untersuchung und vergleichenden Bewertung der Vorreiterregionen vier analytische Kategorien entwickelt:

1 „Treiber" beziehen sich einerseits auf den Handlungsdruck („pressure"), der sich aus gesellschaftlichen und ökologischen Herausforderungen ergibt („landscape"), und andererseits auf den Druck aus der „Nische".

2 „Innovationsnetzwerke" beziehen sich auf die beteiligten Schlüssel-AkteurInnen und Allianzen, die gemeinsam den Fortschritt und Wandel planen und einleiten („Regime" und „Nische").

3 „Entwicklungsnarrative" beziehen sich auf Visionen und Leitbilder, die in korporativ-politischen Aushandlungsprozessen entstanden sind (Narrative; s. Kap. 4.6);

4 „Transition-Initiativen" sind daran anschließende Handlungsstrategien und Programme, die eine Orientierung für eine gemeinsame Handlung (z. B. in Form von Roadmaps) geben sollen.

Zu den vier analytischen Kategorien wurden vier Forschungsfragen formuliert. In allen Fragen lag der Fokus auf dem Zusammenspiel von avM-Strategien und den langfristigen Entwicklungsplänen für Stadtentwicklung und Verkehrsplanung in der jeweiligen Vorreiterregion (s. Abb. 4.5.2).

ZUSAMMENFASSUNG DER ERGEBNISSE: KONZEPTION VON AUTOMATISIERTER UND VERNETZTER MOBILITÄT AUS DER PERSPEKTIVE VON STÄDTEN/STADTREGIONEN

In einer kompakten Weise werden hier die Zugänge der fünf bestimmten Vorreiterregionen (Städte/Stadtregionen) mit Bezug auf die vier analytischen Kategorien reflektiert: (1) Treiber, (2) Innovationsnetzwerke, (3) Entwicklungsnarrative und (4) Transition-Initiativen.

■ SAN FRANCISCO (USA)

Treiber: Die aktuellen städtischen Herausforderungen in San Francisco sind ein akuter Wohnungsmangel, ein fragmentiertes öffentliches Verkehrssystem, ungleiche Wachstumsmuster zwischen den Bezirken, eine wachsende Nachtwirtschaft und eingeschränkte Mobilitätsmöglichkeiten insbesondere für einkommensschwache Bevölkerungsgruppen, SeniorInnen und Menschen mit Behinderungen (SFMTA 2016a und 2016b, S. 1; SFMTA 2018). Insbesondere die Tech Giants des Silicon Valley drängen darauf, ihre Technologien auf den Straßen von San Francisco zu testen.

Innovationsnetzwerke: Die San Francisco Municipal Transportation Agency (SFMTA) ist in San Francisco Hauptakteurin in der Unterstützung des automatisierten Verkehrs. Es wurde ein Begegnungsort, eine Agentur und ein Ideen-Inkubator namens Smart City Institute (auch Superpublic genannt) eingerichtet (ATCMTD, City of San Francisco 2016, S. 14). Durch den „Community-Guided Engagement Plan" wurde ein Rahmen geschaffen, um unterschiedliche Kooperationen und Allianzen zwischen verschiedenen Sektoren und AkteurInnen („cross-sector collaboration") zu erreichen. Die Stadt hat zudem eine Allianz mit dem World Economic Forum samt besonderem Fokus auf die avM gebildet.

Abbildung 4.5.2: **Kategorien und zentrale Forschungsfragen im Rahmen der Analyse der Vorreiterregionen**

ANALYTISCHE KATEGORIEN	FORSCHUNGSFRAGEN
Treiber: *Herausforderungen und Erwartungen*	• Was bewegt Städte/Regionen (Politik, Verwaltung), in avM zu investieren? • Welche Treiber entstehen aufgrund von Handlungsdruck aus „Landscape" oder „Nische"?
Innovationsnetzwerke: *AkteurInnen und Kooperationen*	• Wer sind die relevanten AkteurInnen in einer Stadt/Stadtregion, die sich für die Einführung und Verbreitung des avV einsetzen? • Welche Kooperationen gibt es? Welche Allianzen wurden gebildet? • Welche Schritte wurden unternommen, um Fortschritt und Wandel hin zu avM zu erreichen?
Entwicklungsnarrative: *Visionen und Leitbilder*	• Welche Zukunftsvorstellungen wurden gemeinsam formuliert? Welche strategischen Ziele und Leitbilder wurden daraus abgeleitet? • Welche Erzählungen werden bevorzugt, um avM attraktiv zu machen („basket of images")?
Transition-Initiativen: *Strategien und Programme*	• Wie ist der mögliche Übergang zu avM vorgesehen? Welche Ziele und Strategien gibt es hierzu? Welche Investitionsprogramme wurden vereinbart? • Wie wurden die Strategien und Umsetzungen formuliert (z.B. als Roadmaps)?

Entwicklungsnarrative: Die ersten beiden Narrative von avM beziehen sich hauptsächlich auf die Sicherheit („Vision Zero SF") und auf verbesserte Mobilitätsoptionen für ökonomisch schwächere Gruppen („Transportation is the greatest equalizer of all"). Mit dem dritten Narrativ wird die avM direkt angesprochen. Dabei wird eine mittel- und langfristig orientierte Zukunftsvorstellung, getragen von Shared-Electric-Connected-Automated Vehicles (SECAV), entworfen.

Transition-Initiativen: Die Heimat der Sharing Economy hat es sich zur Aufgabe gemacht, ein hohes Maß an geteilten Mobilitätsformen einzuführen, zu erproben und später im breiten Mobilitätsangebot zu verankern. Um dieses langfristig angesetzte Ziel zu erreichen, wird in starkem Maße auf den Einsatz von avF aufgebaut. Der Übergang zu SECAV wurde in Form eines Stufenplans konzipiert. Wichtigstes mittelfristiges Ziel ist die Rückgewinnung von Raum in der Innenstadt (bisher Parkraum), um z. B. mit steigender Verdichtung mehr Wohnraum schaffen zu können. In keiner anderen Region der Welt wurden bislang so viele reale und virtuelle Kilometer im automatisierten Verkehr zurückgelegt wie in Kalifornien (US Senate Hearing 2018).

■　LONDON UND STADTREGION (UK)

Treiber: Aktuelle Herausforderungen für die Stadtentwicklung in London sind die schnell wachsende Bevölkerungszahl in der Region, auf den zentralen Verkehrsrouten zunehmende Staubildungen, eine sich verschärfende soziale Ungleichheit und die akute Notwendigkeit, das schnelle städtische Wachstum durch Dezentralisierung zu kompensieren (GLA 2015). Die vielfach geteilte Erwartung der technisch-ökonomischen Vorteile der Entwicklung und des Einsatzes von avF ist der wichtigste Treiber für Investitionen in Forschung und Anwendung von avF in Großbritannien.

Innovationsnetzwerke: In Großbritannien gibt es zahlreiche Universitätsinstitute, einflussreiche nichtuniversitäre Forschungsorganisationen und Think Tanks, die zum lokalen und nationalen Diskurs und zur Förderung und Entwicklung von avF stark beitragen. Das Department for Transport (DfT) und das Department for Business, Energy & Industrial Strategy (BEIS) Großbritanniens haben im Jahr 2017 zusammen das Centre for Connected and Autonomous Vehicles (CCAV) ins Leben gerufen (UK Parliament 2017). Das CCAV ist die zentrale Anlaufstelle für die Entwicklung des avV in Großbritannien.

Entwicklungsnarrative: Die wichtigsten Entwicklungsnarrative und Strategien zur Zukunft der Mobilität und die darin eingebetteten Visionen zur avM konzentrieren sich auf ökonomische Wettbewerbsvorteile, auf Gesundheit und Wohlbefinden, auf soziale Inklusion, auf „gutes" Wachstum und auf die Vorstellungen einer polyzentrischen Stadt (GLA 2017, NLA 2017, TfL 2017).

Transition-Initiativen: Die langfristige Stadtentwicklungsstrategie Londons basiert auf zwei Säulen. Zum einen wird auf die Dezentralisierung des Wachstums gesetzt und zum anderen auf die Gesundheit und das Wohlbefinden der BürgerInnen (TfL 2017) . Eine detailreiche Roadmap zur Entwicklung des avV in Großbritannien wurde nach umfassenden öffentlichen Konsultationen formuliert (DfT 2015). In diesem Zuge wurde ein besonderes Verfahren zur Auswahl von Förderprojekten zur Entwicklung und Erprobung von avF umgesetzt. In zahlreichen Projekten wurde untersucht, wie BürgerInnen die avM im Alltag einschätzen und wie sie damit umgehen.

■　GÖTEBORG (SCHWEDEN)

Treiber: Die Herausforderungen in Göteborg sind eine steigende Bevölkerungszahl, wachsende ökonomische und soziale Ungleichheit, zunehmender Warenverkehr (der größte Hafen Skandinaviens befindet sich in Göteborg), die Auswirkungen des Klimawandels auf zahlreiche städtische Bezirke (steigender Meeresspiegel) sowie eine wachsende wissensbasierte Wirtschaft, die neue Arten von sozioökonomischen Kommunikationsräumen benötigt. Die Präsenz einer Reihe von Unternehmen (wie die Volvo-Gruppe) hat bei der Stadt Erwartungen geweckt, dass durch Investitionen in Forschung und Entwicklung von avF die Stadt ökonomische Wettbewerbsvorteile erreichen kann.

Innovationsnetzwerke: Die Kooperations- und Kollaborationsplattform Drive Sweden ist die wichtigste Organisation, die in Schweden eingerichtet wurde, um die Entwicklung von avF öffentlich zu unterstützen (Drive Sweden 2018). Mit sogenannten „Co-Creative Labs" (SAFER 2017) versucht die Stadtplanung in Göteborg, die Bevölkerung einzubinden, um gemeinsam eine bürgerschaftlich getragene Perspektive für die avM zu entwickeln.

Entwicklungsnarrative: Das zentrale Stadtentwicklungsnarrativ in Göteborg ist die „Compact City" (City Planning Authority 2014). Dabei geht es zum einen um die Nachverdichtung der Stadt und zum anderen darum, Göteborg als Standort in einer wissensbasierten Wirtschaft zu entwickeln und zu stärken. Die Bevölkerung wird für einen Wandel von städtischer Mobilität und Verkehr sensibilisiert („A completely new type of mobility").

Transition-Initiativen: Göteborg soll eine Stadt der kurzen Wege („closely-connected city") werden (Urban Transport Committee 2014). Drive Sweden fördert verschiedene kooperative Forschungs- und Entwicklungsprojekte wie den Einsatz von selbstfahrenden Shuttlebussen, die für eine kompakte Stadt geeignet sind. Eine interaktive und ständig fortschreitende Roadmap zur Entwicklung der avM in Schweden auf der Website von Drive Sweden informiert interessierte AkteurInnen über den Stand der Entwicklung und mögliche Phasen des Übergangs zum vollautomatisierten Fahren. Ein großer Schritt für die Stadt Göteborg und ihren Automobil- und Kommunikationssektor war der Bau von Asta Zero, einem international bedeutenden Testgelände für avF.

■ TOKIO UND STADTREGION (JAPAN)

Treiber: Die Herausforderungen in Tokio (und Japan insgesamt) sind eine dramatisch schrumpfende und alternde Bevölkerung, ein akuter Arbeitskräftemangel und ein stagnierendes Wirtschaftswachstum (Funabashi 2018, IPSS 2017). Darüber hinaus war und ist auch die Ausrichtung der Olympischen Spiele im Jahr 2020 in Tokio ein Treiber für die rasche Entwicklung von avF.

Innovationsnetzwerke: Das Council for Science, Technology and Innovation hat mit dem SIP („Cross-Ministerial Strategic Innovation Promotion Program") – und der Unterstützung des Premierministers – eine besondere Art von horizontaler bereichsübergreifender Organisationsstruktur geschaffen (Amano & Uchimura 2016, 2018; SIP 2017). So wurde ein Prozess gestartet, um die Abschottung institutioneller „Silos" zu überwinden. Ein spezifischer Bereich dieses Programms, das SIP-ADUS (Automated Driving for Universal Services), ermöglicht sowohl die Koordinierung von Forschung und Entwicklung (SIP-ADUS für die avM) als auch die Orchestrierung der „Triple-Helix" in Japan zwischen AkteurInnen der Regierung (bereichsübergreifend), der Industrie und Forschungsinstitutionen (Amano & Uchimura 2016, 2018; SIP-ADUS 2016).

Entwicklungsnarrative: Mit „Mobility bringing everyone a smile" (Kuzumaki 2017) möchte die Stadtregierung vor allem die Inklusion von SeniorInnen erreichen. Die beiden Narrative „World's safest and smoothest road traffic system" (Prime Minister's Cabinet 2017) und „World's most advanced IT nation" sprechen die Wirtschaft an, während sich die Roadmap „Society 5.0" auf die gegenwärtige öffentliche Diskussion in Japan zur Zukunft der Gesellschaft im Zeitalter der Digitalisierung, der Roboter und der künstlichen Intelligenz bezieht (FIRST 2018). Der Aspekt „Safety" betrifft in Japan die Erfahrungen einer ständig drohenden Gefahr durch starke Erdbeben; so wurden schon bisher besondere Sicherheitssysteme im ÖV installiert.

Transition-Initiativen: Tokios Entwicklung bis zum Jahr 2020 wird durch mehrere Aktionspläne gerahmt. Die Hauptidee ist, die Megalopolis Tokio mit zahlreichen kompakten Verkehrsdrehscheiben („compact city hubs") auszustatten (MLIT 2013, Tokyo Metropolitan Government 2016). Die beiden wichtigsten gesellschaftlichen Fragen, für die von der avM Lösungen erwartet werden, sind zum einen die Zunahme der Zahl der alternden Bevölkerung und zum anderen die sinkende Zahl an Arbeitskräften. Die meisten avM-Projekte sind derzeit darauf ausgerichtet, Tokio mit seinen Vororten bis hin zum ländlichen Raum zu verbinden (Prime Minister's Cabinet 2017). Unter der koordinierenden Hand der bereichsübergreifenden SIP-ADUS hat Tokio die detaillierteste avM-Roadmap aller hier dargestellten Vorreiterregionen erstellt. Sie enthält alle Ziele, Strategien und Konzepte für den Einsatz automatisierter und vernetzter Fahrzeuge, einschließlich eines Zeitplans für die Umsetzung und Markteinführung in Japan bis zum Jahr 2030. Ein besonderes Merkmal der Strategie in Japan ist die sukzessive Erstellung einer dynamischen, landesweiten digitalen Karte der Straßenräume (Koyama 2015).

Die älter werdende Bevölkerung und der damit einhergehende dramatische Rückgang der Bevölkerung im ländlichen Raum gehören zu den dominierenden Themen in Japan. In der langfristigen Vision „The Grand Design 2050" (MLIT 2013) geht es um die Verdichtung von kleineren Städten und Gemeinden im suburbanen und ruralen Japan (Funabashi 2018). Die meisten avM-Projekte sind derzeit auf diese Themen ausgerichtet.

■ SINGAPUR

Treiber: Städtische Herausforderungen sind die akute Landknappheit in Verbindung mit der wachsenden Bevölkerungszahl sowie steigende Forderungen der Bevölkerung nach besseren Mobilitätsmöglichkeiten, der Neu- und Ausbau von Stadtgebieten („New Towns") sowie ein Mangel an Facharbeitskräften (LTA 2013, 2018; Loo 2017; Human Resources 2018). Weitere Treiber sind der Ausbau der globalen Wettbewerbsfähigkeit und der Erhalt der Standortqualität.

Innovationsnetzwerke: Das ressortübergreifende Committee on Autonomous Road Transport for Singapore (CARTS) wurde in der Stadtverwaltung von Singapur geschaffen, um sich ausschließlich mit der Erprobung und Umsetzung von avF und avM in Singapur auseinanderzusetzen (Huiling & Goh 2017, MOT 2017). Der Ausschuss wird von drei „working groups" (sektorenübergreifend und transdisziplinär) begleitet, die für die Erstellung von mittel- und langfristigen Visionen für die avM in Singapur verantwortlich sind und die Rahmenbedingungen für möglichen Anwendungen (Kosten, Regulierungsrahmen etc.) prüfen.

Entwicklungsnarrative: Die drei wichtigsten Entwicklungsnarrative sind die alles umfassende Digitalisierungsstrategie Singapurs „Smart Nation", die Vision

Abbildung 4.5.3: **Automatisierte und vernetzte Fahrzeuge im Tag- und Nachtbetrieb, Konzepte für die „New Towns" in Singapur**

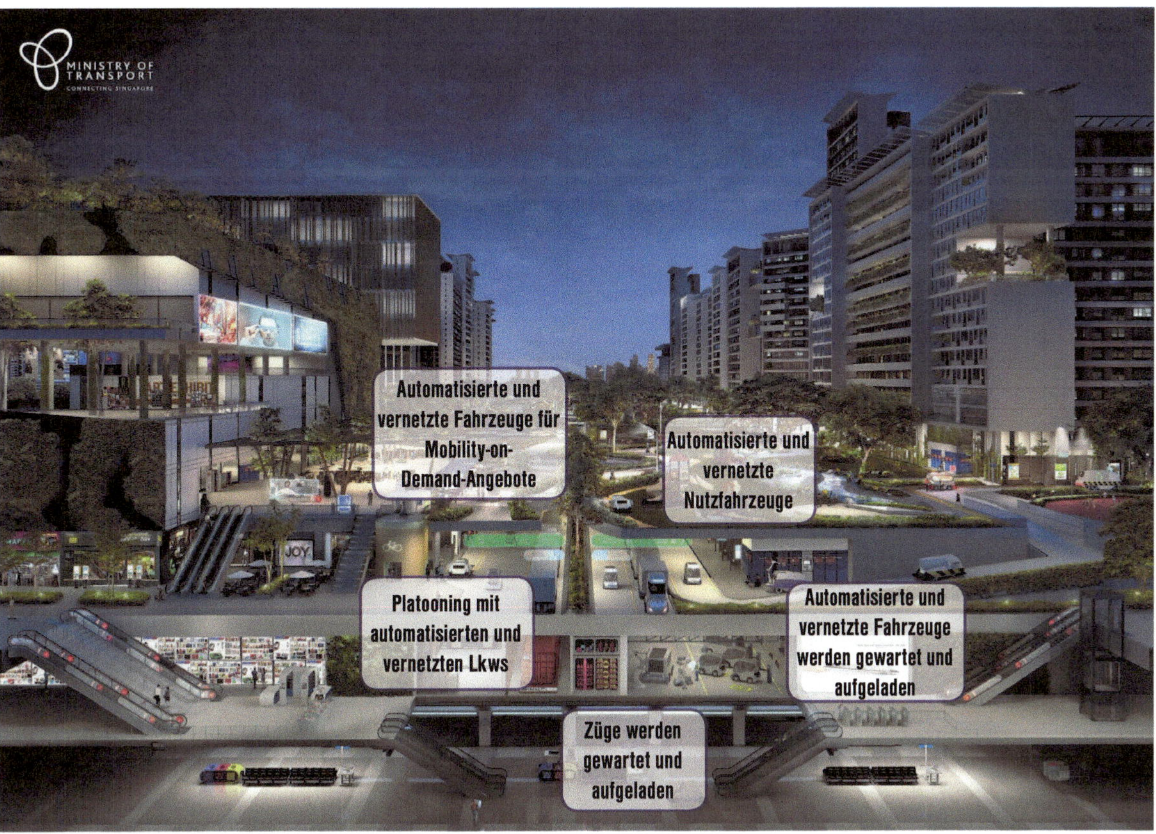

Quelle: Land Transport Authority LTA, von AVENUE21 ergänzt

der autofreien Stadt „Car-lite City" (LTA 2018) und das Leitbild der lebenswerten Stadt „Livable City" (CLC 2014, Smart Nation Singapore 2018). Der Innovationsdiskurs in Singapur ist davon geprägt, wie neue Technologien mit einem identitätsstiftenden und „emotionalen" Urbanismus vereinbar sein können („Can you love a smart city?"). Um die Zahl der zugelassenen Autos zu begrenzen, werden seit Februar 2018 neue Autos in Singapur nur dann zugelassen, wenn sie ein bestehendes Auto ersetzen.

Transition-Initiativen: Verglichen mit allen anderen Vorreiterregionen genießen avF in Singapur den höchsten Grad der Integration in die Stadtentwicklung. Die zentralisierte Regierung des Stadtstaates Singapur hat seit 50 Jahren das Ideal einer integrierten Planung durch verschiedene Instrumente der interinstitutionellen Zusammenarbeit verfolgt (URA 2016). Auf der Grundlage einer intensiven sektorenübergreifenden Kooperation (inklusive der Kooperation mit Investoren) können Standorte und Anwendungsfelder (Use Cases) für avF sachgerecht und zielgerichtet geplant und umgesetzt werden. Zwei neue hochverdichtete Siedlungsgebiete („New Towns"), die bis 2024 fertiggestellt werden sollen, sind bereits für diverse standortspezifische Anwendungen von avF für Peak- und Off-Peak-Stunden sowie Tag- und Nachtbetrieb vorgesehen (s. Abb. 4.5.3). In Singapur wird zudem intensiv an Bildungsformaten und -programmen für die Ausbildung und Weiterbildung von Arbeitskräften im Bereich der avM gearbeitet.

CONCLUSIO: „AUTOMATED AND CONNECTED MOBILITY FOLLOWS (INNOVATION) NARRATION"

Die Ergebnisse der Studie deuten darauf hin, dass, obwohl die Steigerung von Sicherheit, Verkehrseffizienz, ökonomische Vorteile oder die Einsparung von Parkraum in der Regel die meistgenannten Argumente für den Einsatz von avF in der Stadt sind, die lokalen Entwürfe und avM-Strategien in der Realität dennoch überraschend divers sein können. Im Zuge dieser Diversität zeigen sich sogar Gegennarrative zum bestehenden ökonomischen Mainstream. Die Fallbeispiele zeigen, dass Technologie für avF und avM nicht deterministisch und diesbezügliche Strategien das Ergebnis komplexer Aushandlungsprozesse sind. Es ist auch wichtig, anzumerken, dass sich alle Städte auf eine gesamtsystemische Übergangszeit von mehreren Jahrzehnten vorbereiten. Die meisten von ihnen haben jedoch besondere Stadträume ins Auge gefasst, wo sie avF mit niedrigeren Automatisierungsstufen viel früher einsetzen können.

Die vier analytischen Kategorien (1) Treiber, (2) Innovationsnetzwerke (3) Entwicklungsnarrative und (4) Transition-Initiativen zeigen in allen fünf Vorreiterregionen, dass für komplexe Übergangsprozesse zu

avM-basierten Lösungen die Intensität und Färbung des Innovationsdiskurses vor Ort entscheidend ist. Es ist auch zu erkennen, dass die Einführung und Verbreitung von avF nur Teil der digitalen Transformation aller Lebensbereiche ist („Vierte industrielle Revolution"). Angesichts der weitreichenden Konsequenzen der digitalen Transformation ist die entscheidende Frage für den Einsatz von avF folglich nicht, ob die Stadt für avF bereit ist oder ob avF für den Einsatz in der Stadt bereit sind, sondern wie die AkteurInnen der Stadt an sich und in Kooperation mit anderen einen Diskurs über nachhaltige Stadtentwicklung im digitalen Zeitalter führen (Co-Produktion in Netzwerken). Die alltagsweltliche Umsetzung der avM folgt dann jener im Diskurs der etablierten Narration.

4.6

DIE AUSHANDLUNG EINER VORHERRSCHENDEN NARRATION ZUR AUTOMATISIERTEN UND VERNETZTEN MOBILITÄT IN EUROPA

Einblick in die Dissertation von Andrea Stickler

Welche Rolle die Automatisierung im Verkehrssystem einnehmen wird, ist nicht nur durch die technologischen Möglichkeiten bestimmt, sondern ist auch wesentlich davon abhängig, welche Diskurse und Narrationen[1] sich in der Öffentlichkeit über die avM festigen. Großen Einfluss auf diese Zukunftsvorstellungen und damit auch die Akzeptanz von avF üben vermittelte Botschaften von verschiedenen Wirtschaftszweigen, Medien, Forschung, Film oder Kunst und eben auch der Politik aus (Diehl & Diehl 2018, Manderscheid 2018, Berscheid 2014). Der politische Diskurs nimmt jedoch eine besondere Rolle ein, da dieser in den letzten Jahren äußerst brisant vorangeschritten ist, zu bestimmten politischen Handlungen führt bzw. führte und damit auch wesentlich über die Bedingungen des Einsatzes der Technologie mitbestimmt (durch zirkulierendes Wissen, Test-Beds und Best-Practice-Beispiele, Förderinstrumente, Regulationen etc.). Daher stellt sich die Frage, in welche Richtung sich die Politik (AkteurInnen, Institutionen, Prozesse und Inhalte) im Zuge der Einführung von avF hin bewegt und welcher politisch-planerische Rahmen damit vordefiniert wird, der letztlich auch auf künftige Steuerungsmöglichkeiten wirkt.[2]

Wenngleich die Hoffnungen auf technologische Innovationen im Verkehrswesen im politischen Diskurs bereits seit mehreren Jahren stark präsent sind (u. a. Europäische Union 2011), so sind die Erwartungen an die positiven Effekte von avF relativ neu. Die Verkehrsministerien der G7-Staaten haben im Jahr 2015 erstmals eine Deklaration zur strategischen Förderung von avM herausgegeben. Auf EU-Ebene wurde im April 2016 mit der „Deklaration von Amsterdam" ein Konsens zwischen den 28 Verkehrsministerien zur gemeinsamen Förderung der Einführung von avF gebildet und die Europäische Kommission zu einer europäischen Strategie zur avM aufgefordert (European Commission 2016). Im Kontext dieser Zuversicht zur Durchsetzung der Automatisierung und Vernetzung der Mobilität und zu den erwarteten positiven Effekten formieren sich bestimmte Narrationen darüber, wie avF in Europa eingesetzt werden sollen und wirken werden.

Das politisch-diskursive Spielfeld kennzeichnet sich gerade im Bereich der Verkehrspolitik durch konkurrierende Ideen, Problemdeutungen und Interessen, aber auch durch unterschiedliche Kommunikations- und Machtressourcen verschiedener StakeholderInnen. Was als gesichertes Wissen zur avM gilt, steht dabei in unmittelbarem Zusammenhang mit Machtfragen, denn die Fähigkeit und Durchsetzungskraft über eine vorherrschende Narration auf politischer Ebene mitzubestimmen, differiert zwischen den unterschiedlichen

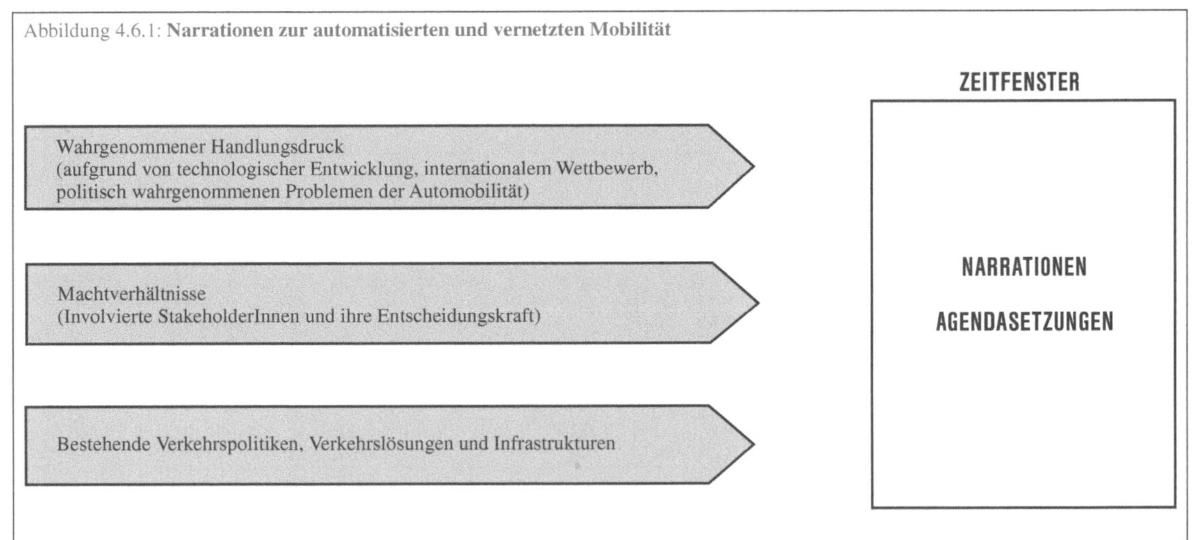

Abbildung 4.6.1: **Narrationen zur automatisierten und vernetzten Mobilität**

Quelle: AVENUE21 nach Kingdon (1986)

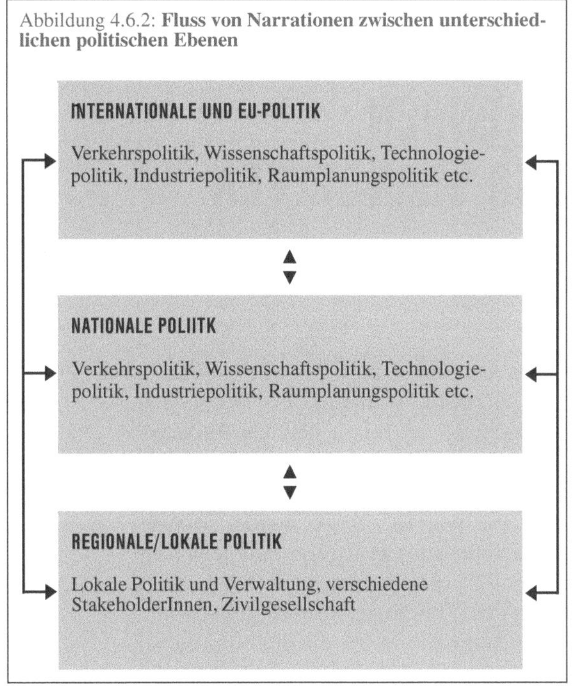

Abbildung 4.6.2: **Fluss von Narrationen zwischen unterschiedlichen politischen Ebenen**

Quelle: AVENUE21

StakeholderInnen enorm. Dem Multiple-Stream-Ansatz folgend (Kingdon 1986), sind neben den Machtverhältnissen auch der wahrgenommene Handlungsdruck sowie bestehende Verkehrspolitiken, -lösungen und -infrastrukturen für politische Narrationen und Agendasetzungen in einem spezifischen Zeitfenster relevant (s. Abb. 4.6.1).

In politischen Debatten zur avM werden zweifellos relevante gesellschaftliche Herausforderungen wie Klimaschutz, Sicherheit, der Platzverbrauch von Pkws und Chancen für mobilitätseingeschränkte Personen aufgegriffen und öffentlich zur Sprache gebracht. Jene Probleme werden in diesem Zusammenhang jedoch einer Konstruktionsarbeit unterzogen, für die dann in einer Kooperation zwischen Politik, verschiedenen Industrien und Forschungseinrichtungen spezifische technologische Lösungen gesucht und entwickelt werden. Hoffnungen über die Zukunft und Brüche mit der Vergangenheit bilden in diesem Zusammenhang eine wesentliche Grundlage für die Aushandlung einer vorherrschenden Narration zur avM. Vor allem hinsichtlich des Stellenwerts der Automobilität ist der politische Diskurs heute noch stark gespalten und auch historisch haben sich unterschiedliche Phasen der Befürwortung und Kritik an der Automobilität abgewechselt (Paterson 2007).

Im Feld der Verkehrspolitik ist jedenfalls die nicht vorhandene Nachhaltigkeit des heutigen Autoverkehrs weitgehend unumstritten, weshalb sich der Diskurs innerhalb der EU zur avM auch zunehmend an umweltpolitischen Argumentationsmustern orientiert. Eine ökologische Modernisierung (Bemmann et al. 2014) des Automobils soll helfen, die positiven synergetischen Effekte von Fahrzeugautomatisierung, Elektrifizierung und Konnektivität zu nutzen, gleichzeitig die Wettbewerbsfähigkeit der Wirtschaft (und Automobilindustrie) sowie die europäische Integration zu stärken. Damit verfestigt sich die Narration einer überwiegenden technikgläubigen, wachstumsorientierten Transformation der Automobilität mit avF durch eine infrastrukturelle Priorisierung von wichtigen Verkehrsachsen innerhalb der EU (hier insbesondere der C-ITS-Korridor von Rotterdam nach Frankfurt und Wien).

Die Narration der EU zur avM, die über Politikprogramme, politische Gremien, Veranstaltungen und Medien transportiert wird, verbreitet sich als neue Art des Denkens und Handelns in verschiedenen Räumen und Institutionen (weshalb der Fluss der Narrationen zwischen unterschiedlichen politischen Ebenen und Politikfeldern zu betrachten ist, s. Abb. 4.6.2).

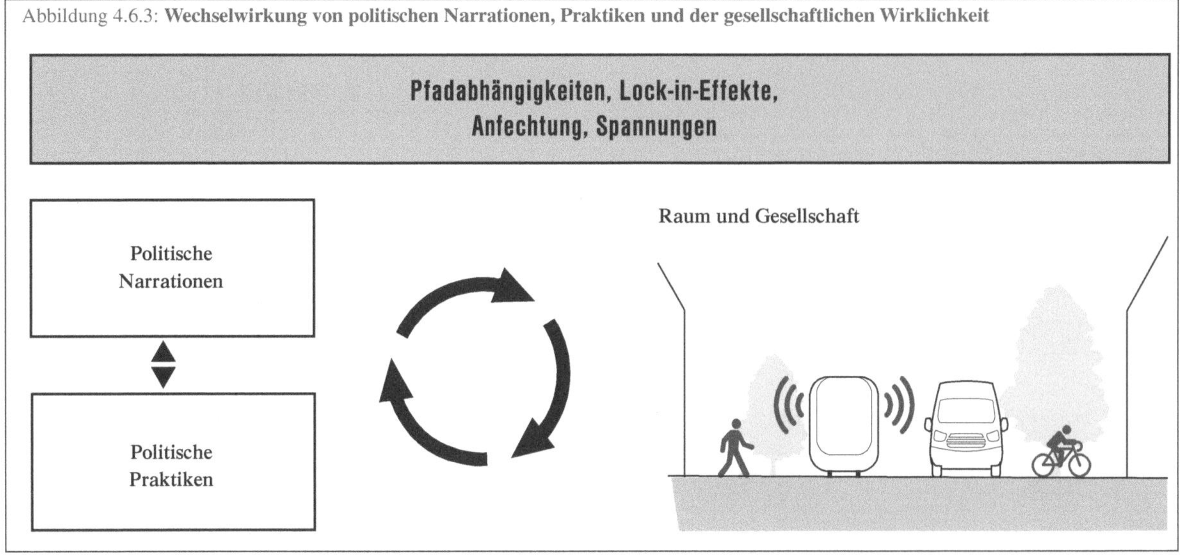

Abbildung 4.6.3: **Wechselwirkung von politischen Narrationen, Praktiken und der gesellschaftlichen Wirklichkeit**

Quelle: AVENUE21

Narrationen auf EU-Ebene treten dabei in Auseinandersetzung mit anderen (inter)nationalen Vorstellungen zur avM, üben Druck auf unterschiedliche politische Ebenen aus und werden teilweise von nationalen oder lokalen Institutionen aufgenommen und „übersetzt" (Clarke et al. 2015). Die Übersetzung ermöglicht mithin eine gänzlich neue Aushandlung des Themas, mit neuen Spannungen, Risiken und Chancen. Bestimmte Aspekte können betont oder vernachlässigt werden, letztlich können auch unerwartete Effekte aufgrund von Pfadabhängigkeiten, Lock-in-Effekten, Anfechtung und Spannungen folgen (s. Abb. 4.6.3). Daher ist es notwendig, um die Beziehungen zwischen den politischen Narrationen und den bestimmten politisch-planerischen Handlungen zu verstehen, konkrete räumliche Gegebenheiten in die Betrachtung miteinzubeziehen (Jäger 2015, S.112–113). Erst dadurch wird deutlich, dass politische Diskurse und Narrationen zwar auf die Verkehrswende wirken werden, jene die Verkehrswende aber nicht vorgeben, ist doch die Transformation der Automobilität eingebettet in komplexe gesellschaftliche, politökonomische und historisch gewachsene Zusammenhänge (Urry 2004, Paterson 2007). Dennoch können politische Diskurse einen wesentlichen Beitrag zur Verkehrswende leisten, da an sie gewisse Diskurspraxen gekoppelt sind, die dann durchwegs struktur- und raumwirksam werden können.

Die technik- und wachstumsorientierte Vorstellung von avM innerhalb der EU wird heute bereits durchaus angezweifelt. Gerade auf lokaler/städtischer Ebene werden die negativen Effekte der Automobilität sowie deren Wachstumsgrenzen am deutlichsten spürbar, weshalb ein weiteres Verkehrswachstum mit avF sehr kontrovers diskutiert wird. Auch empirisch und theoretisch kann eine wachstumsorientierte Transformationsnarration angefochten werden: Statistiken deuten auf ein reges Verkehrswachstum im Straßenverkehr hin (Umweltbundesamt 2018, Statistik Austria 2018), das künftig an seine (ökologischen) Grenzen stoßen wird. Gesellschaftliche Prozesse wie Individualisierung, Flexibilisierung und soziale Beschleunigung (Rosa 2013, Honneth 2016) sowie die Dynamik des globalen Wirtschaftssystems (Boltanski & Chiapello 2001, Schwedes 2017) wirken einer umweltschonenden Mobilität kulturell und strukturell eher entgegen. Vor dem Hintergrund dieser Tendenz zur Verkehrssteigerung sowie zu einer wachstumsorientierten Narration zum avV könnten viele negative Effekte der Automobilität (Platzverbrauch, Beeinträchtigung von Fuß- und Radverkehr, Lärmemissionen etc.) vor allem in Städten verschärft oder konserviert werden.

Dennoch wird in einigen Diskursen auch das Potenzial einer tiefgreifenden Transformation mit avF erkannt, denn Fortschritte in der Automatisierung und Vernetzung der Fahrzeugtechnologie können nicht nur das Auto als technisches Gerät verändern, sondern auch die Bedeutung des Pkws in Privatbesitz und letztlich

auch wie und warum Individuen mobil sind (Kellerman 2018, Canzler & Knie 2016). Diese kultur- und wachstumskritischen Diskurse werden jedoch in politischen Debatten auf europäischer Ebene oftmals vernachlässigt. Für eine stärkere Politisierung der avM wäre es jedoch wichtig, dass vorherrschende und subalterne Narrationen stärker in Auseinandersetzung treten. Dies erfordert jedoch, dass auf politischer Ebene über eine ökologische Modernisierung des Automobils hinweg gedacht wird, gegensätzliche Vorstellungen zur Zukunft mit avF diskutiert und unterschiedliche Möglichkeiten des Einsatzes von avF stärker gesellschaftspolitisch ausgehandelt werden.

Zusammenfassend ist festzuhalten, dass gerade aufgrund der konkurrierenden Problemdeutungen und Interessen in der heutigen Verkehrspolitik gegenwärtige politische Narrationen zur avM kritisch herausgefordert werden sollten, denn:

- In der EU bildet sich im Spannungsfeld unterschiedlicher Akteursinteressen eine bestimmte Narration davon heraus, wie avF bestmöglich eingesetzt werden sollten. Dies führt zu veränderten gesetzlichen Rahmenbedingungen und Förderstrategien als politische Praktiken, die wesentlich auf den künftigen Einsatz von avF wirken werden.

- Die Narrationen und politischen Praktiken der EU erlangen auf lokaler Ebene eine andere Bedeutung, werden durchaus auch angezweifelt und neu ausgehandelt. Dieser Aushandlungsprozess sollte bewusst gestärkt und für unterschiedliche Interessensgruppen geöffnet werden.

- Forschungsarbeiten können zur Aufdeckung der vorherrschenden Machtverhältnisse beitragen, die den Diskurs zur avM prägen und als „Frühwarnsysteme" für mögliche unerwartete Konsequenzen dienen.

---

1   Mit dem Begriff der Narration wird hier die kommunizierte und inszenierte Erzählung bzw. der Mythos über avF und avM verstanden. Diese Narrationen bezeichnen Regelsysteme, die bestimmte Wissensformen und Bedeutungen hervorbringen und damit den öffentlichen und/oder politischen Diskurs strukturieren (Viehöver 2001, S.177–178).

2   Konkret wird der Frage nachgegangen, wie die avM von unterschiedlichen StakeholderInnen als Wissensobjekt hervorgebracht wird. Dazu wird diskurstheoretisch vorgegangen und auch methodisch auf Diskurstheorien, wie beispielsweise von Keller (2004) und Jäger (2015), Bezug genommen.

4.7

PLANUNGSANSÄTZE FÜR EINE PROAKTIVE GESTALTUNG URBANER ZUKÜNFTE MIT AUTOMATISIERTEN UND VERNETZTEN FAHRZEUGEN

Einblick in die Dissertation von Emilia Bruck

Wenngleich automatisierte und vernetzte Mobilität zunehmend vor dem Hintergrund bestehender Stadtentwicklungsziele diskutiert wird (Heinrichs et al., 2019), wurden geeignete Planungsansätze für die Steuerung der städtischen Integration von avF bislang unzureichend behandelt (Guerra 2016, Fraedrich et al. 2018). Bis auf wenige Ausnahmen (Kap. 4.5) lag aus Sicht der städtischen Planungsbeauftragten bis zuletzt kein ausreichendes Wissen über die städtebaulichen und siedlungsstrukturellen Folgen der avM vor, um Entwicklungsprioritäten festzulegen und Investitionen entsprechend lenken zu können (Fraedrich et al. 2018). Es bestehen Unsicherheiten hinsichtlich infrastruktureller, stadträumlicher und gesellschaftlicher Auswirkungen, da bislang der lokale Nutzen der avF im Sinne von umwelt- und stadtverträglicher Mobilität nicht ausreichend geprüft werden konnte. Bedenkt man jedoch, dass die Art und Weise sowie das Ausmaß möglicher Folgen der avM teils erst nach deren Eintreten erkennbar sein werden (Guerra 2016), bedarf es seitens der Stadtplanung einer reflektierten Auseinandersetzung und frühzeitigen Mitgestaltung, um als treibende Kraft aktiv zu werden und stadtregionale Fragestellungen in der Technologieentwicklung, Wissenschaftsförderung und Politik zu vertreten. Davon ausgehend, dass der räumliche und gesellschaftliche Einsatz der avF nicht ab initio gegeben, sondern erst durch öffentliches und politisches Verhandeln (mit)hervorgebracht wird (Guthrie & Dutton 1992, s. auch Kap. 4.6), kommt auch der Stadtplanung eine gestalterische Verantwortung zu, da die räumlichen Zielsetzungen während der formativen Phase auf die weitere Entwicklung der Technologie einwirken und diese möglicherweise sogar nachhaltig prägen. Nun stellt sich die dringliche Frage, zu welchem Zeitpunkt konkrete planerische Maßnahmen zu setzen sind und wie der Prozess der dafür nötigen Visions- und Strategiefindung zu gestalten ist.

Abbildung 4.7.1: **City Dashboard**

Quelle: AVENUE21

4.7.1 TECHNOLOGISCHER WANDEL ALS HERAUSFORDERUNG FÜR DIE STADTPLANUNG

Die Einführung der avF gliedert sich in einen Prozess der informationstechnologischen Aufrüstung von zahlreichen europäischen Städten (London, Wien, Amsterdam, Barcelona, Dublin etc.) und internationalen (New York, Singapur, Hongkong, Pune etc.) ein. In den vergangenen beiden Jahrzehnten wurden dazu unter dem Leitmotiv der „Smart City" Strategiepapiere verfasst, die sich zwar in ihren inhaltlichen Zielsetzungen, Entwicklungsprozessen und Implementierungsstrategien unterscheiden, jedoch weitgehend das Ziel verfolgen, technologische wie auch ökonomische Trends an lokale Entwicklungsbedingungen anzupassen (Townsend & Lorimer 2015). Angesichts infrastruktureller Kapazitätsgrenzen, fiskalischer Austerität, der Klimakrise und anhaltender Urbanisierungstendenzen wird erhofft, mittels smarter Infrastrukturentwicklung urbane Resilienz und Nachhaltigkeit gewährleisten zu können (White 2016). Mit dem Anspruch, urbane Prozesse in Echtzeit überwachen, verwalten und steuern zu können (Kitchin 2015), hält ein technologie- und managementorientierter Planungsansatz Einzug, dem die Überzeugung zugrunde liegt, dass mit „besseren" Daten und „besseren" Modellen Unsicherheiten und Risiken erheblich reduziert, wenn nicht gar beseitigt werden können (Hillier 2016, S. 300). Die Vorhersage und Kontrolle von Ereignissen innerhalb von Infrastrukturnetzen oder öffentlichen Räumen (s. Abb. 4.7.1) steht im Zentrum dieses Versprechens (Picon 2015). So stellen die idealisierten Smart City Developments wie Songdo (Südkorea), Masdar (Abu Dhabi) oder jüngst auch Sidewalk Toronto (Kanada) letztlich einen städtebaulichen Ausnahmezustand dar, der ermöglichen soll, sensorische Vernetzung und prognostische Datenanalyse abseits der chaotischen Realität einer Stadt unter Beweis zu stellen, wobei der Zugriff auf Daten zur bestimmenden Kategorie urbaner Transformation erhoben wird (Halpern et al. 2013).

Doch die Einführung von technologischen Neuerungen zum Zweck der Energieversorgung, von Transportsystemen oder Kommunikationsdiensten und die damit einhergehende Anpassung von Städten führt auch im Hinblick auf digitale und automatisierte Prozesse zu unvorhergesehenen Begleiterscheinungen (Townsend 2013, Kitchin & Dodge 2017). Neben den versprochenen Vorteilen des Komforts, der Sicherheit und des Wirtschaftswachstums ist das Wiederkehren urbaner Problemlagen und Risiken (Aufkommen neuer Ungleichheiten, Sicherheits- und Kriminalitätsrisiken sowie Umweltbelastungen) kaum zu vermeiden (Kitchin & Dodge 2017). Die sich daraus ableitende Problematik besteht weniger im Einsatz technologischer Neuerungen, sondern vielmehr im Versäumnis, die städtische Vielfalt angemessen zu berücksichtigen und den Nutzen mit den gesellschaftlichen, kulturellen und räumlichen Eigenheiten eines urbanen Kontextes abzustimmen und so auch eine historische Perspektive zu

wahren (Hajer 2014, Picon 2015). Angesichts zunehmender Dienstleistungs- und Mobilitätsangebote laufen Städte Gefahr, den Diskurs um die lokalen Bedingungen für eine lebenswerte Stadt im Zeitalter der digitalen Transformation einer übereilten Implementierung von technologischen Lösungsansätzen zum Opfer fallen zu lassen (Hajer 2014, S. 16).

Im konkreten Fall der avM ist zu berücksichtigen, dass den erhofften Optimierungseffekten lokale Pfadabhängigkeiten in Form von Mobilitätskulturen, Siedlungsstrukturen, Wirtschaftsbezügen und bewährten Planungskonzepten entgegenstehen. Die Komplexität der historisch gewachsenen Interdependenzen tendiert dazu, ein „automobiles System" (Urry 2004, S. 27) und so auch eine „automobile Stadt" zu reproduzieren, dessen Infrastrukturverbesserungen paradoxerweise wiederholt Problemverschiebungen und Rebound-Effekte verursachen (Sonnberger & Gross 2018, Schneidewind & Scheck 2013). Um bestehende Mobilitäts- und Konsumpraktiken im Sinne einer nachhaltigen Verkehrswende (s. Kap. 3.1, 3.2) aufzubrechen, ist es vielmehr notwendig, avM im Zusammenspiel mit sozialen Innovationen zu betrachten. Da durch technologische Artefakte immer auch eine gesellschaftliche Ordnung mitentworfen wird, ist soziale Innovation, die als gesellschaftlicher Wandlungsprozess verstanden werden kann, eng an technologische Artefakte gekoppelt (Braun-Thürmann 2005). Dies bedeutet einerseits, dass der Einsatz von avF nicht als einfache Lösung für zeitgenössische Verkehrs- und Planungsprobleme verstanden werden kann, sondern im Verhältnis zur Stadtstruktur und Gesellschaft kritisch zu beleuchten ist (Guerra 2016). Andererseits sind lokale Planungsstrategien erforderlich, innerhalb derer Unsicherheiten als natürlicher Teil des Prozesses verstanden und unvorhergesehene Entwicklungen als Chance für Neues wahrgenommen werden. Zwar sind Pilotprojekte zur avM auch räumlich und gesellschaftlich möglichst früh zu erproben, doch sollte damit ein öffentlicher Diskurs und Prozess des kollektiven Lernens einhergehen. Um der Frage nachzugehen, wie eine langfristige Vision des Zusammenlebens in Städten mit avF aussehen kann, sind zunächst unterschiedliche Entwicklungsrichtungen auszuloten sowie Erwünschtes und Unerwünschtes zu diskutieren.

4.7.2 RELEVANZ REFLEXIVER PLANUNGSANSÄTZE VOR DEM HINTERGRUND NEUER MOBILITÄTSTECHNOLOGIEN

Angesichts von Unsicherheiten und unvorhersehbaren Entwicklungen, die gemeinhin mit Innovations- und Transformationsprozessen einhergehen, gewinnen anpassungsfähige, explorative und reflexive Ansätze in der Planungstheorie und Praxis an Aufmerksamkeit (Balducci et al. 2011, Roorda et al. 2014, Freudendal & Kesselring 2016, Bertolini 2017, Hopkins & Schwanen 2018). So beruht das Verständnis der „adaptiven" oder auch „evolutionären" Planung auf einer inkrementalistischen Erprobung von Neuerungen und losen Regelwerken, um angesichts globaler Herausforderungen urbane Resilienz, d. h. die Wiedererneuerungskraft und die Fähigkeit zur Selbstorganisation im Krisenfall zu gewährleisten (Bertolini 2007, Rauws 2017). Vor dem Hintergrund „robuster Entwicklungsziele" (Bertolini 2017, S. 147), die trotz Unsicherheiten für unterschiedliche Zukünfte als erstrebenswert bewertet werden können, ist das realweltliche Potenzial technologischer Neuerungen durch explorative Handlungen zunächst zu erproben. Dazu sind Variationen und Auswahlverfahren sowohl in der Konzeptionsphase als auch in späteren Planungs- und Entwicklungsstufen zu berücksichtigen, um aus Erfahrungen lernen und Änderungen vornehmen zu können (Bertolini 2017, S. 156).

Im Diskurs zur „reflexiven Governance" werden zwei wesentliche Lesarten des Konzepts differenziert (Voß et al. 2006). Zunächst wird Reflexivität als Zustand der Governance in einer modernen Welt verstanden, die fortwährend mit den unbeabsichtigten Folgen früherer Handlungen, ja mit ihren Risiken und Grenzen konfrontiert wird (Voß et al. 2006, Schwarz 2014).[1] Eine zweite Lesart bezieht sich auf neue Strategien, Prozesse und Institutionen, die durch eine Selbstkonfrontation angeregt werden (Voß & Kemp 2006). Anstelle von Problemlösungs- und Planungsansätzen der Moderne, die auf wissenschaftlicher Gewissheit und Letztgültigkeit beruhen, tritt in einer „reflexiven Moderne" der Diskurs (Schwarz 2014, S. 209). Reflexive Strategien beruhen nach Stirling (2006, S. 260) auf der Pluralität und den Bedingtheiten, denen wissenschaftliche Erkenntnisse ebenso wie technologische Potenziale zugrunde liegen. Die Berücksichtigung langfristiger systemischer Folgen und die Entwicklung alternativer Strategien bedarf daher einer Vielfalt an Perspektiven und einer erweiterten Wissensbasis (Stirling 2006, S. 258). Prinzipien wie die Nichtendgültigkeit, das Experimentieren, die Fehlertoleranz, die Risikointelligenz und das Handeln in der Ungewissheit (Voß et al. 2006, Heidbrink 2007, Schwarz 2014) gewinnen ebenso an Bedeutung wie die Konzeption langfristiger Strategien, die Rahmenbedingungen für kurzfristige, explorative Handlungen schaffen und projektübergreifendes Lernen ermöglichen (Lissandrello & Grin 2011). Reflexive Strategien sind für die Planung sowohl im Sinne von begleitendem Monitoring als auch der Prozessgestaltung relevant, beispielsweise in Form von offenen Dialogverfahren für die Gestaltung von Zukunftsvisionen oder explorativen urbanen Interventionen. Die für Transformationspfade notwendigen alternativen Praktiken verlangen nicht zuletzt eine Reflexion der jeweiligen strukturellen Rahmenbedingungen (Grin 2006, Lissandrello & Grin 2011).

Doch nicht nur innerhalb des Planungsdiskurses gewannen in den vergangenen Jahrzehnten urbane Interventionen und Experimentierräume an Aufmerksamkeit (Heyen et al. 2018). Besonders im Kontext der Nachhaltigkeits- und Transformationsforschung wurden realweltliche Erprobungen zum Zweck der angewandten Forschung und Analyse von Wandlungsprozessen verstärkt gefördert (Schneidewind & Scheck 2013). Städte oder Stadtteile dienen dabei als geographisch, zeitlich und institutionell abgegrenzte Bezugsräume, innerhalb derer durch das Anstoßen und Ermöglichen von sozialen und technologischen Veränderungsprozessen wissenschaftliches und praxisrelevantes Wissen integriert werden kann (Schneidewind & Scheck 2013, S. 240). Neben den in der deutschsprachigen Transformationsdebatte viel genannten Reallaboren ist eine Reihe von internationalen Forschungsansätzen zu differenzieren, u. a. die (Sustainable oder Urban) Living Labs, die (Urban) Transition Labs oder die (Sustainable) Niche Experiments (Schäpke et al. 2017).[2] Da in der Forschungslandschaft bislang keine einheitliche methodische Praxis festgelegt wurde, variieren Reallabor-Ansätze im deutschsprachigen Raum bisher hinsichtlich der Ausprägung einzelner Charakteristika wie des Verständnisses transformativer Forschung, der Durchführung von realweltlichen Experimenten, transdisziplinären Kooperationsarten und weitergehender Beiträge zu gesellschaftlichen Wandlungsprozessen durch die Verbreitung und Übertragung von produziertem Wissen (Schäpke et al. 2017).

Werden urbane Reallabore indessen als transdisziplinäre Rahmen verstanden, können diese dazu dienen, unterschiedliche Realexperimente in Bezug zu setzen, einen gemeinsamen Zielhorizont zu eröffnen und einen übergreifenden Erfahrungsaustausch und Reflexionsprozess zu ermöglichen (Beecroft et al. 2018, S. 77). Im Sinne einer „transformativen Forschung" sind dabei die Forschungs-, Praxis- und Bildungsziele des Reallabors, der einzelnen Projekte sowie der beteiligten AkteurInnen aufeinander abzustimmen. Auch wenn eine Zusammenarbeit auf gleicher Augenhöhe angestrebt wird, sind Interessens- und Zielkonflikte sowie epistemische Konfrontationen kaum zu vermeiden (Dusseldorp 2017, Singer-Brodowski et al. 2018). Einzelne Realexperimente sind methodisch zwischen der reinen Wissensanwendung und der Wissenserzeugung zu verorten (Schneidewind & Scheck 2013, S. 241), wobei insbesondere situationsgebundene Settings, ähnlich der „Transition Experiments", die Kontextualisierung technologischer oder ökologischer Möglichkeiten und die gesellschaftliche Befähigung radikaler Alternativen zum Ziel haben. Ein experimentell-reflexiver Forschungsstil (Beecroft et al. 2018, S. 78) kann durch eine kontinuierliche (Selbst-) Reflexion und Evaluierung dazu beitragen, dass Prozesse an neue Bedingungen oder Unvorhergesehenes angepasst werden und das Reallabor als Ganzes lernfähig wird (Flander et al. 2014).

Angesicht technologischer Neuerungen wie avF stellen Reallabore für die Stadtplanung im Sinne der Transformationsforschung ein relevantes Instrument dar, um mit zivilgesellschaftlicher Beteiligung einen kollektiven Lernprozess zu beginnen. Besonders Themen wie der

Wandel von Mobilitätsverhalten, die Zugänglichkeit und Barrieren neuer Mobilitätsangebote und städtebauliche Veränderungen eignen sich für derartige Laborsituationen. Die Möglichkeiten und Grenzen, lokal relevantes Wissen zu generieren oder gar einen Wandel anzustoßen, werden von der Integration unterschiedlicher Zieldimensionen sowie der Priorisierung von Forschungsprinzipien bestimmt werden. Für die Stadtentwicklung bleibt es dabei unerlässlich, die gesellschaftliche Legitimität der Zielsetzungen, der Prozessgestaltung und der Ergebnisse fortwährend zu sichern (Schäpke et al. 2017).

4.7.3 TROTZ UNSICHERHEITEN MIT AUTOMATISIERTEN UND VERNETZTEN FAHRZEUGEN PLANEN?

In Hinblick auf die formative Phase der avM und deren urbanen Einsatz können reflexive, explorative und adaptive Prozesse als Teil strategischer Planung von mehrfacher Bedeutung sein. Zunächst, um einer rein technologiegetriebenen Rationalität zu begegnen, die bestrebt ist, mittels schneller, standardisierter Lösungen die Komplexität und Unsicherheiten zu minimieren und die Kontrolle von Risiken zu maximieren. Es gilt vielmehr Planungsansätze zu verfolgen, deren Fokus auf die Bedingungen und nötigen Kapazitäten gerichtet ist, so dass Stadtentwicklung unter unterschiedlichen zukünftigen Umständen erfolgen kann (Rauws 2017). Im Sinne eines „adaptiven" oder „inkrementellen" Planungsansatzes (Rauws 2017, S. 36) kann mit einem Entwicklungsleitbild ein strategischer Rahmen und ein Orientierungsangebot geschaffen werden, das kontextspezifische Flexibilität bewahrt, ohne im Vorhinein konkrete räumlich-funktionale Entwürfe oder Akteurskoalitionen festzuschreiben. Angesichts der neuen AkteurInnen-Landschaft und des zunehmenden Wissensvorsprungs von IT-Unternehmen ist insbesondere die öffentliche Kompetenzentwicklung und Wissensproduktion notwendig. Neben der Vermittlung von multisektoralen Interessen liegt es an der Stadtplanung, mit der Komplexität urbaner Transformationsprozesse zu planen und Maßnahmen zu verfolgen, die für eine Vielfalt unterschiedlicher Szenarien und urbaner Lebensweisen dienlich sein können (Guerra & Morris 2018). Es geht dabei weniger um räumliche oder technologische Lösungen als darum, zukunftsoffene Möglichkeitsräume für künftige Weiterentwicklungen einzuplanen, d. h. auch räumliche und gesellschaftliche Anpassungs- und Reaktionsfähigkeit zu stärken.

Zudem sollten eben jene Ansätze, Strukturen und Systeme reflektiert werden, die ein automobiles System hervorgebracht haben und erhalten, um einer Fortschreibung mit avF entgegenzuwirken. Dazu bedarf es proaktiver Planungsansätze, durch die Auseinandersetzungen, Konfrontationen und Perspektivenwechsel zwischen AkteurInnen der Planung, Politik, Wissenschaft, Wirtschaft und Zivilgesellschaft initiiert werden können. In offenen Dialogverfahren und transdisziplinären Projekten, deren Ziel auch die langfristige Transformation sozialer Praktiken darstellt,

können AkteurInnen angeregt werden, sich mit bestehenden Herausforderungen und einer notwendigen Anpassung von Handlungsweisen auseinanderzusetzen. Mittels reflexiver Strategien können Problemlagen offengelegt, Erwartungen an die Zukunft konkretisiert und vor dem Hintergrund existierender Routinen strukturelle Zwänge reflektiert werden (Lissandrello & Grin 2011). Solche Prozesse dienen nicht lediglich dem Austausch zwischen den AkteurInnen, sondern der Integration unterschiedlicher Perspektiven, um eine gemeinsame Sicht auf die Realität zu entwickeln, auch wenn diese vorerst unterschiedliche Problemverständnisse, Ziele und Strategien enthält (Voß et al. 2006). Dabei tritt die Pluralität von Ansichten und die kollektive Produktion von Wissen in den Vordergrund der Zusammenarbeit (Voß & Kemp 2006). Durch das Aufzeigen lokaler Entwicklungsmöglichkeiten und Synergien zwischen Bestehendem und Neuem gilt es, die Vorstellungskraft von StakeholderInnen neu auszurichten und alternative Zukunftsvisionen für eine Stadtregion oder einen Stadtteil zu ermitteln. Im Idealfall wandeln sich bisherige Verständnisse von urbaner Mobilität, während sich individuelle Ansprüche alternativen Zukunftspfaden annähern (Lissandrello & Grin 2011, S. 244). So kann Reflexivität in der Planung, die auch das Hinterfragen der Rolle und die zugrunde liegenden Überzeugungen von PlanerInnen selbst miteinschließt (Beecroft et al. 2018, S. 92), durch produktive Konfrontationen einen Veränderungsprozess anstoßen (Lissandrello & Grin 2011, S. 226). Der Kontext für kritische Auseinandersetzungen mit der Zukunft schafft einen Rahmen für transformative Praktiken, die über kommunikative und strategische Planungsprinzipien hinausgehen.

Letztlich kann die Eignung neuer Mobilitätsangebote für einen bestimmten räumlichen und sozialen Kontext in explorativen Planungsansätzen geprüft oder abgestimmt werden. Bislang erfolgen Testbetriebe hochautomatisierter Fahrzeuge (Level 4) in kontrollierten Orientierungs- und Experimentierrahmen, um übertragbares Wissen zum Zweck der Technologieentwicklung zu ermitteln (s. Kap. 4.1). So sind bisherige Realversuche zur avM zwischen kontrollierten Test-Beds, d. h. Demonstrationsanlagen, und Living Labs, d. h. realweltlichen Erprobungen unter Beteiligung von NutzerInnen, zu verorten (s. Abb. 4.7.2). Aspekte wie der Wandel von Mobilitätsgewohnheiten, stadträumliche Wechselwirkungen und die vielfältigen Nutzungsbedürfnisse von Zielgruppen wie mobilitätseingeschränkten Personen wurden im Zusammenhang mit avM kaum berücksichtigt. Aus Sicht der Stadt und Stadtplanung ist daher weiterführend zu ermitteln, welche Erkenntnisse aus den bisherigen Untersuchungen gewonnen und in welchem Ausmaß künftige Erprobungen methodisch erweitert und mitgestaltet werden können. Exploratives Probehandeln in Form von kurzfristigen urbanen Interventionen oder urbanen Reallaboren kann dazu dienen, transformationsbezogenen Fragen exemplarisch nachzugehen und standortspezifische Erfahrungen zu gewinnen. Die Anforderung sollte allerdings sein, gesellschaftlich legitimierte, ethisch gut begründete und gemeinwohlorien-

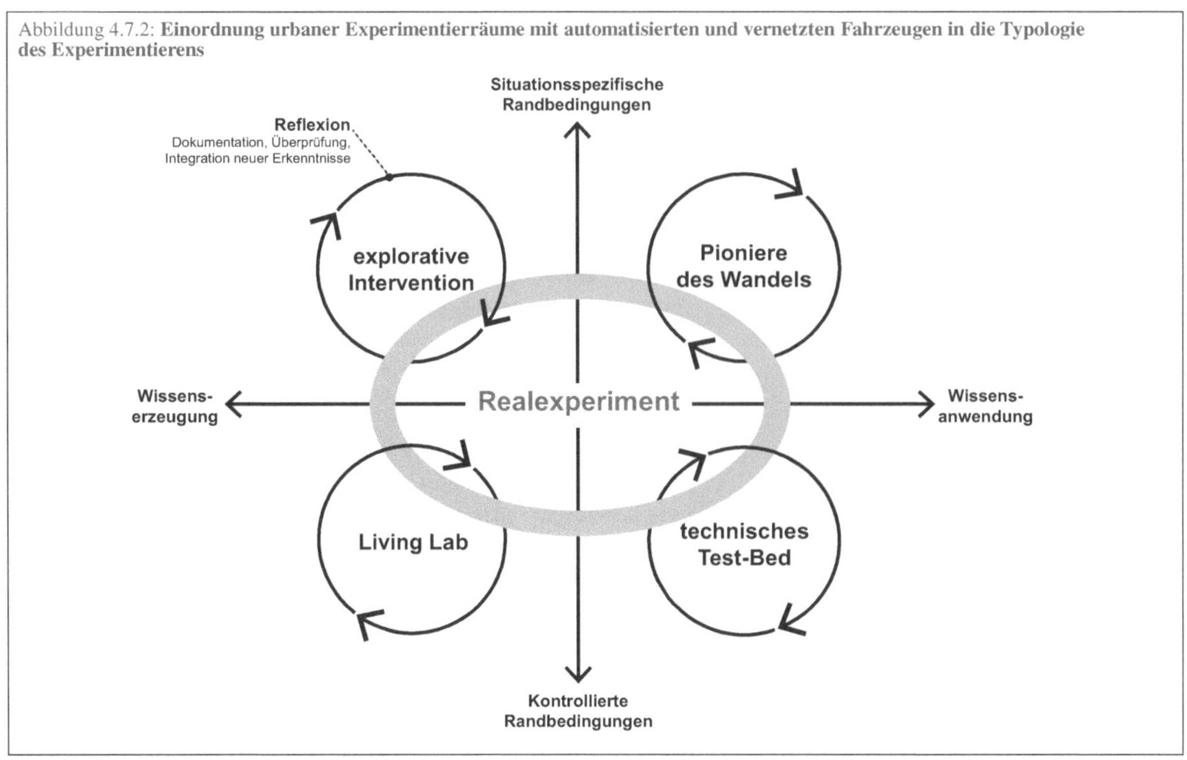

Abbildung 4.7.2: **Einordnung urbaner Experimentierräume mit automatisierten und vernetzten Fahrzeugen in die Typologie des Experimentierens**

Quelle: AVENUE21 nach Groß et al. (2005, S. 19) und Schneidewind & Scheck (2013, S. 241)

tierte Ziele zu verfolgen (Defila & Di Giulio 2018). Aus wissenschaftlicher Perspektive wäre spezifisches System-, Ziel-, Transformations- sowie Prozesswissen lokal zu erheben und durch den Einbezug praxisrelevanter AkteurInnen die gesellschaftliche Relevanz der jeweiligen Forschungsfragen zu überprüfen sowie die Ausrichtung einzelner Realexperimente kollaborativ zu wählen (Beecroft et al. 2018, S. 80). Dazu sind besonders lokale AkteurInnen zu berücksichtigen, die sich mit den Folgen neuer Mobilitätsangebote auf öffentliche Räume, Arbeitsbedingungen, Gemeinschaften, Klima, Bildung, Zugang und Leistbarkeit befassen. Durch das Anstoßen von alternativen Mobilitätspraktiken und unterschiedlichen Nutzungsformen wäre praxisrelevantes Wissen über nichtintendierte Folgen, die Übertragbarkeit von Ergebnissen sowie die Auswirkungen und Erfordernisse von Kooperations- und Ermächtigungsformen zu gewinnen (Beecroft et al. 2018, S. 81). Werden Fragestellungen und Transformationsziele lokal verankert und selbstorganisierte Gruppen ermächtigt, eigene Problemlösungsideen zu entwickeln, können Initiativen entstehen, die kulturellen, sozialen und räumlichen Mehrwert schaffen und im Sinne von „change agents" oder Pionieren des Wandels einen Kulturwandel anstoßen (WBGU 2011, S. 256). Dazu bedarf es nicht nur der Offenheit gegenüber soziokulturellen Eigenarten und der Zusammenarbeit auf Augenhöhe, sondern auch der Möglichkeit, die Teilhabe lokaler AkteurInnen über den Zeitraum von Projektphasen hinweg zu erhalten. Die systematische Reflexion der Zusammenarbeit und der Ergebnisse kann schließlich unterschiedlichen Bildungsprozessen dienen, so beispielsweise der Lern- und Anpassungsfähigkeit innerhalb von Reallaboren oder auch der Ausgestaltung von Transformations-

pfaden als gesellschaftliche Lernprozesse im weiteren Sinne (Schneidewind & Singer-Brodowski 2015). Die kreative Rekonfiguration der Gegenwart und das Experimentieren mit der Änderungsfähigkeit macht reflexive und explorative Verfahren zu wertvollen Nischen, in denen die Grenzen des Möglichen neu ausgelotet werden und urbane Diversität als Qualität erhalten bleibt (Abbott 2012).

---

1   Hierbei wird auf die „reflexive Moderne" nach Beck (1986) und weitere (Beck et al. 2003) verwiesen, womit die grundlegende Transformation einer modernen Gesellschaft und ihrer politischen Systeme gemeint ist. Im Gegensatz zu den Auffassungen einer Postmoderne gehen die AutorInnen mit dem Konzept der reflexiven Moderne von einer Restrukturierung und Rekonzeptualisierung gesellschaftlicher Verhältnisse und geschichtlicher Brüche aus. Nach Latour (2003) ist mit Reflexivität nicht die Zunahme von Beherrschbarkeit und Bewusstsein gemeint, sondern die Erkenntnis, dass eine vollkommene Beherrschbarkeit faktisch unmöglich ist.

2   Nach Schäpke et al. (2017, S. 49) sind die drei Ansätze im Hinblick auf methodische Zugänge, Fokusse und zugrunde liegende Theorien zu unterscheiden: 1.) „Living Labs" zielen auf marktgängige, standardisierte Produkte und Dienstleistungen sowie generalisierbare Erkenntnisse ab – daher beschränken sie die Partizipation und streben kontrollierte Experimente und Settings an. 2.) „Transition Experiments" wiederum zielen auf evolutionäre Kräfte, Befähigung von VorreiterInnen und Stärkung von Alternativen – ebenso wie Orchestrierung von Experimenten und konkretem, realweltlichem Wandel. Dementsprechend fokussiert der Ansatz auf starke Formen der Beteiligung und befähigende Mechanismen der Ausbreitung von Alternativen durch Lernen. 3.) „Niche Experiments" tragen durch den Verzicht auf die eigene Durchführung von Experimenten zur Generierung von reflexivem Wissen bei. Dieses ist je nach untersuchten Projekten und Prozessen stark kontextualisiert oder stärker verallgemeinerbar.

SZENARIEN

LOKALE GESTALTBARKEIT DER ÜBERGANGSZEIT

© Der/die Herausgeber bzw. der/die Autor(en) 2020
M. Mitteregger et al., *AVENUE21. Automatisierter und vernetzter
Verkehr: Entwicklungen des urbanen Europa*, https://doi.org/10.1007/978-3-662-61283-5_5

5.1

ENTWICKLUNG UND STRUKTUR DER SZENARIEN

Szenarien ermöglichen einen Entwurf vielschichtiger Bilder über eine mögliche wirtschaftliche, technische, soziale und politisch-planerische Zukunft. Ausgehend von einer Ist-Analyse zeigen sie, quantitativ oder normativ-narrativ (Kosow et al. 2008, S. 52–55), Wege oftmals idealtypisch auf, die in der Regel von unterschiedlichen Interessen, Zielsetzungen und Interventionen gekennzeichnet sind (Schulz-Montag & Müller-Stoffels 2006, Wilms 2006, Heinecke 2012, Fagnant & Kockelman 2014b).

In ihrem Grundsatz beruht Planung auf dem Verknüpfen von erwünschten Zielen mit vorhandenen Mitteln und schließt die Ungewissheit nichtantizipierter Konsequenzen, Rebound- oder Lock-in-Effekte mit ein. Im Rahmen des Projekts wurden so normativ-narrative Szenarien für die Anwendung in der Stadt- und Verkehrsplanung, für öffentliche Verwaltungen, Politik sowie für die Stadt- und Mobilitätsforschung entwickelt. Dabei wurde auf die spezifischen Eigenschaften und aktuellen Herausforderungen der Europäischen Stadt eingegangen (Kap. 3.2). Durch die Methode der narrativen Szenarien sollen Wege aus einem ordnungspolitischen, eher kurzfristigen Denken der (über)örtlichen Raum- und Verkehrsplanung gewiesen und damit Anstoß zum langfristigen „Denken in Alternativen" sowie neue Problemsichtweisen und Perspektiven gegeben werden (Minx & Böhlke 2006, Kosow & León 2015).

Aufgrund der Zielsetzung, im Rahmen des Projekts steuerungsrelevante Szenarien zu entwickeln, wurde die politisch-planerische Haltung als Schlüsselfaktor festgelegt. Die darauf aufbauenden Erzählstränge der Szenarien wurden in Fokusgruppen weiterentwickelt und nach Konsistenz bzw. Plausibilität geprüft. Als kommunikatives Mittel wurden Grafiken und bebilderte Szenen eingesetzt, die während des ganzen Prozesses immer wieder reflektiert und weiterentwickelt wurden.

Die schriftlich formulierten und bebilderten Szenarien sind ein wichtiges Kommunikationselement in einem kollaborativen Planungsprozess, um denkbare Zukünfte zu entwickeln, konkrete Ziele für die Einführung von avF zu formulieren sowie auf Risiken hinzuweisen und eine gemeinsame Suche und Aushandlung nach anzustrebenden Lösungen im Bereich der Mobilität, Siedlungs- und Quartiersentwicklung durchzuführen. Mit den Szenarien wird auch verdeutlicht, dass die Zukunft – zumindest in definierten Grenzen – gestaltbar ist. Das Ob und Wie hängt von lokalen Konstellationen und den involvierten AkteurInnen sowie deren Interessen ab. In Ergänzung zu den heute vielfach vorliegenden prognostischen Szenarien wird hier von der prinzipiellen Gestaltbarkeit des technologischen Transformationsprozesses in Stadt und Region ausgegangen.

Abbildung 5.1.1: **Übersicht der Struktur der Szenarien**

DIE DREI VORLIEGENDEN SZENARIEN UNTERSCHEIDEN SICH HINSICHTLICH DER

- ... politisch-planerischen Haltung, die Entscheidungsprozessen zugrunde gelegt wird,

- ... eingebundenen Akteursgruppen und des ihnen zuerkannten Gestaltungsspielraums,

- ... Bewertung von zentralen Herausforderungen der Stadtentwicklung und der eingesetzten Mittel,

- ... in der Entwicklung prioritär behandelten Standorte,

- ... eingesetzten Use Cases von avF sowie deren Einsatzfelder und deren Integration in das bestehende Mobilitätssystem.

DIE SZENARIEN WERDEN AUF MEHREREN EBENEN PRÄSENTIERT:

- Beschreibung anhand des Schlüsselfaktors der politisch-planerischen Haltung

- Normativ-narrative Erzählungen, mit Unterstützung durch Comics zur Veranschaulichung der Szenarien

- Tabellarische Gegenüberstellung zentraler Größen, Elemente und Faktoren der Szenarien

- Einschätzung der Potenziale der verschiedenen politisch-planerischen Haltungen durch StakeholderInnen

- Reflexion und Verallgemeinerung möglicher sozialräumlicher Wirkungen

Quelle: AVENUE21

5.2

SCHLÜSSELFAKTOR:
FORMEN DER POLITISCH-PLANERISCHEN STEUERUNG

In aktuellen Diskussionen zu den Aufgaben und Ausprägungen der Politik wird oftmals von einem Wandel der Staatlichkeit – von „Government" zu „Governance" – gesprochen. Der Begriff „Governance" wird für verschiedene Formen der Regulierung kollektiver Sachverhalte verwendet, die sich im Typus der Selbststeuerung sowie ihrer Thematisierung von Macht unterscheiden (Hamedinger 2013, S. 56–57). Das politische Konzept der Governance hat als Regierungs- und Lenkungsform seit den 1990er Jahren zunehmend an Bedeutung gewonnen (Heeg & Rosol 2007, S. 504). Seit den 1980er Jahren wurden immer öfter unternehmerische Strategien in der öffentlichen Verwaltung eingeführt (Heeg & Rosol 2007, S. 497), bei denen Verwaltungen zunehmend auf die Prinzipien von privatwirtschaftlichen Managementtechniken setzten (New Public Management). Das klassische Regieren wurde in diesem Zuge zwar nicht grundlegend abgelöst, aber durch neue privatwirtschaftliche und zivilgesellschaftliche AkteurInnen erweitert und transformiert. Im Zuge dieser Politik wandeln sich auch öffentliche Aufgaben, vor allem durch die Privatisierung von öffentlichen Unternehmen, die vertragliche Auslagerung von öffentlichen Dienstleistungen und die Kommerzialisierung des verbleibenden öffentlichen Sektors (Jessop 2002).

Der Wandel hin zur Governance bedeutet, dass in die politisch-planerischen Entscheidungsprozesse neben den formellen, gesetzlich legitimierten staatlichen AkteurInnen und Institutionen damit (transnationale) Unternehmen, Nichtregierungsorganisationen (NGOs) sowie die Zivilgesellschaft einbezogen werden (Heeg & Rosol 2007, S. 504; Hamedinger 2013, S. 62). Dies geschieht zum einen aufgrund eines „Drucks von außen" und eines gewachsenen Interesses an Partizipation, zum anderen ist das politisch-administrative System auf öko-

nomische, technische und soziale Innovationen angewiesen. In diesem Zuge werden Verfahren und Entscheidungen flexibler, reversibler und in der Regel auch schneller. Dementsprechend wandeln sich nicht nur die Akteurslandschaften, sondern auch die Zuständigkeiten, Verantwortlichkeiten, Kompetenzen sowie die Fähigkeit zur Herrschaftsausübung.

Im Folgenden wird auf drei unterschiedliche Formen und Interessenlagen von politisch-planerischer Steuerung eingegangen, welche die Grundlage für die Konzeption der Szenarien bilden. Dabei werden jeweils die drei Sektoren Markt, Staat und Zivilgesellschaft in den Mittelpunkt gerückt, die im Zuge der Governance neue Bedeutungszuschreibungen erlangt haben.

5.2.1 DIE HALTUNG DES MARKTES

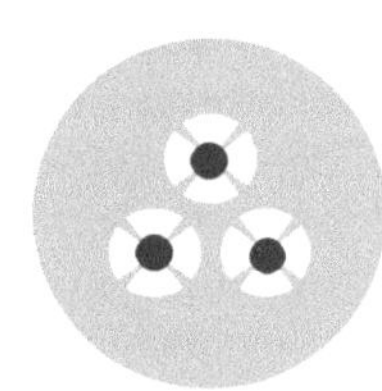

Mit dem Begriff der Governance wird eine Politik der Flexibilisierung und Dezentralisierung verfolgt, meist aber auch gleichzeitig eine Schwächung des staatszentrierten Einflusses auf Herrschaft, Macht und Steuerung assoziiert (Ansell & Torfing 2016, S. 2). Demnach würde der öffentliche Sektor dereguliert und der Annahme vertraut, dass private und (halb)öffentliche Märkte selbstregulierende Kräfte entfalten könnten, die flexibler, rascher und effizienter wirksam werden. Die Rolle von gewählten Regierungen wird auf die Verantwortlichkeit für allgemeine politische Zielsetzungen beschränkt und die Verantwortung für die Produktion oder den Betrieb von öffentlichen Dienstleistungen wird in die

Abbildung 5.2.1: **Zusammenfassung der den Szenarien zugrunde gelegten Haltungen**

	MARKTGETRIEBENES SZENARIO	POLITIKGETRIEBENES SZENARIO	ZIVILGESELLSCHAFTLICH GETRIEBENES SZENARIO
Diagnose	Zentrale Herausforderungen sind auch Chancen und können durch den Einsatz der richtigen Technologien gelöst werden.	Zentrale Herausforderungen können mit den richtigen Instrumenten von der zuständigen administrativen Ebene bewältigt werden.	Zentralen Herausforderungen kann auf lokaler Ebene und durch das Alltagswissen der Menschen begegnet werden.
Inhärente Logik	Effizienz, Wettbewerbsfähigkeit	Legitimiert durch die Öffentlichkeit	Ermächtigung lokaler Akteursgruppen
Annahme (Zielsystem)	Mobilität als Geschäftsmodell	Multimodales Mobilitätssystem	Suffizienz, Aneignung von Technologien
Notwendige Voraussetzungen	Barrieren für den privaten Sektor abbauen	Öffentliche Akzeptanz	Veränderung von Machtbeziehungen, Wertewandel

Quelle: AVENUE21

Hand von privaten Vertragspartnern oder öffentlich ernannten, zweckorientierten Agenturen übertragen, die durchwegs auch auf ökonomischen Prinzipien beruhen (Ansell & Torfing 2016, S. 6). Der Wettbewerb gestaltet sich auch deshalb positiver, weil BürgerInnen am freien Markt zwischen einer Vielzahl an unterschiedlichen Anbietern wählen können.

Dieses Verständnis von politisch-planerischer Steuerung steht im Zentrum des marktgetriebenen Zugangs. Wenn man die (durchaus heterogenen) Marktinteressen ins Zentrum von Steuerungsprozessen stellt, werden eher neoliberale Ziele verfolgt, nimmt der Einfluss von Unternehmen zu und verschiebt sich das Dreieck der Nachhaltigkeit zugunsten der ökonomischen Wettbewerbsfähigkeit. Für die Einführung von avF bedeutet das, dass der technologische Fortschritt im Kontext wirtschaftlicher Interessen gesehen wird. In Bezug auf Automatisierung und Vernetzung wird so vor allem das Potenzial neuer Geschäftsmodelle, vielfältiger Use Cases und neuer Mobilitätsanbieter im Spannungsverhältnis internationaler wirtschaftlicher Interessen (Google, Amazon, Uber, Lyft etc.) und lokaler/regionaler politisch-planerischer Steuerung zum Thema.

5.2.2 DIE HALTUNG DER POLITIK

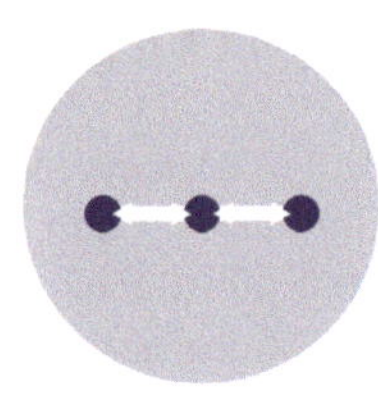

Dem klassischen Verständnis von Steuerung als Government folgend, übernehmen gewählte politische EntscheidungsträgerInnen die Verantwortung über politisch-planerische Entscheidungen – auf Basis nachvollziehbarer Fachplanung –, beziehen aber AkteurInnen stärker ein. Die (Stadt-)Regierung nutzt die staatlichen und städtischen Ressourcen im Sinne des Gemeinwohls, entwirft Politikprogramme und setzt diese um. Städte und öffentliche Institutionen sind „paternalistische Verteilungsagenturen" (Heeg & Rosol 2007, S. 493), die nicht nur die öffentlichen Mittel verteilen, sondern auf administrativer Ebene Verantwortung für das Wohlergehen der BürgerInnen übernehmen. In diesem Kontext besteht ein starkes Vertrauen in das öffentliche Wohlfahrtssystem, gestützt durch die Annahme, dass die Bedürfnisse der BürgerInnen möglichst gleichwertig berücksichtigt werden.

Damit ein gut funktionierender Staat weiterhin als zentrale Voraussetzung für eine erfolgreiche räumliche, ökonomische und soziale Entwicklung bleiben kann, hat sich das politisch-planerische Selbstverständnis gewandelt. Das zeigt sich darin, dass neue korporatistische Verhandlungsformen eingeführt wurden, um die lokalen und regionalen Entwicklungsziele zu verfolgen, die sich zunehmend an den Interessen einer nachhaltigen stadtregionalen Entwicklung orientieren. Die Ziele, Inhalte, Prozesse und Verfahren politischer Interessenvermittlung werden proaktiv bestimmt. Aushandlungsprozesse zwischen öffentlichen und privaten Marktakteuren werden zwar initiiert, jedoch reguliert der öffentliche Sektor die Aktivitäten und Reichweiten des privaten Sektors stark. Die Allianzen mit privaten Unternehmen, auch in der Verkehrsplanung, werden stark im Sinne

der politischen Ziele ökologischer und sozialer Nachhaltigkeit gestaltet. Dieses Verständnis von Governance steht im Zentrum von Steuerungsprozessen beim politikgetriebenen Zugang.

5.2.3 DIE HALTUNG DER ZIVILGESELLSCHAFT

Aus der Perspektive von sozialen Gruppierungen und Gemeinschaften (Communitys) werden unter dem Begriff der Governance vor allem selbstorganisierte Prozesse der Zivilgesellschaft verstanden. Im Vergleich zu einer Steuerung über den Staat oder Markt wird Governance durch die Zivilgesellschaft als stärker konsensorientiert, egalitär, vertrauensbasiert und deliberativ erachtet, weil die intrinsischen Werte der Zivilgesellschaft besser abgedeckt und mobilisiert werden können. Governance wird demnach zur reflexiven Selbstorganisation von unabhängigen AkteurInnen (Jessop 2003, S. 1), wobei zivilgesellschaftlich basierte Regulationsformen als wichtiges Gegengewicht zu institutionalisierten, bürokratisierten Strukturen des Staats angesehen werden.

Aus dieser Sichtweise werden wichtige Teile der lokalen und regionalen substaatlichen Macht auf die lokale Ebene übertragen, wobei die Steuerung durch die Zivilgesellschaft aufgrund des intrinsischen Wissens, des gegenseitigen Vertrauens und der gemeinschaftlichen Solidarität als wichtig erachtet wird. Soziale Gemeinschaften stehen somit für eine Organisation „von unten", mit dem Potenzial zur basisdemokratischen Reform des staatlichen Sektors. Seit den 1980er Jahren wurden aus einigen sozialen Bewegungen professionelle NGOs, die zunehmend politisch bedeutsamer wurden (Brand et al. 2001). Beteiligung und Kooperation werden in vielen Kontexten als notwendige Bedingungen für effektives Regieren angesehen.

Die Zivilgesellschaft wird abseits der politischen Steuerung auch als Ressource für soziale Innovationen angesehen, die entweder direkt dem Selbstzweck der Gruppen dienen oder für wirtschaftliche und/oder politisch-planerische Prozesse genutzt werden (Dangschat 2017b). Somit versuchen neben der Politik auch Marktakteure, zivilgesellschaftliche Prozesse für wirtschaftliche Zwecke anzustoßen.

Die Zivilgesellschaft hat das Potenzial, zahlreiche Anstöße für sozialräumliche Veränderungsprozesse zu liefern, ein Moment, der auch in Nachhaltigkeitsdebatten immer wieder betont wird. Dieses Verständnis von Governance steht im Zentrum von Steuerungsprozessen im zivilgesellschaftlich getriebenen Zugang.

5.2.4 DIE AUTOMATISIERT UND VERNETZT GETRIEBENE TRANSFORMATION UNTER DEN DREI FORMEN DER PROZESSGESTALTUNG

Der Transformationsgedanke ist in den letzten Jahrzehnten nicht nur in der wissenschaftlichen Diskussion zur Nachhaltigkeit, sondern auch in politischen Agenden zu einem der wichtigen Paradigmen geworden (Koch et al. 2017, S. 1). Vor dem Hintergrund der aktuellen Entwicklungsziele der Europäischen Stadt sollten darunter Entwicklungen mit dem Ziel einer inklusiven und nachhaltigen Entwicklung verstanden werden (UNECE 2012). Gerade bei fundamentalen und multiplen Veränderungen wird den Städten eine wichtige Rolle zuerkannt (WBGU 2016; Koch et al. 2017, S. 1). Obwohl auch der Begriff der „urbanen Transformationen" weit verbreitet ist, fehlt bislang eine klare und einheitliche Definition (Koch et al. 2017, S. 1). Stirling (2014) unterscheidet zwischen „gesellschaftlichem Übergang" und „gesellschaftlicher Transformation".

Unter gesellschaftlichem Übergang werden beispielsweise technologische Innovationen verstanden, mit denen vordefinierte Ziele erreicht werden sollen. Die gesellschaftliche Transformation ist jedoch eine Folge vielfältiger, langsam entstehender, widerspenstiger politischer Neuausrichtungen, die sowohl soziale und politische als auch technische Aspekte umfassen und keinem klar vordefinierten Ziel nachgehen (Koch et al. 2017, S. 3).

Genau diese Offenheit gegenüber möglichen gesellschaftlich-technischen Entwicklungen, aufgrund der Digitalisierung im Allgemeinen und der Einführung von avF im Speziellen, soll durch die Schwerpunktsetzung der drei skizzierten Szenarien abgebildet werden. Die veränderten Schwerpunkte werden durch die technischen Entwicklungen, die mit der Einführung von avF einhergehen, neu herausgefordert und diskutiert werden. Wie sich das Kräftegleichgewicht verschieben wird, ist eine offene Frage, wird aber die zukünftige Umsetzung neuer Technologien und deren Akzeptanz wesentlich mitbestimmen. Wie sich dies entlang der Szenarien idealtypisch darstellen könnte, wird mit Abbildung 5.2.2 verdeutlicht.

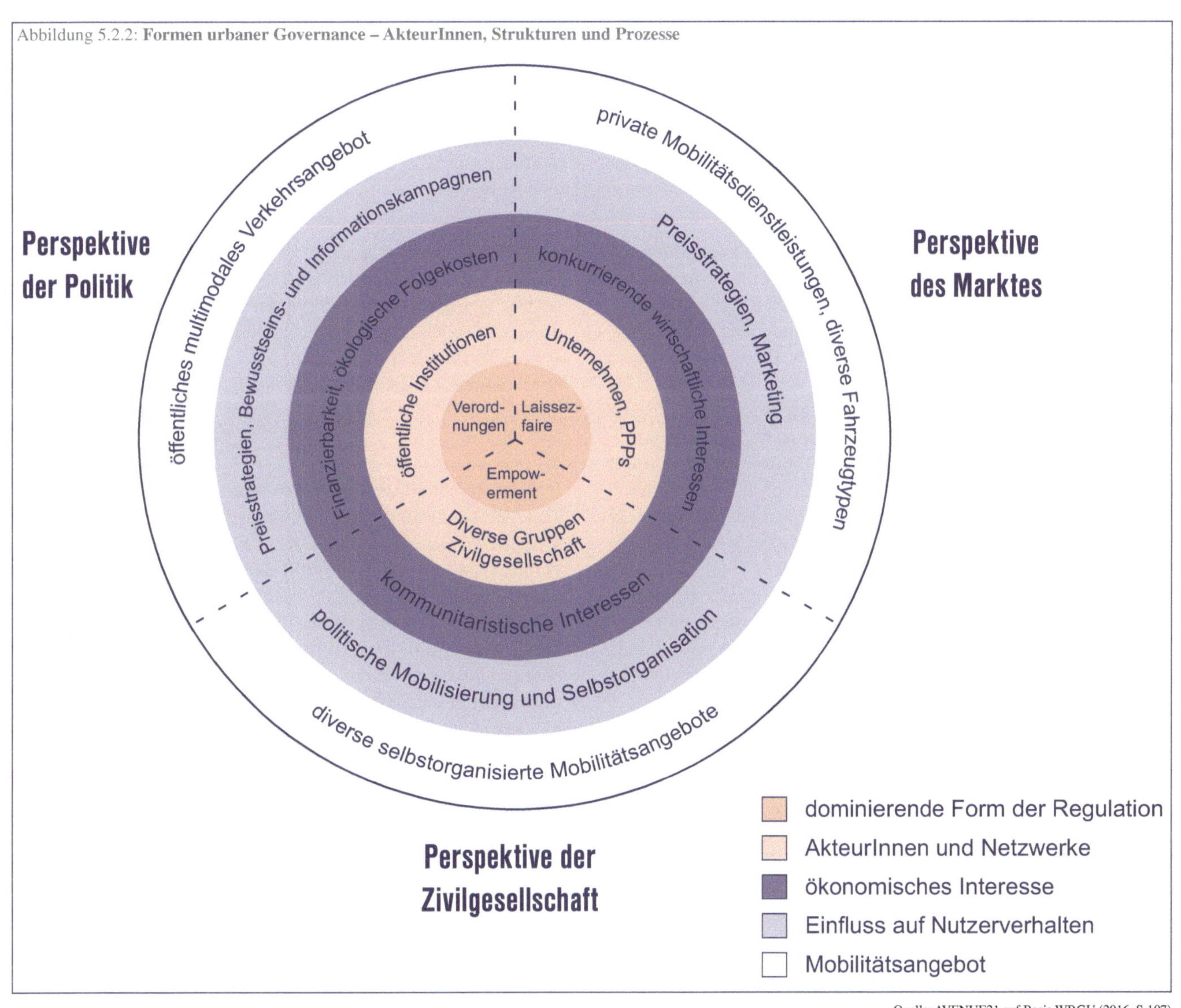

Abbildung 5.2.2: **Formen urbaner Governance – AkteurInnen, Strukturen und Prozesse**

Quelle: AVENUE21 auf Basis WBGU (2016, S.107)

5.3 MARKT-GETRIEBENER ANSATZ

MOBILITÄT
Individualisierte Mobilitätspakete

STADTREGION
Funktionsoptimierte Standorte

QUARTIER
IoT-Quartier

Im marktgetriebenen Szenario dominieren maßgeschneiderte Servicepakete privater Anbieter, die als Teil automatisierter „Ökosysteme" erlebt werden. Auf Autobahnen und eigens ausgebauten Trassen in der Stadtregion werden durch avV Effizienzsteigerungen erreicht und gleichzeitig PremiumkundInnen priorisiert. Im gehobenen Preissegment wird meist alleine gefahren, es herrschen niedrigere Besetzungsgrade vor. Ergänzend zu individualisierten Premiumangeboten existieren Sharing-Services, die günstiger, aber weniger komfortabel sind. Jedenfalls wird die Aufmerksamkeit der PassagierInnen und die Fahrzeit durch datenbasierte Geschäftsmodelle in Wert gesetzt. Auch die Stadtregion ist von Gegensätzen geprägt: Entlang der Autobahnen sind funktionsoptimierte Wohn-, Gewerbe- und Büroparks bzw. „Edge Cities" entstanden und dadurch an ein internationales, automatisiert befahrbares hochrangiges Straßennetz angebunden. In Lagen, die nicht durch avF erreichbar sind, geraten Standorte des Handels und der Produktion massiv unter Druck.

Die Handlungen von Politik und Verwaltung sind von einer restriktiven Fiskalpolitik bestimmt. Städtische Prozesssteuerung und Infrastrukturentwicklung (avF-taugliche Trassen, Pick-up/Drop-off-Zonen und Sensorik im Straßenraum) wird an private Unternehmen ausgelagert (kompetitives Outsourcing) bzw. in PPPs entwickelt. Die Stadt sieht sich, im Sinne der Global City, dem globalen Städtewettbewerb (um Unternehmen und Arbeitskräfte) verpflichtet. Kommunikation und Kooperation mit der Region über die Stadtgrenze hinaus existieren nur im Anlassfall. Innovationsfreundliche Rahmenbedingungen und marktorientierte Förderprogramme sollen Lösungen für städtische Herausforderungen ermöglichen. Das IoT und die Industrie 4.0 sind dabei zentrale Hoffnungsträger. Durch die Deregulierung des Marktes und durch das Ausweiten von Testräumen und legistischen Experimentierklauseln in „smarten" Quartieren sollen Wirtschaftsentwicklung und technologischer Fortschritt beschleunigt werden. Fortschrittlich ist, was verborgene Potenziale hebt, Effizienz steigert, Ressourcen bündelt und das System optimiert.

Fortschrittlichkeit und Innovationsgeist gelten als Tugend. Der sich selbstoptimierende Mensch genießt eine breite gesellschaftliche Akzeptanz. Die Gesellschaft lebt weitgehend digital vernetzt, ist international mobil und genießt den Komfort einer globalisierten Marktvielfalt des E-Commerce. Individualisierungs-, Flexibilisierungs- und Pluralisierungsprozesse schreiten voran, prägen die Arbeitswelt und den Alltag. Die Bibliothek ist ebenso wie die Apotheke auch spät nachts noch zu besuchen. An diesen Orten wird man nicht mehr von Menschen, sondern von zuvorkommenden mobilen Boten bedient, die – unabhängig von der Tageszeit – reichlich Geduld aufbringen können. Das individuelle Verlangen nach Autonomie und Flexibilität führt in der rasant wachsenden Metropolregion zu einem enormen Flächenverbrauch und hohen Infrastrukturfolgekosten. Der Suburbanisierung und den zunehmenden Pendlerströmen ist kaum noch Einhalt zu gebieten, die Obergrenzen verkehrlicher Emissionen werden wiederholt überschritten. Die öffentlichen Räume wurden in vielen Fällen privatisiert. Sie sind von hoher Gestaltungs- und Aufenthaltsqualität, setzen allerdings die Konsumfähigkeit ihrer NutzerInnen voraus.

„Durch die Integration von automatisierten Fahrzeugen in unsere Mobilitätsplattform ermöglichen wir unseren Kund/Innen noch mehr Individualität und Freiheit.

Unser Angebot umfasst unterschiedliche Mobilitätspakete, die ein schnittstellenfreies, sicheres und komfortables Fahrerlebnis ermöglichen. Via App wählen Nutzer/Innen die Komfortkategorie sowie das Ziel aus und können dann aus verschiedenen Angeboten samt Zeit, Routen und Kostenangaben wählen. Nutzer/Innen buchen ihre Fahrt im Voraus oder on demand und können in Echtzeit nachverfolgen, wann ihr Fahrzeug am Abholort eintrifft.

Über das integrierte Infotainmentsystem der Shuttles können während der Fahrt Zusatzangebote wie Unterhaltungsmedien, Zwischenhalte oder die unmittelbare Routenanpassung gewählt werden. Auch Sonderleistungen wie Vorfahrtsrouten zu Stosszeiten können für einen Aufpreis gebucht werden. Wegstrecken über Nebenfahrbahnen, eventuell grössere Fussdistanzen zum Abhol- und Zielort und Buchungen ausserhalb der Stosszeiten ermöglichen auch ein massgeschneidertes Angebot für Personen mit weniger Einkommen.

Im Nutzerprofil werden die individuellen Mobilitäts- und Komfortpräferenzen gespeichert und bei der nächsten Buchung sofort berücksichtigt."

„DIE NAVIGATION DER FAHRZEUGE IN UNSERER FLOTTE BERUHT AUF DER INTEGRATION UNTERSCHIEDLICHER ECHTZEITDATEN. DURCH DIE VERNETZUNG UND KOMMUNIKATION MIT ANDEREN FAHRZEUGEN SOWIE VON UMWELTSENSOREN KANN DAS NAVIGATIONSSYSTEM ETWA AUF VORAUSLIEGENDE VERKEHRSSTAUS REAGIEREN UND DIESE SOGAR PROGNOSTIZIEREN UND DANN DYNAMISCH SEINE ROUTE ANPASSEN. WIR ARBEITEN DARAN, ZUKÜNFTIG AUCH DATEN VON MOBILEN ENDGERÄTEN ODER INTELLIGENTEN WEARABLES IN UNSERE ALGORITHMEN ZU INTEGRIEREN. DURCH DIESE EINBINDUNG VON WEITEREN SCHNITTSTELLEN WOLLEN WIR UNSERE PROGNOSTIK VERBESSERN. AUF BASIS PERSONALISIERTER DATEN SOLLEN ASSISTENZSYSTEME WEGZWECKE ERKENNEN UND INDIVIDUELLE BEDÜRFNISSE ODER DIE SPONTANE MITNAHME VON PAKETEN UND EINKÄUFEN VORWEGNEHMEN KÖNNEN.

DADURCH WIRD DER BEWEGUNGSFLUSS VON NUTZER/INNEN DYNAMISCH, REIBUNGSLOS UND EFFIZIENT GELENKT. DIE LANGFRISTIGE AUFRÜSTUNG UNSERER FLOTTE DURCH VOLLAUTOMATISIERTE FAHRZEUGE VERSTÄRKT DIE ZEITLICHEN UND RÄUMLICHEN KOMFORTVORTEILE UNSERES ANGEBOTS WEITER. WELCHER TÄTIGKEIT ZU WELCHER TAGESZEIT VON WELCHEM STANDORT AUS NACHGEGANGEN WIRD, TRITT ZUKÜNFTIG AUFGRUND DER HOHEN FLEXIBILITÄT IN DEN HINTERGRUND. MIT UNSEREN MOBILITÄTSANGEBOTEN WOLLEN WIR DIE VORZÜGE SOLCHER FREIHEITEN UNTERSTÜTZEN."

„Um das überlastete Verkehrsnetz in der Stadtregion effizienter zu gestalten, implementierte die Stadtregion eine Verkehrsmanagementzentrale, die Verkehrsflüsse automatisch analysiert und steuert. Davon profitieren wir als Mobilitätsanbieter, da wir präzise Verkehrsinformationen aus der Stadtregion beziehen und diese in die Routingalgorithmen unserer Flotte einbinden. Doch trotz der Effizienzsteigerung des Verkehrsflusses ist der Pendelverkehr aus den Vororten immer noch enorm. Deshalb beschloss die Stadtregierung, sukzessive eine dynamische Bepreisung des Mobilitätsnetzes einzuführen.

Diese soll die Staubildung auf Einfallstrassen reduzieren und den Bedarf an Infrastrukturinvestitionen decken. Als Mobilitätsdienstleister integrieren wir diese Kosten in unser Angebot und passen dieses variabel, entsprechend der Nachfrage und dem gewünschten Belegungsgrad, an."

Gelati
PIZZA
FASHIO

„Da wir bestimmte, von unserer Flotte erhobene Verkehrsdaten an die Stadt weitergeben, sind wir imstande, Vorfahrtsrechte und Preisvorteile zu verhandeln. Seit der Einführung des dynamischen Preisregimes steigt unser Kundenstock am Stadtrand durch unsere Sharing-Angebote stetig an.

Wir profitieren also davon, dass Bewohner/Innen aufgrund der steigenden Wohnkosten in der Innenstadt an den Stadtrand ziehen, denn je höher die Nutzerdichte eines Gebiets, desto mehr Fahrzeuge lassen wir es anfahren. Derzeit sammeln wir die notwendigen Daten, um bis zur flächendeckenden Einführung automatisierter Fahrzeuge die Flottenverteilung tageszeitabhängig und kosteneffizient steuern zu können."

„SEITDEM DIE MOBILITÄTSKOSTEN NICHT MEHR STAATLICH GEDECKT, SONDERN PRIVAT ÜBER DIE PREISREGULIERUNG VERRECHNET WERDEN, STEIGT DIE NACHFRAGE NACH INNOVATIVEN MOBILITÄTSLÖSUNGEN WIE RIDE-SHARING-ANGEBOTEN UNSERES UNTERNEHMENS. UM AUCH FAHRTEN IM NIEDRIGEN PREISSEGMENT ANBIETEN ZU KÖNNEN, GIBT ES DIE MÖGLICHKEIT, WENIG BEFAHRENE (LÄNGERE) ROUTEN ZU WÄHLEN. ERGÄNZEND BIETEN WIR IN PERIPHEREN GEBIETEN SONDERLEISTUNGEN WIE BOTENDIENSTE ODER KLEINWARENTRANSPORTE AN. DAZU WÄHLEN KUND/INNEN AUF UNSERER MOBILEN APP DIE OPTION AUS, DASS IHRE PAKETE BEISPIELSWEISE VON ODER ZU ZENTRALEN MOBILITY HUBS BEFÖRDERT WERDEN. SO KÖNNEN BEWOHNER/INNEN UNNÖTIGE FAHRTEN MEIDEN UND DIE KAPAZITÄTEN UNSERER PERSONENSHUTTLES NOCH EFFEKTIVER AUSGELASTET WERDEN. KONKURRENZ ERFAHREN WIR BISWEILEN NUR AUF KURZEN STRECKEN DURCH SELBSTORGANISIERTE VEREINE ODER FAHRRADKURIERE. FÜR UNS GEWINNT DIE PERIPHERIE ALS EINSATZGEBIET ALSO AN ATTRAKTIVITÄT, DENN ES WANDERN AUCH ZUNEHMEND MEHR BETRIEBE AUS DER INNENSTADT AB, DIE FÜR UNS WEITERE KUNDENSEGMENTE DARSTELLEN."

„In einem Tech-Quartier setzt mein Unternehmen zu Testzwecken vernetzte und automatisierte Fahrzeuge ein. Durch die stadtregionale Datenerhebung unserer Sharing-Angebote haben wir gegenüber den öffentlichen Betreibern einen erheblichen Vorsprung. Mittels eigener Zugangsprofile ermöglichen wir den Angestellten des Quartiers, Pods privat zu buchen oder für Kurzstrecken in eins unserer Shuttles zu springen.

Da nichtautomatisierte Fahrzeuge kein Zufahrtsrecht in das Quartier haben, dienen Multifunktionsgaragen am Quartiersrand als Umstiegsorte und Umschlagpunkte. Der öffentliche Raum kann so weitgehend autofrei gestaltet werden. Zwischen dem Fahrstreifen der selbstfahrenden Fahrzeuge und dem Gehweg verläuft eine Flex-Zone, deren Nutzung im Laufe des Tages den Anforderungen entsprechend angepasst wird.

Dient sie frühmorgens noch als Ladezone, wird sie im Zuge des Vormittags als erweiterte Flaniermeile genutzt. An Wochenenden wird sie schliesslich zu einem Schanigarten der angrenzenden Lokale umgewandelt. Der Strassenraum bleibt also reglementiert, um auch das Sicherheitsgefühl zu wahren. Dies erleichtert Umweltsensoren, die Nutzungsinformationen sowie den Wartungsbedarf an die Quartiersmanagementzentrale zu übermitteln."

„ALS TECHNIKBEGEISTERTE PERSON BIN ICH DAVON ÜBERZEUGT, DASS LANGFRISTIG ALLE LEBENSBEREICHE IN EIN INTELLIGENTES ÖKOSYSTEM INTEGRIERT SEIN WERDEN. ZUKÜNFTIG WÜRDE MICH MEIN PERSONALISIERTES SPRACHASSISTENZSYSTEM MORGENS AUTOMATISCH ÜBER DIE WETTERLAGE INFORMIEREN SOWIE DAS ENTSPRECHENDE VERKEHRSMITTEL UND DIE ROUTE EMPFEHLEN. EIN AUTOMATISIERTES SHUTTLE WÄRE RASCH VERFÜGBAR, DA MEINE ROUTINE GESPEICHERT WÄRE. WÄHREND DER FAHRT WÜRDE SICH MEIN TERMINKALENDER MELDEN UND AN BEVORSTEHENDE SITZUNGEN ODER UNBEANTWORTETE NACHRICHTEN ERINNERN.

FEHLENDE LEBENSMITTEL WÜRDEN ABENDS DIREKT IN MEIN SHUTTLE GELIEFERT WERDEN. DAZU MÜSSTE DIE WEITERE INTEGRATION VON WAREN UND PERSONENVERKEHR, NICHT NUR VIRTUELL, SONDERN AUCH STADTRÄUMLICH GELÖST WERDEN. DIE GEWERBEFLÄCHEN IM QUARTIERSZENTRUM WÄREN AUF DAS NÖTIGE MINIMUM REDUZIERT, ABER DURCH DIGITALE SCHNITTSTELLEN MIT MEINEM NUTZERPROFIL VERBUNDEN. BESONDERE ANGEBOTE, VERKEHRSINFORMATIONEN ODER DIE AKTUELLE AUSLASTUNG DES ÄRZTEZENTRUMS WÄREN NICHT NUR IN ECHTZEIT UND RÄUMLICH VERORTET ABRUFBAR, SONDERN WÜRDEN PROGNOSTISCH MEINE ENTSCHEIDUNGEN VORWEGNEHMEN UND MEINEN ALLTAG ERLEICHTERN."

5.4 POLITIKGETRIEBENER ANSATZ

MOBILITÄT
**Multimodales öffentliches
Mobilitätssystem**

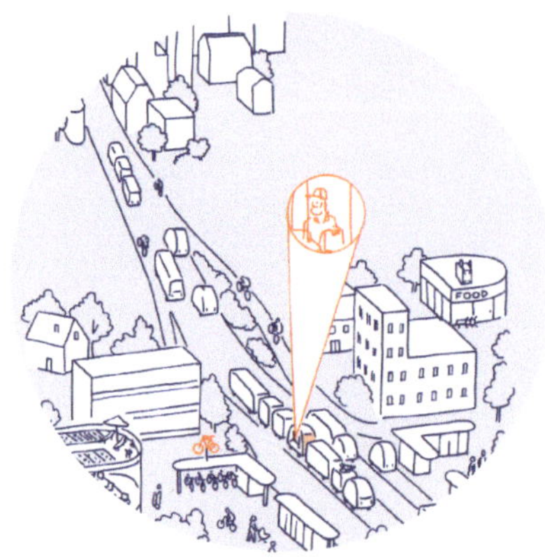

STADTREGION
**Stadtregionale
Kooperation**

QUARTIER
**Multimodale Verkehrsknoten
als Quartierszentren**

Im politkgetriebenen Szenario bildet ein integriertes multimodales Verkehrsnetz das Rückgrat von Mobilität und Siedlungsentwicklung. Die physische und digitale Infrastruktur wird in der Stadtregion weitestgehend öffentlich hergestellt und betrieben, auch um die Hoheit über dort generierte Daten zu behalten. Eine öffentlich betriebene, integrierte Mobilitätsplattform erleichtert das intermodale Reisen mit öffentlichen Verkehrsmitteln (Busse, Straßenbahnen und U-Bahnen), automatisierten Shuttles, Car- und Ride-Sharing sowie mit E-Bikes oder Rollern. Über die Plattform und die dort generierten Daten werden gezielt Modi (nach Umwelteffekten) priorisiert bzw. Anreize zur Nutzung aktiver Mobilität gesetzt. Automatisierung und Digitalisierung sollen dem Gemeinwohl dienen. In Fragen der Siedlungs-, Infrastruktur- und Mobilitätsentwicklung wird in der Stadtregion intensiv kooperiert. Um der von Lieferdiensten verursachten Zunahme des Verkehrs entgegenzuwirken, werden regional Flächen vorbehalten, das stadtregionale Distributionsnetz strategisch geplant und Verteilerzentren entwickelt.

Die Bewegung von Menschen und Gütern wird in einem hierarchischen System von Mobilitätshubs gebündelt, die zwischen Gebieten mit hoher und niedriger avV-Tauglichkeit vermitteln und komfortables, sicheres Umsteigen im Sinne eines „seamless transport" ermöglichen. Alltagsfunktionen

und öffentliche Einrichtungen werden, um Wege zu bündeln, ebenfalls um diese Knoten geplant. An diesen Knoten entstehen neue urbane Zentren, die als Impulsgeber der Quartiersentwicklung fungieren. Im Rahmen solcher „transit-oriented developments" (TOD) wird auch das Autobahnnetz integriert, um Transferräume zwischen (über)regionaler und lokaler Mobilität gezielt zu entwickeln. In Quartieren wird eine hohe urbane Dichte und Nutzungsmischung forciert, um die Tauglichkeit für sanfte Mobilität zu erhöhen. Die Zersiedelung der Stadtregion wird durch eine restriktive Bodenpolitik weitestgehend verhindert. In Achsenzwischenräumen werden bestehende Siedlungsgebiete durch av-Shuttles erschlossen und so die dortige Erreichbarkeit durch den ÖV erhöht.

Allerdings steht die öffentliche Hand in der Stadtregion bei der Finanzierung vor Herausforderungen und Problemen: Automatisierte und vernetzte Mobilität führt zu einem Wegfall von Einnahmen (z. B. Parkgebühren, Verkehrsstrafen etc.) und letztlich besteht vor allem in Gebieten mit hoher Nutzungsfrequenz und avV-Tauglichkeit eine verstärkte Konkurrenzsituation des ÖV gegenüber privaten Mobilitätsanbietern. Die Benutzung des Straßen- und Schienennetzes wird auf Basis vorhandener und generierter Mobilitätsdaten bepreist (z. B. Mobility-Pricing oder Lizenzvergaben).

„ES WAR KLAR, DASS DIE ZUKÜNFTIGE AUSGESTALTUNG DER MOBILITÄT UND DIE LÖSUNG DER VERKEHRSPROBLEME NUR DURCH EINE STARKE ÖFFENTLICHE HAND VORGENOMMEN WERDEN KONNTE. WIR HABEN EINFACH EINE SEHR LANGE ERFAHRUNG IN DER BEREITSTELLUNG VON MOBILITÄTSANGEBOTEN. DER ERGÄNZENDE EINSATZ VON AUTOMATISIERTEN UND VERNETZTEN FAHRZEUGEN HILFT UNS, DAS ÖFFENTLICHE VERKEHRSANGEBOT VOR DEM HINTERGRUND UNSERES GRUNDVERSORGUNGSGEDANKENS ZU OPTIMIEREN UND ZU FLEXIBILISIEREN UND SO AUCH DER STARKEN ABHÄNGIGKEIT VOM PRIVATEN AUTO ENTGEGENZUWIRKEN – AUCH WENN DIE FINANZIERUNG VON SOLCHEN ANGEBOTEN IMMER WIEDER MIT DISKUSSIONEN VERBUNDEN IST."

„UNSER GLÜCK WAR, DASS MENSCHEN BEREITS MIT DEM EINSTEIGEN IN EINEN BUS, DEN SIE NICHT SELBST LENKEN, VERTRAUT WAREN. DIES HALF UNS NATÜRLICH, SCHNELL NEUE KUND/INNEN INNERHALB UNSERES MOBILITÄTSANGEBOTES ZU GEWINNEN. VOM HEUTIGEN STAND MUSS MAN AUCH SAGEN, DASS ES GUT WAR, DASS WIR BEREITS SO FRÜH UMFANGREICHE MASSNAHMEN GESETZT HABEN, UM AUTOMATISIERTE FAHRZEUGE IN UNSERE ANGEBOTSPALETTE ZU INTEGRIEREN: WIR KÖNNEN IMMER NOCH DEN PERSONEN- UND GÜTERVERKEHR IN UNSERER STADT LENKEN UND AUCH DIE AUSGESTALTUNG DER VERKEHRSANGEBOTE STEUERN."

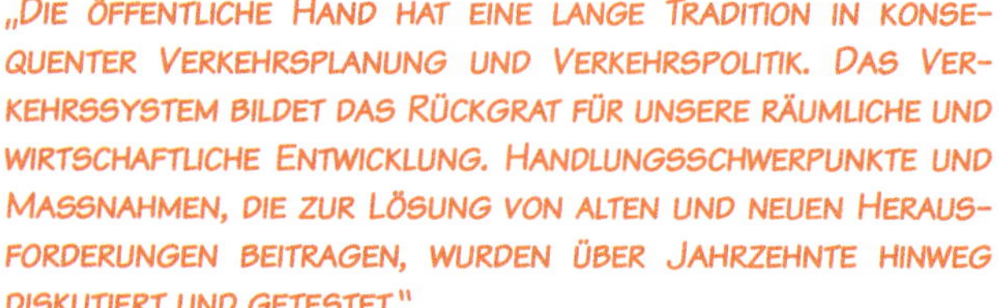

„DIE ÖFFENTLICHE HAND HAT EINE LANGE TRADITION IN KONSEQUENTER VERKEHRSPLANUNG UND VERKEHRSPOLITIK. DAS VERKEHRSSYSTEM BILDET DAS RÜCKGRAT FÜR UNSERE RÄUMLICHE UND WIRTSCHAFTLICHE ENTWICKLUNG. HANDLUNGSSCHWERPUNKTE UND MASSNAHMEN, DIE ZUR LÖSUNG VON ALTEN UND NEUEN HERAUSFORDERUNGEN BEITRAGEN, WURDEN ÜBER JAHRZEHNTE HINWEG DISKUTIERT UND GETESTET."

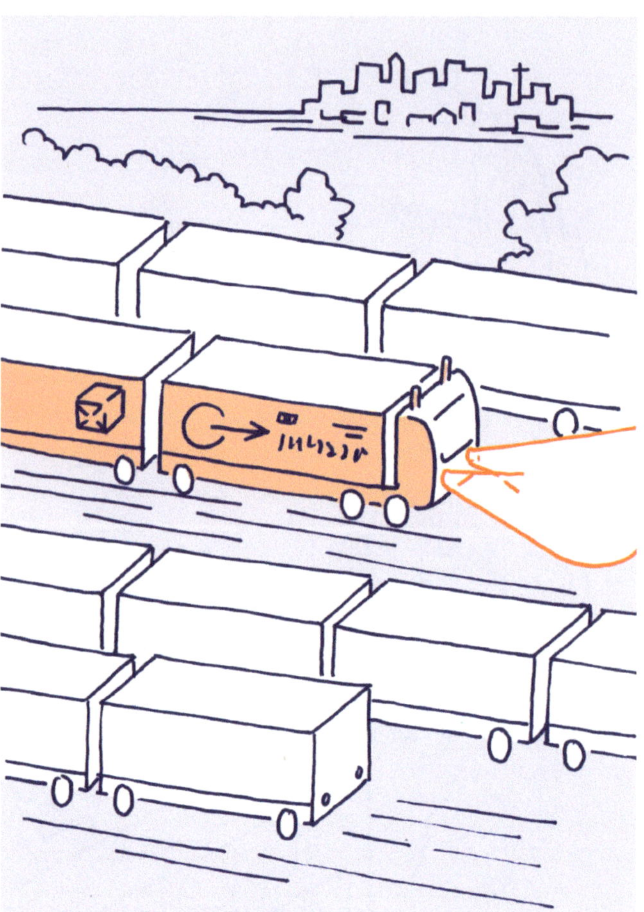

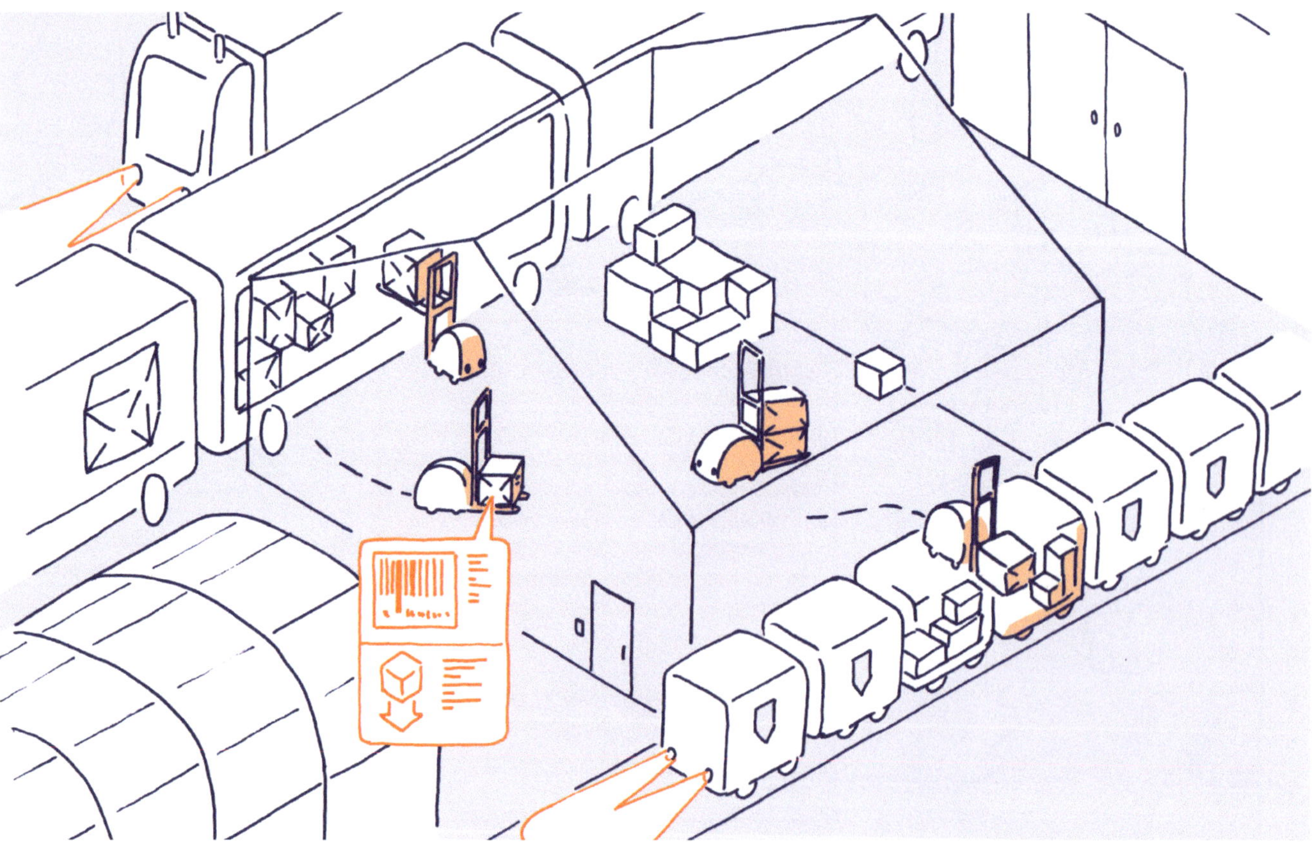

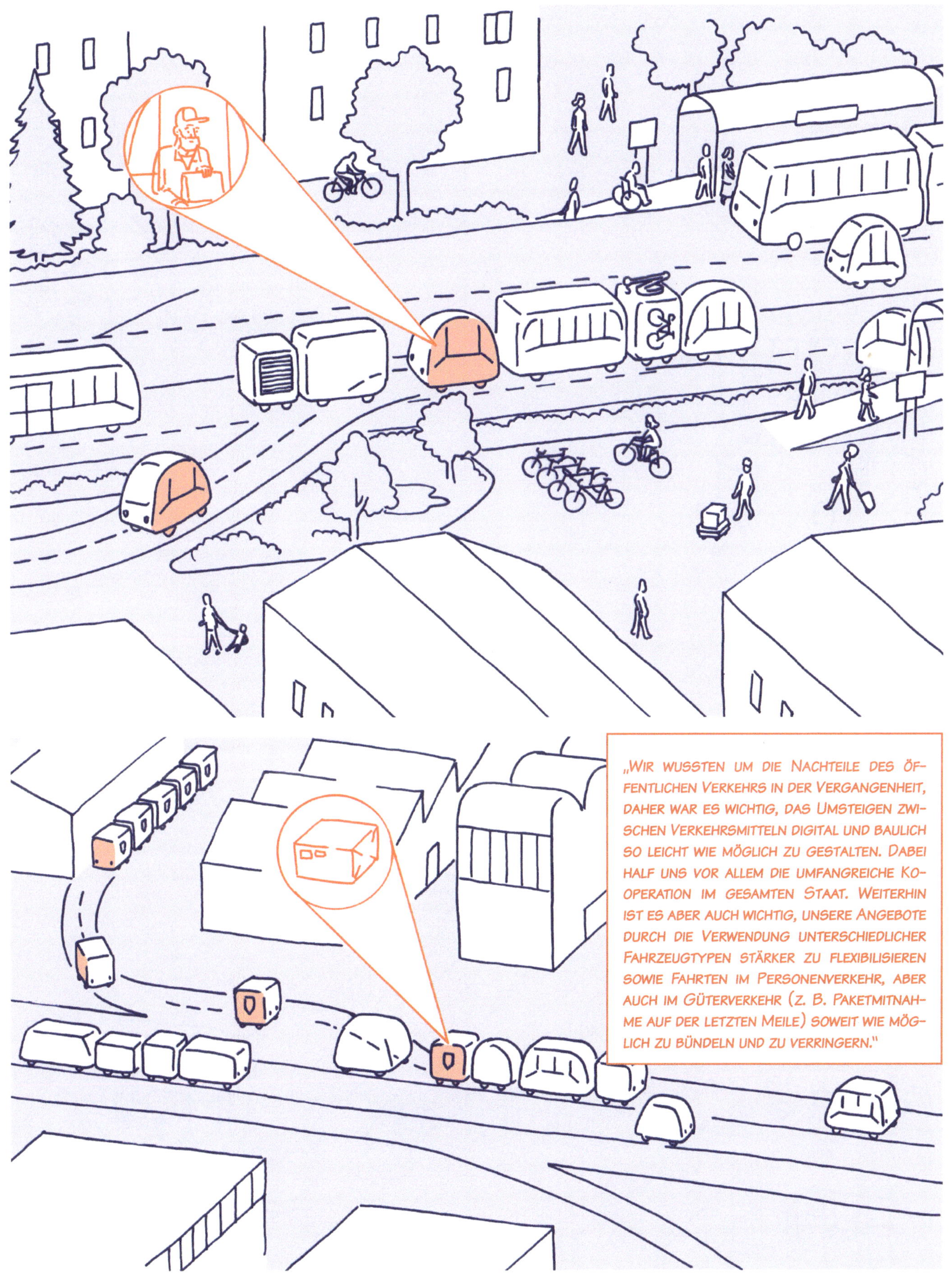

„Wir wussten um die Nachteile des öffentlichen Verkehrs in der Vergangenheit, daher war es wichtig, das Umsteigen zwischen Verkehrsmitteln digital und baulich so leicht wie möglich zu gestalten. Dabei half uns vor allem die umfangreiche Kooperation im gesamten Staat. Weiterhin ist es aber auch wichtig, unsere Angebote durch die Verwendung unterschiedlicher Fahrzeugtypen stärker zu flexibilisieren sowie Fahrten im Personenverkehr, aber auch im Güterverkehr (z. B. Paketmitnahme auf der letzten Meile) soweit wie möglich zu bündeln und zu verringern."

„Wir haben mit dem Beginn der Automatisierung und Vernetzung von Fahrzeugen und vor dem Hintergrund der mit ihnen verbundenen Schreckensnachrichten von zunehmender Verkehrsleistung und Suburbanisierung glücklicherweise erkannt, dass unsere Verkehrs- und Siedlungsentwicklung integriert erfolgen muss und Zusammenarbeit auf allen Ebenen erfordert.

Daher haben wir die bestehenden und bewährten Instrumente im Bereich der Siedlungsentwicklung (wie eine polyzentrale Entwicklung sowie eine strategische Förderung einer Entwicklung entlang von ÖV-Achsen) gezielt weiterentwickelt, indem wir auch das automatisierte und vernetzte Fahren in diesem Sinne gefördert und eingesetzt haben."

„Stadtregional abgestimmte Verordnungen haben uns geholfen, die Siedlungs- und Verkehrsentwicklung verstärkt an hochrangigen ÖV-Achsen auszurichten. Dies umfasste nicht nur die Optimierung bestehender Eisenbahntrassen. Ebenso wurde auf Autobahnen automatisierter Personentransport in der Funktionsweise einer S-Bahn mit Halten an Ausfahrten installiert. Im Weiteren half uns die Automatisierung auch dabei, ein attraktives öffentliches Mobilitätsangebot in Achsenzwischenräumen, also in jenen Bereichen, die durch eine hohe Autoabhängigkeit charakterisiert waren, zu ermöglichen und diese an hochrangige ÖV-Achsen anzubinden.

Wir sind überzeugt, dass das Verkehrssystem durch Politik gestaltbar ist. So übernehmen wir auch in Zukunft Verantwortung für die Planung, Organisation und den Betrieb unseres Verkehrssystems."

„Die verstärkte Kooperation in der Verkehrs- und Siedlungsentwicklung auf stadtregionaler Ebene half uns auch dabei, die Verkehrs- und Siedlungsentwicklung bei der Neuentwicklung von Quartieren stärker aufeinander abzustimmen. Rund um die Bahnhöfe der Regional- und S-Bahnen wurden einige Gebiete unter der Prämisse der Funktions- und Nutzungsmischung komplett neu entwickelt.

Die Bahnhöfe sind zu Hubs mit zahlreichen Nutzungen entwickelt worden und bilden das Zentrum dieser Quartiere, die vor allem durch fußläufige Straßenräume und aufgewertete öffentliche Räume geprägt sind. In diesen Räumen wurde auch die Sockelzone deutlich belebt und so der öffentliche Raum aufgewertet. Von besonderer Bedeutung ist auch hier die Bündelung von Verkehrswegen sowohl im Personen- als auch im Güterverkehr.

Die Nutzung automatisierter Fahrzeuge hilft vor allem in Form von Shuttles und Pods dabei, die Hubs auch aus weiterer Entfernung zu erreichen, um so auf die höherrangigen Verkehrsmittel zum Stadtzentrum umzusteigen. Die Hubs sind dabei weitestgehend so gebaut, dass ein Umstieg zwischen Verkehrsmitteln leicht möglich ist. Auch die Bewohner/innen der neuen Quartiere können also unser multimodales öffentliches Verkehrsangebot mit optimalen intermodalen Schnittstellen nutzen."

5.5 ZIVIL-GESELLSCHAFTLICH GETRIEBENER ANSATZ

MOBILITÄT
Gemeinschaftliche Entwicklung
und Angebote

STADTREGION
Globale Vernetzung
in transnationalen Räumen

QUARTIER
Selbstorganisation
im Quartier

Zivilgesellschaftliche Initiativen von Einzelpersonen und Gruppen, die avM aus lokalen Bedürfnissen heraus denken und dementsprechende Angebote entwickeln, charakterisieren das zivilgesellschaftlich getriebene Szenario. Sie sind Pioniere eines technologischen, auf Nachhaltigkeit und Suffizienz ausgerichteten Wandels der Mobilität. Gemeinsam werden Strategien zur Verkehrsvermeidung erprobt sowie die aktive Mobilität von Personen und Gütern in den Mittelpunkt gestellt. Automatisierte und vernetzte Fahrzeuge werden fast nur im Kontext des Sharing und in geringen Geschwindigkeiten eingesetzt, generell dominiert Ride-Sharing in der Personenmobilität. Kleine automatisierte Einheiten transportieren Güter in der Region und werden darüber hinaus auch dazu eingesetzt, verkehrsintensive industrielle Produktions- und Distributionslogiken zu hinterfragen.

Angesichts multipler Krisenphänomene, bedingt durch eine ökologisch zerstörerische Wirtschaftsweise und einen Vertrauensverlust in die Politik, wird in diesem Szenario ein tiefgreifender gesellschaftlicher Wandel angenommen. Man folgt der Überzeugung eines notwendigen sozialökologischen Umbaus innerhalb der Gesellschaft, unterschiedliche Dynamiken der Transformationsdebatte und neue Entwürfe des „guten Lebens" werden thematisiert. Den Kern der Transformation bilden der Suffizienzgedanke sowie das Prinzip der Gemeinschaftlichkeit.

Forschungsförderung ist Teil der Bildungspolitik, Wissensbildung und -weitergabe erfolgt in globalen Netzwerken. Die Umsetzung von Ideen erfolgt zunächst lokal. Der zentrale Fokus liegt auf dem Aufbau lokaler Kompetenzen, die zur Entwicklung und Nutzung von digitalen Technologien im Verkehrssystem beitragen. Neue Technologien und Kommunikationsdienste werden zunehmend von der Zivilgesellschaft weiterentwickelt (Civic Tech, Open Data, Open Source). Auf Quartiersebene, und hier vor allem ab dem Stadtrand, werden heutige Strömungen von Lokalismus und Kommunitarismus in den Mittelpunkt gerückt.

Es wird davon ausgegangen, dass sich die antagonistischen und transformativen sozialen Bewegungen im Raum spiegeln und sich die Heterogenität unterschiedlicher sozialer Gruppierungen auch räumlich repräsentiert. Produktive Räume und Experimentierflächen entstehen in Lagen geringer und mittlerer urbaner Dichte. Was in der Stadtregion entsteht und was an Ressourcen vorhanden ist, wird mit automatisierten Transportern lokal verteilt bzw. geteilt. Es wird angenommen, dass als räumliches Merkmal eine starke ideologische Bindung an einen Ort entsteht, die bisweilen sozial exklusiv wirkt. Im Quartier und im Straßenraum werden Räume bevorzugt, die unterschiedlichste Nutzungen zulassen und wandelbar bleiben.

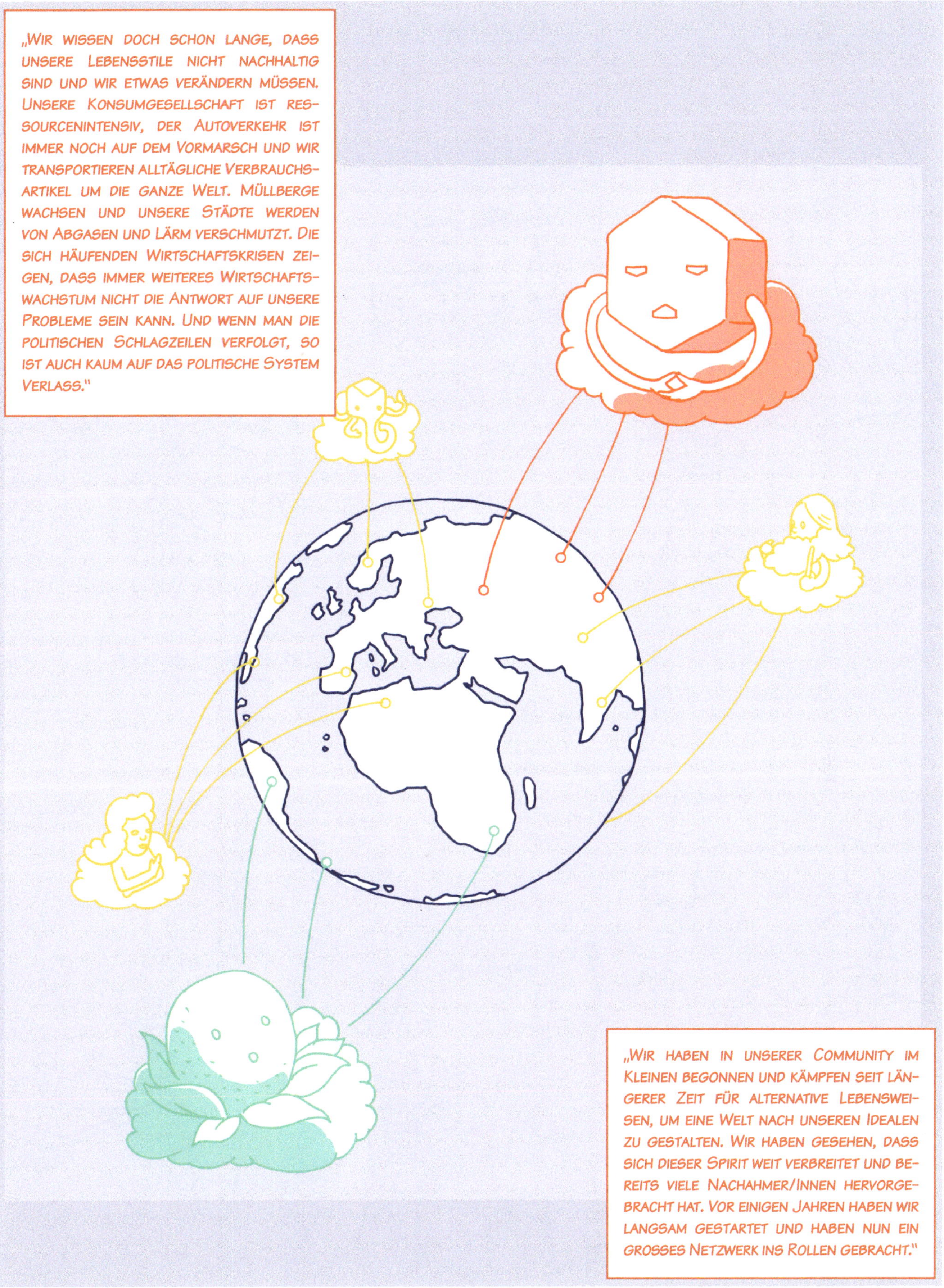

„Wir wissen doch schon lange, dass unsere Lebensstile nicht nachhaltig sind und wir etwas verändern müssen. Unsere Konsumgesellschaft ist ressourcenintensiv, der Autoverkehr ist immer noch auf dem Vormarsch und wir transportieren alltägliche Verbrauchsartikel um die ganze Welt. Müllberge wachsen und unsere Städte werden von Abgasen und Lärm verschmutzt. Die sich häufenden Wirtschaftskrisen zeigen, dass immer weiteres Wirtschaftswachstum nicht die Antwort auf unsere Probleme sein kann. Und wenn man die politischen Schlagzeilen verfolgt, so ist auch kaum auf das politische System Verlass."

„Wir haben in unserer Community im Kleinen begonnen und kämpfen seit längerer Zeit für alternative Lebensweisen, um eine Welt nach unseren Idealen zu gestalten. Wir haben gesehen, dass sich dieser Spirit weit verbreitet und bereits viele Nachahmer/innen hervorgebracht hat. Vor einigen Jahren haben wir langsam gestartet und haben nun ein grosses Netzwerk ins Rollen gebracht."

TOKYO, JAPAN
LAGOS, NIGERIA
SOMEWHERE IN ESTONIA
3
1
2
RECIFE, BRAZIL
TORONTO, KANADA
SOMEWHERE IN AUSTRIA
→ 0%
???
„WIR FINDEN ES TOLL, DASS AUF DER GANZEN WELT EXPERIMENTE ENTSTEHEN. DAS INTERNET UND NEUE TECHNOLOGIEN BIETEN UNS DIE MÖGLICHKEITEN, VON ANDEREN INITIATIVEN AUF DER GANZEN WELT ZU LERNEN UND UNS MIT IHNEN AUSZUTAUSCHEN.

DIESER AUSTAUSCH IST FÜR UNS WICHTIG, ABER SELBSTORGANISATION BRAUCHT AUCH NÄHE UND HIERFÜR IST DAS GEMEINSCHAFTSGEFÜHL UNSERER COMMUNITY ENTSCHEIDEND. UNSERE VIERTEL HABEN SICH DADURCH VERÄNDERT.

DIE VERSORGUNGSINFRASTRUKTUR UNSERER COMMUNITY FUNKTIONIERT BEISPIELSWEISE GUT INS GRÜNE, ZU UNSEREN GÄRTEN AUSSERHALB DES QUARTIERS. WOANDERS WERDEN ANDERE STRECKEN AUSGEBAUT. DIE INTERESSEN SIND DERART DIVERS, DASS MAN NICHT MEHR ALLE INFRASTRUKTUREN BRAUCHT, SONDERN NUR JENE, DIE FÜR DIE JEWEILIGE COMMUNITY WICHTIG SIND."

„ES HAT DAMIT BEGONNEN, DASS WIR VERSUCHT HABEN, UNSERE ALLTÄGLICHEN PROBLEME IM VIERTEL ZU VERSTEHEN UND ANZUGEHEN. WIR HABEN TOLLE LÖSUNGEN GEFUNDEN – DAS IST UNSERE DEFINITION VON INNOVATION. SOWOHL IM WOHNEN, IN DER GEMEINSCHAFT ALS AUCH IN DER MOBILITÄT HABEN WIR SERVICES ENTWICKELT, DIE UNSEREN LEBENSWEISEN ENTSPRECHEN. FÜR MANCHE WEGE MUSS ICH EIN SHUTTLE VERWENDEN, WÄHRENDDESSEN LIEBE ICH ES, ZU ENTSPANNEN UND RUHE ZU GENIESSEN. DESHALB HABEN WIR UNS HIER IM VIERTEL VERNETZT UND WOLLTEN EIN SHUTTLE MIT AUSGEWIESENER RUHEZONE ENTWICKELN.

GEMEINSAM MIT GLOBAL VERNETZTEN SOFTWARE-INGENIEUR/INNEN UND ANDEREN SPEZIALIST/INNEN ZUM AUTOMATISIERTEN UND VERNETZTEN FAHREN KONNTEN WIR DAS ERREICHEN UND EIN GEFÄHRT NACH UNSEREN EIGENEN INTERESSEN UND VORSTELLUNGEN IN BETRIEB NEHMEN. ÜBER OPEN DATA, PEER-TO-PEER-ANGEBOTE UND MITHILFE ANDERER DO-IT-YOURSELF-INITIATIVEN, DIE SCHON ÄHNLICHE PROJEKTE DURCHGEFÜHRT HABEN, KONNTEN WIR SCHON AUF EINEM FUNDAMENT AUFBAUEN. SO KÖNNEN WIR UNS AUCH WEITGEHEND UNABHÄNGIG VOM GLOBALEN GÜTER- UND FINANZMARKT ORGANISIEREN."

„DIE LEUTE HABEN ANFANGS SEHR SKEPTISCH REAGIERT. NATÜRLICH ERFORDERT ES LANGFRISTIGES ENGAGEMENT, VERTRAUEN UND SOLIDARITÄT. WIR BRAUCHEN PERSONEN, DIE VERLÄSSLICH IHREN MITGLIEDSBEITRAG ZAHLEN UND SICH AUCH FÜR DIE INSTANDHALTUNG VERANTWORTLICH FÜHLEN. WIE WIR MIT PERSONEN UMGEHEN, DIE NICHT UNSEREN INTERESSEN UND REGELUNGEN ENTSPRECHEN, IST EINE GROSSE HERAUSFORDERUNG. UNSER ANGEBOT ZIELT AUF GLEICHGESINNTE AB, NICHT AUF DIFFERENZ. WIR GLAUBEN, DASS BESTIMMTE PERSONEN BEI ANDEREN VEREINEN BESSER AUFGEHOBEN SIND."

„Wir müssen neue Wertvorstellungen verbreiten, die für einen verantwortungsvollen Umgang mit unseren natürlichen Ressourcen stehen.

Das bedeutet auch, dass wir die heutigen Lebensformen der breiten Masse kritisieren, denn sie sind nicht nachhaltig. Medien vermitteln uns falsche Vorstellungen vom guten Leben, basierend auf dem Ideal eines Lebens auf der Überholspur, die schnelle und weite Reisen mit „Business Jets" in die finanziellen Zentren von Global Cities, auf private Inseln oder zu teuren Ferienhäusern bedeuten. Wir brauchen aber eine Lebensweise, die auf Entschleunigung und lokal verankertes Alltagsleben setzt."

„Wir haben zuerst damit begonnen, uns Parkflächen anzueignen. Die Autofahrer/innen waren anfangs erbost und zeigten wenig Verständnis für unsere Aktivitäten. Erst nach einiger Zeit hat sich der Protest der Autofahrenden beruhigt. Die Stadtpolitik und -planung muss aber auch auf unsere Forderungen reagieren und uns bauliche Strukturen schaffen, damit wir zu Fuss zur Apotheke oder mit dem Rad zur Schule kommen. Nur im Ausnahmefall sollten wir ins Auto steigen und motorisierten Verkehr erzeugen. Das ist unsere Vorstellung von nachhaltiger Mobilität."

P!

„DIE POLITIK UND VERWALTUNG HAT WEITGEHEND ANERKANNT, DASS WIR BÜRGER/INNEN AM BESTEN GEEIGNET SIND, UNSERE PROBLEME ZU LÖSEN. OHNE DAS VERTRAUEN IN UNS UND EINE NEUE PARTIZIPATIVE HALTUNG DES ÖFFENTLICHEN SEKTORS WÄREN WIR NICHT DAZU IN DER LAGE GEWESEN. WIR MÜSSEN JEDOCH NOCH WEITER AUF DIE GEMEINSAME SUCHE NACH NEUEN, GUTEN LEBENSWEISEN GEHEN UND UNS IN EINEN LAUFENDEN POLITISCHEN AUSHANDLUNGSPROZESS MIT ANDEREN MEINUNGEN BEGEBEN. DIE VERSORGUNG MIT INFRASTRUKTUR FUNKTIONIERT BEISPIELSWEISE NICHT ÜBERALL. HIER BRAUCHEN WIR AUCH TEILWEISE NOCH UNTERSTÜTZUNG VOM STAAT. IN UNSERER COMMUNITY KLAPPT ES EIGENTLICH BESTENS, WIE ABER DARÜBER HINAUS BEISPIELSWEISE MOBILITÄTSANGEBOTE BESTEHEN, IST UNS EIGENTLICH WENIGER WICHTIG."

„AUCH UNSER STADTQUARTIER HAT SICH IN DER LETZTEN ZEIT VERÄNDERT UND DIE DYNAMIK IM ÖFFENTLICHEN RAUM IST SPÜRBAR. WIR HABEN UNSERE VORSTELLUNGEN VON LEBENSWERTEN STADTRÄUMEN ZUR REALITÄT WERDEN LASSEN. VORERST HABEN WIR NUR VEREINZELT UM PLATZ IN DER STADT GEKÄMPFT UND NEUE NUTZUNGEN FÜR ERHOLUNG, KREATIVITÄT ODER SPIEL VORGESCHLAGEN. DIE AKTIVITÄTEN HABEN SICH JEDOCH UNGLAUBLICH SCHNELL VERBREITET UND AUF ANFÄNGLICHE SKEPSIS FOLGTE WEITGEHENDE AKZEPTANZ. AUFGRUND GEMEINSCHAFTLICH ORGANISIERTER MOBILITÄTSSERVICES BRAUCHEN WIR NICHT MEHR SO VIELE AUTOS IM QUARTIER. WIR KONNTEN PARKRAUM UND FAHRSPUREN ZURÜCKGEWINNEN UND HABEN DIESE FÜR UNSERE EIGENEN BEDÜRFNISSE ADAPTIERT."

„NATÜRLICH GEHEN DAMIT KONFLIKTE EINHER, WEIL NICHT ALLE IM QUARTIER DIESELBEN INTERESSEN HABEN. WIR SIND JA DIE, DIE ES TOLL FINDEN, WENN PARKPLÄTZE ZU GEMÜSEGÄRTEN WERDEN, ABER ANDERE HÄTTEN LIEBER GASTRONOMIE ODER SHOPPINGMEILEN. WIR SETZEN UNS AUCH STÄNDIG DAFÜR EIN, ZU ZEIGEN, WIE WICHTIG LOKALES IST. FÜR MICH KANN NUR EIN LEBEN UND WIRTSCHAFTEN IM QUARTIER EINE ECHTE NACHHALTIGE WENDE HERBEIFÜHREN. FÜR ANDERSDENKENDE KANN ICH NUR WENIG VERSTÄNDNIS ZEIGEN, DENN SIE BLOCKIEREN UNSERE GELEBTE TRANSFORMATION."

„DAS GEMEINSCHAFTSDENKEN HAT UN-
GLAUBLICHES IN UNSEREM QUARTIER BEWIRKT
UND NEUE FORMEN DER SOLIDARITÄT SOWIE
DER SOZIALEN UND ÖKONOMISCHEN SICHER-
HEIT ERMÖGLICHT. ABER ERST LETZTENS WAR
UNSER SHUTTLE KAPUTT UND ICH HATTE EINEN
WICHTIGEN TERMIN. DA ICH KEINE MITGLIED-
SCHAFT IN EINEM ANDEREN MOBILITÄTSVER-
EIN BESITZE, IST ES FÜR MICH NICHT MÖGLICH,
SPONTAN EIN ANDERES GEFÄHRT ZU ORGA-
NISIEREN. ZUDEM KENNE ICH DIE ZUGANGS-
BESTIMMUNGEN NICHT UND IM SCHLIMMSTEN
FALL MUSS ICH DANN AUCH NOCH DIE FAHRT
MIT LAUTER JUGENDLICHEN TEILEN. SEIT ICH
ES GEWOHNT BIN, IN MEINEM ‚RUHE-SHUTTLE‘
ZU FAHREN, NERVEN MICH LAUT SPRECHENDE
MENSCHEN WÄHREND DER FAHRT UNGEMEIN.
WAS MIT LEUTEN, DIE KEINE GLEICHGESINN-
TEN FINDEN, PASSIERT? ICH GLAUBE, DIE
HABEN ES SEHR SCHWER IN UNSERER COM-
MUNITY. SIE KÖNNEN SICH JEDOCH JEDERZEIT
SELBST ENGAGIEREN UND IHRE EIGENE SER-
VICES ANBIETEN."

5.6
TABELLARISCHE GEGENÜBERSTELLUNG DER DREI SZENARIEN

	MARKT-GETRIEBEN	POLITIK-GETRIEBEN	ZIVILGESELLSCHAFTLICH GETRIEBEN
HALTUNG			
Charakterisierung	freier Markt	steuernder Staat	starke Zivilgesellschaft
Zentraler Akteur	private Unternehmen	Staat	Zivilgesellschaft
ZUORDNUNGEN UND UNTERSTELLUNGEN			
Vorrangiges Ziel	Effizienz, Gewinn	Gemeinwohlinteresse, Umwelt- und Klimaschutz, Gesundheit	Suffizienz, Selbstbestimmung, Nachhaltigkeit
KERN			
Verkehrspolitisches Zielsystem	Effizienz	Verkehrsverlagerung	Verkehrsvermeidung
Stadtpolitisches Leitbild	wettbewerbsorientierte Stadt	sozialinklusive Stadtregion	partizipative Stadtregion
Rahmenbedingungen	Deregulierung des Mobilitätsmarktes und liberale wirtschaftliche Rahmenbedingungen	Gestaltung des Mobilitätsmarktes und -angebotes aus Systemsicht	Öffnung des Mobilitätsmarktes für zivilgesellschaftliche Initiativen
Rolle des Staats im Mobilitätsmarkt	schwach – bietet Grundversorgung	stark – gestaltet Mobilitätsmarkt	passiv – ermöglicht Initiativen
Finanzierungsmodelle	Nutzung bzw. Inwertsetzung von Daten	Subventionierung aus öffentlichen Geldern	Mobilität als Public Good (commons-basiert)
MOBILITÄTSMARKT			
Struktur	Oligopol privater AkteurInnen	staatlich gesteuertes Oligopol	multisektorale Netzwerke
Konkurrenzen und Allianzen	strategische Allianzen von Technologieproduzenten und Mobilitätsdienstleistern (Luftfahrt)	private AkteurInnen über starke Vorgaben (Konzessionen) eingebunden	wechselnde Kooperationen und Redundanzen

	MARKT- GETRIEBEN	POLITIK- GETRIEBEN	ZIVILGESELLSCHAFTLICH GETRIEBEN
NEW MOBILITY: MOBILITY AS A SERVICE, SHARING, ÖFFENTLICHER VERKEHR (KAP. 3.3)			
MaaS-Integrator	privat	öffentlich	Public-Private-People Partnerships
Beförderungspflicht	nein	ja	nein
Leistungs- bzw. Preis- differenzierung	+++	+	++
Finanzierung des Betriebs	NutzerInnen: +++ Steuermittel: +	NutzerInnen: + Steuermittel: +++	NutzerInnen: ++ Steuermittel: ++
Horizontale Integration	avF als Tür-zu-Tür- Service; wo möglich, Mikromobilität und konventionelles Car-Sharing in avV-untauglichen Gebieten	konventioneller ÖV als Rückgrat, avF weiten ÖV-Angebot aus, Verfügbarkeit von Verkehrsmitteln geplant	avF als Tür-zu-Tür-Lösung nur, wo aktive Mobilität an ihre Grenzen stößt; große Auswahl unterschiedlicher Anbieter integriert
Vertikale Integration	Integration aller Services, „Premium-Konten" (Level 4)	Integration von Policy-Zielen (Level 4)	Integration variiert (Level 2–3)

RELEVANZ DER MARKTTEILNEHMER

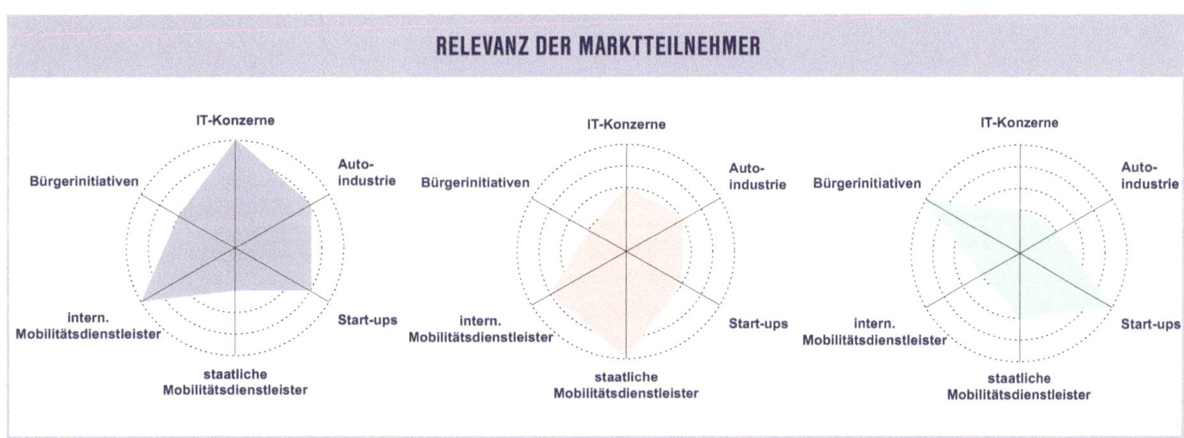

VERKEHRSANGEBOT

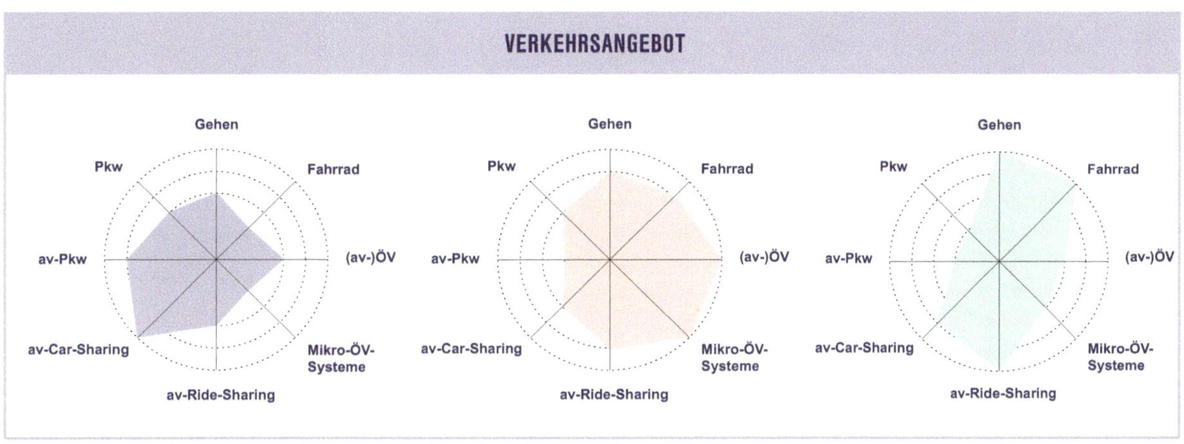

GOVERNANCE

	MARKT- GETRIEBEN	POLITIK- GETRIEBEN	ZIVILGESELLSCHAFTLICH GETRIEBEN
ECONOMY			
Preisliche Maßnahmen, Fiskalpolitik	• Mobility-Pricing	• moderates Mobility-Pricing • Steuern auf av-Pkw • Lizenzen bzw. Versorgungsverträge	• Mobility-Pricing
ENFORCEMENT			
Rechtliche Maßnahmen, Ordnungspolitik	• Fokus auf Sicherheitsstandards • Versicherungspflichten	• Fahrverbote für av-Pkw, Beschränkung von Leerfahrten • restriktive Bodenpolitik	• Fahrverbote in Abhängigkeit von „straßenräumlicher Verträglichkeit"
EDUCATION			
Kommunikative Maßnahmen, Information	• Werbung	• Nudging (Verhaltensbeeinflussung)	• Kompetenzbildung
ENGINEERING			
Planerische Maßnahmen, Infrastrukturbau und -betrieb	• Anpassung der Straßeninfrastruktur an av-Tauglichkeit	• Ausbau des ÖV-Systems und von Mobilitätshubs	• Reduktion der Geschwindigkeit für avF und Bau von Mikrohubs

RAUM

	MARKT- GETRIEBEN	POLITIK- GETRIEBEN	ZIVILGESELLSCHAFTLICH GETRIEBEN
VERKEHRSKNOTEN			
Hierarchisches Konzept	flach	vielstufig	flach
Funktionale Integration	Konsum	soziale und Bildungseinrichtungen	umfassend
Zugänglichkeit	semiöffentlicher Raum	öffentlicher Raum	öffentlicher Raum
Umfeldintegration	+	+++	++
Gestaltungsqualität	+++	++	++

	MARKT-GETRIEBEN	POLITIK-GETRIEBEN	ZIVILGESELLSCHAFTLICH GETRIEBEN
ÖFFENTLICHER RAUM			
Straßenraumqualität	polarisiert, kommerzialisiert	Hierarchisierung, kontrolliert	angeeignet, unterschiedliche Nutzungen
Trennprinzip	++	+++	+
Mischprinzip	++	+	+++
EG-Nutzung	räumlich konzentriert	kuratiert	divers

	MARKT-GETRIEBEN	POLITIK-GETRIEBEN	ZIVILGESELLSCHAFTLICH GETRIEBEN
STADTREGION			
Raumstruktur (Dichte, Zentralität, Erreichbarkeit)	starkes Zentrum, Suburbanisierung und Dezentralisierung im Umland	funktionsdurchmischte Siedlungskerne und polyzentrale Struktur in Agglomerationen	regionale, verflochtene Inseln (Mosaik)
Funktion der Groß- und Kleinstadt, Zentralität	Großstadt als Wirtschafts- und Steuerungszentrum	regionale Integration, Polyzentralität	lokale Zentren, Enklavenbildung
Flächen-management	betriebswirtschaftliches Flächenmanagement	Flächenmanagement durch klare Vorgaben der öffentlichen Hand	Flächenmanagement, geregelt über die Gemeinschaft

	MARKT-GETRIEBEN	POLITIK-GETRIEBEN	ZIVILGESELLSCHAFTLICH GETRIEBEN
QUARTIER			

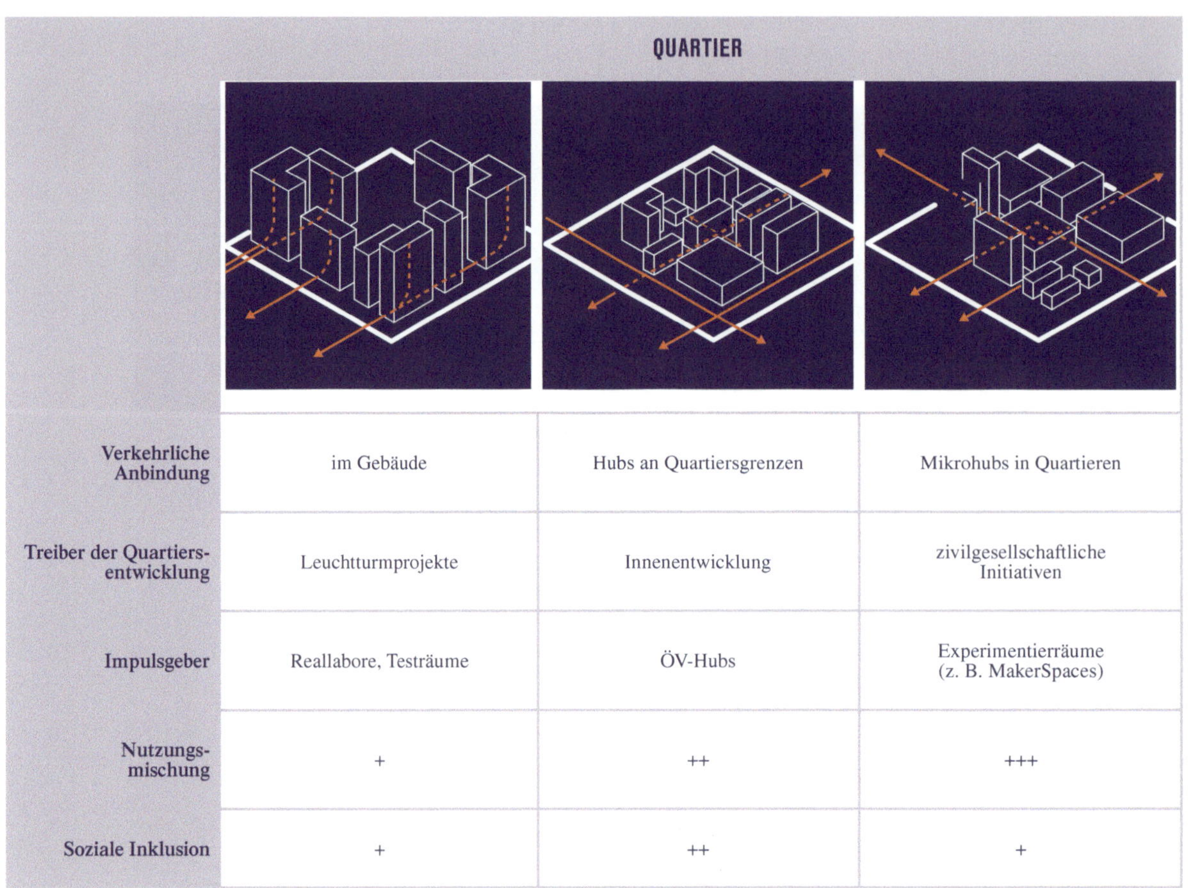

	MARKT-GETRIEBEN	POLITIK-GETRIEBEN	ZIVILGESELLSCHAFTLICH GETRIEBEN
Verkehrliche Anbindung	im Gebäude	Hubs an Quartiersgrenzen	Mikrohubs in Quartieren
Treiber der Quartiersentwicklung	Leuchtturmprojekte	Innenentwicklung	zivilgesellschaftliche Initiativen
Impulsgeber	Reallabore, Testräume	ÖV-Hubs	Experimentierräume (z. B. MakerSpaces)
Nutzungsmischung	+	++	+++
Soziale Inklusion	+	++	+

FLÄCHENNUTZUNGSDYNAMIK

Quelle: AVENUE21

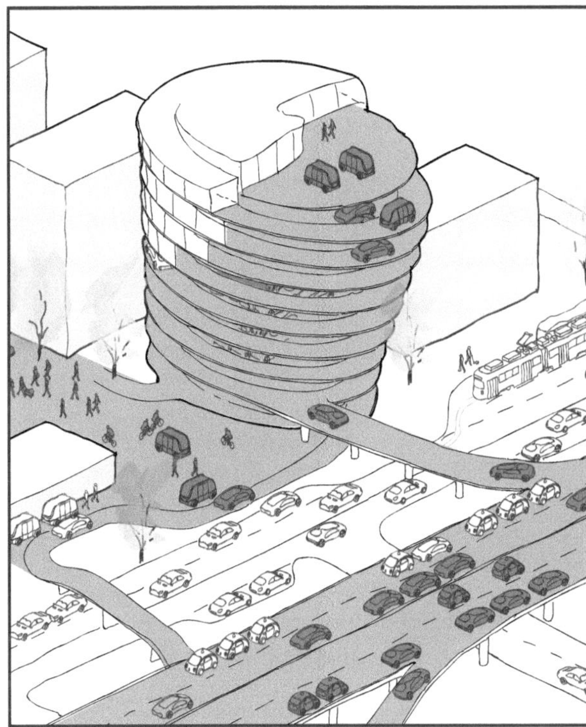

AVV-GESTÜTZTES TRANSIT-ORIENTED DEVELOPMENT →

Im „transit-oriented development" des politikgetriebenen Szenarios ist der multimodale Hub im Zentrum des Quartiers. Im Sinne eines „seamless transport" wurde darauf geachtet, dass möglichst geringe Schwellen zwischen dem Leben im Quartier und den ÖV-Angeboten existieren. Fuß- und Radverkehr erreichen so direkt die Gleise und Haltestellen, während private avF in einiger Distanz geparkt werden können.

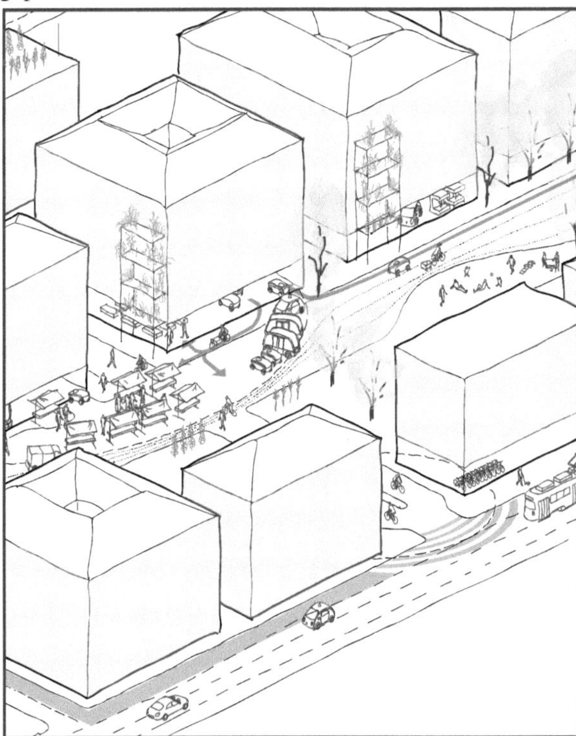

Illustration: Alexander Diem

← INTERNET OF THINGS-QUARTIER

Der Mobilitätshub im marktgetriebenen Szenario funktioniert als Tor ins und aus dem Quartier. An einer Hauptverkehrsachse gelegen, sind hier Mobilitäts- und Immobilienmarkt in der Standortentwicklung vollkommen integriert. Firmen und BewohnerInnen des Quartiers können situationsabhängig auf unterschiedliche Mobilitätsdienstleistungen und Fahrzeugtypen zugreifen. Der öffentliche Raum ist privatisiert und als „shared space" ausgebildet.

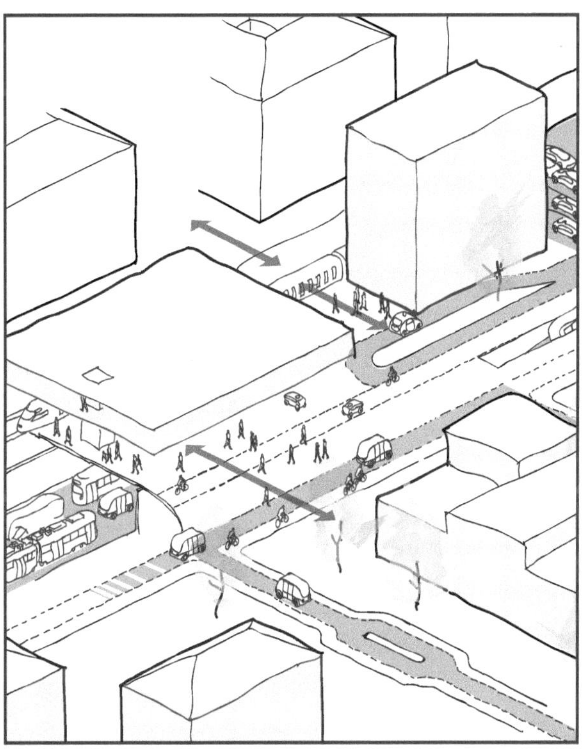

← AV-MIKROHUBS

Im zivilgesellschaftlich getriebenen Szenario sind unterschiedliche Mikrohubs Teil der Erdgeschossnutzung. Die Grenzen zwischen Straßen- und Gebäudeinnenraum sind fließend. Das Quartier wird ausschließlich bei geringer Geschwindigkeit erschlossen, die sich nach der aktuellen Nutzung richtet. An der Grenze des Quartiers übernimmt (teilweise) ein hochrangiger ÖV die Anbindung an die Stadtregion.

5.7

EINSCHÄTZUNG DER SZENARIEN DURCH STAKEHOLDER/INNEN

Um der Frage nachzugehen, wie die im Projekt entwickelten Szenarien von verschiedenen StakeholderInnen eingeschätzt werden, wurden Fokusgruppen mit ExpertInnen aus unterschiedlichen Bereichen (stadtregionale Governance, Planung, Mobilitätsdienstleistungen, Technologieunternehmen und Wissenschaft) organisiert. Daraus wurden Rückschlüsse für den weiteren Szenarienprozess abgeleitet. Die Diskussion in den Fokusgruppen sollte darüber hinaus dazu genutzt werden, um Erfahrungen zu sammeln, wie die Szenarien eingesetzt werden können, und um die Auswirkungen des avV in der breiteren Fachöffentlichkeit und darüber hinaus auch mit Laien zu diskutieren.

Da der Einsatz und die Anwendung von avF in der Zukunft liegt, Erfahrungswissen weitgehend fehlt und der Forschungsgegenstand zur avM hochkomplex ist, richten sich besondere Herausforderungen an den methodologischen Ansatz. Dazu wurden klassische Methoden der empirischen Sozialforschung und der Zukunftsforschung miteinander verschränkt. Interessante Anknüpfungspunkte gibt es hierzu im Bereich der kritisch-utopischen Aktionsforschung, der Citizen Science-Ansätze, der spekulativen und visuellen Soziologie sowie der Design Thinking-Ansätze (Levitas 2010, Robinson et al. 2011, Husted & Tofteng 2014, BuroHappold Engineering 2016, Freudendal-Pedersen et al. 2017). Ziel war es, sowohl die Alltagserfahrungen von verschiedenen StakeholderInnen und ihre Kritik an der aktuellen Mobilitätssituation als auch ihre imaginierten, mit avF verbundenen Zukunftsutopien zur Erforschung der potenziellen Wirkungen von avM heranzuziehen (Levitas 2010, S. 542).

Insgesamt wurden drei Fokusgruppen organisiert, bei denen jeweils ein Szenario und entsprechende Zukunftsbilder diskutiert wurden. Nach einer Präsentation der Szenarien wurden die jeweiligen potenziellen Wirkungen, Chancen und Risiken erörtert. Dadurch sollten die Imagination der Teilnehmenden hinsichtlich der Möglichkeiten der avM angeregt und darauf aufbauend die verschiedenen Anwendungsszenarien durchgesprochen werden. Abschließend wurde in der ExpertInnengruppe der als notwendig erachtete Handlungsbedarf identifiziert. Die wahrgenommenen Chancen, Risiken sowie der Handlungsbedarf sind in Abb. 5.7.1 bis 5.7.3 zusammengefasst.

Die Ergebnisse zeigen, dass aufgrund der unterschiedlichen Interessen und Sichtweisen, aber auch wegen der Komplexität des Forschungsgegenstandes ein sehr vielfältiges Wissen und unterschiedliche Meinungen zum avV vorliegen. Die Szenarien können als Kommunikationselemente eine Diskussion über mögliche Zukünfte und daran gekoppelte, notwendige Handlungen anregen. Im Rahmen kollaborativer Planungsprozesse können damit unterschiedliche Lösungen im Bereich der Mobilität sowie Siedlungs- und Quartiersentwicklung im Zusammenhang mit avM frühzeitig präzisiert werden. Kollaborative Prozesse tragen auch zum individuellen und kollektiven Lernen bei, was die Entscheidungsfindung der lokalen StakeholderInnen flexibler machen kann (Innes & Booher 2010). Zudem gibt es für viele Herausforderungen des avV keine universelle Lösung. Mittels einer Diskussion von möglichen Szenarien mit unterschiedlichen sozialen Gruppen kann ein Aushandlungsprozess über künftige Entwicklungen transparenter gestaltet und die Entscheidungsfindung unterstützt werden.

Abbildung 5.7.1: **Wahrgenommene Chancen der StakeholderInnen in den drei Szenarien**

MARKTGETRIEBEN	POLITIKGETRIEBEN	ZIVILGESELLSCHAFTLICH GETRIEBEN
• Die Stadt profitiert gegenüber dem Umland.	• Potenziale, um das Stadt-Land-Gefälle abzumildern, liegen vor allem im ländlichen Raum.	• Bessere Erreichbarkeit durch avF in dünn besiedelten Gebieten reduziert das Stadt-Land-Gefälle.
• Die Konkurrenz internationaler AkteurInnen auf lokalen Mobilitätsmärkten begünstigt ein vielfältiges und attraktives Mobilitätsangebot.	• Die Inklusion bestimmter sozialer Gruppen wird durch avM gestärkt.	• Das Einbinden des vielfältigen Wissens von BürgerInnen in Innovationsprozesse fördert personalisierte Mobilitätsangebote.
• Wenn der Preisdruck zwischen verschiedenen Anbietern von avM steigt, werden die Angebote kostengünstiger.		• Das Sharing könnte im Mobilitätsbereich zu einer wachstumskritischen, neuen Wirtschaftsweise führen.
• Von und durch avM sind interessante Experimente zu erwarten.		• Selbstorganisierte Mobilität stärkt die Identifikation im Quartier.

Abbildung 5.7.2: **Wahrgenommene Risiken der StakeholderInnen in den drei Szenarien**

MARKTGETRIEBEN	POLITIKGETRIEBEN	ZIVILGESELLSCHAFTLICH GETRIEBEN
• Wenn der Preisdruck zwischen verschiedenen Anbietern von avM steigt, wird es mittelfristig zu Marktbereinigungen kommen.	• AvM könnte zu einer starren Organisation und Hierarchie auf politischer Ebene führen.	• Ein langfristiges Engagement von BürgerInnen kann nicht sichergestellt werden.
• Die Kommerzialisierung der Fahrzeit wird zu einem Treiber weiterer Verkehrszunahme werden.	• AvM könnte auch nach parteipolitischen Motiven unterschiedlich instrumentalisiert werden.	• Es werden Insellösungen unterschiedlicher Entwicklung entstehen, was zu Ungleichheiten führt, wenn weder Markt noch Staat ausgleichen.
• Ohne Steuerung ist ein großer Kostendruck auf die Infrastruktur und ein Entwicklungsdruck auf die Siedlungsstruktur („urban sprawl") zu erwarten.	• Die Ressourcen der öffentlichen Hand sind beschränkt und die budgetären Mittel könnten möglicherweise nicht ausreichen, um die politisch-planerischen Ziele zu erreichen.	• Wie wird mit der Standardisierung bei stark personalisierten Mobilitätsangeboten umgegangen?
• Wenn sich die räumliche Verfügbarkeit von avV nach der Nachfrage richtet, könnten sozialräumliche Ungleichheiten verschärft werden.	• Größere Sanktionen bei der Einführung von avF sind politisch-planerisch nur schwierig umzusetzen.	• Die Übertragbarkeit von zivilgesellschaftlich getriebenen Projekten könnte sich als schwierig erweisen.
• Eine Monopol- oder Oligopol-Stellung ist nicht auszuschließen, wodurch Preise erhöht werden.		• Zivilgesellschaftlich getriebene Projekte zur avM könnten langfristig eine starke Nähe zu Marktinteressen entwickeln.
• Es wird „neue Gewinner" und „neue Verlierer" am Mobilitätsmarkt geben.		• Der Druck auf die Siedlungsstruktur („urban sprawl") könnte mit schwacher übergeordneter und strategischer Planung steigen.

Abbildung 5.7.3: **Handlungsbedarf nach Meinung der StakeholderInnen in Bezug auf die drei Szenarien**

MARKTGETRIEBEN	POLITIKGETRIEBEN	ZIVILGESELLSCHAFTLICH GETRIEBEN
• Staatliche Regulationen sollten nichtnachhaltige Markteffekte ausgleichen.	• Spezifische Angebote sollten gefördert werden: Mikro-ÖV-Systeme, Anruf-Sammeltaxi, Car-Sharing	• In weniger gut erschlossenen Gebieten ist seitens der öffentlichen Hand ein adäquates Mobilitätsangebot unter Nutzung von avF zu gewährleisten.
• Der Wettbewerb der Städte um Testgebiete für avF könnte dazu führen, dass in diesem Zug die Sicherheitsstandards gesenkt werden; das sollte durch entsprechende staatliche Regeln verhindert werden.	• Die Mobilitätsangebote sollten über eine von der Stadt koordinierte Plattform organisiert werden.	• Eine angemessene Beteiligung bei der Umsetzung von Projekten zur avM fehlt bislang und sollte von der Stadt ermöglicht und gefördert werden.
• Linienkonzessionen könnten zur Sicherung des Betriebs der Linie auch mit avF eingeführt werden.	• AvF-gerechte „mobility points" müssen gezielt geplant werden, um Übergänge zur Mikromobilität und aktiven Mobilität zu schaffen.	• Bildungsinitiativen und Anreizsysteme sollten zur Transformation des heutigen Verkehrsverhaltens genutzt werden.
• Die privaten Anbieter des ÖV müssen Leistungsverträge mit der öffentlichen Hand schließen.	• Um die zusätzliche Zersiedelung durch die avM zu vermeiden, sind starke bodenpolitische Instrumente erforderlich.	• Es sollten Experimentierräume für Bottom-up-Initiativen geschaffen werden.
• Ein Regelsystem, mit dem die Verkehrssteuerung des avV und die Lizenzierungen für ÖV und Lieferdienste gesteuert werden, müsste mit vielen StakeholderInnen entworfen werden.	• In weniger gut erschlossenen Gebieten ist seitens der öffentlichen Hand ein adäquates Mobilitätsangebot unter Nutzung des avV zu gewährleisten.	
	• Um die Einführung von avF angemessen zu steuern, sollte zwar frühzeitig gehandelt, aber dennoch eine langfristige Perspektive eingenommen werden.	
	• Die Handlungsmöglichkeiten der Stadt bestehen vor allem im Bereitstellen und Betreiben von Infrastrukturen.	
	• Das Regelsystem für die Verkehrssteuerung bzw. die Lizenzierung ist von der Politik und der planenden Verwaltung zu erstellen.	
	• Die Informationen zur Auswirkung von avV müsste möglichst verständlich an die Gemeinden herangetragen werden.	

5.8

VERTIEFENDE BETRACHTUNG RÄUMLICHER DYNAMIKEN DES LANGEN LEVEL 4

In diesem Abschnitt werden die drei Szenarien hinsichtlich der Auswirkungen des automatisierten und vernetzten Verkehrs im SAE-Level 4 auf die Erreichbarkeit, die Standortwahl und das Rückgewinnen von Parkplatzflächen in verschiedenen räumlichen Maßstabsebenen vertieft und ausgewertet. Dies ist als Anstoß dafür gedacht, die Stadt- und Mobilitätsplanung darin zu unterstützen, sich auf die Herausforderungen einzustellen, die während des Langen Level 4 in Bezug auf Steuerung und Planung in der Stadtregion entstehen werden. Ein solcher praxisrelevanter Zugang ist bis dato ausständig.

Die Stärke der hier vorgestellten normativ-narrativen Szenarien besteht darin, dass unterschiedliche denkbare Entwicklungen und Zustände dargestellt, transparent gemacht und konkretisiert werden, um letztlich den Handlungsbedarf auf dem Weg zu einer wünschenswerten Zukunft zu verdeutlichen. Folgt man den Präambeln der Strategien zur stadtregionalen Entwicklung in Europa, dann besteht das Ziel darin, lebenswerte, kompakte und funktionsgemischte Städte zu gestalten, die sich durch hochqualitative öffentliche Räume auszeichnen und in denen der avV auf verträgliche Weise

integriert wird. Weil die Integration auf unterschiedlichen Ebenen wirksam wird, wird nachfolgend in Wirkungen für den öffentlichen Raum, das Quartier und die Stadtregion unterschieden.

5.8.1 ÖFFENTLICHER RAUM

Die Straßenräume innerhalb des marktgetriebenen Szenarios sind zum einen für einen effizienten Verkehrsfluss und zum anderen für eine optimale wirtschaftliche Nutzung ausgelegt. Dies führt zu einer Polarisierung öffentlicher Räume: Eine hohe Aufenthaltsqualität steigert den Wert angrenzender Immobilien und unterstützt eine Gentrifizierung (s. in Abb. 5.8.1 links unten), während in den effizient gestalteten Verkehrsadern eine hohe Belastung für die AnrainerInnen und eine stark eingeschränkte Aufenthaltsqualität entsteht (s. in Abb. 5.8.1 rechts unten).

Die notwendige Finanzierung der Umbauten und der benötigten neuen digitalen Infrastruktur wird im Rahmen von Public-Private Partnerships (PPPs) entwickelt. Die EigentümerInnen umliegender Gebäude beteiligen

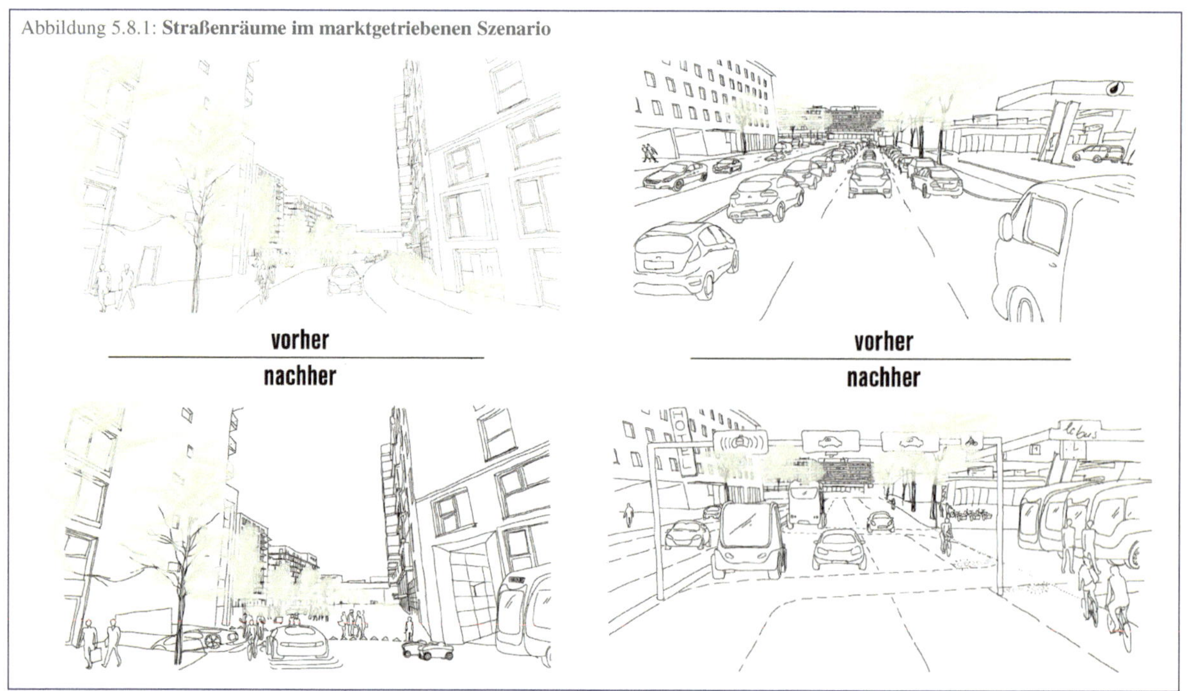

Abbildung 5.8.1: **Straßenräume im marktgetriebenen Szenario**

Quelle: AVENUE21

sich in Form von abgewandelten „business improvement districts" (bid), um die Sicherheit, Sauberkeit und Kontrolle zu gewährleisten und „shared spaces" in Wohn- und Büroquartieren einzurichten, in denen avF bei geringen Geschwindigkeiten die letzte Meile übernehmen. Pick-up- und Drop-off-Flächen für automatisiertes Car-Sharing befinden sich teilweise in den Gebäuden – in umgenutzten Tiefgaragen, in ehemals leerstehenden Ladenlokalen oder als neu geschaffene Mobility Points, wo zwischen unterschiedlichen automatisierten Fahrzeugtypen und neuen urbanen Mobilitätsangeboten (E-Scooter) gewählt werden kann.

Die verkehrlichen Belastungen konzentrieren sich entlang jener Trassen, die für den Einsatz von avF bei relativ hohen Geschwindigkeiten ausgelegt wurden. Hier werden die Fahrzeuge auf separaten Fahrstreifen geführt, um die Fahraufgabe für die avF zu vereinfachen. Diese Trassen bilden ein eigenes Netz innerhalb der bestehenden Straßeninfrastruktur und reichen von den Autobahnen ausgehend in die Stadt hinein. Die Trennwirkung entlang dieser Achsen ist durch die geringen Abstände zwischen automatisierten Fahrzeugen und den eingeschränkten Möglichkeiten der Querung enorm hoch.

Innerhalb des politikgetriebenen Szenarios wird das Ziel verfolgt, das öffentliche Verkehrsnetz durch den avV zu ergänzen und die Qualität öffentlicher Räume zu verbessern. Das bedeutet auch, dass jene Straßen bzw. Zonen für die Benutzung durch avF gesperrt werden, in denen ihr Einsatz der Aufenthaltsqualität

schaden würde. Um öffentlichen Raum rückzugewinnen, wird der ÖV attraktiver gemacht, indem Mobilitätsplattformen und -Apps von den Städten eingerichtet werden. Aufgrund eines verringerten Pkw-Verkehrs können ehemalige Parkplatzflächen zugunsten von Radwegen oder Aufenthaltsräumen umgenutzt werden. Automatisierte und vernetzte Fahrzeuge bzw. deren Einsatz ist auch im politikgetriebenen Szenario in Straßen dichter urbaner Lagen nur mit Abstrichen möglich: Hier sind Abstandsflächen und Barrieren notwendig, welche die Nutzung beeinträchtigen werden (s. Abb. 5.8.2).

Der öffentliche Raum innerhalb des zivilgesellschaftlich getriebenen Szenarios wandelt sich mit seiner Nutzung. Die Geschwindigkeiten wurden erheblich gesenkt. Die rückgewonnenen Flächen, die vor allem an ehemals autoaffinen Standorten beachtlich sind, werden für Funktionen verwendet, für die aktueller Flächenbedarf besteht. Automatisierte Mobilitätsdienstleistungen verbinden und vernetzen produktive Flächen des öffentlichen Raums und in den Erdgeschosszonen. Die Heterogenität des Straßenraums, das Nebeneinander unterschiedlicher Funktionen und Fahrzeuge hat allerdings auch negative Folgen für die Verkehrssicherheit. In den meisten Fällen hat die Reduktion der Geschwindigkeit zu einer radikalen Transformation des Straßenraums beigetragen und die Strategien aktueller Verkehrsplanungen in Städten unterstützt, vermehrt Tempo-20- und Tempo-30-Zonen einzurichten resp. Innenstädte autofrei zu machen (s. Abb. 5.8.3).

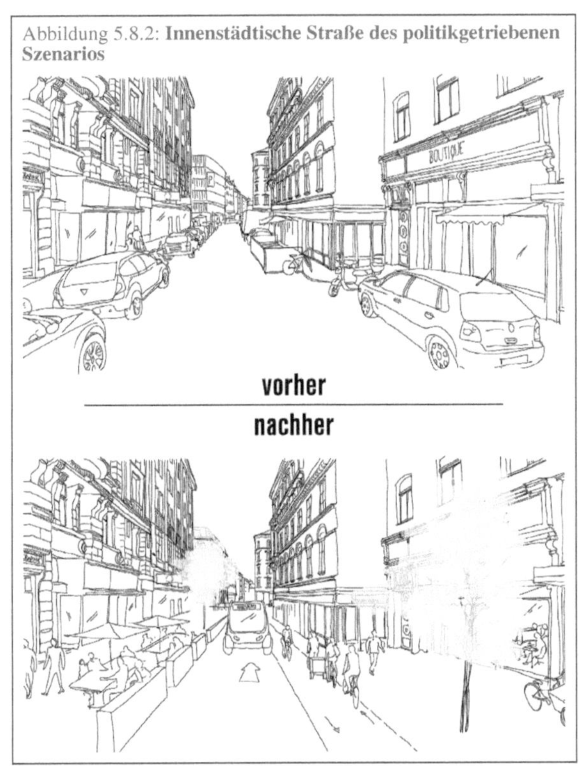
Abbildung 5.8.2: **Innenstädtische Straße des politikgetriebenen Szenarios**

Quelle: AVENUE21

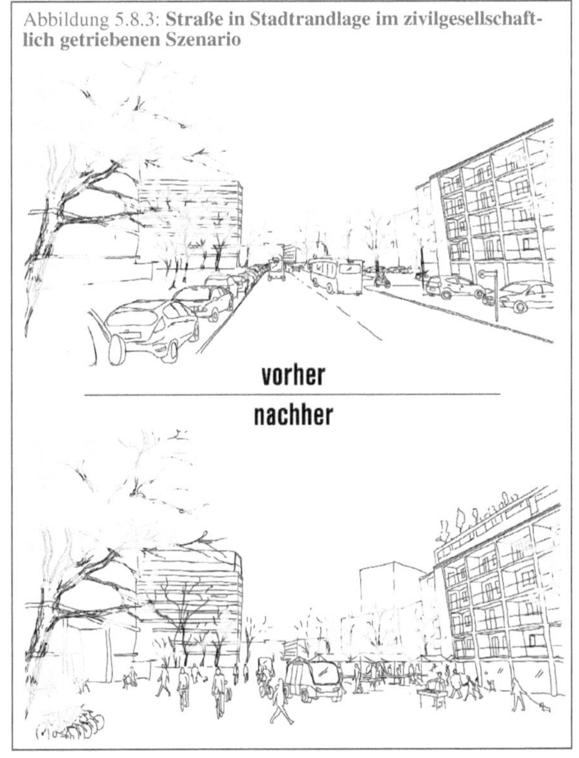
Abbildung 5.8.3: **Straße in Stadtrandlage im zivilgesellschaftlich getriebenen Szenario**

Quelle: AVENUE21

ZWISCHENFAZIT UND GEMEINSAMKEITEN

Grundlegender Widerspruch: öffentliche Räume hoher Aufenthaltsqualität und avM bei höheren Geschwindigkeiten
In allen Szenarien zeigt sich ein Widerspruch zwischen belebten öffentlichen Räumen (mit unterschiedlichen Verkehrsteilnehmenden und Nutzungen im Erdgeschoss) und avF bei höheren Geschwindigkeiten. Höhere Geschwindigkeiten und größere Einsatzgebiete können in Städten durch infrastrukturelle Maßnahmen zwar ermöglicht werden, doch das immer zulasten bestehender Qualitäten im Straßenraum.

Rückgewinnung des öffentlichen Raums nur durch begleitende Maßnahmen zur Verkehrsvermeidung
Im Szenario-Writing wurde deutlich, dass während der Übergangszeit Parkplatzflächen im Straßenraum nicht allein durch avF im erhofften Umfang obsolet werden. Es bedarf vor allem Verhaltensänderungen, eines breiten Sharing-Angebots, einer höheren Qualität des ÖV und Infra- sowie Raumstrukturen zur Unterstützung aktiver Mobilität. In allen Szenarien sind zusätzliche planerische bzw. steuernde Maßnahmen nötig, um die Ziele der Verkehrswende mit der Nutzung von avF zu vereinbaren.

5.8.2 QUARTIER

Die Vorreiterquartiere innerhalb des marktgetriebenen Szenarios orientieren sich global. Sie entsprechen den Vorstellungen einer hochmobilen Klientel, die Standorte international vergleicht und auswählt. In IoT-Quartieren werden in digitale Ökosysteme eingebettete automatisierte Mobilitätsangebote zu einem wesentlichen Bestandteil des digitalisierten Alltags. Dies führt dazu, dass spezifische Lagen an den Stadträndern in der Nähe von Autobahnen präferiert werden, weil hier Quartiersentwicklungen möglich sind, in denen avF uneingeschränkt fahren können. Von diesen Standorten aus ist das transnationale Verkehrsnetz, das im Personen- und Güterverkehr genutzt wird, gut erreichbar. In diesen IoT-Quartieren profitieren der Handel, die BewohnerInnen und auch die Berufstätigen, während weniger gut erreichbare Quartiere und Stadtteile ökonomisch stagnieren oder zurückfallen.

Innerhalb des politikgetriebenen Szenarios treiben Politik und Planung die Quartiersentwicklung mit gezielter Infrastrukturentwicklung voran. Dies beginnt mit einer nahmobilen Erreichbarkeitsplanung, schließt nicht nur verschiedene Fahrzeuge und Verkehrsnetze ein, sondern beinhaltet auch die gezielte Standortentwicklung im Nahbereich von Verkehrsknoten (Schulen, Kindergärten, Ämter, Gewerbeflächen etc.). Das Ziel sind dichte, funktionsdurchmischte Quartiere. Der avV wird vor allem in innerstädtischen Lagen eher restriktiv behandelt und in Ergänzung zum ÖV im Kontext eines ausgeweiteten Sharings entwickelt. Der hochrangige ÖV wird weiter gebündelt und entlang von Linien geführt. Automatisierte und vernetzte Shuttles und Ride-Sharing-Dienste werden ergänzend eingesetzt und folgen keinem fixen Liniennetz, um bisherige Versorgungslücken des ÖV zu schließen.

Bei der Quartiersentwicklung innerhalb des zivilgesellschaftlich getriebenen Szenarios wird auf die Eigeninitiative der BewohnerInnen vor Ort gesetzt. Dazu werden Räume des Austauschs geschaffen, in denen das vorhandene Alltagswissen zu Problemen und Bedürfnissen formuliert wird und in die Gestaltung der Mobilität und der räumlichen Entwicklung einfließen kann. Die Grenzen zwischen innen und außen, zwischen Grün- und Straßenraum sind fließend. Durch die partizipative Entwicklung von Quartieren wird die Identifikation mit dem Ort verbessert. Das schließt jedoch nicht aus, dass sich unter bestimmten Konstellationen auch Partikularinteressen bei der Neuausrichtung des Verkehrs oder der Gestaltung öffentlicher Räume im Quartier durchsetzen.

ZWISCHENFAZIT UND GEMEINSAMKEITEN

In den Quartieren entwickeln sich Level-4-Inseln, d. h. urbane Teilräume mit einem für den Einsatz von avF geeigneten Straßennetz (s. Abb. 5.8.4). Sie entstehen in allen Szenarien bewusst geplant, technologisch bedingt oder von lokalen Interessen initiiert. Auf dieses Phänomen wurde an anderer Stelle bereits verwiesen (European Commsission 2017, S. 96).

Im marktgetriebenen Szenario sind solche „Exklaven" das Ergebnis eingeschränkter technologischer Möglichkeiten und gezielter hochtauglich geplanter Quartiere. Damit werden insbesondere Lagen an Autobahnen zu Treibern und zu Verkehrsknoten in einem privatisierten, transnationalen Netzwerk. Mit dem politikgetriebenen Szenario wird die Möglichkeit verdeutlicht, dass es planerisch zielführend sein kann, Zonen mit Zufahrtsbeschränkungen und Fahrverboten für avF auszuweisen, wenn die Aufenthaltsqualität in den öffentlichen Quartiersräumen unter dem Einsatz von avF leiden würde. Ob politisch-planerisch gesteuert oder technologisch bedingt: Unter der Annahme eines Langen Level 4 ist mit Brüchen im Verkehrssystem und dem städtischen Gefüge zu rechnen, die auf der Quartiersebene zu neuen Herausforderungen führen. Daraus folgt:

Hohe avV-Erreichbarkeit wird zu einem wichtigen Kriterium der Standortwahl für Unternehmen
Es ist denkbar, dass z. B. der stationäre Handel, aber auch Büros und Produktionsstandorte dort profitieren, wo automatisiert beliefert und betrieben werden kann, während dort, wo das nicht gegeben ist, die Lagen zurückfallen werden. Das würde zusätzliche Nachteile und erhöhten Handlungsdruck für innenstadtnahe Lagen wie Einkaufsstraßen und Quartierszentren bedeuten.

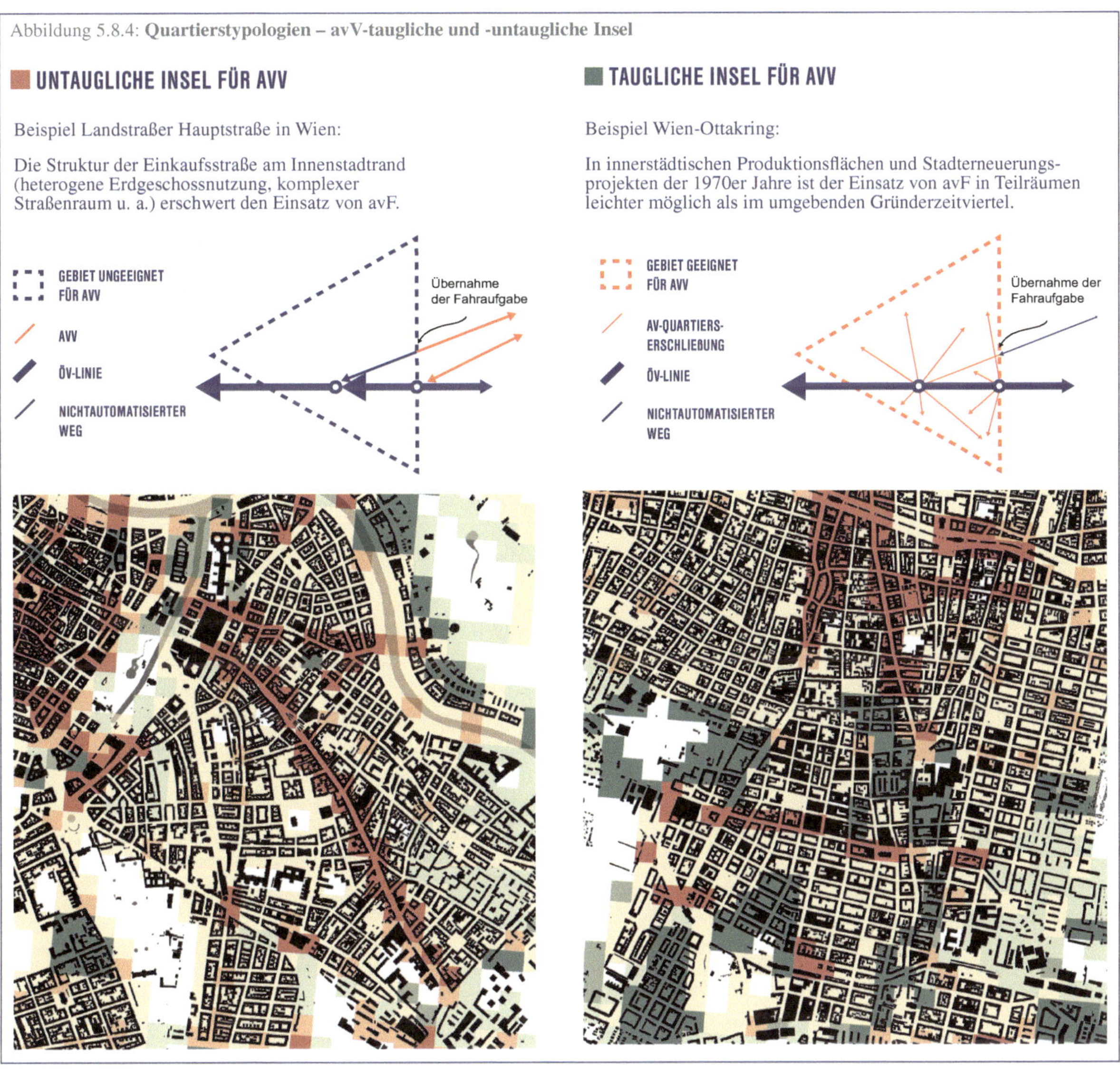

Quelle: AVENUE21

Risiko für die Verkehrssicherheit

Die Fahraufgaben müssten im MIV an den Grenzen dieser Inseln vom technischen System auf die Fahrenden übertragen werden, was ein beträchtliches Sicherheitsrisiko darstellen könnte (Helläker et al. 2019). Diese Schnittstellen müssen technologisch überwacht und eine ordnungsgemäße Übergabe sichergestellt werden (z. B. durch Geofencing oder durch das automatisierte Fahrsystem; Stark et al. 2019). Außerdem müssten andere Verkehrsteilnehmende über den aktuellen Modus der Fahrzeuge informiert sein und ihr Verhalten entsprechend anpassen.

Quartiersentwicklung um Mobilitätsknoten

In den vorgestellten Szenarien wurden unterschiedlich denkbare Typologien von Mobilitätshubs (s. Abb. 5.8.5, 5.8.6) und deren Einbindung in Quartiere thematisiert. Innerhalb der markt- und politikgetriebenen Szenarien werden Möglichkeiten gezielter Standortentwicklung um die neuen Mobilitätsknoten aufgezeigt. Innerhalb des marktgetriebenen Szenarios ergeben sich – wie oben gezeigt – insbesondere neue Mobilitätsknoten in Stadtrandlage, die als Schnittstelle zwischen Autobahnnetz und Stadtregion fungieren (s. Abb. 5.8.5 links). Innerhalb des politikgetriebenen Szenarios wird das Konzept des „transit-oriented developments" mit den Mitteln des avV weiterentwickelt (s. Abb. 5.8.5 Mitte). Innerhalb des zivilgesellschaftlich getriebenen Szenarios werden nahräumlich integrierte Mikrohubs thematisiert (s. Abb. 5.8.5 rechts).

Die in den Szenarien vorgestellten Typologien möglicher avV-Mobilitätsknoten wurden in Fortschreibung bestehender Quartiersentwicklungen um Verkehrsknoten entwickelt (s. Abb. 5.8.6). Das Quartier um den Verkehrsknoten innerhalb des marktgetriebenen Szenarios funktioniert wie ein Kopfbahnhof eines ansonsten monomodalen avF-gestützten transnationalen Verkehrssystems. Die politik- und zivilgesellschaftlich getriebenen Szenarien zeigen unterschiedliche Möglichkeiten (und Maßstäbe) der Integration eines multimodalen Verkehrssystems auf der Quartiersebene.

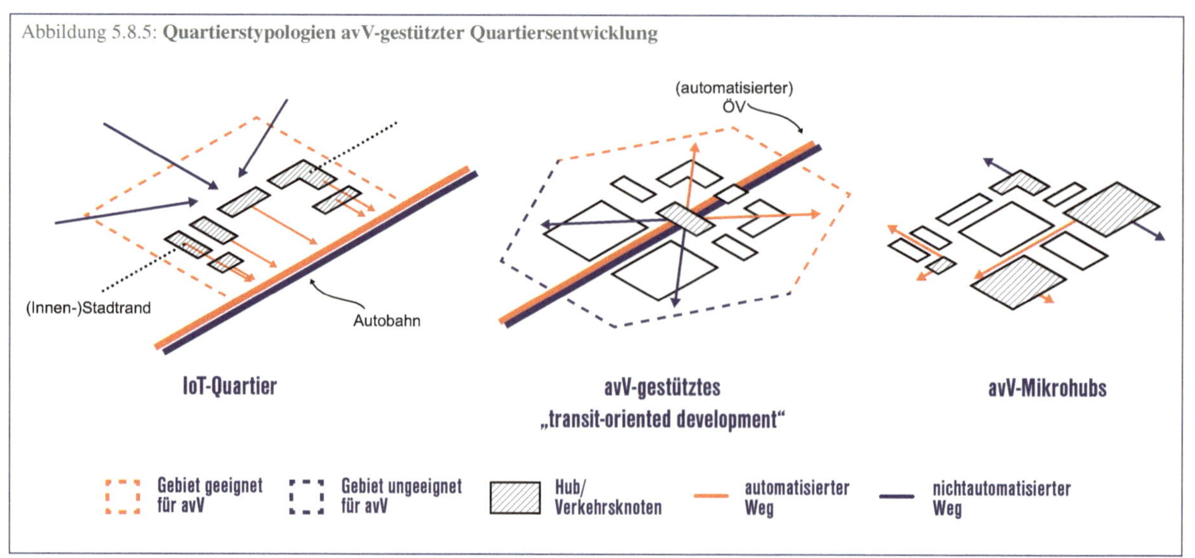

Abbildung 5.8.5: **Quartierstypologien avV-gestützter Quartiersentwicklung**

Quelle: AVENUE21

5.8.3 STADTREGION

Unter einem politisch-planerischen Laissez-faire, wie es im marktgetriebenen Szenario dargestellt wurde, kommt es zu einer rasanten Zersiedelung, die sich entlang von Autobahnen ausbreitet. Hier lassen sich die Vorteile von avF auf der langen Strecke nutzen (kurz- bis mittelfristig: Sicherheit, Effizienz, anderweitige Nutzung der Fahrzeit, Komfort; langfristig: Wahl von Betriebs- und Wohnstandorten). In der Standortentwicklung werden der Mobilitäts- und Immobilienmarkt gezielt kombiniert. Unterschiedliche Nutzungen (Logistik, Produktion, Wohnen, Büro und Handel) bilden Cluster in Lagen, die am besten ihren verkehrlichen Anforderungen entsprechen. Wohn-, Gewerbe- oder Industrieparks profitieren von geringeren Grundstückspreisen im Umland. Lagen schlechter av-Erreichbarkeit (vor allem die Stadtkerne) werden funktional ausgehöhlt und verlieren weitestgehend ihre Bedeutung als Zentrum. Teilweise werden im innerstädtischen Bereich automatisiert befahrbare Trassen durchgesetzt, die z. B. vor allem Einkaufsstraßen erschließen (s. Abb. 5.8.5, 5.8.7).

Abbildung 5.8.6: **Quartiersentwicklung um Mobilitätsknoten und historische Vorbilder**

	ZEITRAUM	BEISPIEL	RÄUMLICHER FOKUS	ZENTRALE AKTEUR/INNEN	TREIBER
Kapitalisierung von Flächen	1980er Jahre	Broadgate (London)	Bahnhofsareal, -quartier	Eisenbahngesellschaften	Privatisierung von Eisenbahnen, neoliberale Märkte
Urbanes Megaprojekt	1990er Jahre	Euralille (Lille)	(neuer) Hauptbahnhof, angrenzendes Quartier	lokale und nationale Regierungen	Bau von Hochgeschwindigkeitszügen, transnationale Strukturpolitik
„transit-oriented development"	2000–2010	Stedenbaan (Rotterdam–Den Haag)	mehrere Quartiere entlang des regionalen Schienennetzes	Koalitionen regionaler Regierungen und ÖV-Betreiber	Ausbau regionaler Schienenverkehrsnetze, nachhaltige Siedlungsentwicklung
IoT-Quartier		Abb. 5.8.5 links	Quartier nahe Autobahnabfahrt	Mobilitätsdienstleister, IT-Unternehmen	technologische Einschränkungen von avF
avV-gestütztes „transit-oriented development"	Langes Level 4	Abb. 5.8.5 Mitte	Quartier an ÖV-Trasse	regionale Koalitionen, PPPs	nachhaltige Siedlungsentwicklung, Entlastung von Zentren
avV-Mikrohubs		Abb. 5.8.5 rechts	Teilquartier	Bottom-up-Initiativen, Start-ups	Ausdifferenzierung des Mobilitätsverhaltens

Quelle: AVENUE21 nach Bertolini et al. (2012, S. 37)

Eine restriktive Bodenpolitik verhindert die Zersiedelung innerhalb des politikgetriebenen Szenarios. Um in einer wachsenden Stadtregion steigenden Immobilienpreisen entgegenzuwirken, werden gezielt Quartiere um Mobilitätsknoten entwickelt, die von scharfen Siedlungsgrenzen gefasst werden. Um Verschiebungen von Standortqualitäten zugunsten von Lagen entlang von Autobahnen entgegenzuwirken, wird die Verkehrsverlagerung auf den (teilweise automatisierten) ÖV forciert und ein stadtregionales Logistiknetz zur Stärkung des stationären Einzelhandels entwickelt. Neben dem Schienennetz, das seine wesentliche Rolle im Verkehrssystem behält, werden Möglichkeiten des automatisierten ÖV auf der Autobahn (durch Bus Rapid Transit – BRT) genutzt. Die wichtigste Aufgabe erfüllt der avV in der Versorgung verbauter Flächen geringer und mittlerer Dichte in Achsenzwischenräumen, die auf diese Weise besser in das ÖV-Netz integriert werden können (s. Abb. 5.8.7).

Im zivilgesellschaftlich getriebenen Szenario wird ein grundlegender struktureller Wandel vor allem ab dem Innenstadtrand thematisiert. Ein engmaschiges Netz unterschiedlicher Sharing-Angebote überspannt die Stadtregion. Im Nahverkehr hat der ÖV gegenüber der aktiven Mobilität an Bedeutung verloren, in der Erschließung der Region spielt der ÖV weiter eine wichtige Rolle. Verbaute Gebiete geringer und mittlerer Dichte werden umgenutzt und freie Flächen produktiv gemacht. Siedlungs- und Verwaltungsgrenzen sind fast vollständig aufgehoben. Um Wege weitgehend zu vermeiden, werden Güter in der Region produziert, die Auslastung vorhandener Ressourcen durch Sharing gesteigert und in Form eines kombinierten Personen- und Warentransports in automatisierten Shuttles transportiert. Lokaler Bezug und eine starke Community-Orientierung unterstützen dezentrale Strukturen unterschiedlicher Dichte. Mikrohubs werden zu kleinteiligen Kristallisationspunkten der urbanen Transformation. Die Zentren werden in ihrer Funktion stark von bisweilen partikularen Gruppeninteressen bestimmt (s. Abb. 5.8.7).

ZWISCHENFAZIT UND GEMEINSAMKEITEN

Neugestaltung des regionalen und überregionalen Verkehrs

Der regionale und überregionale Verkehr verändert sich durch das Zusammenspiel traditioneller und technologisch aufgerüsteter Fahrzeuge erheblich:

- Auf Autobahnen wird es als Erstes notwendig, den gering und hochautomatisierten Verkehr zu koordinieren (SAE-Level 2, 3 und 4).

- Heutige regionale und überregionale ÖV-Angebote (Bus, Bahn) stehen vor der Herausforderung, ihr Alleinstellungsmerkmal (die Beförderung von Personen) zu verlieren, steigendem Kostendruck zu begegnen und angesichts

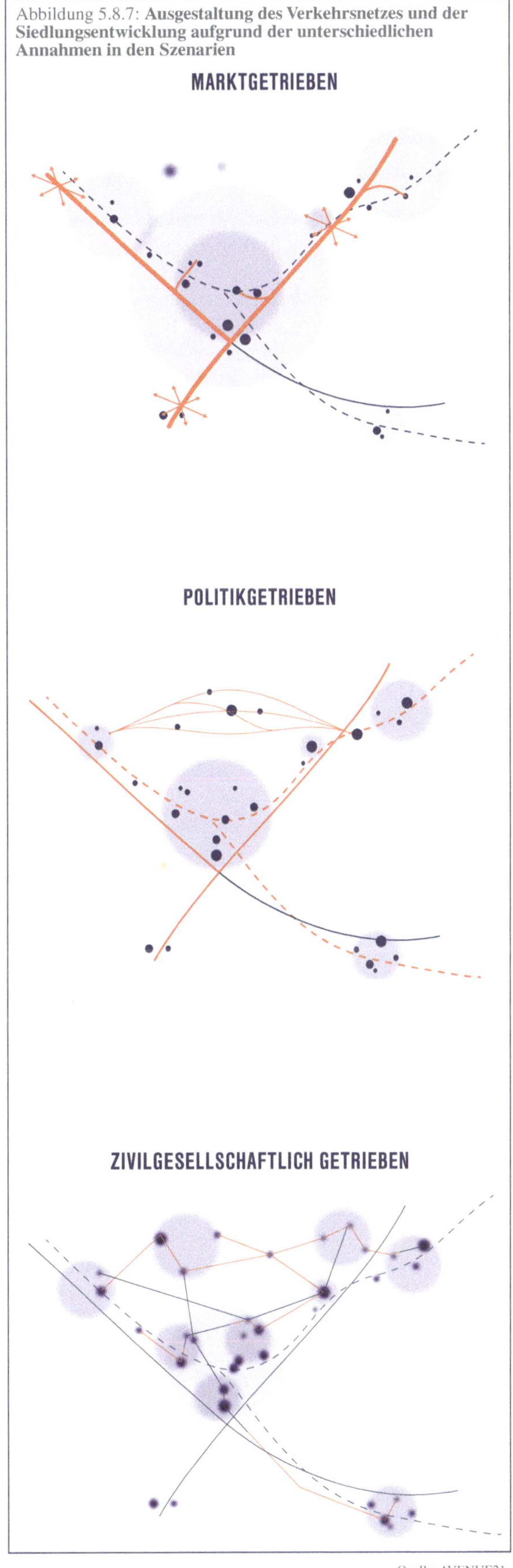

Abbildung 5.8.7: **Ausgestaltung des Verkehrsnetzes und der Siedlungsentwicklung aufgrund der unterschiedlichen Annahmen in den Szenarien**

Quelle: AVENUE21

komfortabler, personalisierter Mobilitätsdienstleistungen zu bestehen (s. Abb. 5.8.8).

■   Beim Ausbau eines automatisierten Shuttleverkehrs in den Achsenzwischenräumen ist darauf zu achten, dass die Zersiedelung der Achsenzwischenräume nicht gefördert wird.

■   Die globale Orientierung in den markt- und zivilgesellschaftlich getriebenen Szenarien zeigt, dass auf Mobilitätsplattformen Verbundeffekte (Bündeln mehrerer Verkehrsdienstleistungen) durch Skaleneffekte (Übertragen des Angebots auf andere Stadtregionen bzw. gemeinsames Entwickeln) gesteigert werden können. Dies wird etwa am Beispiel der Angebotspalette von Uber und Open-Source-Projekten wie comma.ai deutlich.

■   Eher regional orientierte Mobilitätsdienstleister bzw. Mobilitätsplattformen, wie im politikgetriebenen Szenario beschrieben, sind davon abhängig, dass Dichtevorteile durch eine große Nachfrage in der Region erhalten bleiben.

Fortschreiten der Zersiedelung als erster räumlicher Effekt

Ohne engagiertes politisch-planerisches Handeln ist eine zunehmende Zersiedelung schon zu einem sehr frühen Zeitpunkt durch den avV wahrscheinlich. Hier ist ein hohes Maß an Kooperation zwischen den Gebietskörperschaften einer Stadtregion erforderlich, um den sich abzeichnenden steigenden Flächenverbrauch einzudämmen (Getzner & Kadi 2019). Auf diese Herausforderung zu reagieren, wird nur möglich sein, wenn die planerischen Rahmen und die Steuer- und Anreizpolitik grundlegend verändert, neue Koalitionen

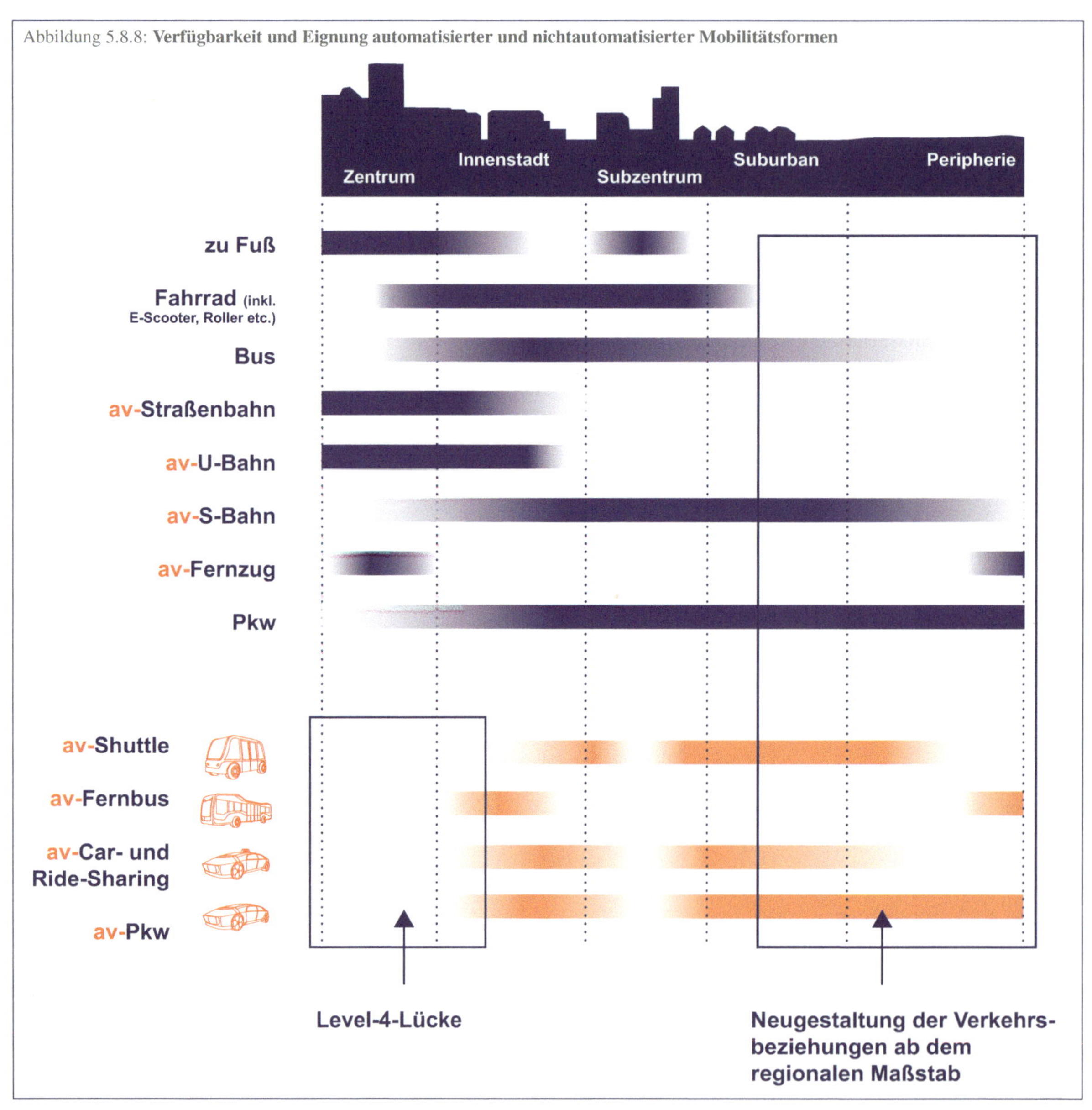

Abbildung 5.8.8: **Verfügbarkeit und Eignung automatisierter und nichtautomatisierter Mobilitätsformen**

in der Siedlungs- und Verkehrsplanung etabliert werden und damit eine integrierte regionale Planung möglich wird (ÖROK 2015).

Stärken des avV in autoaffinen Lagen

In Gebieten mit geringer und mittlerer baulichen Dichte kann das größte Potenzial durch avV nutzbar gemacht und ein starker Beitrag zur Verkehrswende geleistet werden. Bei der kontrollierten Integration in das bestehende ÖV-Angebot wird die Versorgung der Fläche möglich, für neue Mobilitätsknoten entsteht zunehmend Raumbedarf. Die dazu notwendigen Flächen sind dort eher als in den dicht bebauten Innenstädten vorhanden (s. Kap. 4.2). Sowohl im Rahmen des politik- als auch des zivilgesellschaftlich getriebenen Szenarios werden Aspekte angedeutet, wie eine Verkehrswende gerade in diesen Siedlungsstrukturen unterstützt werden könnte: durch die kontrollierte Integration in das und in den Ausbau des bestehenden ÖV-Netzes mittels avF sowie durch Nachverdichtung, Funktionsanreicherung und das Aufbrechen großer Einheiten, um eine „Region der kurzen Wege" zu schaffen, die mittels avV bei geringen Geschwindigkeiten versorgt und erschlossen wird.

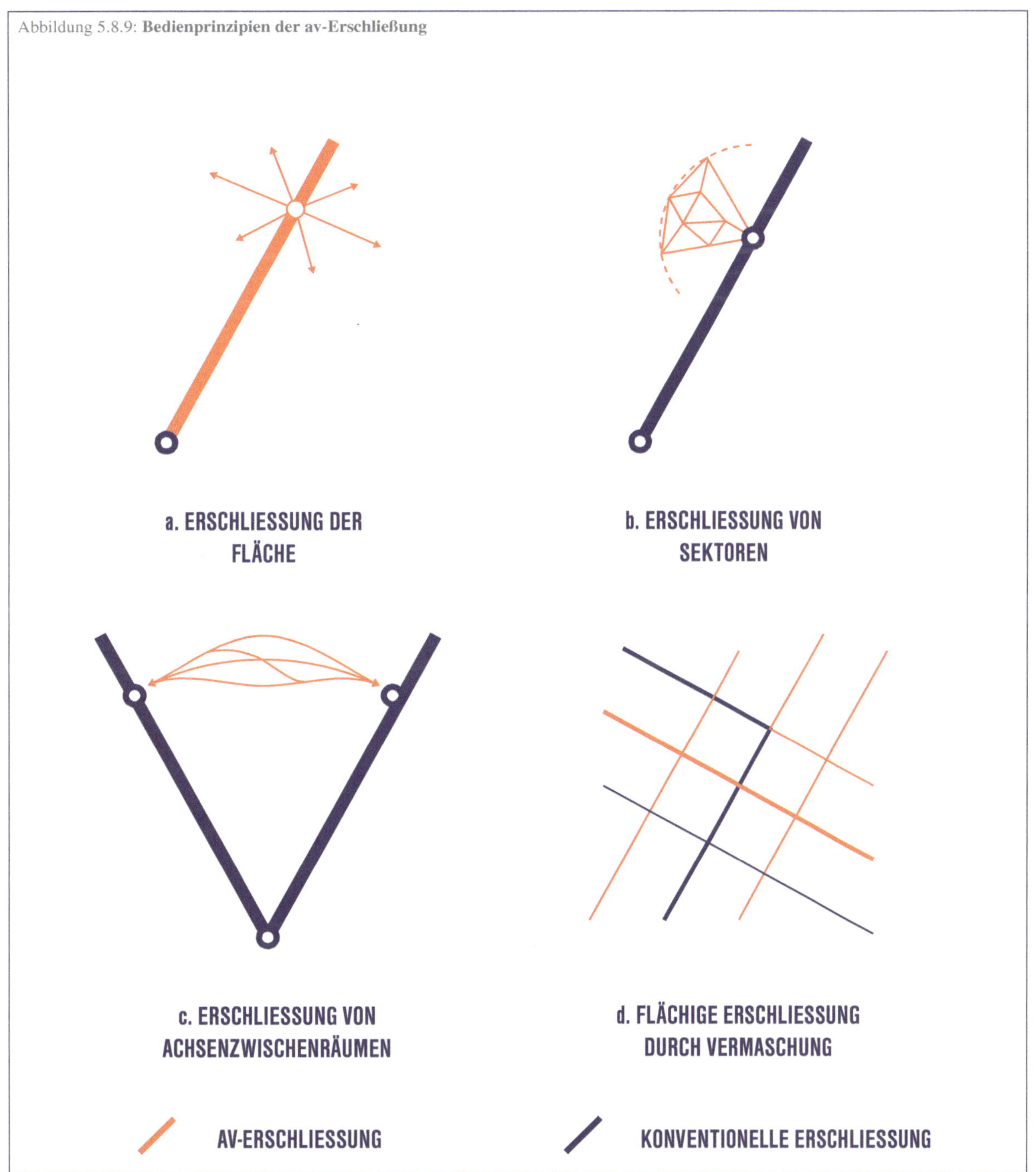

Abbildung 5.8.9: **Bedienprinzipien der av-Erschließung**

Quelle: AVENUE21

Level-4-Lücke
Auf den grundlegenden Widerspruch zwischen öffentlichen Räumen hoher Aufenthaltsqualität und einem automatisierten Verkehr bei höheren Geschwindigkeiten wurde bereits oben hingewiesen. In Abbildung 5.8.8 wird deutlich, dass in europäischen Städten meist ein relativ gut ausgebautes ÖV-Netz besteht. Es zeigt sich die Möglichkeit, einen eigenständigen Weg in europäischen Städten zu realisieren, in der Multimodalität von wachsender Bedeutung sein könnte.

Planungsaufgabe: verschiedene Bedienprinzipien der av-Erschließung
Im Szenario-Writing wurden unterschiedliche Erschließungstypologien des avV den jeweiligen Szenarien zugeordnet, mit denen die Gestaltungsmöglichkeiten der stadtregionalen Mobilitätsplanung deutlich gemacht wurden. Im marktgetriebenen Szenario sind nah- und großräumige Erschließung über Autobahnen direkt miteinander verbunden (s. Abb. 5.8.9.a). Es wird davon ausgegangen, dass diese Erschließungsform die individuellen Mobilitätsformen begünstigt. Innerhalb des politikgetriebenen Szenarios kann ein strategisch geplantes multimodales av-ÖV-System entwickelt werden, in dem gezielt Sektoren und Korridore erschlossen und in ein hierarchisches System eingegliedert werden (s. Abb. 5.8.9.b und c). Im zivilgesellschaftlich getriebenen Szenario wird die Vermaschung von automatisierten und nichtautomatisierten Verkehrsnetzen thematisiert (s. Abb. 5.8.9.d).

HANDLUNGSFELDER:

GESTALTUNG DER VERKEHRSWENDE MIT AUTOMATISIERTEN UND VERNETZTEN FAHRZEUGEN

6

© Der/die Herausgeber bzw. der/die Autor(en) 2020
M. Mitteregger et al., *AVENUE21. Automatisierter und vernetzter Verkehr: Entwicklungen des urbanen Europa*, https://doi.org/10.1007/978-3-662-61283-5_6

6.1

NEUBEWERTUNG MÖGLICHER WIRKUNGEN VON AUTOMATISIERTEN UND VERNETZTEN FAHRZEUGEN IM KONTEXT DES LANGEN LEVEL 4

Fahrzeug- und umfeldbezogene Technologien, die Voraussetzungen für das Betreiben eines automatisierten und vernetzten Straßenverkehrs sind, werden künftig langsamer als ursprünglich angenommen schrittweise weiterentwickelt werden. Auch wenn es über die Dynamik der technologischen Entwicklung, die künftige Akzeptanz durch die BürgerInnen, die Fortschritte der Marktdurchdringung und die Umsetzbarkeit in schwierigen, weil vielfältig genutzten Straßenräumen bislang keine Erfahrungswerte gibt, müssen bereits heute die politisch-planerischen Weichenstellungen getroffen werden, um die notwendige Verkehrs- und Mobilitätswende einzuleiten und zu stärken sowie eine nachhaltige Verkehrs- und Stadt(teil)entwicklung voranzutreiben. In der Debatte über die künftige Mobilität wird dem avV eine positive Bedeutung beigemessen. Sechs Annahmen stehen dabei im Mittelpunkt (European Commission 2018, 2019), die jedoch nur unter bestimmten Bedingungen und meist erst mittel- bis langfristig eintreten werden (s. Abb. 6.1.1).

Wie mit den Ergebnissen dieser Publikation deutlich wird, lässt sich ein Teil der Verheißungen erst spät und unter bestimmten Bedingungen erfüllen. Ein weiterer Teil der Behauptungen lässt sich widerlegen bzw. hat negative Folgen für eine nachhaltige Verkehrs- und Stadt(teil)entwicklungsplanung sowie für den gesellschaftlichen Zusammenhalt. Da trotz dieser Skepsis die Entwicklung von vollautomatisierten und vernetzten Fahrzeugen sowie der dazu notwendigen Infrastruktur weiter betrieben werden wird, ist zum einen eine verstärkte kritische Betrachtung der die Entwicklung begleitenden und diese fördernden Narrationen notwendig (s. Kap. 4.6). Zum anderen ist es notwendig, dass die StakeholderInnen auf der lokalen und regionalen Ebene rechtzeitig entsprechende Strategien entwickeln, um den avV bestmöglich in ihre Zielsetzungen der Verkehrs-, Mobilitäts- und Stadt(teil)- und Regionalentwicklung integrieren zu können.

Abbildung 6.1.1: **Thesen zu Vorteilen des automatisierten und vernetzten Verkehrs und deren sachliche und zeitliche Bedingtheit**

THESEN ZU VOLLAUTOMATISIERTEN FAHRZEUGEN (LEVEL 5)	WAHRSCHEINLICHE AUSWIRKUNGEN IM LANGEN LEVEL 4
Verkehrsunfälle können künftig weitgehend vermieden und deren negativen Folgen deutlich reduziert werden.	Mit einem zunehmenden Durchdringungsgrad von avF sowie einer Vernetzung, die eine Steuerung in Echtzeit ermöglicht, lassen sich diese Ziele erreichen. Auf dem Weg dahin wird es aber eine Phase mit Fahrzeugen von sehr unterschiedlichen Automatisierungsgraden und möglichen Einsatzgebieten geben. Dies bedingt Unsicherheiten für die beförderten Personen und andere Verkehrsteilnehmende bezüglich der Leistungsfähigkeit und des Fahrmodus, in dem sich ein Fahrzeug aktuell befindet. Diese Gegebenheit wird zumindest anfangs das Risiko von Verkehrsunfällen erhöhen.
Der Verkehrsfluss kann effizienter und effektiver gesteuert werden, so dass Staus weitgehend vermieden und die Verkehrsinfrastrukturen besser ausgelastet werden. Das ermöglicht auch bei einer weiteren Zunahme des Verkehrsaufkommens, weniger in den Infrastrukturausbau investieren zu müssen.	In Simulationsstudien wird in der Regel davon ausgegangen, dass sich jeder Straßenabschnitt für den Einsatz von avF eignet. In der vorliegende Studie konnte gezeigt werden, dass dies zu vereinfachend dargestellt ist. Hinzu kommt, dass privatwirtschaftliche und öffentliche Investitionen bereits am Anfang der Übergangsphase getätigt werden müssen, während sich die Vorteile erst mit zunehmender Umsetzungsdauer bei entsprechender technologischer Entwicklung und Marktdurchdringung von avF abzeichnen werden. Offen ist bislang auch, auf welchem technischen Standard die Vernetzung aufbaut: Straßenbegleitend statt flächendeckend würde bedeuten, dass hochrangige Straßen bevorzugt ausgestattet werden, was eine weitere Zunahme des Ungleichgewichts gegenüber der regionalen Entwicklung bedeuten würde.
Aufgrund der effektiveren Steuerung des Verkehrsflusses kann der Treibstoffverbrauch und dementsprechend die Emission schädlicher Abgase sowie der Lautstärkepegel verringert werden.	Die Steuerung des Verkehrs wird zu einer Verstetigung der Verkehrsflüsse führen, was, zunächst auf höherrangigen Straßen, für die Klima- und Umweltschutzziele hilfreich ist, aber zumindest anfangs zu erheblichen Problemen der Akzeptanz führen könnte. Diese Einsparungen werden aber nicht ausreichen, um die Ziele des Klimaabkommens zu erreichen, sondern es bedarf einer deutlichen Ausweitung postfossiler Antriebe, neuer Kraftstoffe und eine Verlagerung zugunsten des Umweltverbundes.
Durch den avV kann Verkehr vermieden werden, was die Möglichkeit eröffnet, den Straßenraum zurückzubauen und neuen (urbanen) Nutzungen zuzuführen.	Aktuelle Szenarien gehen vom Gegenteil aus: Der Verkehr wird aufgrund von Leerfahrten, der Erweiterung des Kreises der Nutzenden und aus Gründen der Bequemlichkeit zunehmen. Erst eine weiter steigende Nachfrage nach Car- und Ride-Sharing wird die Zahl der zugelassenen Pkws verringern und damit potenziell die Möglichkeit für den Rückbau von Parkraum schaffen. Die für die Rückgewinnung des öffentlichen Raums notwendige Verkehrsvermeidung lässt sich weiterhin vor allem durch entsprechende Verlagerungen zulasten des MIV erreichen.
Mobilitätseingeschränkte soziale Gruppen können (wieder) eigenständig mobil sein, wodurch deren gesellschaftliche Kontakte verbessert und somit ein Beitrag zum gesellschaftlichen Zusammenhalt geleistet werden kann.	Diese These müsste differenzierter betrachtet werden: Ältere Menschen mit Führerschein werden mittelfristig länger im MIV unterwegs sein können und auch Jugendlichen kann das Fahren des avV im Level 4 ermöglicht werden – beides erhöht aber die Nachfrage im MIV. Für körperlich und geistig eingeschränkte Menschen, die beim Gehen, Ein- und Aussteigen auf Hilfe angewiesen sind, entstehen durch den fahrerlosen avV sowohl im MIV als auch im ÖV Nachteile – sie werden also zusätzlich ausgegrenzt. Weitere Ausgrenzungen entstehen dadurch, dass der Zugang zum avV künftig ausschließlich über Apps, Netzwerke und Clouds gesteuert werden wird („digital divide").
Da die Fahrenden von den Aufgaben des Lenkens befreit sein werden, besteht die Möglichkeit, die Fahrzeit anderweitig zu nutzen; das entlastet die Fahrenden und verkürzt die subjektiv empfundene Fahrzeit.	Die Möglichkeit, von Tür zu Tür gefahren zu werden, keinen Parkplatz suchen zu müssen, die Fahrzeit anderweitig zu nutzen (arbeiten, soziale Medien pflegen etc.) und nahtlos mit dem gewünschten Infotainment versorgt zu werden, erhöhen den Komfort, unterstützen aber auch die Bequemlichkeit und das Ausblenden der sozialen und räumlichen Umwelt, was sicherlich nicht zu einer sozialen Kohäsion beiträgt. Dadurch, dass sich die subjektiv empfundene Fahrzeit verringert, gewinnen suburbane Standorte an Bedeutung, insbesondere wenn sie günstig zu vorrangig automatisierten Trassen liegen.

6.2

STRATEGIEN ZUR UNTERSTÜTZUNG NACHHALTIGER VERKEHRS- UND STADT(TEIL)ENTWICKLUNG

Die aktuelle Situation von Politik und planender Verwaltung auf kommunaler/lokaler Ebene ist von Unsicherheiten darüber gekennzeichnet, auf welcher Maßstabsebene und mit welchen Instrumenten Einfluss auf die Entwicklung des avV genommen werden kann und sollte. Gerade auf der lokalen Ebene fehlen häufig die dazu notwendigen fachlichen, finanziellen und zeitlichen Ressourcen, um die anstehenden Transformationsprozesse zielführend gestalten zu können. Wie die Umfragen unter ExpertInnen zeigen (s. Kap. 3.4), besteht trotz des unbestritten hohen Handlungsdrucks noch kein Konsens über angemessene Strategien und daraus abgeleitete Handlungsfelder bzw. deren Dringlichkeit. Auch wenn in der frühen Phase der technischen Entwicklung eine Evidenz über die möglichen Wirkungen des avV allenfalls teilweise vorhanden ist, müssen wesentliche politische und planerische Entscheidungen über die mögliche Implementation des avV bereits in naher Zukunft getroffen werden. Vor allem ist es wichtig, sich zeitnah den Herausforderungen zu stellen und nicht abzuwarten, bis auf höheren verkehrspolitischen Ebenen die Rahmenbedingungen „festgezurrt" werden und/oder bereits die neuen Technologien im Straßenverkehr eingesetzt werden.

Innerhalb der EU sind seit dem Jahr 2013 die Städte und Regionen bestärkt worden, nachhaltige Mobilitätsplanungen (SUMPs) zu entwickeln und mit der EU zu evaluieren. Im Juni 2019 wurde erstmals eine Planungsstrategie für die SUMPs unter Berücksichtigung der durch den avV entstehenden Herausforderungen (Chancen und Risiken) zur Diskussion gestellt (Backhaus et al. 2019). Um das Ziel einer nachhaltigen Entwicklung auf der lokalen und regionalen Ebene sicherzustellen, geht es vor allem darum, die planende Verwaltung und Politik dieser Ebenen zu stärken und sie in ihren Strategien zu unterstützen. Dazu wurden zwölf strategische Schritte in vier Phasen einer Strategieentwicklung, -implementation und -evaluation entwickelt (s. Abb. 6.1.2).

Die Schwerpunkte des AVENUE21-Projekts lassen sich wie folgt in diesen Planungszyklus einordnen:

- Analyse der Herausforderungen und Möglichkeiten aller Verkehrsmittel (Kap. 3.2),

- Entwicklung und gemeinsame Bewertung von Szenarien (Kap. 4.1, 4.2),

- Auswahl von Maßnahmenpaketen zusammen mit StakeholderInnen (Kap. 7.1, 7.2, 7.3; s. Abb. 6.1.2).

Im Gegensatz zu den Vorschlägen von Backhaus et al. (2019) geht das AVENUE21-Projekt auf die Herausforderungen für eine politisch-planerische Steuerung während der Übergangsphase eines Langen Level 4 ein. Orientiert am Planungsverständnis einer nachhaltigen Entwicklung (s. auch Kap. 3.2) werden in der Folge die Handlungsfelder und Positionen aus dem öffentlichen Raum der Straße heraus entwickelt, um daraus Konzepte integrierter Mobilitätsentwicklung abzuleiten. Wichtige Voraussetzung dafür ist die Formulierung klarer Zielsetzungen im Kontext von Stadt(teil)entwicklung und Mobilität, unter denen die Verkehrswende im Sinne einer nachhaltigen städtischen Mobilität für alle (DStT 2018) eingeleitet und erreicht werden kann. Die Abkehr von der „autogerechten Stadt" bedingt eine Umkehr bisheriger Entwicklungen und ein entschiedenes Handeln. Der avV bietet hier sowohl Chancen als auch Risiken und stellt stadtregionale Verwaltungen und Planung vor neue Herausforderungen. Eingebunden in den Kontext der Verkehrswende sind die Ansprüche und Rahmenbedingungen zu definieren, mit welchen Steuerungslogiken (adaptiv, kontrollierend, restriktiv und/oder fördernd) der avV dazu beitragen kann, diese hochgesteckten Ziele zu erreichen (s. Kap. 5).

Abbildung 6.1.2: **Zwölf Stufen einer nachhaltigen Mobilitätsplanung für Städte unter Bedingungen des automatisierten und vernetzten Verkehrs für die Planungspraxis (SUMP 2.0-Zyklus)**

VORBEREITUNG UND ANALYSE

Milestone: Die Problem- und Chancenanalyse ist durchgeführt.	**1. Organisation der Arbeitsstruktur**	1.1 Bewerten der Kapazitäten und Mittel 1.2 Einrichten eines departmentübergreifenden Kernteams 1.3 Sicherstellen der politischen und institutionellen „ownership" 1.4 Planung der Einbindung von StakeholderInnen und BürgerInnen
	2. Festlegen der Rahmenbedingungen der Planung	2.1 Abschätzen der planerischen Erfordernisse und des territorialen Umgriffs (Stadtregion) 2.2 Vernetzen mit anderen Planungsprozessen 2.3 Vereinbaren des Zeit- und des Arbeitsplanes 2.4 Abschätzen des Bedarfs an einer externen Unterstützung
	3. Analyse der Mobilitätsbedingungen	3.1 Identifikation von potenziellen Informationsquellen und Kooperation mit den unterschiedlichen EigentümerInnen von Daten 3.2 Analyse der Probleme und Möglichkeiten aller Verkehrsmittel (SWOT-Analyse)

STRATEGIEENTWICKLUNG

Milestone: Die Vision, die Ziele und die Targets sind vereinbart.	**4. Entwicklung und gemeinsame Bewertung der Szenarien**	4.1 Entwickeln von Szenarien über mögliche Zukünfte 4.2 Diskussion der Szenarien mit StakeholderInnen und BürgerInnen
	5. Entwicklung einer Vision und von Zielen („objectives") mit StakeholderInnen	5.1 Herstellen einer Übereinkunft über eine Mobilitätsvision „and beyond" 5.2 Gemeinsames Entwickeln von Zielen für alle Verkehrsmittel mit StakeholderInnen
	6. Festlegung eines Indikatorensets und von Zielerreichungsgraden („targets")	6.1 Identifikation von Indikatoren für alle Ziele 6.2 Konsens über messbare Ziele

PLANERISCHE MASSNAHMEN

Milestone: Der urbane Mobilitätsplan (SUMP) wurde angenommen.	**7. Auswahl von Maßnahmenpaketen zusammen mit den StakeholderInnen**	7.1 Entwickeln einer umfangreichen Liste von Maßnahmen mit den StakeholderInnen 7.2 Definition von integrierten Maßnahmepaketen 7.3 Planen des Maßnahmenmonitorings und der Evaluation
	8. Vereinbarung über die Aktionen und die Zuständigkeiten	8.1 Beschreiben aller Maßnahmen 8.2 Abschätzen der Kosten und Identifikation von Quellen für eine finanzielle Unterstützung 8.3 Vereinbarung über Prioritäten, Zuständigkeiten und den zeitlichen Ablauf 8.4 Sicherstellen einer breiten politischen und öffentlichen Unterstützung
	9. Vorbereitung der Anpassung und der Finanzierung	9.1 Sicherstellen der Qualität und Fertigstellen des SUMP-Dokuments 9.2 Entwicklung eines Finanzierungsplanes und Vereinbarung über die Aufteilung der Kosten

IMPLEMENTATION UND MONITORING

Milestone: Die Maßnahmen wurden umgesetzt und evaluiert.	**10. Durchführung der Umsetzung**	10.1 Koordination der Implementation der Maßnahmen 10.2 Sicherstellen der notwendigen Güter und Dienstleistungen
	11. Monitoring anpassen und kommunizieren	11.1 Monitoring der Entwicklung und der Anpassung 11.2 Informieren und das Engagement der BürgerInnen und StakeholderInnen wecken
	12. Überprüfung und Festhalten der gelernten Dinge	12.1 Analyse der Erfolge und der Misserfolge 12.2 Teilen der Ergebnisse und Erfahrungen 12.3 Berücksichtigen der neu entstandenen Herausforderungen und Lösungen

Quelle: nach Backhaus et al. (2019, S. 11)

6.3

WIE GESTALTEN? HANDLUNGSFELDER, KONZEPTE UND MASSNAHMEN FÜR EINE PROAKTIVE GESTALTUNG DES AUTOMATISIERTEN UND VERNETZTEN VERKEHRS

Im Kontext der Anpassung des avV an eine nachhaltige Entwicklung im Rahmen der SUMPs wurden bisher notwendige Differenzierungen nicht berücksichtigt: Es wurden die unterschiedlichen technologischen Standards (resp. ihre Mischformen im Langen Level 4), die unterschiedlich geeigneten Einsatzumgebungen (ODD), die unterschiedliche Nutzbarkeit durch avF (Automated Drivability) nicht beachtet, es fehlt ein differenziertes Raumverständnis und es gibt keine Szenarien, in denen denkbare künftige Entwicklungen diskutiert werden.

Erst eine differenzierte Betrachtung der räumlichen und politisch-planerischen Ausgangslage in Städten bzw. Regionen ermöglicht es, relevante Handlungsfelder, Konzepte und Maßnahmen im Rahmen des avV zu entwickeln, was in der Folge für die Betrachtungsebene „Straßenraum/öffentlicher Raum" vorgenommen wird. Auf dieser Ebene können sehr unterschiedliche Rahmenbedingungen „durchgespielt" und entsprechende Konzepte und Maßnahmen entwickelt werden (s. Abb. 6.3.1). Der Dimensionssprung zum Quartier beinhaltet zum einen sehr unterschiedliche Straßenabschnitte im Quartierskontext mit jeweils sehr unterschiedlichen verkehrlichen, baulich-physischen und Nutzungsbedingungen. Zum anderen sind auf der Quartiersebene neben dem Aggregationseffekt unterschiedlicher Straßenabschnitte weitere übergeordnete systemische Aspekte wirksam: Einbindung in das gesamtstädtische Verkehrsnetz für alle Verkehrsmittel, Organisation und Allokation von Mobility Points und Hubs für multimodale Angebote, zentralisierte Parkmöglichkeiten, Ladestationen im öffentlichen Raum, Nahversorgung durch Lieferdienste und Organisation der ersten und letzten Meile sowie Neuordnung von Teilen des öffentlichen Raums einschließlich des Umgangs mit Nutzungskonflikten.

Die Handlungsebene der stadtregionalen Verflechtung bildet einen weiteren Wechsel der Betrachtungsdimension. Auch hier sind ähnliche Aggregations- und Konzentrationsphänomene wie auf der Quartiersebene zu berücksichtigen. Darüber hinaus ist die Stadtregion die Ebene, auf der eine nachhaltige Mobilität sichergestellt werden kann, da damit der Einzugsbereich der Berufs-, Ausbildungs- und EinkaufspendlerInnen berücksichtigt wird, deren überwiegend MIV-basierte Mobilität im suburbanen Raum organisiert werden muss. Die Stadtregion ist zudem die Ebene der vertikalen Integration in die Verkehrs- und Mobilitätspolitik der Bundesländer, Nationalstaaten und der EU. Zusätzlich liegen in Stadtregionen auch ländliche Räume und kleinstädtische Strukturen, die sich hinsichtlich der wirtschaftlichen und sozialen Strukturen und damit der Problemlagen und Bedürfnisse deutlich von den Kernstädten unterscheiden. Was das für die Auswirkungen des avV bedeutet, bedarf einer genaueren Analyse des ländlichen Raums, die im Zuge eines Nachfolge- und Erweiterungsprojekts von AVENUE21 geleistet werden wird.

Um die Struktur der Bezugsebenen, Handlungsfelder und Maßnahmen nachvollziehen zu können, werden diese vorab in Abbildung 6.3.1 dargestellt.

6.3.1 GESTALTUNG DES STRASSENRAUMS ALS ÖFFENTLICHER RAUM

Ausgangslage:
Der öffentliche Raum erfüllt vielfältige Funktionen. Er ist zugleich Verkehrs- und Bezugsraum des öffentlichen Lebens. Gegensätzliche und miteinander konkurrierende Ansprüche an den öffentlichen Raum ergeben sich aus den vielfältigen Bedürfnissen der Menschen: Verweilen, sich unterhalten, aber auch das Unterwegssein zu Fuß, mit dem Fahrrad, dem Scooter oder mit dem Auto stehen in einem Spannungsfeld. Vor allem die Hauptverkehrsstraßen sind meist durch das Auto und dessen Auswirkungen wie Trenneffekt, Lärm und Luftschadstoffe geprägt, während in den Erschließungsstraßen häufig parkende Autos dominieren. Demgegenüber wachsen die Anforderungen an eine flexible, identitätsstiftende und multifunktionale Gestaltung der öffentlichen Räume – gilt diese doch als Voraussetzung dafür, um eine hohe Qualität öffentlicher Räume zu erreichen. Dadurch werden Strategien der Verkehrsverlagerung zum Gehen und Radfahren und eine verträgliche Abwicklung des Verkehrs unterstützt.

Dynamiken:
Viele Relikte der autogerechten Stadt wie innerstädtische Hochstraßen, Stadtplätze, die als Parkplätze genutzt werden, große Straßenkreuzungen und Verkehrsverteiler mit Rampen prägen noch immer stark die öffentlichen Räume europäischer Städte. Aufgrund von notwendigen

Abbildung 6.3.1: **Ebenen, Handlungsfelder und Positionen für einen nachhaltigen Einsatz automatisierter und vernetzter Fahrzeuge**

	1 **GESTALTUNG DES STRASSENRAUMS ALS ÖFFENTLICHER RAUM**	**2** **KONZEPTE INTEGRIERTER MOBILITÄTSENTWICKLUNG**
Handlungsfeld A: Einpassen des avV in bestehende Verkehrs- und Mobilitätssysteme	**A_1** Automated Drivability planen und den Einsatz von avF stadtverträglich gestalten	**A_2** Multimodale Erreichbarkeiten verbessern und avV im Quartier integrieren
Handlungsfeld B: Öffentlichen Raum „fair-teilen"	**B_1** Öffentliche Räume zurückgewinnen	**B_2** Flächenpotenziale für Quartiersentwicklung nutzen
Handlungsfeld C: Partizipation	**C_1** Errichtung spezifischer avV-Straßeninfrastruktur abwägen und potenzielle Nutzungskonflikte regeln	**C_2** Realexperimente im Quartier umsetzen
Maßnahme 1:	**1/1** Abgestuftes Geschwindigkeitssystem über Straßenabschnitte definieren und Geschwindigkeiten (Verkehrsfluss, Emissionen) insgesamt steuern	**1/2** Hybride Mobilitäts-angebote als Rückgrat urbaner Mobilität ausbauen
Maßnahme 2:	**2/1** Autoverkehr verringern, Frequenzen im Fußgänger- und Radverkehr steigern	**2/2** Modal Split zugunsten aktiver Mobilität und des ÖV verändern
Maßnahme 3:	**3/1** Straßenräumliche Qualitäten durch Flächen(fair)-teilung und Gestaltung verbessern	**3/2** Netz öffentlicher Räume und aktiver Mobilität definieren
Maßnahme 4:	**4/1** Parken, Mobility Points und Ladestationen unter Rücksichtnahme bestehender Qualitäten im Straßenraum platzieren	**4/2** Av-Mobilitätshubs als Ankerpunkte im Quartier funktional und städtebaulich integrieren
Maßnahme 5:	**5/1** Organisation der ersten und letzten Meile	**5/2** Regionale Konzepte für den Güterverkehr, die Logistik und die Distributionen entwickeln
Maßnahme 6:	**6/1** Partizipative Gestaltung des öffentlichen Raums	**6/2** Zukunftsbilder von „neuer urbaner Mobilität" gemeinsam transdisziplinär entwickeln

Quelle: AVENUE21

baulichen Sanierungen und Flächenerfordernissen für eine städtebauliche, aber auch ökonomische Aufwertung von Innenstädten stehen viele dieser Bauwerke gegenwärtig schon zur Disposition. Wenn es gelingt, den MIV so weit zu reduzieren, dass die innerstädtischen Hauptverkehrsstraßen konfliktfreier in das System öffentlicher Räume eingebunden werden können, entstehen bessere Möglichkeiten für den Aufenthalt im öffentlichen Raum und für verschiedene Formen aktiver Mobilität (Zufußgehen, Radfahren). Durch eine verbesserte Qualität des öffentlichen Raums nimmt auch die Wohnqualität zu, wodurch Investitionsimpulse für notwendige Sanierungen oder den Neubau von Gebäuden ausgelöst werden können, die aber auch bestehende Gentrifizierungsprozesse verstärken können.

Der Wandel der Mobilität im Kontext der Digitalisierung wirkt sich schon heute über neue Stressfaktoren im öffentlichen Raum aus: Steigende Lieferverkehre durch Kurier-, Express- und Paketdienste (KEP-Dienste) sowie Ladestationen und Verleihsysteme von Angeboten der Mikromobilität („free-floating" Bike-Sharing und Scooter-Sharing) sind dafür sichtbare Phänomene (s. Kap 3.3). Gleichzeitig verlieren die Kommunen an Steuerungs- und Einflussmöglichkeiten, weil zum einen viele der neuen urbanen Verkehrsmittel von global tätigen Unternehmen betrieben werden und zum anderen aufgrund der Tendenz zur Privatisierung und Kommodifizierung des öffentlichen Raums und zu mehr halböffentlichen und privaten Räumen.

Doch wie sollen die Straßen von morgen aussehen? Welche Nutzung tritt an die Stelle von vielleicht künftig nicht mehr benötigten Stellplatzstreifen oder Fahrspuren im Straßenraum? Sind es Fahrradwege, die auch von den in den Markt drängenden elektrisch betriebenen Kleinfahrzeugen (Scooter, Lieferboxen etc.) genutzt werden? Oder bieten die Flächen den dringend benötigten Raum für verbreiterte Fußwege mit Aufenthalts- und Ruhezonen, für Spiel- und Bewegungszonen (nicht nur für Kinder), Grünstreifen oder Bäume? Versprechen sich die Kommunen möglicherweise neue Einnahmemöglichkeiten durch die Verpachtung an Gastronomiebetriebe? Und letztlich: Werden diese Verbesserungen nicht gerade in den Quartieren stattfinden, die ohnehin in einem Aufwertungsprozess stehen und in denen die Gentrifizierung mit ihren negativen Folgen wirksam ist? All dies macht deutlich, dass die Neuverteilung zurückgewonnener Flächen nicht nur zu – von Ort zu Ort sehr unterschiedlichen – Verteilungskonflikten zwischen diversen Interessensgruppen führen wird, sondern dass es auch hier wieder klarer Zielsetzungen bedarf, die in gesamtstädtische und quartiersbezogene Strategien zur Stadt- und Stadtteilentwicklung und zur Entwicklung urbaner Mobilitätsangebote eingebunden sind.

A1   **HANDLUNGSFELD A1:**
AUTOMATED DRIVABILITY PLANEN UND DEN EINSATZ VON AVF STADTVERTRÄGLICH GESTALTEN

Straßenräume müssen hinsichtlich ihrer Funktion (z. B. Durchfahrts-, Verbindungs- oder Erschließungsfunktion), ihrer Verkehrsmengen, ihrer Gebietscharakteristik (z. B. Innenstadtrand, Siedlung der 1970er Jahre oder neues Gewerbegebiet), ihrer Nutzung neben den Fahrbahnen sowie hinsichtlich ihrer straßenräumlichen Situationen (z. B. Begrenzung, Breite und Verlauf) differenziert betrachtet und der Einsatz von avF entsprechend geplant werden. Unterschiedliche Straßenraumkontexte bedeuten unterschiedliche Anforderungen an den Einsatz automatisierter Fahrsysteme: Wenn die Komplexität der Einsatzumgebung beispielsweise durch viele FußgängerInnen, RadfahrerInnen oder eine Vielzahl von Kreuzungen zunimmt, steigen die Ansprüche an den avV. Daher wird entweder ein Teil des innerstädtischen Straßennetzes längerfristig nicht automatisiert befahren werden können oder der Verkehr kommt durch „Störungen von außen" immer wieder zum Erliegen. Deshalb ist die Stadtverträglichkeit ein wesentliches Kriterium, auf das sich eine Folgeabschätzung des avV beziehen sollte. Je empfindlicher die Nutzung im Umfeld und je höher die Relevanz der Nahmobilität ist und je weniger Fläche im Straßenraum zur Verfügung steht, desto weniger avF verträgt der Straßenraum, besonders dann, wenn Geschwindigkeiten über 30 km/h gefahren werden. Statt den Straßenraum nur auf den Querschnitt von „Hauskante zu Hauskante" zu reduzieren, ist auch die Nutzung der Erdgeschosszone zu berücksichtigen.

B1   **HANDLUNGSFELD B1:**
ÖFFENTLICHE RÄUME ZURÜCKGEWINNEN

Attraktive öffentliche Räume im urbanen Umfeld besitzen eine hohe Aufenthalts- bzw. Bewegungsqualität, sind aber auch insbesondere für schwächere Verkehrsteilnehmende wie RadfahrerInnen, FußgängerInnen und mobilitätseingeschränkte Personen möglichst barrierefrei zu gestalten. Der avV könnte aufgrund der un-

gewohnten Mensch-Maschine-Kommunikation, bei der der Blickkontakt fehlt, dazu führen, dass zusätzliche Verunsicherungen im öffentlichen Raum entstehen und dadurch die Aufenthaltsqualität leidet. Neue Use Cases des avV – wie beispielsweise automatisiert rollende Boxen zur Auslieferung von Waren, die auf den Fußwegen unterwegs sind, oder E-Scooter – führen bereits heute zu Verunsicherungen und Störungen und erzeugen neue Formen der Flächenkonkurrenzen im öffentlichen Raum.

Wenn herkömmliche Autos im Privateigentum in großem Umfang durch „smartere" eingetauscht werden, ist zu befürchten, dass durch den verstärkten Einsatz des avV die Dominanz des MIV erhalten bleibt. Daher werden die Belastungen im städtischen Raum kaum verringert, sondern tendenziell eher weiter verschärft werden (mehr Fahrten). Es ist zu befürchten, dass dadurch die notwendige Mobilitätswende behindert und eine av-gerechte Stadt propagiert werden wird, was einem Rückschritt hin zu heute kritisierten Handlungslogiken bedeuten würde.

Der avV bietet aber auch Chancen: Weniger Autos in Städten bedeutet weniger Parkplätze im öffentlichen Raum. Dieses kann aber nur dann erreicht werden, wenn private Fahrzeuge durch Car- oder Ride-Sharing-Fahrzeuge ersetzt werden. In welchem Ausmaß das gelingen kann, ist aus heutiger Sicht aufgrund sozial selektiver Akzeptanz, regionaler Unterschiede des Angebots und technologischer und ökonomischer Einschränkungen im Level 4 (automatische Rückführung nur auf ausgewählten Straßenabschnitten möglich) noch offen. Trotz der erheblichen Unterschiede der Nachfrage gehen aktuelle Studien davon aus, dass ein Car-Sharing-Fahrzeug bis zu zehn private Autos kompensieren kann (s. Kap. 3.3). Ein systematischer Wandel der urbanen Mobilität setzt zudem nicht nur Parkplatzflächen frei, sondern betrifft potenziell weitere Kfz-assoziierte Funktionen (Waschstraßen, Autohäuser etc.).

C1   **HANDLUNGSFELD C1:**
ERRICHTUNG SPEZIFISCHER AVV-STRASSEN-INFRASTRUKTUR ABWÄGEN UND POTENZIELLE NUTZUNGSKONFLIKTE REGELN

Der avV, Elektrofahrzeuge und die Fahrzeuge der Mikromobilität benötigen zusätzlichen Platz für Fahrspuren und ihre Infrastrukturen (Mobility Points, Parkflächen, Ladestationen, Sensoren etc.). Diese Flächen müssen in die bestehenden, oftmals bereits jetzt schon ausgelasteten und engen „Freiräume" des Straßenbereichs eingepasst werden. Mobility Points müssten entweder in bestehende Gebäude integriert werden, könnten die Nachnutzung Kfz-assoziierter Flächen darstellen oder erfordern eigene Pavillons mit entsprechenden Zu- und Abfahrtsstreifen. Die wünschenswerte Ausweitung der Elektromobilität erzeugt in Straßen, die durch Blockrandbebauung gekennzeichnet sind resp. durch hohe Mietshäuser begrenzt sind,

Probleme, angemessene Orte für Ladestationen festzulegen und zu gestalten. Ein hoher Automatisierungsgrad der Fahrzeuge müsste es ermöglichen, dass die Fahrzeuge selbstständig an die Ladestationen an- und abkoppeln, um diese platz- und zeitsparend zu betreiben.

Selbst wenn es möglich ist, auf einen Teil des Straßenraums (Fahrspuren, insbesondere aber Parkstreifen) und der Kfz-assoziierten Flächen zugreifen zu können, bleibt offen, was es bedeutet, diesen „stadtverträglich" oder „zur Erhöhung der Aufenthaltsqualität" resp. „für eine verbesserte aktive Mobilität" zu verwenden. Je nach kleinräumiger Situation von Straßenabschnitten müssen zum einen verkehrs- und stadtplanerische Vorentscheidungen getroffen werden, wobei auch weitere StakeholderInnen (Gewerbetreibende, HauseigentümerInnen) und BewohnerInnen des Einzugsbereiches angemessen einbezogen werden müssten. Das wird sicherlich nicht konfliktfrei ablaufen, insbesondere dann, wenn das „Rückgewinnen" von Raum in der Übergangszeit in geringerem Ausmaß vonstatten geht als erwartet.

Aus den drei Handlungsfeldern ergeben sich für den Straßenraum als öffentlichen Raum folgende sechs Maßnahmen:

 **Maßnahme 1/1**: Abgestuftes Geschwindigkeitssystem über Straßenabschnitte definieren und Geschwindigkeiten insgesamt steuern

Eine Zielvorstellung urbaner Qualität im öffentlichen Raum ist das verträgliche Nebeneinander des Unterwegsseins und des Aufenthalts vieler Menschen wie es beispielsweise im Shared Space möglich ist. Durch langsam fahrende avF wird die sichere Abstimmung mit anderen Verkehrsteilnehmenden besser funktionieren. Je langsamer die avF fahren, desto geringer sind zwar die Anforderungen an den avV, aber die „Verkehrsleistung" der bestehenden Infrastruktur würde sinken. „Stadtverträglichkeit" des avV würde also bedeuten, in bestimmten Straßenabschnitten zeitlich begrenzte angepasste Geschwindigkeiten festzulegen (Schrittgeschwindigkeit, Tempo 30 etc.). Durch die vernetzte Verkehrsführung und die Automatisierung der Fahrzeuge werden die Tempolimits dann aber auch eingehalten, was die Geduld mancher Verkehrsteilnehmenden herausfordern wird.

Maßnahme 2/1: Autoverkehr verringern, Frequenzen im Fußgänger- und Radverkehr steigern

Neben den Geschwindigkeiten bestimmen die Verkehrsmengen des Autoverkehrs die Stadtverträglichkeit des Verkehrs und ein aufeinander abgestimmtes Nebeneinander im öffentlichen Raum. Insbesondere die aktuellen Prognosen gehen davon aus, dass aufgrund der Automa-

tisierung die Altersspanne der PassagierInnen ausgeweitet werden wird und dass die Bequemlichkeit und Spontaneität zu vermehrten Fahrten führen werden (s. Kap 4.3). Um die Fehler der autogerechten Stadt „zurückzubauen" und innerstädtische multifunktionale Hauptverkehrsstraßen in einen städtebaulichen Kontext verträglich einzubinden, ist es notwendig, den Autoverkehr zu verringern. Außerdem braucht es einen optimalen Mix der Verkehrsmittel mit einem höheren Anteil an zu Fuß und mit dem Rad zurückgelegter Strecken und entsprechend ausgebaute Verkehrswege, damit das sichere und angepasste Nebeneinander aller Verkehrsteilnehmenden im Straßenraum funktioniert.

 **Maßnahme 3/1**: Straßenräumliche Qualitäten durch Flächen(fair)teilung und Gestaltung verbessern

Ein wesentlicher Teil der Verkehrswende geht mit der Forderung einher, im Straßenraum Orte hoher Aufenthalts- bzw. Bewegungsqualität auch für schwächere Verkehrsteilnehmende (FußgängerInnen, RadfahrerInnen, mobilitätseingeschränkte Personen) zu schaffen. Notwendig ist daher eine Neu- und Umverteilung des Straßenraums und seiner Qualitäten zugunsten der Aufenthaltsqualität und der Nahmobilität. Nach städtebaulichen Kriterien sollte die Umverteilung vier Prinzipien folgen: 1.) Reduktion der Zahl der Stellplätze im öffentlichen Raum, eine Neuordnung des Haltens, Ladens und Lieferns an definierten Drop-off- bzw. Pickup-Zonen (s. Maßnahme 4/1 und 5/1), 2.) Proportionalität durch Minimierung der Fahrbahnbreiten aufgrund der sicheren Längsführung der avF, 3.) mehr Raum für FußgängerInnen und RadfahrerInnen wie für begleitende stadtklimatisch wirksame Grün- und Freiräume und 4.) Abbau von unterschiedlichen Formen von Mobilitätseinschränkungen.

 **Maßnahme 4/1**: Parken, Mobility Points und Ladestationen unter Rücksichtnahme bestehender Qualitäten im Straßenraum platzieren

Es gibt bislang nur sehr idealistische Bilder darüber, wie die bestehenden Fahrstreifen und Infrastrukturen durch die zusätzlichen Anforderungen des automatisierten und vernetzten MIV, der Shuttlebusse und Ride-Sharing-Fahrzeuge, der Elektromobilität, von neuen Fahrzeugen der Mikromobilität, Lieferdiensten und letztlich auch der wachsenden Nachfrage nach aktiver Mobilität ergänzt werden. Die „Idealplanungen" sehen teils Straßenraumbreiten von 60 bis 80 Metern vor (NACTO 2017), die in europäischen Städten kaum vorkommen, und eine fast durchgängige Trennung der spezialisierten Fahrstreifen. Das bedeutet die Gefahr neuer „Barrieren" und neuer verschärfter Konflikte um die Nutzung des Straßenraums durch die „neue urbane Mobilität".

In Transiträumen, an Industrie- oder Produktionsstandorten sowie an Verkehrsknoten überregionaler Bedeutung, in denen die Randnutzungen an Straßen meist weniger sensibel und vulnerabel sind, könnte der avV relativ früh ein- und umgesetzt werden. Wo notwendig und zielführend, muss die Anpassung der Straßeninfrastruktur an die Bedürfnisse des automatisierten und vernetzten Verkehrs sorgfältig geplant, umgesetzt und hinsichtlich der Störpotenziale entsprechend evaluiert werden. Wie diese neuen und ausgeweiteten Ansprüche an den Straßenraum sinnvoll zu berücksichtigen und zu integrieren sind, ist die Aufgabe einer in die Stadtteil- und Standortentwicklung eingebetteten Verkehrsforschung und -planung. In welcher Weise und zu welchem Zeitpunkt weitere StakeholderInnen und gegebenenfalls BürgerInnen in die Entscheidungen einbezogen werden sollten, ist nur für sehr kleine Räume und für bestimmte Straßenabschnitte umsetzbar (s. Maßnahme 6/1).

Eine mögliche Lösung für innenstadtnahe Quartiere ist die „arbeitsteilige Spezialisierung", d. h. eine noch stärkere Unterteilung, welche Art von Aufenthalt oder Bewegung wo möglich sein soll (ähnlich wie es bei Einbahnstraßensystemen, Bus- und Taxi-Spuren, Shared Spaces oder Spielstraßen bereits vorkommt). Um dies zielführend umzusetzen, ist eine Adaptierung der Straßeninfrastruktur (z. B. auf Korridoren) als Teil einer übergeordneten strategischen Planung zu entwickeln, die Netzhierarchien und zu erschließende und den Straßenraum begrenzende Funktionen berücksichtigt.

 **Maßnahme 5/1:** Organisation der ersten und letzten Meile

Während eines Langen Level 4, in dem sich nicht das gesamte Straßenverkehrsnetz für den Einsatz von avF eignet, wird die Organisation der ersten und letzten Meile sowohl im Personen- als auch im Güterverkehr zu einer zentralen Aufgabe – innerstädtisch und entlang von ÖV-Achsen, die angesichts der Verkehrswende beibehalten und weiter ausgebaut werden müssen. Wenn die avF die meist zu Fuß zurückgelegte letzte Meile ersetzen würden, wäre das für die proklamierte Mobilitätswende kontraproduktiv. Dies muss in der Ausgestaltung des Straßenraums berücksichtigt werden. In Randbezirken und Achsenzwischenräumen können durch den gezielten Einsatz von av-Shuttles die ÖV-Erreichbarkeit deutlich gesteigert und – wenn es gelingt, den MIV entsprechend zu reduzieren – aktuell bestehende Belastungen von Straßenräumen gemindert werden. Spezialisierte avF könnten so zu einer „Brückenlösung" werden, mit der die Aufenthaltsqualität belasteter Straßen schrittweise verbessert und eine aktive Mobilität attraktiver wird. Gleiches kann im Güterverkehr gelten, mit dem wesentlichen Unterschied, dass heute, bis auf wenige Ausnahmen, kein öffentlich betriebenes Angebot besteht.

 **Maßnahme 6/1:** Partizipative Gestaltung des öffentlichen Raums

In der Diskussion um die Verteilung des öffentlichen Raums, der durch den avV zurückgewonnen werden könnte, bleibt meist unerwähnt, wie es zu der Entscheidung um die Nach- und Neunutzung kommen sollte. Die Notwendigkeit, eine neue Verteilungsgerechtigkeit im öffentlichen Raum herzustellen, ist im Rahmen einer nachhaltigen Verkehrs- und Mobilitätsplanung zu lösen. Erst im Kontext dieser Festlegungen kann über funktionale und gestalterische Alternativen im Rahmen von Beteiligungsprozessen diskutiert und gegebenenfalls auch entschieden werden. Vor dem Hintergrund gesellschaftlich ausdifferenzierter Interessen und einer allgemeinen Raumknappheit in innenstadtnahen Quartieren werden sehr unterschiedliche Erwartungen an die Neunutzung des öffentlichen Raums formuliert werden. Diese Prozesse sollten daher so gestaltet sein, dass sich weder ausschließlich betriebswirtschaftliche noch partikulare Interessen durchsetzen, sondern dass aktive Mobilität, funktionale Mischung, Aufenthaltsqualität für möglichst viele soziale Gruppen und der Suffizienzgedanke gestärkt werden können. Das wäre ein wesentlicher Beitrag zu einer erfolgreichen Mobilitätswende.

6.3.2 KONZEPTE INTEGRIERTER MOBILITÄTSENTWICKLUNG

Ausgangslage:
Quartiere und Stadtregionen vereinen Teilräume unterschiedlicher Funktionalität, Lage, Zusammensetzung der Wohnbevölkerung, Nutzungsmischung etc. Dementsprechend ist die zu erwartende Bandbreite der Wirkungen des avV groß, wurde aber bislang wenig differenziert betrachtet. Wie die Analyse der Straßen- und öffentlichen Räume gezeigt hat, ist in den urbanen Verkehrsituationen, in denen unterschiedliche Verkehrsteilnehmende aufeinandertreffen, der Einsatz von avF besonders schwierig. Umgekehrt ist damit zu rechnen, dass es Quartiere, Lagen und Standorte geben wird, die nicht nur einen avV ermöglichen, sondern durch einen entsprechend eingepassten avV profitieren werden. Orientiert an den Zielen der Verkehrswende und einer nachhaltigen Stadt- und Stadtteilentwicklung stellt sich die Frage, wie der avV so funktionieren kann, dass die Funktionalität unterschiedlicher Quartiere gesichert oder verbessert werden kann.

Dynamik:
Die Teilräume einer Stadtregion entwickeln sich aufgrund ihrer Lage, Ausstattung und Erreichbarkeit, des ökonomischen Niveaus und der Zusammensetzung der Wohnbevölkerung sehr unterschiedlich, was auf der einen Seite zu Abwanderungen, Desinvestitionen, zu Leerstand und einem untergenutzten öffentlichen Raum führt und auf der anderen Seite Wachstumsdruck

mit entsprechenden konkurrierenden Raumansprüchen auslöst. Der avV kann diese Entwicklung insofern konterkarieren, als die Automated Drivability in den Gebieten, in denen der Straßenraum eher leer und wenig heterogen ist, tendenziell hoch ist. Umgekehrt kann der avV in „lebendigen" und dichten Situationen zu deutlichen Störungen und Verunsicherungen führen – vorausgesetzt Fahrzeuge im Level 4 werden dort überhaupt zugelassen (s. Risiken der Verkehrssicherheit im Langen Level 4 in Abb. 6.3.1).

A2   HANDLUNGSFELD A2: MULTIMODALE ERREICHBARKEITEN VERBESSERN UND AVV IM QUARTIER INTEGRIEREN

Die Qualität eines Quartiers wird maßgeblich durch eine gute Ausstattung, gute Erreichbarkeit, durch ein multimodales Verkehrsangebot und qualitätsvollen öffentlichen Raum bestimmt. Daher sollte die Implementation des avV unter Berücksichtigung der jeweiligen Vor- und Nachteile unterschiedlicher Use Cases vorgenommen werden, ohne dabei einzelne Verkehrsmittel zu bevorzugen: Beispielsweise könnte in Außenbezirken und Randlagen die Drop-off-/Pick-up-Zone eines in das ÖV-Angebot integrierten avV – ebenso wie der Nahversorger – in weniger als fünf Minuten zu Fuß erreichbar sein. Um dies zu leisten, werden Mobilitätshubs als elementare Umsteigepunkte für ein nahtloses intermodales Unterwegssein an der Schnittstelle zwischen Quartier, Gesamtstadt und Stadtregion in allen ihren Teilräumen zunehmend wichtig. Eine Planungsaufgabe wird sein, zwischen einem Linienbetrieb auf fixen Routen mit definierten Haltestellen und einem On-demand-Betrieb von Tür zu Tür mit größerer räumlicher Flexibilität abzuwägen. Die hohen Kapazitäten klassischer Linienverkehre wie U-Bahn, S-Bahn, Straßenbahn und Bus (die auch automatisiert betrieben werden können) bleiben bestehen, um den Verkehr in der Stadtregion zu bündeln, auch unter av-Bedingungen von ungebrochener und angesichts der Verkehrswende steigender Bedeutung.

Die Lage der Mobilitätshubs und deren Rolle im Verkehrssystem der Stadtregion und ihren Teilräumen wird u. a. durch Nachfragepotenziale (Zahl der EinwohnerInnen und der Arbeitsplätze), Flächenverfügbarkeit und Nähe zum konventionellen ÖV bestimmt und bietet an geeigneten Standorten Chancen, Erreichbarkeiten zu verbessern und die Bildung von Zentren anzuregen.

B2   HANDLUNGSFELD B2: FLÄCHENPOTENZIALE FÜR QUARTIERSENTWICKLUNG NUTZEN

Außer dem bereits diskutierten Potenzial von wegfallenden Parkplätzen im öffentlichen Raum stehen als Folge der avV-Transformation weitere Flächen im Quartier zur Disposition – welche das sind, hängt wesentlich von der Struktur des zukünftigen Mobilitätsmarktes ab (s. Kap. 5). Vom Strukturwandel sind potenziell die autoaffinen Branchen wie Parkgaragen, Parkplätze, Tankstellen, Waschstraßen, Kfz-Werkstätten, Autohäuser etc. betroffen, die sich sukzessive wandeln oder deren Gebäude und Flächen für andere Nutzungen frei werden könnten. Eingebunden in eine leistungsfähige Infrastruktur werden diese Flächen zu Potenzialräumen einer nachhaltigen und an städtischen Prinzipien orientierten Innenentwicklung. Um diese Räume nach aktuellen Zielsetzungen nutzbar zu machen, werden integrierte Konzepte zur Stadtteil- und Quartiersentwicklung notwendig, in denen die entwicklungsrelevanten Themen- und Arbeitsfelder der Siedlungsflächen- und Freiraumentwicklung, der Infrastrukturausstattung und der Mobilität umsetzungsorientiert zusammengeführt werden. Das ermöglicht für urbane Kernräume die Chance auf mehr Aufenthaltsqualität und Grünflächen sowie für monofunktionale Räume ein Mehr an urbaner Vielfalt durch eine Nutzungserweiterung und -verdichtung.

Es ist aber auch zu berücksichtigen, dass die neuen Fahrzeuge der Mikromobilität neue Mobilitätshubs sowie die Infrastrukturen der Elektromobilität (Ladestationen) und die avF ihrerseits Platz benötigen, der in großem Umfang im öffentlichen Raum umgesetzt werden muss.

C2   HANDLUNGSFELD C2: REALEXPERIMENTE IM QUARTIER UMSETZEN

Um vorausschauend auch unter unsicheren Rahmenbedingungen und bei divergierenden Zielsetzungen planen zu können, wurden innerhalb der Stadt(regional)-entwicklung reflexive Formen der Prozessgestaltung entwickelt („Zielgerichteter Inkrementalismus"), die mittlerweile theoretisch und praktisch-planerisch breit diskutiert werden (s. Kap. 4.7). Die Herausforderungen, die mit der Einführung des avV in die historisch gewachsene Europäische Stadt verbunden sind, machen ein sukzessives und reflexives Vorgehen notwendig. Wie die Analyse der im Projekt entwickelten idealtypischen Szenarien gezeigt hat, ist das Wie der Implementation des avV jedoch entscheidend dafür, ob die künftige Mobilität eher die aktuellen Ziele einer nachhaltigen stadtregionalen Entwicklung unterstützt oder ob die direkten und indirekten Effekte hierfür eher kontraproduktiv wirken werden. Ein für die Entwicklung des avV maßgebender Umstand ist, dass die aktuellen Realexperimente meist den Prinzipien des marktgetriebenen Ansatzes (s. Kap 5.3) entsprechen. Wo Städte sich in Realexperimente einbringen, geschieht dies häufig zu Zwecken des Stadt- oder Stadtteilmarketings, wobei die Rolle der Zivilgesellschaft nur selten definiert oder mit echten Gestaltungsmöglichkeiten versehen ist.

Im Kontext von Realexperimenten und in einem erweiterten Verständnis auch von Reallaboren müssen alternative Mobilitätskonzepte, deren Einbettung in den Quartierskontext und deren Effekte erprobt und analysiert werden. Dazu ist es notwendig, den Erfahrungsaustausch zwischen den Städten und Stadtregionen in der Stadt- und Mobilitätsplanung zu intensivieren und das Alltags- und Anwendungswissen von BürgerInnen als Teil des Innovationsprozesses zu nutzen. Die größte Herausforderung besteht vermutlich jedoch darin, dass alle Beteiligten ihre bestehenden Handlungsweisen hinterfragen. Quartiere und Stadtregionen sind als Keimzelle für Innovation und für die Gestaltung von Transformationsprozessen wichtige Bezugsräume.

Für den avV scheint dieser Ansatz von besonderer Bedeutung: Erstens können bislang unbekannte Angebote der neuen Mobilität von Interessierten erlebt und ausprobiert werden. Dadurch lassen sich mögliche Hemmnisse (z. B. individuelle Akzeptanzgrenzen einer sozialen Nähe beim Ride-Sharing) erkennen und gesammelte Alltagserfahrungen in frühen Entwicklungsphasen in den Innovationszyklus zurückspielen. Zweitens geht es darum, die heute noch weitgehend unbekannten Wirkungsbeziehungen zwischen den Angeboten einer neuen Mobilität und dem Mobilitäts- und Konsumverhalten zu erkennen, um das transformative Potenzial, aber auch Rebound-Effekte abschätzen zu können. Drittens lassen sich kollektive Lernprozesse zum Wandel von sozialen Praktiken in der Mobilität, der Integration in den öffentlichen Raum und in Prozessen, die den Zugang zur neuen Mobilität sicherstellen sollen, initiieren.

Maßnahme 1/2: Hybride Mobilitätsangebote als Rückgrat urbaner Mobilität ausbauen

Die dispersen Verkehre einer Stadtregion benötigen in Teilräumen, die bislang nicht wirtschaftlich zu versorgen waren, den Ausbau eines schnellen, komfortablen, sicheren und leistungsfähigen öffentlichen Verkehrsnetzes. Automatisierter öffentlicher Verkehr ohne FahrerInnen besitzt betriebswirtschaftliche Vorteile, so dass kürzere Takte, längere Betriebszeiten und zusätzliche (flexible) Routen besonders mit kleineren Fahrzeugen möglich werden. Der Einsatz eines bedarfsorientierten Verkehrsangebotes mit automatisierten Shuttlebussen unterschiedlicher Größen in Gebieten geringer Siedlungsdichte mit und ohne fixe Haltestellen verbessern den Komfort. Auf der anderen Seite könnte der avV (vor allem dann, wenn sich avF im Privatbesitz durchsetzen) disperse, monofunktionale Siedlungsstrukturen am Stadtrand und in Achsenzwischenräumen festigen und weiter fördern. Die Planungsaufgabe besteht hierbei in der Verknüpfung neuer hybrider Mobilitätsangebote mit dem hochrangigen ÖV-Netz. Die Netze des öffentlichen Verkehrs sind vor allem dort konsequent auszubauen, wo im stadtregionalen Kontext neue verdichtete Standorte der Siedlungsflächenentwicklung entstehen bzw.

entwickelt werden sollen. Die An- und Einbindung dieser Standorte in leistungsfähige ÖV-Systeme und deren funktionale Anreicherung ist unabdingbar, will man die verkehrsbedingten Belastungen der Kernstädte wirklich mindern. Dabei darf nicht in Vergessenheit geraten, dass im stadtregionalen öffentlichen Verkehr und auch dem Radverkehr insbesondere bei tangentialen Verbindungen weiter immenser Nachholbedarf besteht und dieser weiter steigen könnte.

Maßnahme 2/2: Modal Split zugunsten aktiver Mobilität und des ÖV verändern

Wichtig im Zuge der notwendigen Verkehrswende ist der sukzessive Ausstieg aus dem MIV zugunsten aktiver Mobilität (zu Fuß gehen, Fahrrad fahren) und des umweltfreundlichen ÖV – zusammen „Umweltverbund" genannt. Dies kann über Ver- und Gebote (gegenwärtig in der Politik weniger angewandt), ein verbessertes Angebot (Fahrradwege, Aufenthaltsmöglichkeiten im öffentlichen Raum, häufigere und längere Bedienung der Haltestellen, Pünktlichkeit, moderne Fahrzeuge beim ÖV) und durch ein entsprechend verändertes Mobilitätsverhalten umgesetzt werden (s. politik- und zivilgesellschaftlich getriebene Szenarien in den Kap. 5.4 und 5.5). Vor allem die Informationen über (verbesserte) Angebote, bestimmte Wege nicht mit dem eigenen Fahrzeug zurückzulegen und städtebaulich gut integrierte Mobility Points sind von grundlegender Wichtigkeit. Nichtautomatisiertes und automatisiertes Car-, Bike- und vor allem Ride-Sharing spielen in diesem Kontext ebenso eine wichtige Rolle wie flexible und hybride Formen des ÖV. In welcher Hinsicht neue Mobilitätsangebote der Verkehrswende zuträglich sind, muss sich (wie das aktuelle Beispiel der E-Scooter zeigt) noch herausstellen – solange sie Fußwege ersetzen, sind sie dies jedoch sicherlich nicht.

Automatisierte und vernetzte Fahrzeuge verändern die gesamtverkehrliche Situation ab dem Zeitpunkt, an dem sie in Teilen des Straßennetzes, und hier zuallererst auf Autobahnen (geringe Komplexität) oder Sonderarealen (niedrige Geschwindigkeit), eingesetzt werden (s. Abb. 4.1.7). Dann können die Sharing- und ÖV-Angebote ausgeweitet und preisgünstiger angeboten und damit die Nachfrage gesteigert werden, was letztlich die Verkehrswende unterstützt. Während der Übergangszeit ist vor allem ein starker Druck auf eine weitere Zersiedelung durch ein hochkomfortables Verkehrsangebot, das nicht nur dem ÖV massive Konkurrenz bereiten wird (Verlust des Alleinstellungsmerkmals), zu erwarten. Dazu könnte, ohne entsprechende Steuerung, die soziale Kohäsion auf verschiedene Arten unterwandert werden, wenn Fahrten immer stärker an Maschinen delegiert werden. Wenn heute über echte Alternativen zum MIV nachgedacht wird, darf nicht übersehen werden, dass hoch- oder vollautomatisierte Pkws sehr komfortabel und reizvoll werden dürften.

 **Maßnahme 3/2:** Netz öffentlicher Räume und aktiver Mobilität definieren

Der öffentliche Raum ist nicht nur ein isolierter Platz oder Park, sondern durch Straße und Wege ein Netzwerk, das auch als solches genutzt wird. In einer Verkehrsplanung, welche die Mobilitätswende unterstützt, kann nicht nur der Verkehrsfluss im Mittelpunkt stehen. Im Gegenteil: Die Stadtregion der Zukunft sollte als ein Netz des öffentlichen Raums gedacht und entwickelt werden. Diese Forderung kann bei der Planung von Neubaugebieten sicherlich besser umgesetzt werden als im historischen Bestand der Europäischen Stadt, aber selbst dort muss mit Widerstand gerechnet werden.

Im Bestand innenstadtnaher Quartiere müsste ein Netz öffentlicher Räume durch eine zunehmende Spezialisierung einzelner Straßenabschnitte ermöglicht werden, die durch die unterschiedlich gute Eignung für den Einsatz von avF ohnehin vorgenommen werden muss. Das bedeutet jedoch sehr umfangreiche Aushandlungsprozesse mit Nutzenden der Erdgeschosszonen, HauseigentümerInnen und BewohnerInnen – allerdings im Rahmen bereits vorher seitens der Planung getroffener, sachlich bedingter Rahmenbedingungen. Es muss unbedingt vermieden werden, dass eine allgemeine Steigerung der Automated Drivability ein prioritäres verkehrspolitisches Ziel wird. In diesem Fall würden sich frühere Planungsmodalitäten bezüglich einer autogerechten Stadt „ohne Lernfortschritt" wiederholen.

 **Maßnahme 4/2:** Av-Mobilitätshubs als Ankerpunkte im Quartier funktional und städtebaulich integrieren

Mobilitätshubs eignen sich als Ankerpunkte einer Quartiersentwicklung und sind entsprechend zu entwickeln. Dafür müssen geeignete Flächen mit einer Verknüpfung zum ÖV frühzeitig gesichert werden. Av-Mobilitätshubs können vor allem in Quartieren ohne eigentliches Zentrum als eine Initialzündung für Verbesserungen der Stadtqualität genutzt werden. Durch eine attraktive Gestaltung des Mobilitätshubs und seines Umfelds besteht eine Chance für mehr urbane Qualitäten, wodurch besonders die Wohngebiete der 1960er bis 1980er Jahre, die unter dem Paradigma der Massenmotorisierung geplant und errichtet wurden, und Gewerbe- und Produktionsstandorte profitieren könnten. Ferner ist der Mix an Mobilitätsangeboten gerade vor den Hintergrund seiner Flächeninanspruchnahme abzuwägen. Die Integration und Kombination mit weiteren Einrichtungen wie Paketbox, Kiosk, Bäckerei, Gastronomie und Marktständen schafft Fühlungsvorteile und sichert damit die erforderlichen Nachfragepotenziale für alle Einrichtungen. Mit diesen quartiersverbessernden Maßnahmen kann auch die Akzeptanz des avV verbessert werden.

 **Maßnahme 5/2:** Regionale Konzepte für den Güterverkehr, die Logistik und die Distribution entwickeln

Die mit dem avV einhergehenden Transformationsprozesse werden sich deutlich auch auf die Versorgung von Stadtregionen auswirken. Einhergehend mit dem internationalen Wettbewerb, einem hohen Kostendruck und den stetig steigenden Anforderungen der KundInnen an die zeitnahen und terminierten Zustellungen von Waren und Gütern steigt der Druck auf die Entwicklung von effizienteren und multimodal angelegten Logistik- und Distributionskonzepten. Automatisierte und vernetzte Fahrzeuge werden gerade im Logistik- und Distributionsbereich während des Langen Level 4 ihre Stärken ausspielen können, was letztlich auch dazu führen wird, dass die Umstellung der Fahrzeugflotten hier sehr schnell vollzogen werden wird und auch neue Fahrzeuge und Zustellservices entwickelt werden. Die hierarchisch aufeinander abgestimmten Standorte der Logistik- und Transportwirtschaft werden (erneut) neue Standorte erfordern; insbesondere die Zubringerservices, vor allem auf der letzten Meile, werden stadtverträglich gestaltet sein müssen.

Die Städte und Gemeinden sind daher gefordert, nicht abwartend zu reagieren, sondern sich proaktiv in diese hochdynamischen Entwicklungsprozesse einzubringen. Dazu gehört ein strategisches Standort- und Flächenmanagement im Rahmen eines abgestimmten Systems an regionalen und städtischen Logistikstandorten. Insbesondere die letzte Meile muss im urbanen Kontext umwelt- und stadtverträglich gestaltet werden – in Bezug auf die Gestaltung neuer City-Hubs, die Verwendung stadtverträglicher Fahrzeuge und/oder die Lizenzvergabe für Zustelldienste auf der städtischen Ebene.

 **Maßnahme 6/2:** Zukunftsbilder von „neuer urbaner Mobilität" gemeinsam transdisziplinär entwickeln

Das Bild, wie sich Stadtregionen und die „neue Mobilität" zukünftig vor dem Hintergrund der Digitalisierung verändern, macht einen breiten Diskurs von Zivilgesellschaft, Politik, Verwaltung, Forschung und Unternehmen notwendig. Aktuell wird die mediale Produktion der Bilder von den TechnologieführerInnen der Digitalisierung bestimmt, ohne die Zukunft der Stadtregion und neuer Mobilität aus der Sicht unterschiedlicher Perspektiven partizipativ zu erarbeiten. Demgegenüber könnten Strukturen der transdisziplinären Reallabore gesellschaftliche Prozesse der Aushandlung und Produktion unterschiedlicher AkteurInnen unterstützen. Überblickshaft skizziert, lassen sich in den Reallaboren ausgehend von einem gemeinsamen Bild aller AkteurInnen die Herausforderungen der Stadtregionen herausarbeiten, Konsens über Ziele finden bzw.

Dissens offenlegen und die Ziele in konkrete Maßnahmen übersetzen. Dafür sind partizipative Prozessdesigns zu entwickeln und umzusetzen.

6.3.3 DIE WACHSENDE BEDEUTUNG DER STADTREGION

Die Bezugsebene Stadtregion ist aufgrund starker Stadt-Umland-Beziehungen und -Verflechtungen für eine Siedlungsentwicklung die entscheidende Ebene, um sinnvolle strategische Entscheidungen für eine nachhaltige Entwicklung zu treffen. Es ist davon auszugehen, dass die verkehrs- und siedlungspolitische Bedeutung der Stadtregion weiter zunehmen wird. Dies hat zur Folge, dass eine enge Kooperation zwischen sehr ungleichen Partnern unumgänglich wird. In der horizontalen Vernetzung müssen nicht nur unterschiedliche Gebietskörperschaften kooperieren, es dürfen sich auch keine Partikularinteressen durchsetzen, was insbesondere bei Betriebsansiedelungen oder der Ausweisung von Einfamilienhausgebieten oftmals schwierig ist.

Auch die immanenten Probleme der Raumplanung, die partikularen Interessen der Fachpolitiken und -planungen zu integrieren, wirken auf stadtregionaler Ebene in besonderer Weise. Schließlich sind Stadtregionen – anders als Quartiere oder Klein- und Mittelstädte – ganz anders in die vertikale Vernetzung eingebunden, weil sie eine wesentliche strategische Ebene darstellen.

Für die Implementation des avV wird es notwendig sein, auf stadtregionaler Ebene die Verkehrs- und Mobilitätsplanung in die Siedlungsentwicklung zu integrieren. Den Zielen der Verkehrswende folgend, muss die Siedlungsentwicklung zu großen Teilen entlang hochrangiger ÖV-Strecken bzw. durch die Entwicklung des Bestandes erfolgen. Auf der stadtregionalen Ebene müssen der av-basierte ÖV und die intermodalen Mobilitätshubs in einem hierarchischen Netz geplant und umgesetzt, die notwendigen Infrastrukturen gestaltet, finanziert und betrieben werden. Dafür müssen integrierte Mobilitätsangebote entwickelt und genützt werden und letztlich auch der Zugriff auf anfallende Daten sichergestellt sein.

Ein wesentlicher Faktor ist, dass Stadtregionen in einem größeren Umgriff auch ländliche Gebiete, Kleinstädte und Dörfer aufweisen, in denen sich Ausstattung und Erreichbarkeiten und davon abhängig die Verkehrsversorgung und die Mobilitätsstile deutlich von denen in den Städten unterscheiden. Zu den Vor- und Nachteilen des avV im ländlichen Raum gibt es bislang kaum gesicherte Informationen. Beispielsweise ist es für die Entwicklung des ländlichen Raums und die Sicherung gleichwertiger Lebensverhältnisse wichtig, dass der avV auf einem flächendeckenden 5G-Netz aufbaut. Unter diesen Bedingungen kann der ländliche Raum aufgrund der geringen verkehrlichen Komplexität eher

als „testbeds" des avV genutzt werden. Hier kann eine flächendeckende Automated Drivability rascher hergestellt werden, was für einen Teil der ländlichen Gemeinden neue Stabilisierungs- und Wachstumsmöglichkeiten mit sich bringen würde.

In einem weiteren Jahr wird sich das AVENUE21-Team mit dem ländlichen Raum befassen und in diesem Kontext stärker auf die strategisch wichtige Ebene der Stadtregionen im Kontext des avV eingehen.

6.3.4 AUSBLICK: DIE RELEVANZ DER DATEN

Die digitale Transformation wird einen tiefgreifenden Einfluss auf alle Bereiche des alltäglichen Lebens in den Städten nehmen. Datenbasierte Abläufe werden die Art, wie künftig eingekauft, wie Mobilität ausgestaltet, Energie erzeugt und genutzt, Güter produziert und Dienstleistungen erbracht oder wie kommuniziert werden wird, deutlich verändern. Neue unternehmerische und auch zivilgesellschaftliche AkteurInnen treten in die Arena, was nicht ohne Einfluss auf tradierte Aufgaben und Rollen in der Stadtplanung bleiben kann.

Die Verfügbarkeit über Daten wird eine noch stärkere Bedeutung erhalten, da sie fast unbegrenzt von jedem Einzelnen „produziert" werden können und mittels künstlicher Intelligenz gewonnene Algorithmen neue Geschäftsfelder eröffnen werden. Die Analyse dieser Daten macht es auch möglich, gesellschaftliche Herausforderungen besser zu bewältigen, schafft aber auch neue Bedürfnisse und Abhängigkeiten. Das gilt auch in besonderem Maße für das Verkehrssystem und das Mobilitätsverhalten. Die Möglichkeit, den Verkehr künftig effizienter und sicherer steuern zu können, bedeutet für Städte und Stadtregionen, entsprechende Infrastrukturen der Datenerfassung, -speicherung und -verarbeitung am Gemeinwohl orientiert zu erstellen und zu betreiben.

Wenn Städte und Stadtregionen Verantwortung für die Verkehrssteuerung, das -management und die -information übernehmen bzw. gegenüber Marktkräften als Mobilitätsdienstleister ausgleichend agieren wollen, entsteht unter anderem ein Bedarf an zusätzlicher Kompetenz und auch an einer Regelung des Zugriffs auf die vor Ort generierten Daten. Städte bzw. Stadtregionen allein werden kaum in der Lage sein, dies zu leisten, da die zentrale Gesetzgebung in die Zuständigkeit der Nationalstaaten oder der Europäischen Union fällt (wie etwa „cyber security" oder Datenschutz). Dies macht deutlich, dass es hier des Zusammenwirkens auf allen Ebenen in der staatlichen Verantwortung bedarf. Der Umgang mit diesen Daten stellt also hohe Anforderungen an die Datenkompetenz in Planung und Verwaltung, die aktuell in den meisten Fällen noch nicht in ausreichendem Maße vorhanden ist. Es ist absehbar, dass im Kontext der digitalen Transformation die Komplexität von Planungsprozessen deutlich zunehmen wird. Die Bedeutung querschnittorientierter Kenntnisse und ressort- und institutionell übergreifender Kooperationen und des inter- und transdisziplinären Handelns wird deutlich steigen. Darauf dürfen Städte nicht abwartend reagieren, sondern sie sollten sich proaktiv vorbereiten und entsprechend kooperieren.

6.3.5 DIE MÖGLICHKEIT UND GESTALTUNG EINER LOKALEN GOVERNANCE

Die vorgestellten Szenarien haben gezeigt, dass die Haltung der handelnden Akteursgruppen bzw. der Gestaltungsmacht, die unterschiedlichen AkteurInnen zugestanden wird, den Rahmen für Siedlungs- und Verkehrsentwicklung setzen. Durch den Wandel hin zur „neuen Mobilität" drängen internationale Anbieter in sich ausweitende Mobilitätsmärkte und Funktionalräume. Die Ausgestaltung der lokalen Governance ist dabei die zentrale Aufgabe. Dazu muss angesichts eines umfassenden Wandels des Mobilitätssystems die Handlungsfähigkeit bestehender Institutionen kritisch hinterfragt werden. Wo notwendig, müssen neue Allianzen entstehen und Möglichkeiten der Teilhabe forciert und sichergestellt werden. Diese Aufgabe kann und muss schon jetzt proaktiv begonnen werden.

Die Entwicklung der vergangenen Jahre, die, unter dem Label der Smart City zusammengefasst, diskutiert und vermarktet wurde, zeigt mittlerweile deutlich die Probleme, die es zu vermeiden gilt. Die technologiegetriebene Globalisierung kommunaler Dienstleistungen und Organisationsprozesse hat dazu beigetragen, dass die Komplexitäten und Widersprüche, die Städte letzten Endes ausmachen, erneut dem Prinzip der Effizienz untergeordnet wurden. Mit der Smart City ist der Reduktionismus der Moderne zurückgekehrt, der nun auch in private Lebensbereiche greift, die bislang als Tabu für jede Art von Steuerung gegolten haben. Die Möglichkeit der Teilhabe bedeutet dabei, bei etwas genauerer Betrachtung, meist nur das Nutzen personenbezogener Daten durch Dritte. Es ist unbedingt notwendig, die Ausgestaltung automatisierter und vernetzter Mobilität mit möglichst großen Teilen der Gesellschaft zu diskutieren und dieser eine aktive Rolle in deren Gestaltung sicherzustellen. Dazu bedarf es robuster lokaler Netzwerke, die von möglichst geteilten Anliegen getragen werden.

Abbildung 6.3.2: **Verortung von Handlungsfeldern in einem Stadtentwicklungsgebiet in Wien-Erdberg**

Illustration: Alexander Diehl

FORSCHUNGSTEAM AVENUE21

IAN BANERJEE

„In welchen Städten wollen wir leben? Sie können unternehmerisch, gerecht, nachhaltig, intelligent, kreativ usw. sein. Mein Interesse gilt der Frage, wie ein politischer Diskurs geführt werden kann, damit der avV in ein übergeordnetes Paradigma integriert werden kann, das auf gesellschaftliche und ökologische Herausforderungen adäquat eingeht. "

Ian Banerjee ist Senior Researcher im Forschungsbereich Soziologe an der TU Wien.

MARTIN BERGER

„Wie wird das automatisierte Fahren unseren Alltag verändern? Viele Chancen und Risiken, viele Effekte und Rebounds müssen erkannt werden, um zu verstehen, wer die Verlierer und Gewinner sein werden. Das Meiste bleibt ungewiss, denn die Zukunft bleibt unbekannt und kann nicht genau vorhergesagt werden. Dennoch ist es wichtig, die Frage zu stellen, wie unser urbanes Leben aussehen soll, wenn irgendwann hoch- oder vollautomatisches Fahren Realität werden sollte. Werden Sharing-Fahrzeuge Privatfahrzeuge ersetzen? Wie verändert sich die Attraktivität von Standorten und damit die Wahl von Wohn- und Arbeitsplätzen, Einkaufs- und Freizeiteinrichtungen? "

Martin Berger ist Professor und Leiter des Forschungsbereichs Verkehrssystemplanung an der TU Wien.

EMILIA M. BRUCK

„Technologische Innovationen wie die Fahrzeugautomatisierung prägen nicht nur die Mobilität von Menschen, Informationen und Gütern, sondern verändern letztlich auch urbane Realität und unser Bewusstsein. Ihre Auswirkungen erstrecken sich auf alle Bereiche unseres städtischen Lebens, von den Arbeitsbedingungen bis hin zu den sozialen Beziehungen, den Konsummustern und der Umweltgestaltung. Stadtplanerische Strategien sollten daher nicht nur die technologische Anwendung oder die Nutzung dieses neuen Mediums berücksichtigen, sondern die zugrunde liegenden Prinzipien und Logiken hinterfragen, die Raum, Gesellschaft und Wirtschaft völlig neu strukturieren könnten. "

Emilia M. Bruck verfasst ihre Dissertation im Forschungsbereich örtliche Raumplanung an der TU Wien.

JENS S. DANGSCHAT

„Automatisierte und vernetzte Mobilität ist ein wesentliches Element der Umsetzung von Digitalisierung und des Internet der Dinge. Die wichtigsten Veränderungen betreffen nicht allein den Straßenverkehr, sondern unseren Alltag (Mobilität, Kommunikation) und unser Berufsleben (strukturelle Arbeitslosigkeit, neue Berufe, noch flexiblere Raum- und Zeitmuster), die bedacht werden müssen. Wir stehen vor einem grundlegenden sozialen Wandel, da bestehende Ungleichheiten zunehmen und neue Lebensstile entstehen werden – die Durchsetzung einer Kluft zwischen Gewinnern und Verlierern in Regionen, Sektoren und sozialen Gruppen."

ALEXANDER DIEM

„Automatisierte und vernetzte Mobilität wird Gebäudetypologien verändern. Die Erschließung wird sich einem neuen, komplexen Mobilitätsverhalten anpassen und so das Erscheinungsbild von Gebäuden und Raumstrukuturen verändern. Ähnlich wie in früheren Phasen der Massenmobilisierung werden zusehends auch ganz neue Gebäudetypen entstehen. Architekten und Planer werden sich neuen Herausforderungen stellen müssen, die innere Erschließung von Gebäuden adäquat zu einem sich wandelnden Mobilitätssystem zu entwickeln."

JULIA DORNER

„Für mich ist der faszinierendste Aspekt von automatisierten und vernetzten Fahrzeugen, wie sie das Zusammenleben in einer Gesellschaft beeinflussen könnten. In den letzten Jahrzehnten haben wir gesehen, wie sich der Alltag immer stärker mit neuen Technologien verflochten und sich dadurch die Interaktion zwischen Menschen gewandelt hat. Durch dieses Projekt hoffe ich, einen Einblick zu bekommen, wie der Transport der Zukunft aussehen und wie er die Gesellschaft der Zukunft gestalten kann."

Jens S. Dangschat ist Professor emeritus der Soziologie an der TU Wien.

Alexander Diem ist freier Architekt und wissenschaftlicher Mitarbeiter im Forschungsbereich Architekturtheorie an der TU Wien.

Julia Dorner ist wissenschaftliche Mitarbeiterin im Forschungsbereich Verkehrssystemplanung an der TU Wien.

JONATHAN FETKA

„Es ist selbstverständlich unmöglich, die Zukunft vorherzusagen, aber es ist dennoch wichtig, grundsätzliche Wahrscheinlichkeiten in Szenarien zu erkunden. Eine ganzheitliche Betrachtung möglicher Auswirkungen neuer Technologien ist entscheidend für das Verständnis ihrer Konsequenzen für die städtische Umwelt und unsere Gesellschaft. Wie muss sich die Planung interpretieren, reflektieren und anpassen, um die Fehler der Vergangenheit bei der Steuerung eines Wandels der Mobilität nicht zu wiederholen? Wie können wir avV in unsere aktuellen Bemühungen und Strategien integrieren, um die negativen Folgen einer bisherigen autoorientierten Planung zu beseitigen?"

Jonathan Fetka ist Projektassistent am future.lab der Fakultät für Architektur und Raumplanung der TU Wien.

CHARLOTTE HELLER

„Automatisierte und vernetzte Mobilität wird nicht nur die Mittel unseres städtischen, nationalen und internationalen Verkehrs, sondern auch den zukünftigen Bedarf an Raum- und Infrastrukturentwicklung verändern. Mit neuen Mobilitätssystemen und -dienstleistungen werden wir neue Lösungen für die grenzüberschreitende Planung und Verwaltung benötigen, um die Veränderungen bei der Wahl der Verkehrsmittel und des Verkehrsaufkommens zu bewältigen."

Charlotte Heller ist Projektassistentin am Institut für örtliche Raumplanung der TU Wien.

MATHIAS MITTEREGGER

„In der frühen Phase der Technologieentwicklung bleibt vieles offen. Dies sind die Jahre, in denen sich etwas Neues abzeichnet, einige Möglichkeiten vielversprechend und andere erschreckend aussehen. Diese typisch eklektischen, aber produktiven Zeiten sind auch mit dem Blick auf die Vergangenheit von größtem Interesse. Was können wir heute aus der Geschichte lernen?"

Mathias Mitteregger leitet das Projekt AVENEU21 am future.lab der Fakultät für Architektur und Raumplanung der TU Wien.

RUDOLF SCHEUVENS

„Die schnell fortschreitende Digitalisierung und Automatisierung durchdringt und prägt die Stadt, ihr urbanes Gefüge und ihre Infrastruktur. Es entsteht eine Reihe von Fragen, denen wir uns stellen müssen. Die wichtigste ist, in welche Zukunftsvisionen über Urbanität und urbanes Leben können und müssen diese Entwicklungen eingebunden werden?"

AGGELOS SOTEROPOULOS

„Wie bei früheren technologischen Innovationen innerhalb der Mobilität werden automatisierte und vernetzte Fahrzeuge Auswirkungen auf die zukünftige Mobilität in den europäischen Städten und deren Siedlungsstrukturen haben. Eine umfassende Untersuchung möglicher Konsequenzen und Wechselwirkungen ist aus meiner Sicht von besonderer Bedeutung, da die historische Entwicklung zeigt, dass der Verkehr nicht nur soziotechnologischen Beschränkungen unterliegt, sondern ebenso stark durch Politik und Planung geformt wird. Letztere benötigen bestmögliche Grundlagen für ihre Entscheidungsfindung."

ANDREA STICKLER

„Politische Hoffnungen und wirtschaftliche Interessen prägen die dominanten Narrationen zu automatisierten und vernetzten Fahrzeugen und gestalten damit auch den lokalen Einsatz. Während sich die meisten Fragen auf das Was (Anwendungen, Services und Dienstleistungen) und das Wann (Zeitpunkt der Durchsetzung von avV) beziehen, liegt mein Hauptinteresse im Wo und Wie. Diese Perspektive kann zu neuen Erkenntnissen über notwendige regulatorische Überlegungen und Ansätze im Zusammenhang mit avV führen."

Rudolf Scheuvens ist Professor für örtliche Raumplanung und Dekan der Fakultät für Architektur und Raumplanung, TU Wien.

Aggelos Soteropoulos verfasst seine Dissertation im Forschungsbereich Verkehrssystemplanung an der TU Wien.

Andrea Stickler verfasst ihre Dissertation im Forschungsbereich Soziologie an der TU Wien.

LITERATUR

8

LITERATURVERZEICHNIS

Aapaoja, A., Eckhardt, J., & Nykänen, L. (2017). *Business models for MaaS.* 1st International Conference on Mobility as a Service, 28.–29. November 2017. Tampere: Tampere University of Technology.

Abbott, J. (2012). Planning as Managing Uncertainty: Making the 1996 Livable Region Strategic Plan for Greater Vancouver. *Planning Practice and Research 27(5)*, 571–593.

Ahmadpour, N., Kühne, M., Robert, J.-M., & Vink, P. (2016). Attitudes towards personal and shared space during the flight. *Work 54*, 981–987.

Akademie für Raumforschung Landesplanung (Hrsg.) (1978). *Beiträge zu Problemen der Suburbanisierung 2,* Forschungs- und Sitzungsberichte, Band 125. Hannover: Hermann Schroedel.

Alberts, V., Dirnwöber, M., Kressler, F., Liebermann, J., & Stupnik, K. (2016). *Vom Intelligenten Verkehrssystem zum Integrierten Verkehrssystem. Einfach, vernetzt, digital und nachhaltig.* ITS-Austria, Forschung – Technologie – Innovation. Handlungsoptionen 2020+. Wien. www.smart-mobility.at/fileadmin/media_data/FTI_Roadmap_v5.0.0_final.pdf (6.3.2019).

Albrechts, L., Balducci, A., & Hillier, J. (Hrsg.) (2016). *Situated Practices of Strategic Planning: An International Perspective.* Milton Park: Routledge.

Alessandrini, A., Campagna, A., Delle Site, P., Flilippi, F., & Persia, L. (2015). Automated Vehicles and the Rethinking of Mobility and Cities. *Transportation Research Procedia 5*, 145–160.

Alkim, T. (2018). *The ODD framework.* Präsentation auf dem Automated Vehicle Symposium, 11. Juli 2018, San Francisco. Breakout Session Nr. 34.

Allen, A., Lampis, A., & Swilling, M. (Hrsg.) (2016). *Untamed Urbanism.* London & New York: Routledge.

Allmendinger, P., & Tewdwr-Jones, M. (Hrsg.) (2002). *Planning Future: New Directions for Planning Theory.* London & New York: Routledge.

Alonso-González, M., Oort, N. van, Cats, O., & Hoogendoorn, S. (2017). *Urban Demand Responsive Transport in the Mobility as a Service Ecosystem: Its Role and Potential Market Share.* Vortrag bei der International Conference Series on Competition and Ownership in Land Passenger Transport (Thredbo 15), Stockholm.

Alpkokin, P. (2012). Historical and critical review of spatial and transport planning in the Netherlands. *Land Use Policy 29*, 536–547.

Altenburg, S., Kienzler, H.-P., & Auf der Maur, A. (2018). *Einführung von Automatisierungsfunktionen in der Pkw-Flotte. Auswirkungen auf Bestand und Sicherheit.* Basel: Prognos AG.

Altrock, U., Kunze, R., Pahl-Weber, E., & Schubert, D. (Hrsg.). *Megacities und Stadterneuerung. Jahrbuch Stadterneuerung 2009.* Berlin: Universitätsverlag der TU Berlin.

Amano H., & Uchimura T. (2016). *A National Project in Japan: Innovation of Automated Driving for Universal Services.* In Meyer & Beiker (Hrsg.), 15.

Amano H., & Uchimura T. (2018). *Latest Development in SIP-Adus and Related Activities in Japan.* In Meyer & Beiker (Hrsg.), 15–24.

Anderson, J. M., Kalra, N., Standley, K. D., Sorensen, P., Samaras, C., & Oluwatola, O. A. (2016). *Autonomous Vehicle Technology – A Guide for Policymakers.* Santa Monica: RAND Corporation.

Anderson, J. R., & Thompson, R. (1989). Use of analogy in a production system architecture. In Vosniadou & Ortony (Hrsg.), 267–297.

Ansell, C., & Torfing, J. (2016). Introduction: theories of governance. In Ansell & Torfing (Hrsg.), 1–17.

Ansell, C., & Torfing, J. (Hrsg.) (2016). *Handbook on theories of governance.* London: Edward Elgar Publishing.

Aschauer, D. A. (1989). Is public expenditure productive? *Journal of monetary economics*, 23(2), 177–200.

AustriaTech (2018). *Elektromobilität in Österreich 2017/18 – Highlights.* www.bmvit.gv.at/verkehr/elektromobilitaet/downloads/emobil_2017_highlights_ua.pdf (6.3.2019).

Axhausen, K. W. (2016). *Autonome Fahrzeuge – Erste Überlegungen. Vortrag im Rahmen der Sommerakademie der Studienstiftung* (September 2016). Magliaso: Netzwerk Stadt und Landschaft.

Bach, S. (2013). Einkommens- und Vermögensverteilung in Deutschland. *Aus Politik und Zeitgeschichte 10–11/2013.* www.bpb.de/apuz/155705/einkommens-und-vermoegensverteilung-in-deutschland (1.1.2016).

Backhaus, W., Rupprecht, S., & Franco, D. (2019). *Road vehicle automation in sustainable urban mobility planning.* Practitioner Briefing. www.h2020-coexist.eu/wp-content/uploads/2019/06/SUMP2.0_Practitioner-Briefings_Automation_Final-Draft.pdf (9.7.2019).

Bagloee, S. A., Tavana, M., Asadi, M., & Oliver, T. (2016). Autonomous vehicles – Challenges, Opportunities and Future Implications for Transportation Policies. *Journal of Modern Transportation 24(4)*, 284–303.

Bagnasco, A., & Le Galès, P. (Hrsg.) (2000). *Cities in Contemporary Europe*. Cambridge: Cambridge University Press.

Bakici, T., Almirall, E., & Wareham, J. A. (2013). Smart City Initiative: The Case of Barcelona. *Journal of Knowledge Economies 4(2)*, 135–148. DOI:10.1007/s13132-012-0084-9.

Balducci, A., Boelens, L., Hillier, J., Nyseth, T., & Wilkinson, C. (2011). Introduction: Strategic spatial planning in uncertainty: theory and exploratory practice. *Town Planning Review 82(5)*, 481–501.

Bangemann, C. (2017). *Simulation einer urbanen Mobilitätslösung basierend auf autonom fahrenden E-Robotaxen in München*. München: Berylls Strategy Advisors.

Barnes, P., & Turkel, E. (2017). *Autonomous Vehicles in Delaware: Analyzing the Impact and Readiness for the First State*. Institute for Public Administration. Newark: University of Delaware.

BASt (Bundesanstalt für Straßenwesen) (2012). *Rechtsfolgen zunehmender Fahrzeugautomatisierung*. www.bast.de/DE/Publikationen/Foko/Downloads/2012-11.pdf?__blob=publicationFile&v=1 (18.7.2019).

Bauer, H., Biwald, P., Mitterer, K., & Thöni, E. (Hrsg) (2017). *Finanzausgleich 2017: Ein Handbuch – mit Kommentar zum FAG 2017*. Öffentliches Management und Finanzwirtschaft 19. Wien/Graz: NWV Neuer Wissenschaftlicher Verlag,

Bauernhansl, T., Ten Hompel, M., & Vogel-Heuser, B. (Hrsg.) (2014). *Industrie 4.0 in Produktion, Automatisierung und Logistik: Anwendung-Technologien-Migration*. Wiesbaden: Springer Vieweg,

Bauriedl, S., & Strüver, A. (2018). *Smart City – Kritische Perspektiven auf die Digitalisierung in Städten*. Bielefeld: transcript.

BBSR (Bundesinstitut für Bau-, Stadt- und Raumforschung) (2010). Leipzig Charta zur nachhaltigen europäischen Stadt. *Informationen zur Raumentwicklung 4/2010*, 315–319.

Beck, U. (1986). *Risikogesellschaft. Auf dem Weg in eine andere Moderne*. Frankfurt am Main: Suhrkamp.

Beck, U. (1997). *Was ist Globalisierung? Irrtümer des Globalismus – Antworten auf Globalisierung*. Frankfurt am Main: Suhrkamp.

Beck, U., Bonss, W., & Lau, C. (2003). The Theory of Reflexive Modernization: Problematic, Hypotheses and Research Programme. Theory. *Culture & Society 20(2)*, 1–33.

Beckmann, K. J. (2019). Automatisierter Verkehr und Einsatz autonomer Fahrzeuge – (mögliche) Folgen für die Raumentwicklung. In Holz-Rau et al. (Hrsg.). i. E.

Beecroft, R., Trenks, H., Rhodius, R., Benighaus, C., & Parodi, O. (2018). Reallabore als Rahmen transformativer und transdisziplinärer Forschung: Ziele und Designprinzipien. In Di Giulio & Defila (Hrsg.), 75–100.

Beiker, S. (2015). Einführungsszenarien für höhergradig automatisierte Straßenfahrzeuge. In Maurer et al. (Hrsg.), 197–218.

Beiker, S., (2018). Deployment of automated driving as an example for the San Francisco Bay area. In Meyer & Beiker (Hrsg.), 117–129.

Beirao, G., & Sarsfield-Cabral, J. A. (2007). Understanding attitudes towards public transport and private car: a qualitative study. *Transport Policy 14*, 478–489.

Békési, S. (2005). *Verkehr in Wien. Personenverkehr, Mobilität und städtische Umwelt 1850 bis 2000*. In Brunner & Schneider (Hrsg.), 92–105.

Bemmann, M., Metzger, B., & Detten, R. von (Hrsg.) (2014). *Ökologische Modernisierung. Zur Geschichte und Gegenwart eines Konzepts in Umweltpolitik und Sozialwissenschaften*. Frankfurt am Main & New York: Campus.

Bento, N., & Wilson, C. (2016). Measuring the duration of formative phases for energy technologies. *Environmental Innovation and Societal Transitions 21*, 95–112.

Berg, V. van den, & Verhoef, E. (2016). Autonomous cars and dynamic bottleneck congestion: The effects on capacity, value of time and preference heterogeneity. *Transportation Research Part B: Methodological 94*, 43–60.

Berger, P. A., Keller, C., Klärner, A., & Neef, R. (Hrsg.) (2014). *Urbane Ungleichheiten*. Wiesbaden: Springer VS.

Berking, H., & Löw, M. (Hrsg.) (2005). *Die Wirklichkeit der Städte, Soziale Welt*, Sonderband 16. Baden-Baden: Nomos.

Berscheid, A. L. (2014). Autonome Fahrzeuge und hegemoniale Männlichkeit in der Automobilkultur. Digitalisierung zwischen Utopie und Kontrolle. *Femina Politica 2/2014*, 22–34.

Bertolini, L. (2007). Evolutionary Urban Transportation Planning: An Exploration. *Environment and Planning A: Economy and Space, 39(8)*, 1998–2019.

Bertolini, L. (2012). Integrating Mobility and Urban Development Agendas – A Manifesto. *disP – The Planning Review 48(1)*, 16–26.

Bertolini, L. (2017). *Planning the Mobile Metropolis: Transport for People, Places and the Planet*. London: Palgrave/Red Grove Press.

Bertolini, L., Curtis, C., & Renne, J. (2012). Station area projects in Europe and beyond: Towards transit oriented development? *Built Environment 38(1)*, 31–50.

Bloom, P., & Sancino, A. (2019). *Disruptive Democracy: The Clash Between Techno-Populism and Techno-Democracy*. Thousand Oaks: SAGE.

BMF (Bundesministerium für Finanzen, Besteuerungsrechte und Abgabenerträge) (2018). *Besteuerungsrechte und Abgabenerträge.* Wien: BMF. www.bmf.gv.at/budget/finanzbeziehungen-zu-laendern-und-gemeinden/besteuerungsrechte-und-abgabenertraege.html (14.8.2019).

BMUB (Bundesministerium für Umwelt, Naturschutz, Bau und Reaktorsicherheit) (2015). *Umweltbewusstsein in Deutschland 2014. Ergebnisse einer repräsentativen Bevölkerungsumfrage.* Dessau-Roßlau: Umweltbundesamt (UBA). www.umweltbundesamt.de/sites/default/files/medien/378/publikationen/umweltbewusstsein_in_deutschland_2014.pdf (6.3.2019).

BMUB (2016). *Klimaschutzplan 2050. Klimaschutzpolitische Grundsätze und Ziele der Bundesregierung.* Berlin: BMUB.

BMVBS (Bundesministerium für Verkehr, Bau und Stadtentwicklung) (2007). *Leipzig Charta zur nachhaltigen europäischen Stadt.* Berlin: BMVBS.

BMVI (Bundesministerium für Verkehr und digitale Infrastruktur) (2018). *Automatisiertes und vernetztes Fahren.* Berlin: BMVI. www.bmvi.de/DE/Themen/Digitales/Automatisiertes-und-vernetztes-Fahren/automatisiertes-und-vernetztes-fahren.html (29.1.2018).

BMVIT (Bundesministerium für Verkehr, Innovation und Technologie) (2016a). *Österreich unterwegs 2013/2014.* Wien: BMVIT. www.bmvit.gv.at/verkehr/gesamtverkehr/statistik/oesterreich_unterwegs/downloads/oeu_2013-2014_Ergebnisbericht.pdf (28.8.2019).

BMVIT (2016b). *Automatisiert – Vernetzt – Mobil. Aktionsplan Automatisiertes Fahren,* Juni 2016. Wien: BMVIT. www.bmvit.gv.at/service/publikationen/verkehr/automatisiert/downloads/automatisiert2016.pdf (14.8.2019).

BMVIT (2016c). *Ergebnisbericht Projekt „ShareWay – Wege zur Weiterentwicklung von Shared Mobility zur dritten Generation".* Wien: BMVIT.

BMVIT (2018). Statistik Straße & Verkehr. Wien: BMVIT. www.bmvit.gv.at/verkehr/strasse/autostrasse/statistik/index.html (6.7.2019).

BMVIT (2019). *Was heißt Multimodalität? Österreich unterwegs, Teil 7.* BMVIT-Infothek. Wien: BMVIT. https://infothek.bmvit.gv.at/teil-7-oesterreich-unterwegs/ (6.3.2019).

BMVIT (o. J.). *Elektromobilität.* Wien: BMVIT. www.bmvit.gv.at/verkehr/elektromobilitaet/index.html (6.3.2019).

Boban, M., Kousaridas, A., Manolakis, K., Eichinger, J., & Xu, W. (2017). *Use Cases, Requirements, and Design Considertations for 5G V2X.* Ithaca. https://arxiv.org/pdf/1712.01754.pdf (6.9.2019).

Bobeth, S., & Matthies, E. (2016). Elektroautos: Top in Norwegen, Flop in Deutschland? Empfehlungen aus Sicht der Umweltpsychologie. *GAIA – Ecological Perspectives for Science and Society 25(1),* 2016, 38–48. DOI:10.14512/gaia.25.1.10

Boeglin, J. (2015). The Costs of Self-Driving Cars: Reconciling Freedom and Privacy with Tort Liability in Autonomous Vehicle Regulation. *Yale Journal of Law & Technology 17(1),* 171–203.

Böhler, S., Bongardt, D., Schäfer-Sparenberg, C., & Wilke, G. (2007). *Zukunft des Car-Sharing in Deutschland.* Wuppertal: Wuppertal Institut für Klima, Umwelt, Energie GmbH.

Bönninger, J., Eichelmann, A., & Schüppel, U. (2018). Automatisiertes und vernetztes Fahren: Potenziale und Herausforderungen der technischen Entwicklung im Fahrzeug. *Zeitschrift für Verkehrssicherheit 64(3),* 97–98.

Boersma, R., Arem, B. van, & Rieck, F. (2018). Application of driverless electric automated shuttles for public transport in villages: the case of Appelscha. In *World Electric vehicle journal 9(1),* 15–21.

Bösch, P. M. (2016). *Kapazitätsauswirkungen vollautonomer Fahrzeuge in der Schweiz.* 26. PTV Traffic Anwenderseminar, Oktober 2016. Karlsruhe.

Bösch, P. M., Becker, F., Becker, H., & Axhausen, K. W. (2018). Cost-based analysis of autonomous mobility services. *Transport Policy 64,* 76–91.

Boltanski, L., & Chiapello, È. (2001). Die Rolle der Kritik in der Dynamik des Kapitalismus und der normative Wandel. *Berliner Journal für Soziologie 11(4),* 459–477.

Bormann, R., Fink, P., Holzapfel, H., Rammler, S., Sauter-Servaes, T., Tiemann, H., Waschke, T., & Weirauch, B. (2018). Die Zukunft der Deutschen Automobilindustrie. Transformation by Disaster oder by Design? *WISO Diskurs 03/2018.* Bonn: Friedrich-Ebert-Stiftung.

Botsman, R. (2013). *The Sharing Economy Lacks A Shared Definition.* www.fastcompany.com/3022028/the-sharing-economy-lacks-a-shared-definition (6.3.2019).

Bourdieu, P. (1987). *Die feinen Unterschiede. Kritik der gesellschaftlichen Urteilskraft.* Frankfurt am Main: Suhrkamp.

Brake, K. (2011). „Reurbanisierung" – Globalisierung und neuartige Inwertsetzung städtischer Strukturen „europäischen" Typs. In Frey & Koch (Hrsg.), 299–323.

Brake, K., Dangschat, J. S., & Herfert, G. (Hrsg.) (2001). *Suburbanisierung in Deutschland. Aktuelle Tendenzen.* Opladen: Leske + Budrich.

Brand, U., Demirovic, A., Görg, C., & Hirsch, J. (Hrsg.) (2001). *Nichtregierungsorganisationen in der Transformation des Staates.* Münster: Westfälisches Dampfboot.

Braun-Thürmann, H. (2005). *Innovation.* Bielefeld: transcript.

Brenner, M. (1985). London. In Friedrichs (Hrsg.), 149–254.

Brenner, N. (2004). Urban governance and the production of new state spaces in western Europe, 1960–2000. *Review of International Political Economy 11(3),* 447–488.

Brenner, N., & Keil, R. (Hrsg.) (2006). *The global cities reader.* Abingdon: Routhledge

Bröchler, S., & Lauth, H.-J. (Hrsg.) (2014). Von Government zu Governance. Informales Regieren im Vergleich. *Zeitschrift für Vergleichende Politikwissenschaft 8*, Supplement 1, Special Issue 4. Wiesbaden: VS Verlag für Sozialwissenschaften.

Bröthaler, J., Haindl, A., & Mitterer, K. (2017). Funktionsweisen und finanzielle Entwicklungen im Finanzausgleichssystem. In Bauer et al. (Hrsg), 79–116.

Brundtland, G. H. (1987). *Our Common Future, Chapter 2: Towards Sustainable Development.* New York: UN.

Brunner, K., & Schneider, P. (Hrsg.). Umwelt Stadt. Geschichte des Natur- und Lebensraumes Wien. Wien/Köln/Weimar: Böhlau.

Bruns, F., Rothenfluh, M., Neuenschwander, M., Sutter, M., Belart, B., & Egger, M. (2018). *Einsatz automatisierter Fahrzeuge im Alltag – Denkbare Anwendungen und Effekte in der Schweiz.* Schlussbericht Modul 3c: „Mögliche Angebotsformen im kollektiven Verkehr (ÖV und ÖIV)". Basel: Basler Fonds.

Buchert, M. (Hrsg.) (2014). *Reflexives Entwerfen – Reflexives Design.* Berlin: JOVIS.

Bukold, S. (2015). *Ölpreiskollaps, Verkehr & Klima. Daten und Strategien für den Klimagipfel in Paris.* Zweiter Teil der Kurzstudie im Auftrag der Bundestagsfraktion Bündnis 90/Die Grünen. www.gruene-bundestag.de/fileadmin/media/gruenebundestag_de/themen_az/klimaschutz/Bukold-OEl-Verkehr-Paris-30nov.pdf (6.3.2019).

BuroHappold Engineering (2016). *Urban Streets in the Age of connected and autonomous vehicles.* Global Design Sprint 2016. Bath (UK). www.burohappold.com/wp-content/uploads/2016/11/BHE-Global-Design-Sprint16-v3.pdf (6.3.2019).

Busch-Geertsema, A., Lanzendorf, M., Müggenburg, H., & Wilde, H. (2016). *Mobilitätsforschung aus nachfrageorientierter Perspektive: Theorien, Erkenntnisse und Dynamiken des Verkehrshandelns.* In Schwedes et al. (Hrsg.), 755–779.

Campbell, M., Egerstedt, M., How, J. P., & Murray, R. M. (2010). *Autonomous driving in urban environments: approaches, lessons and challenges. Philosophical Transactions of the Royal Society A. 368*, 4649–4672.

Cantos, P., Gumbau-Albert, M., & Maudos, J. (2005). Transport infrastructures, spillover effects and growth: Evidence of the Spanish case. *Transport Reviews 25(1)*, 25–50.

Canzler, W. (2010). Mobilitätskonzepte der Zukunft und Elektromobilität. In Hüttl et al. (Hrsg.), 39–61.

Canzler, W. (2015). Zukunft der Mobilität: An der Dekarbonisierung kommt niemand vorbei. *Aus Politik und Zeitgeschichte 41.* Frankfurt am Main: Societäts-Verlag. www.bpb.de/apuz/209960/zukunft-der-mobilitaet-an-der-dekarbonisierung-kommt-niemand-vorbei?p=all (20.11.2017).

Canzler, W., & Knie, A. (2016). Mobility in the age of digital modernity: why the private car is losing its significance, intermodal transport is winning and why digitalisation is the key. *Applied Mobilities 1(1)*, 56–67. DOI: 10.1080/23800127.2016.1147781.

Car Trottle (2017). *Testing The World's Smartest Autonomous Car (NOT A Tesla).* Videodatei, https://youtu.be/l3ELVACR2VY (28.2.2018).

Castells-Quintana, D., Ramos, R., & Royuela, V. (2015). Income inequality in European Regions: Recent trends and determinants. *Review of Regional Research 35(2)*, 123–146. DOI: 10.1007/s1003-7-015-0098-4.

Chan, N. D., & Shaheen, S. A. (2012). Ridesharing in North-America – Past, Present, and Future. *Transport Reviews 32(1)*, 93–112.

Chen, T. D., Kockelman, K. M., & Hanna, J. P. (2016). Operations of a shared, autonomous, electric vehicle fleet: Implications of vehicle & charging infrastructure decisions. *Transportation Research Part A: Policy and Practice 94*, 243–254.

Childress, S., Nichols, B., Charlton, B., & Coe, S. (2015). Using An Activity-Based Model To Explore the Potential Impacts Of Automated Vehicles. *Transportation Research Record 2493(1)*, 99–106.

Christensen, C. M. (2003). *The Innovator's Dilemma: When New Technologies Cause Great Firms to Fail.* New York: HarperCollins.

Chui, M., Löffler, M., & Roberts, R. (2010). The Internet of Things. *The McKinsey Quarterly 47(2)*, 1–9. www.darley.com/documents/inside_darley/The_Internet_Of_Things_McKinsey_Report.pdf (12.1.2019).

City of San Francisco (2016). *Advanced Transportation and Congestion Management Technologies Deployment Initiative by SFMTA.* www.sfmta.com/sites/default/files/projects/2017/ATCMTD%20Grant%20Application.pdf (11.11.2018).

City Planning Authority (2014). *Development Strategy Göteborg 2035.* https://international.goteborg.se/sites/international.goteborg.se/files/field_category_attachments/development_strategy_goteborg_2035.pdf (19.11.2018).

Clark, B. Y., Larco, N., & Mann, R. F. (2017). The impacts of Autonomous Vehicles and E-Commerce on Local Government Budgeting and Finance. *SSRN Electronic Journal.* DOI:10.2139/ssrn.3009840.

Clarke, J., Bainton, D., Lendvai, N., & Stubbs, P. (2015). *Making policy move: Towards a politics of translation and assemblage.* Bristol: Policy Press.

CLC (Centre for Liveable Cities) (2014). *Liveable and Sustainable Cities – A Framework.* Centre for Liveable and Sustainable Cities and Civil Service College, Ministry of National Development (MND), Singapore. www.clc.gov.sg/docs/default-source/books/clc-csc-liveable-sustainable-cities.pdf (13.9.2018).

Clements, L. M., & Kockelman, K. M. (2017). Economic effects of automated vehicles. *Transportation Research Record 2606(1)*, 106–114.

Coghlan, D., Brydon-Miller, M. (Hrsg.) (2014), *The Sage Encyclopedia of Action Research*, Thousand Oaks: Sage Publications.

Crittenden, C. (2017). A Drama in Time – How Data and Digital Tools are Transforming Cities and their Communities. *City & Community 16(1)*, 3–8.

Curtin, R., Shrago, Y., & Mikkelsen, J. (2009). *Plug-in Hybrid Electric Vehicles. University of Michigan Transportation Research Institute.* http://evworld.com/library/UMich_PHEV_2009.pdf (6.3.2019).

Curtis, C., & Scheurer, J. (2016). *Planning for Public Transport Accessibility. An International Source-book.* New York: Routledge.

Cyganski, R., Fraedrich, E., & Lenz, B. (2015). Travel-time valuation for automated driving: A Use-Case-driven Study. *Proceedings of the 94th Annual Meeting of the TRB 2015*, Washington.

Daimler (2018). Fahrerlos geparkt. Automated Valet Parking. www. daimler.com/innovation/case/autonomous/fahrerlos-geparkt.html (20.11.2018).

Dangschat, J. S. (1988). Gentrification: Der Wandel innenstadtnaher Nachbarschaften. In Friedrichs (Hrsg.), 272–292. DOI: 10.1007/978-3-322-83617-5_14.

Dangschat, J. S. (1992). Konzeption, Realität und Funktion „neuer Standortpolitik" – am Beispiel des „Unternehmens Hamburg". In Heinelt & Mayer (Hrsg.), 29–48.

Dangschat, J. S. (2010). Reurbanisierung – eine Renaissance der (Innen-)Städte? In Frech & Reschl (Hrsg.), 190–201.

Dangschat, J. S. (2014). Soziale Ungleichheit und der (städtische) Raum. In Berger et al. (Hrsg.), 117–132.

Dangschat, J. S. (2015a). Gesellschaftliche Vielfalt – Heraus- oder Überforderung der Raumplanung? In Dangschat et al. (Hrsg.), 13–36.

Dangschat, J. S. (2015b). Die geteilte Welt der Kommunikation. Wie das Web 2.0 die Stadt(teil)entwicklung verändert. In *Forum Wohnen und Stadtentwicklung 5/2015*, 245–250.

Dangschat, J. S. (2017a). Automatisierter Verkehr – was kommt da auf uns zu? In *Zeitschrift für Politische Wissenschaften (ZPol) 27*, 493–507. DOI:10.1007/s41358-017-0118-8.

Dangschat, J. S. (2017b). Social Capital – Material for Social Bridging? In Kapferer et al. (Hrsg.), 40–60.

Dangschat, J. S. (2018). Automatisierung und Vernetzung des (urbanen) Verkehrs – Neu-Erfindung oder Widerspruch zur „Europäischen Stadt"? In Gestring et al. (Hrsg.), 313–335.

Dangschat, J. S. (2019). Gesellschaftlicher Wandel, Raumbezug und Mobilität. In Holz-Rau et al. (Hrsg.), i. E.

Dangschat, J. S., Getzner, M., Haslinger, M., & Zech, S. (Hrsg.) (2015). Energie.Raum.Planung. *Jahrbuch Raumplanung 2015*. Wien: Neuer Wissenschaftlicher Verlag.

Dangschat, J. S., & Hamedinger, A. (2009). Planning Culture in Austria – The Case of Vienna, the Unlike City. In Knieling & Othengrafen (Hrsg.), 95–112.

Datson, J. (2016). *Mobility as a Service – Exploring the Opportunity for Mobility as a Service in the UK. Milton Keynes: Catapult Transport Systems.* https://ts.catapult.org.uk/intelligent-mobility/im-resources/maasreport/ (6.3.2019).

Davis, S. C., Diegel, S. W., & Boundy, R. G. (2015). *Transportation energy data book* (No. ORNL-6984). Oak Ridge National Laboratory.

DCLG (Department for Communities and Local Government) (2015). *Ebbsfleet Garden City. Oral Statement to Parliament.* www.gov.uk/government/speeches/ebbsfleet-garden-city (24.2.2019).

DCLG (2016). *Locally-Led Garden Villages, Towns and Cities.* www.gov.uk/government/uploads/ system/uploads/ attachment_data/file/508205/ Locally-led_garden_villages__towns_and_cities.pdf (24.2.2019).

DCLG (2017). *First ever garden villages named with government support. Press release.* www.gov.uk/government/news/first-ever-garden-villages-named-with-government-support (24.2.2019).

Defila, R., & Di Giulio, A. (2018). Reallabore als Quelle für die Methodik transdisziplinären und transformativen Forschens – eine Einführung. In Di Giulio & Defila (Hrsg.), 9–35.

Deloitte Development (2017a). *Autonomes Fahren in Deutschland – wie Kunden überzeugt werden.* München. www2.deloitte.com/content/dam/Deloitte/de/Documents/consumer-industrial-products/Autonomes-Fahren-komplett-safe-Sep2016.pdf (25.2.2019).

Deloitte Development (2017b). *What's ahead for fully autonomous driving. Consumer opinions on advanced vehicle technology.* München. www2.deloitte.com/content/dam/Deloitte/us/Documents/manufacturing/us-manufacturing-consumer-opinions-on-advanced-vehicle-technology.pdf (24.4.2018).

Deltametropol (2013). *Maak Plaats! Wereken aan Knooppunktontwikkeling in Noord-Holland.* https://db.tt/sh9Oc48K (24.2.2019).

Deng, T. (2013). Impacts of transport infrastructure on productivity and economic growth: Recent advances and research challenges. *Transport Reviews 33(6)*, 686–699.

DETECTON Consulting (2016). *Autonomes Fahren: Wenn das Lenkrad zur Sonderausstattung wird. Eine empirische Untersuchung der Akzeptanz autonom fahrender Fahrzeuge.* Köln: DETECTON.

DfT (Department for Transport) (2015). *The Pathway to Driverless Cars – A detailed review of regulations for automated vehicle technology.* London: Department for Transport. https://assets.publishing.service.gov.uk/government/uploads/system/uploads/attachment_data/file/401565/pathway-driverless-cars-main.pdf (21.11.2018).

Diehl, N., & Diehl, C. (2018). *Autonomes Fahren im Diskurs – Semantische Netzwerke und diskursive Regelmäßigkeiten*. In Siems & Papen (Hrsg.), 325–340.

Diez, J. R., & Scholvin, S. (2017). Weltstädte des Globalen Südens in weltwirtschaftlichen Prozessen. *Zeitschrift für Wirtschaftsgeographie 61(2)*, 61–64. DOI:10.1515/zfw-2017-0025.

Di Giulio, A., & Defila, R. (Hrsg.) (2018). *Transdisziplinär und transformativ forschen. Eine Methodensammlung*. Wiesbaden: Springer VS.

Dohnanyi, K. von (1983). Unternehmen Hamburg. Rede vor dem Überseeclub Hamburg am 29.11.1983. www.ueberseeclub.de/resources/Server/pdf-Dateien/1980-1984/vortrag-1983-11-29Dr.%20Klaus%20von%20Dohnanyi.pdf (29.10.2019).

Drive Sweden (2018). Website of Drive Sweden. www.drivesweden.net/en (19.11.2018).

DStT (Deutscher Städtetag) (Hrsg.) (1971). *Rettet unsere Städte jetzt! Vorträge, Aussprachen und Ergebnisse der 16. Hauptversammlung des Deutschen Städtetages vom 25. bis 27. Mai 1971 in München*. Bonn: DStT.

Dueker, K.J., Bair, B.O., & Levin, I.P. (1977). Ride-sharing – psychological factors. *Transportation Engineering Journal of the American Society of Civil Engineers 103(6)*, 685–692.

Dütschke, E., Schneider, U., & Peters, A. (2013). Who will use electric vehicles? *Working Paper Sustainability and Innovation 6/2013*. Karlsruhe: Fraunhofer-Institut für System- und Innovationsforschung ISI.

Durand, A., Harms, L., Hoogendoorn-Lanser, S., & Zijlstra, T. (2018). *Mobility-as-a-Service and changes in travel preferences and travel behaviour: a literature review*. Den Haag: KiM Netherlands Institute for Transport Policy Analysis.

Dusseldorp, M. (2017). Zielkonflikte der Nachhaltigkeit: Zur Methodologie wissenschaftlicher Nachhaltigkeitsbewertungen. Wiesbaden: J. B. Metzler.

e:mobil (2018). *e-Carsharing: Das gibt es in den Bundesländern*. Wien.https://elektrotechnikblog.at/e-carsharing-das-gibt-es-in-den-bundeslaendern/ (4.11.2019).

Ebert, G., Behrens, P., Landau, M., Pregger, T., & Specht, M. (2012). *Integration von Elektromobilen in das Smart Grid – Intelligente Beladung von Elektrofahrzeugen*, FVEE – Themen 2012. Berlin. www.fvee.de/fileadmin/publikationen/Themenhefte/th2012-2/th2012_08_04.pdf (6.3.2019).

Eckhardt, J., Aapaoja, A., Nykänen, L., Sochor, J., Karlsson, M.A., & König, D. (2018). The European Roadmap 2025 for Mobility as a Service. *Proceedings of 7th Transport Research Arena TRA 2018*, Wien.

Eckstein, L., Form, T., Maurer, M., Schöneburg, R., Spiegelberg, G., & Stiller, C. (2018). Automatisiertes Fahren. VDI-Statusreport Juli 2018. Düsseldorf.

Egbue, O., & Long, S. (2012). Barriers to widespread adoption of electric vehicles: An analysis of consumer attitudes and perceptions. *Energy Policy 48*, 717–729.

Eimler, S. C., & Geisler, S. (2015). Zur Akzeptanz des Autonomen Fahrens – eine A-Priori Studie. In Weisbecker et al., 533–540.

Elbanhawi, M., Simic, M., & Jazar, R. (2015). Improved manoeuvering of autonomous passenger vehicles: Simulations and field results. *Journal of Vibration and Control 21(13)*, 1–30.

Elliot, C. S., & Long, G., 2016. Manufacturing rate busters: computer control and social relations in the labour process. *Work, Employment and Society 30(1)*, 135–151.

Engels, F. (1845). *Die Lage der arbeitenden Klasse in England*. Leipzig: Otto Wigand.

EPOMM – European Platform on Mobility Management (2017). Die Rolle von Mobilität als Dienstleistung für Mobilitätsmanagement, E-Update Dezember 2017. http://epomm.eu/newsletter/v2/content/2017/1217_2/doc/eupdate_de.pdf (6.3.2019).

Europäische Kommission (2005). *Transeuropäisches Verkehrsnetz – TEN-V vorrangige Achsen und Projekte 2005*. Luxemburg: Amt für amtliche Veröffentlichungen der Europäischen Gemeinschaften.

Europäische Kommission (2016). *Communication from the commission to the European parliament, the council, the European economic and social committee and the committee of the regions*. https://ec.europa.eu/transport/sites/transport/files/com20160766_en.pdf (3.9.2018).

Europäische Kommission (2018). *Europa in Bewegung. Nachhaltige Mobilität für Europa: sicher, vernetzt und umweltfreundlich*. Mitteilung der Kommission an das Europäische Parlament, den Rat, den Europäischen Wirtschafts- und Sozialausschuss und den Ausschuss der Regionen. https://ec.europa.eu/transparency/regdoc/rep/1/2018/de/com-2018-293-f1-de-mainpart-1.pdf (14.8.2019).

Europäische Union (2011). *Städte von morgen. Herausforderungen, Visionen, Wege nach vorn*. Brüssel: Europäische Kommission, GR Regionalpolitik.

European Commission (2017). *C-ITS Platform – Final report*. Brüssel. https://ec.europa.eu/transport/sites/transport/files/2017-09-c-its-platform-final-report.pdf (25.2.2019).

European Commission (2018). *STRIA (Strategic Transport Research and Innovation Agenda) 2.0 Roadmap. Connected and Automated Transport – Road – Draft Version 11.1, 11 November 2018*. Brüssel.

European Commission (2019). *STRIA Roadmap on Connected and Automated Transport: Road, Rail and Waterborne*. Brüssel. http://ec.europa.eu/research/transport/pdf/stria/stria-roadmap_on_connected_and_automated_transport2019-TRIMIS_website.pdf (10.4.2019).

European Environment Agency (2017). *Annual European Union greenhouse gas inventory 1990–2015 and inventory report 2017*. Submission to the UNFCCC Secretariat, May 2017. Kopenhagen. www.

eea.europa.eu/publications/european-union-greenhouse-gas-inventory-2017/download (22.7.2019).

Eurostat (2017). *Population and population change, capital cities*. Brüssel. http://ec.europa.eu/eurostat/statistics-explained/index.php?title=File:Population_and_population_change_capital_cities_2004%E2%80%932014_RYB17.png#file (24.2.2019).

Ernst & Young (2013). *Autonomes Fahren – die Zukunft des Pkw-Marktes? Was Autofahrer von Fahrzeugen mit Autopilot halten und wie sie über Fahrerassistenzsysteme denken*. Eschborn: Ernst & Young.

Ernste, H., & Meier, V. (Hrsg.) (1992). *Regional Development and Contemporary Response: Extending Flexible Specialization*. London: Belhaven Press.

Färber, B. (2015). Kommunikationsprobleme zwischen autonomen Fahrzeugen und menschlichen Fahrern. In: Maurer et al. (Hrsg.), 127–146.

Fagnant, D. J., & Kockelman, K. M. (2014a). The travel and environmental implications of shared autonomous vehicles, using agent-based model scenarios. *Transportation Research Part C: Emerging Technologies 40*, 1–13.

Fagnant, D. J., & Kockelman, K. M. (2014b). The travel and environmental implications of shared autonomous vehicles, using agent-based model scenarios. *Transportation Research Part C: Emerging Technologies 40*, 1–13.

Fagnant, D. J., & Kockelman, K. M. (2015). Preparing a Nation for Autonomous Vehicles: Opportunities, Barriers and Policy Recommendations for Capitalizing on Self-Driven Vehicles. *Transport Research Part A: Policy and Practice 77*, 167–181. DOI:10.1016/j.tra.2015.04.003.

Fagnant, D. J., Kockelman, K. M., & Bansal, P. (2015). Operations of shared autonomous vehicle fleet for Austin, Texas, market. *Transportation Research Record 2563(1)*, 98–106.

Favarò, F. M., Eurich, S., & Nader, N. (2018). Autonomous vehicles' disengagements: Trends, triggers, and regulatory limitations. *Accident Analysis and Prevention 110*, 136–148.

Fellendorf, M. (2018). *Straßenbauliche Infrastruktur und VLSA für automatisierte Fahrzeuge*. Präsentation im Rahmen des Workshops zum Forschungsprojekt AUTO-NOM. Wien.

Fend L., & Hofmann, J. (Hrsg.) (2018). *Digitalisierung in Industrie-, Handels- und Dienstleistungsunternehmen. Konzepte – Lösungen – Beispiele*. Wiesbaden: Springer Gabler.

Fernald, J. G. (1999). Roads to prosperity? Assessing the link between public capital and productivity. *American Economic Review 89(3)*, 619–638.

FGSV – Forschungsgesellschaft für Straßen- und Verkehrswesen (2006). *Richtlinien für die Anlage von Stadtstraßen*, RASt 06. Köln.

FIRST (2018). Funding Program for World-Leading Innovative R&D on Science and Technology (FIRST). Presentation of Bureau of Science, Technology and Innovation, Cabinet Office, Government of Japan. Tokio. www.m-e-f.info/app/download/.../0426_0915_Mr.%20Shindo_MEF_2017.pdf (22.6.2019).

Fischedick, G., & Grunwald, A. (Hrsg.) (2017). *Pfadabhängigkeiten in der Energiewende: Das Beispiel Mobilität*, Schriftenreihe Energiesysteme der Zukunft. München: acatech.

Flämig, H. (2015). Autonome Fahrzeuge und autonomes Fahren im Bereich des Gütertransportes. In Maurer et al. (Hrsg.), 377–398.

Flander, K. de, Hahne, U., Kegler, H., Lang, D., Lucas, R., Schneidewind, U., Simon, K.-H., Singer-Brodowksi, M., Wanner, M., & Wiek, A. (2014). Resilienz und Reallabore als Schlüsselkonzepte urbaner Transformationsforschung. Zwölf Thesen. *GAIA – Ecological Perspectives for Science and Society 23(3)*, 284–286.

Forest, A., & Konca, M. (2007). *Autonomous Cars and Society. Worcester Polytechnic Institute*. https://web.wpi.edu/Pubs/E-project/Available/E-project-043007-205701/un-restricted/IQPOVP06B1.pdf (31.5.2017).

Fraade-Blanar, L., Blumenthal, M. S., Anderson, J. M., & Kalra, N. (2018). *Measuring Automated Vehicle Safety*. Santa Monica: RAND Corporation.

Fraedrich, E., & Lenz, B. (2015a). Gesellschaftliche und individuelle Akzeptanz des autonomen Fahrens. In Maurer et al. (Hrsg.), 639–660.

Fraedrich, E., & Lenz, B. (2015b). Vom (Mit-)Fahren: autonomes Fahren und Autonutzung. In Maurer et al. (Hrsg.), 687–708.

Fraedrich, E., Cyganski, R., Wolf, I., & Lenz, B. (2016). *User Perspectives on Autonomous Driving. A Use-Case-Driven Study in Germany*. Humboldt-Universität zu Berlin, Geografisches Institut, Arbeitsberichte, Heft 187. Berlin: HUB.

Fraedrich, E., Heinrichs, D., Bahamonde-Birke, F. J., & Cyganski, R. (2018). Autonomous driving, the built environment and policy implications. *Transportation Research Part A: Policy and Practice 122*. DOI:10.1016/j.tra.2018.02.018

Fraser, N., & Gordon, L. (1994). Civil citizenship against social citizenship? On the ideology of contract-versus-charity. In Steenbergen (Hrsg.), 90–107.

Fraunhofer ISI (Fraunhofer Institut für System- und Innovationsforschung) (2012). *Roadmap zur Kundenakzeptanz. Zentrale Ergebnisse der sozialwissenschaftlichen Begleitforschung in den Modellregionen*. Technologie-Roadmapping am Fraunhofer ISI: Konzepte – Methoden – Praxisbeispiele Nr. 3. www.isi.fraunhofer.de/content/dam/isi/dokumente/cce/2012/road-map_broschuere_netz.pdf (6.3.2019).

Frech, S., & Reschl, R. (Hrsg.) (2010). *Urbanität neu planen. Stadtplanung, Stadtumbau, Stadtentwicklung*. Bad Schwalbach: Wochenschau-Verlag.

Freese, C., & Schönberg, T. (2014). *Shared Mobility. How new businesses are rewriting the rules of the private transportation game*; Roland Berger Strategy Consultants GmbH. München: Roland Berger.

Freudendal-Pedersen, M., Hartmann-Petersen, K., Kjaerulff, A., & Nielsen, L. D. (2017). Interactive environmental planning: creating utopias and storylines with a mobilities planning project. *Journal of Environmental Planning and Management 60(6)*, 941–958.

Freudendal-Pedersen, M., & Kesselring, S. (2016). Mobilities, Futures & the City: repositioning discourses – changing perspectives – rethinking policies. *Mobilities 11(4)*, 575–586.

Freudendahl-Pedersen, M., Kesselring S., & Servou, E. (2019). What is Smart for the Future City? – Mobility and Automation. *Sustainability 11(1)*, 221. DOI: 10.3390/su11010221.

Frey, O., & Koch, F. (Hrsg.) (2011). *Die Zukunft der Europäischen Stadt*. Wiesbaden: VS Verlag für Sozialwissenschaften.

Freytag, T., Gebhardt, H., Gerhard, U., & Wastl-Walter, D. (Hrsg.) (2016). *Humangeographie kompakt*. Berlin/Heidelberg: Springer Spektrum.

Friedrich, B. (2015). Verkehrliche Wirkung autonomer Fahrzeuge. In Maurer et al. (Hrsg.), 331–350.

Friedrich, M., & Hartl, M. (2016). *Modellergebnisse geteilter autonomer Fahrzeugflotten des öffentlichen Nahverkehrs*. Schlussbericht MEGAFON. Stuttgart: Universität Stuttgart, Institut für Straßen- und Verkehrswesen.

Friedrichs, J. (1978). Steuerungsmaßnahmen und Theorie der Suburbanisierung. In Akademie für Raumforschung Landesplanung (Hrsg.), 15–33.

Friedrichs, J. (Hrsg.) (1985). *Stadtentwicklungen in West- und Osteuropa*. Berlin/New York: Walter de Gruyter.

Friedrichs, J. (Hrsg.) (1988), *Soziologische Stadtforschung. Kölner Zeitschrift für Soziologie und Sozialpsychologie*, Sonderheft 29. Wiesbaden: VS Verlag für Sozialwissenschaften.

Fuller, B. (2016). Cautious Optimism about Driverless Cars and Land Use in American Metropolitan Areas. *Cityscape – A Journal of Policy Development and Research, 18*(3), 181–184.

Funabashi, Y. (Hrsg.) (2018). *Japan's Population Implosion – The 50 million shock*. New York: Palgrave Macmillan.

Geels, Frank W. (2005). The Dynamics of Transitions in Socio-technical Systems: A Multi-level Analysis of the Transition Pathway from Horse-drawn Carriages to Automobiles (1860–1930). *Technology Analysis & Strategic Management 17(4)*, 445–476.

Geels, Frank W. (2011). The multi-level perspective on sustainability transitions: Responses to seven criticisms. *Environmental Innovation and Societal Transitions 1(1)*, 24–40. DOI: 10.1016/j.eist.2011.02.002.

Gertz, C., & Dörnemann, M. (2016). *Wirkungen des autonomen/fahrerlosen Fahrens in der Stadt. Entwicklung von Szenarien und Ableitung der Wirkungsketten*. Bremen.

Gestring, N., & Wehrheim, J. (Hrsg.) (2018). *Urbanität im 21. Jahrhundert. Eine Fest- und Freundschaftsschrift für Walter Siebel*. Frankfurt am Main/New York: Campus.

Getzner, M., & Kadi, J. (2019). Determinants of land consumption in Austria and the effects of spatial planning regulations. *European Planning Studies*. DOI: 10.1080/09654313.2019.1604634.

Geurs, K. T., & Wee, B. van (2004). Accessibility evaluation of land-use and transport strategies – review and research directions. *Journal of Transport Geography 12*,127–140.

Giersig, N. (2005). *Urban governance and the European City: Illustrating the interconnectedness of two contemporary debates*. RTN Urban Europe Working Paper, Universitá di Urbino. www.urban-europe.net/working/04_2005_Giersing.pdf (12.2.2019).

Giffinger, R., Dangschat, J. S., & Suitner, J. (2018). Zur Notwendigkeit der raumbezogenen Forschung zu digitalen Transformationsprozessen. In Suitner et al. (Hrsg.), 7–21.

GLA (Greater London Authority) (2015). *London Infrastructure 2050. Visual depiction by Greater London Authority & The Mayor of London*. www.london.gov.uk/sites/default/files/london_infrastructure_2050_e-book.pdf (21.11.2018).

GLA (2017). T*he London Plan. The Spatial Development Strategy for Greater London* (Draft for public consultation), Greater London Authority. www.london.gov.uk/sites/default/files/new_london_plan_december_2017.pdf (21.11.2018).

Glaser, S., Vanholme, B., Mammar, S., Gruyer, D., & Nouveliere, L. (2010). Maneuver-based trajectory planning for highly autonomous vehicles on real road with traffic and driver interaction. *IEEE Transactions on Intelligent Transportation Systems 11(3)*, 589–606.

Godefrooij, T. (2012). *Integration of Cycling & Public Transport in the Netherlands. Dutch Cycling Embassy*. www.trm.dk/~/media/files/publication/2012/traeng-selskommission/konference-den-1-oktober-2012/3-tom-godefrooij.pdf (2.2.2018).

Göderitz, J., Rainer, R., & Hoffmann, H. (1957). *Die gegliederte und aufgelockerte Stadt*, Archiv für Städtebau und Landesplanung 4. Tübingen:Wasmuth.

Goldzamt, E. (1973). *Städtebau sozialistischer Länder. Soziale Probleme*. Berlin: VEB Verlag für Bauwesen.

Gontar, P., Schneider, S. A. E., Schmidt-Moll, C., Bollin, C., & Bengler, K. (2017). Hate to interrupt you, but … analyzing turnarounds from a cockpit perspective. *Cognition, Technology & Work 19(4)*, 837–853.

Gossen, M. (2012). *Nutzen statt Besitzen. Motive und Potenziale der internetgestützten gemeinsamen Nutzung am Beispiel des Peer-to-Peer*

Car-Sharing, Schriftenreihe des IÖW 202/12. Berlin: Institut für ökologische Wirtschaftsforschung.

Goulding, R., & Kamargianni, M. (2018). The Mobility as a Service Maturity Index: Preparing the Cities for the Mobility as a Service Era. *Proceedings of 7th Transport Research Arena TRA 2018*, Wien.

Graham, S. (Hrsg.) (2004). *The Cypercities Reader*. London: Routledge.

Grant, R., & Nijman, J. (2006). Globalization and the Corporate Geography of Cities in the Less-Developed World. In Brenner & Keil (Hrsg.), 224–237.

Grin, J. (2006). Reflexive Modernisation as a Governance Issue, Or: Designing and Shaping Re-structuration. In Voß et al. (Hrsg.), 54–81.

Groß, M., Hoffmann-Riem, H., & Krohn, W. (2005). *Realexperimente: Ökologische Gestaltungsprozesse in der Wissensgesellschaft*. Bielefeld: transcript.

Grubler, A., Wilson, C., & Nemet, G. (2016). Apples, oranges, and consistent comparisons of the temporal dynamics of energy transitions. *Energy Research & Social Science 22*, 18–25.

Grush, B., Niles, J., & Baum, E. (2016). *Ontario Must Prepare for Vehicle Automation Automated vehicles can influence urban form, congestion and infrastructure delivery*. Ontario: Residential and Civil Construction Alliance.

Guerra, E. (2016). Planning for Cars That Drive Themselves: Metropolitan Planning Organizations, Regional Transportation Plans, and Autonomous Vehicles. *Journal of Planning Education and Research 36(2)*, 210–224.

Guerra, E., & Morris, E. A. (2018). Cities, Automation, and the Self-parking Elephant in the Room. *Planning Theory & Practice 19(2)*, 291–297.

Gugler, J. (2004). *World cities beyond the west. Globalization, development, and inequality*. Cambridge: Cambridge University Press.

Guthrie, K. K., & Dutton, W. H. (1992). The Politics of Citizen Access Technology. *Policy Studies Journal 20(4)*, 574–597.

Haahtela, T., & Viitamo, E. (2017). *Searching for the potential of MaaS in commuting – comparison of survey and focus group methods and results*. Paper presented at the 1st International Conference on Mobility-as-a-Service, Tampere.

Habermas. J. (1973). *Legitimationsprobleme im Spätkapitalismus*. Frankfurt am Main: Suhrkamp.

Hämer, H.-W. (1990). Behutsame Stadterneuerung. In: Senatsverwaltung für Bau- und Wohnungswesen (Hrsg.).

Häußermann, H. (2001). Die Europäische Stadt. *Leviathan 29(2)*, 237–255.

Häußermann, H. (2005). The End of the European City? *European Review 13(2)*, 237–249. DOI: 10.1017/ S1062798705000372.

Häußermann, H., & Haila, A. (2005). The European City: A Conceptual Framework and Normative Project. In Kazepov (Hrsg.), 43–64.

Haferburg, C., & Oßenbrügge, J. (2009). Die neue Corporate Geography in den Global Cities des Südens: Das Beispiel Johannesburg. In Altrock et al. (Hrsg.), 29–45.

Haider, T., & Klementschitz, R. (2017). Wirkungspotentiale für den Einsatz automatisierter Fahrzeuge im ländlichen Raum. Ergebnisbericht Forschungsprojekt „Shared Autonomy", Institut für partizipative Sozialforschung, Universität für Bodenkultur. Wien.

Hajer, M. (2014). On Being Smart about Cities: Seven Considerations for a New Urban Planning and Design. In Hajer & Dassen (Hrsg.), 11–43.

Hajer, M. (2016). On Being Smart abut Cities: Seven Considerations for a New Urban Planning and Design. In: Allen et al. (Hrsg.), 50–63.

Hajer, M., & Dassen, T. (Hrsg.) (2014). *Smart About Cities: Visualising the Challenge for 21st Century Urbanism*. Rotterdam: PBL publishers.

Hall, P., & Pain, K. (2006). T*he polycentric metropolis. Learning from mega-city regions in Europe*. London: Routledge.

Halpern, O., LeCavalier, J., Calvillo, N., & Pietsch, W. (2013). Test-Bed Urbanism. *Public Culture 25(2)*, 272–306.

Hamedinger, A. (2013). *Governance, Raum und soziale Kohäsion: Aspekte einer sozial kohäsiven stadtregionalen Governance*. Habilitationsschrift, Fakultät für Architektur und Raumplanung, TU Wien.

Hammer, Katharina (Hrsg.) (2016), Wien wächst – Smart City. Neues Konzept, offene Fragen. *Standpunkte Nr. 22*. Wien: Arbeiterkammer Wien.

Hancock, P. A., Billings, D. R., Schaefer, K. E., Chen, J. Y., De Visser, E. J., & Parasuraman, R., (2011). A metaanalysis of factors affecting trust in human-robot interaction. *Human Factors 53(5)*, 517–527.

Hanson, G. (2015). *The UK Corridor – A2/M2 Connected Vehicle Corridor*. https://amsterdamgroup.mett.nl/Downloads/downloads_getfilem .aspx?id=506552 (24.2.2019).

Harms, S. (2003). *Besitzen oder Teilen. Sozialwissenschaftliche Analyse des Car-Sharings*. Zürich: Rüegger.

Harms, L., Durand, A., Hoogendoorn-Lanser, S., & Zijlstra, T. (2018). *Exploring Mobility-as-a-Service. Insights from Literature and Focus Group Meetings*. Den Haag: Netherlands Institute for Transport Policy Analysis (KiM).

Harvey, D. (1989). From Managerialism to Entrepreneurialism: The Transformation in Urban Governance in Late Capitalism. Geografiska Annaler. Series B, *Human Geography 71(1)*, 3–17. DOI:10.2307/ 490503.

Hassenpflug, D. (Hrsg.) (2002). *Die Europäische Stadt – Mythos und Wirklichkeit*. Münster: LIT.

Hawkins, Andrew J. (2017). Waymo is first to put fully self-driving cars on US roads without a safety driver. www.theverge.com/2017/11/7/16615290/waymo-self-driving-safety-driver-chandler-autonomous (24.2.2019).

Heeg, S., & Rosol, M. (2007). Neoliberale Stadtpolitik im globalen Kontext. Ein Überblick. *PROKLA 149(4)*, 491–510.

Heidbrink, L. (2007). *Handeln in der Ungewissheit: Paradoxien der Verantwortung.* Berlin: Kulturverlag Kadmos.

Heinecke, A. (2012). *Generelle Anmerkungen zur Szenario-Technik.* Braunschweig, mimeo. www.sinus-online.com/images/Anmerkungen_zur_Szenario-Technik.pdf (2.2.2019).

Heinelt, H., & Mayer, M. (Hrsg.) (1992). *Politik in europäischen Städten. Fallstudien zur Bedeutung lokaler Politik.* Stadtforschung aktuell 38. Basel: Birkhäuser.

Heinrichs, D. (2015). Autonomes Fahren und Stadtstruktur. In Maurer et al. (Hrsg.), 331–350.

Heinrichs, D., Rupprecht, S., & Smith, S. (2019). Making Automation Work for Cities: Impacts and Policy Responses. In Meyer & Beiker (Hrsg.), 243–252.

Hellåker, J., Gunnarson, J., & King, P. (2019). Drive Sweden: An Update on Swedish Automation Activities. In Meyer & Beiker (Hrsg.), 41–49.

Hern, A. (2018). First robot delivery drivers start work at Silicon Valley campus. www.theguardian.com/cities/2018/apr/30/robot-delivery-drivers-coming-to-a-campus-near-you-starship-technologies (28.8.2019).

Heyen, D. A., Brohmann, B., Libbe, J., Riechel, R., & Trapp, J. H. (2018). *Stand der Transformationsforschung unter besonderer Berücksichtigung der kommunalen Ebene. Papier im Rahmen des Projekts „Vom Stadtumbau zur städtischen Transformationsstrategie" im Forschungsprogramm „Experimenteller Wohnungs- und Städtebau"* (Ex-WoSt). Berlin: Öko-Institut & Deutsches Institut für Urbanistik (Difu).

Hidrue, M. K., Parsons, G. R., Kempton, W., & Gardner, M. P. (2011). Willingness to pay for electric vehicles and their attributes. *Resource and Energy Economics 33(3)*, 686–705.

Hildebrandt, A., & Landhäußer, W. (Hrsg.) (2017). *CSR und Digitalisierung. Der digitale Wandel als Chance und Herausforderung für Wirtschaft und Gesellschaft.* Berlin: Springer.

Hillier, J. (2016). Strategic spatial planning in uncertainty or planning indeterminate futures? A critical review. In Albrechts et al. (Hrsg.), 298–316.

Ho, C., Hensher, D. A., Mulley, C., & Wong, Y. (2017). *Prospects for switching out of conventional transport services to mobility as a service subscription plans – A stated choice study.* Paper presented at the International Conference Series on Competition and Ownership in Land Passenger Transport (Thredbo 15). Stockholm.

Hoadley, S. (Hrsg.) (2017). *Mobility as a service: Implications for urban and regional transport. Discussion paper offering the perspective of Polis member cities and regions on Mobility as a Service (MaaS).* Polis Traffic Efficiency & Mobility Working Group, September 2017. www.polisnetwork.eu/uploads/Modules/PublicDocuments/polis-maas-discussion-paper-2017---final_.pdf (6.3.2019).

Hoff, K.A., & Bashir, M. (2015). Trust in automation – Integrating empirical evidence on factors that influence trust. *Human Factors 27(3)*, 407–434.

Hollestelle, M. L. (2018). Automated Driving: Driving urban development? An integrated modelling and research-by-design approach on the spatial impacts of automated driving. Master Thesis, TU Delft.

Holmberg, P.-E., Collado, M., Sarasini, S., & Williander, M. (2016). *Mobility as a Service – MaaS, Describing the framework.* Stockholm: Viktoria Swedish ICT AB.

Holz-Rau, C., Reutter, U., & Scheiner, J., (Hrsg.) (i. E.). *Wechselwirkungen von Mobilität und Raumentwicklung im Kontext des gesellschaftlichen Wandels*, Akademie für Raumforschung und Landesplanung (ARL), Forschungsberichte der ARL X. Hannover: ARL.

Honneth, A. (2016). Organisierte Selbstverwirklichung. Paradoxien der Individualisierung. In: Menke & Rebentisch (Hrsg.), 63–80.

Hoogendoorn, R., Arem, B. van, & Hoogendoorn, S. (2014). Automated Driving, Traffic Flow Efficiency, and Human Factors – Literature Review. *Transportation Research Record 2422*, 113–120.

Hopkins, D., & Schwanen, T. (2018). Automated Mobility Transitions: Governing Processes in the UK. *Sustainability 10(4)*, 956.

Horizont & Bundesverband CarSharing. (2019). *Anzahl registrierter Carsharing-Nutzer in Deutschland in den Jahren 2008 bis 2019.* In Statista. https://de.statista.com/statistik/daten/studie/324692/umfrage/carsharing-nutzer-in-deutschland/ (28.8.2019).

Hradil, S. (1995). *Die Single-Gesellschaft.* München: Beck.

Hülsmann, F., Wiepking, J., Zimmer, W., Sunderer, G., Götz, K., & Sprinke, Y. (2018). *share – Wissenschaftliche Begleitforschung zu car2go mit batterieelektrischen und konventionellen Fahrzeugen. Forschung zum free-floating Carsharing.* Berlin/Frankfurt am Main: Öko-Insitut e. V. / ISOE – Institut für sozial-ökologische Forschung. www.isoe-publikationen.de/fileadmin/redaktion/Projekte/share/share_Endbericht.pdf (22.8.2019).

Hüttl, R. F., Pischetsrieder, B., & Spath, D. (Hrsg.) (2010). *Elektromobilität – Potenziale und wissenschaftlich-technische Herausforderungen.* Potsdam: Helmholtz Zentrum.

Huiling E., & Goh B. (2017). AI, Robotics and Mobility as a Service – the Case of Singapore. *Field Actions Science Report 17*, 26–29. http://journals.openedition.org/factreports/4411 (13.8.2018).

Human Resources (2018). *Singapore to potentially suffer talent shortage of more than 1m workers.* www.humanresourcesonline.net/singapore-to-potentially-suffer-talent-shortage-of-more-than-1m-workers/ (13.9.2019).

Husted, M., & Tofteng, D. M. B. (2014). *Critical Utopian Action Research*. In Coghlan & Brydon-Miller (Hrsg.), 230–232.

Huxley, M. (2002). Governmentality, Gender, Planning. A Foucauldian Perspective. In Allmendinger & Tewdwr-Jones (Hrsg.), 136–153.

Ingenieur.de (2018). *Unüberhörbar: Elektroautos bekommen künstlichen Sound. E-Autos sind zu leise*. www.ingenieur.de/technik/forschung/unueberhoerbar-elektro-autos-bekommen-kuenstlichen-sound/ (6.3.2019).

Innes, J. E., & Booher, D. E. (2010). *Planning with complexity. An introduction to collaborative rationality for public policy*. Abingdon/New York: Routledge.

IPSS (National Institute of Population and Social Security Research) (2017). *Population Projections for Japan 2016 to 2065*. http://fpcj.jp/wp/wp-content/uploads/2017/04/1db9de3ea4ade06c3023d3ba54dd980f.pdf (13.10.2018).

Jäger, S. (2015). *Kritische Diskursanalyse. Eine Einführung*, 7. Aufl. Münster: UNRAST.

Jahn, M., Maas, H., Ries, J. N., Wagner, D., Braun, S., & Feldwieser, M. (2017). *Digitalisierung und die Transformation des urbanen Akteursgefüges*. Bonn: Bundesinstitut für Bau-, Stadt- und Raumforschung im Bundesamt für Bauwesen und Raumordnung.

Jann, W., Röber, M., & Wollmann, H. (2006). *Public Management – Grundlagen, Wirkungen und Kritik*. Berlin: Edition Sigma.

Jessop, B. (1992). Post-Fordism and flexible specialization: Incommensurable, contradictory, complementary, or just plain different perspectives? In Ernste & Meier (Hrsg.), 25–43.

Jessop, B. (2002). *The Future of the Capitalist State*. Cambridge: Polity.

Jessop, B. (2003). *Governance and Metagovernance: On Reflexivity, Requisite Variety, and Requisite Irony*. Lancaster: Lancaster University, Department of Sociology.

Jeute, G. H. (2017). Zur Frage einer Globalisierung im Mittelalter im Hinblick auf transkontinentale Verflechtungen. *Mitteilungen der Deutschen Gesellschaft für Archäologie des Mittelalters und der Neuzeit 30*, 25–32. DOI: 10.11588/dgamn.2017.0.40246.

Jittrapirom, P., Caiati, V., Feneri, A. M., Ebrahimigharehbaghi, S., Alonso-González, M. J., & Narayan, J. (2017). Mobility as a service: A critical review of definitions, assessments of schemes, and key challenges. *Urban Planning 2(2)*, 13–25.

Jiwattanakulpaisarn, P., Noland, R. B., & Graham, D. J. (2012). Marginal productivity of expanding highway capacity. *Journal of Transport Economics and Policy 46(3)*, 333–347.

Johannig, V., & Mildner, R. (2015). *Car IT kompakt. Das Auto der Zukunft – Vernetzt und autonom fahren*. Wiesbaden: Springer.

Jones, P. M. (2017). The evolution of urban transport policy from car-based to people-based cities: Is this development path universally applicable? In: *Proceedings of the 14th World Conference on Transport Research*. Shanghai.

Joschunat, H., Knie, A., & Ruhrort, L. (2016). *Zukunftsfenster in eine disruptive Mobilität*. 1. InnoZ-Zukunftsfenster: Disruptive Transformation der Mobilitätswelt. Teil 1: Mobilität in einer vernetzten Welt. InnoZ – Innovationszentrum für Mobilität und gesellschaftlichen Wandel. Berlin: InnoZ.

JSPS (Japan Society for the Promotion of Science) (2018). *Funding Program for World-Leading Innovative R&D on Science and Technology*. Presentation of Bureau of Science, Technology and Innovation, Cabinet Office of Japan. www.jsps.go.jp/english/e-first/index.html (12.10.2018).

Kaelble, H. (2001). Die Besonderheit der europäischen Stadt im 20. Jahrhundert. *Leviathan 29(2)*, 256–274.

Kagermann, H. (2017). Die Mobilitätswende: Die Zukunft der Mobilität ist elektrisch, vernetzt und automatisiert. In Hildebrandt & Landhäußer (Hrsg.), 357–371.

Kagermeier, A. (1997). *Siedlungsstruktur und Verkehrsmobilität. Eine empirische Untersuchung am Beispiel von Südbayern*. Dortmund: Dortmunder Vertrieb für Bau-und Planungsliteratur.

Kainrath, W. (1997). *Die Bandstadt. Städtebauliche Vision oder reales Modell der Stadtentwicklung*. Wien: Picus.

Kamargianni, M., Matyas, M., & Li, W. (2018). *Londoners' attitudes towards car-ownership and Mobility-as-a-Service: impact assessment and opportunities that lie ahead*. MaaSLab – UCL Energy Institute Report. London: Transportation Research Board (TRB).

Kapferer, E., Gstach, I., Koch, A., & Sedmak, C. (Hrsg.) (2017). *Rethinking Social Capital. Global Contributions from Theory and Practice*. Cambridge: Cambridge Scholars Publishing.

Kasraian, D. (2017), Transport Networks, Land Use and Travel Behaviour: a Long TermInvestigation. Dissertation, Delft University of Technology. https://doi.org/10.4233/uuid:5293031c-63c2-43bb-a53f-750955a5c91f (15.11.2018).

Kasraian, D., Maat, K., Stead, D., & Wee, B. van (2016). Long-term impacts of transport infrastructure networks on land-use change: An international review of empirical studies. *Transport Reviews 36(6)*, 772–792.

Kauffmann, A., & Rosenfeld, M. T. W. (Hrsg.) (2012). Städte und Regionen im Standortwettbewerb. Neue Tendenzen, Auswirkungen und Folgerungen für die Politik. *ARL Forschungs- und Sitzungsbericht 238*. Hannover: ARL.

Kaup, G. (2013). *Ökonomie des Teilens. 15 Nutzungsgemeinschaften im Überblick*. Graz: AK Steiermark.

Kazepov, Y. (Hrsg.) (2005). *Cities of Europe. Changing Contexts, local arrangements and the challenge to Urban cohesion.* Oxford: Blackwell Publishing

Keller, R. (2004). *Diskursforschung. Eine Einführung für SozialwissenschaftlerInnen*, 2. Aufl. Wiesbaden: VS Verlag für Sozialwissenschaften.

Keller, R., Hirseland, A., Schneider, W., & Viehöver, W. (Hrsg.) (2001). *Handbuch Sozialwissenschaftliche Diskursanalyse. Band I: Theorien und Methoden.* Opladen: Leske + Budrich.

Kellerman, A. (2018). *Automated and autonomous spatial mobilities.* Cheltenham & Northampton: Edward Elgar.

Kemp, R., & Loorbach D. (2003). *Governance for Sustainability through Transition Management,* Paper for Open Meeting of the Human Dimensions of Global Environmental Change Research Community, Montreal. https://sedac.ciesin.columbia.edu/openmtg/docs/kemp.pdf (16.3.2019).

King, A. A., & Baatartogtokh, B. (2015). How useful is the theory of disruptive innovation? *MIT Sloan Management Review 57(1)*, 77.

Kingdon, J. W. (1986). *Agenda, alternatives and public policy.* Boston: Little, Brown & Co.

Kitchin, R. (2015). Making sense of smart cities: addressing present shortcomings. *Cambridge Journal of Regions, Economy and Society 8(1)*, 131–136.

Kitchin, R., & Dodge, M. (2017). The (In)Security of Smart Cities: Vulnerabilities, Risks, Mitigation, and Prevention. *Journal of Urban Technology 26(2)*, 1–19.

Klimaaktiv (2017). *Carsharing in Gemeinden.* www.klimaaktiv.at/mobilitaet/carsharing/Carsharing-in-Gemeinden.html (15.8.2019).

Knieling, J., & Othengrafen, F. (Hrsg.) (2009). *Planning Cultures in Europe. Decoding Cultural Phenomena in Urban and Regional Planning.* Farnham & Burlington: Ashgate.

Knoppe, M., & Wild, M. (Hrsg.) (2018). *Digitalisierung im Handel. Geschäftsmodelle, Trends und Best Practice.* Berlin: Springer .

Koch, F., Kabisch, S., & Krellenberg, K. (2017). A Transformative Turn towards Sustainability in the Context of Urban-Related Studies? A Systematic Review from 1957 to 2016. *Sustainability 10(1)*, 58.

Kollosche, I., & Schwedes, O. (2016). Mobilität im Wandel. Transformationen und Entwicklungen im Personenverkehr. *WISO Diskurse 14/2016.* Berlin: Friedrich-Ebert-Stiftung.

Kopp, J., Axhausen, K.W., & Gerike, R. (2015). Do sharing people behave differently? An empirical evaluation of the distinctive mobility patterns of free-floating car-sharing members. *Transportation 42*, 449–469.

Kosow, H., Gaßner, R, Erdmann, L., & Luber, B. (2008). *Methoden der Zukunfts- und Szenarioanalyse. Überblick, Bewertung und Auswahlkriterien.* WerkstattBericht Nr. 103. Bonn: Institut für Zukunftsstudien und Technologiebewertung.

Kosow, H., & León, C. D. (2015). Die Szenariotechnik als Methode der Experten- und Stakeholdereinbindung. In Niederberger & Wassermann (Hrsg.), 217–242.

Koyama, H. (2015). *Activity Plan of Dynamic Map Study for SIP-adus. 2nd SIP-adus Workshop.* www.sip-adus.go.jp/workshop/program/speaker/profile/dm/koyama.pdf (13.10.2018).

KPMG (Klynveld, Peat, Marwick, Goerdeler) (2018). *Autonomous Vehicles Readiness Index.* https://assets.kpmg.com/content/dam/kpmg/nl/pdf/2018/sector/automotive/autonomous-vehicles-readiness-index.pdf (24.2.2019).

Kraftfahrt-Bundesamt (2018). Pressemitteilung Nr. 01/2018 – Fahrzeugzulassungen im Dezember 2017 – Jahresbilanz. www.kba.de/DE/Presse/Pressemitteilungen/2018/Fahrzeugzulassungen/pm01_2018_n_12_17_pm_komplett.html?nn=1837832 (10.12.2018).

Kucharavy, D., & De Guio, R. (2011). Application of S-shaped curves. *Procedia Engineering 9*, 559–572.

Kutter, E. (2016). Siedlungsstruktur und Verkehr – Zum Verständnis von Sachzwängen und individueller Verkehrserreichbarkeit in Stadtregionen. In Schwedes, O., Canzler, W., & Knie, A. (Hrsg.), *Handbuch Verkehrspolitik*, 2. Auflage (S. 1–21). Wiesbaden: Springer.

Kuzumaki, S. (2017). *SIP Automated driving systems – Mobility bringing everyone a smile.* Keynote, SIP-adus Workshop. Tokio. https://connectedautomateddriving.eu/wp-content/uploads/2017/02/2_Day2_PL10_Kuzumaki_final_LR.pdf (13.10.2018).

Läpple, D. (2005). Phönix aus der Asche. Die Neuerfindung der Stadt. In Berking & Löw (Hrsg.), 397–413.

Latour, B. (2003). Is Re-modernization Occurring – And If So, How to Prove It?: A Commentary on Ulrich Beck. Theory, *Culture & Society, 20(2)*, 35–48.

Lee, T. (2018). Waymo One, the groundbreaking self-driving taxi service, explained. *Arstechnica 5*, Dezember 2018. https://arstechnica.com/cars/2018/12/waymo-one-the-groundbreaking-self-driving-taxi-service-explained/ (1.12.2018).

Le Galès, P. (2002). *European Cities. Social conflicts and Governance.* Oxford: Oxford University Press.

Leimenstoll, W. (2017). *Autonomous vehicles could have a big impact on D.C.'s budget.* Washington D.C.: D.C. Policy Center. www.dcpolicycenter.org/publications/autonomous-vehicles-could-have-a-big-impact-on-d-c-s-budget/ (2.2.2019).

Lemmer, K. (Hrsg.) (2015). Neue autoMobilität: Automatisierter Straßenverkehr der Zukunft. München: acatech.

Lennert, F., & Schönduwe, R. (2017). Disrupting Mobility: Decarbonising Transport? In Meyer & Shaheen (Hrsg.), 213–238.

Lenz, B., & Fraedrich, E. (2015). Neue Mobilitätskonzepte und autonomes Fahren: Potenziale der Veränderung. In Maurer et al. (Hg.), 175–196.

Levinson, D. (2008). Density and dispersion – The co-development of land use and rail in London. *Journal of Economic Geography 8*, 55–77.

Levinson, D. (2015). Climbing Mount Next: The Effects of Autonomous Vehicles on Society. *Minnesota Journal of Law, Science & Technology 16(2)*, 787–809.

Levitas, R. (2010). Back to the future: Wells, sociology, utopia and method. *The Sociological Review 58(4)*, 530–547.

Li, Y., & Voege, T. (2017). Mobility as a Service (MaaS). Challenges of Implementation and Policy Required. *Journal of Transportation Technologies 7(2)*, 95–106.

Liang, X., Correia, G., & Arem, B. van (2016). Optimizing the service area and trip selection of an electric automated taxi system used for the last mile of train trips. *Transportation Research Part E: Logistics and Transportation Review 93*, 115–129.

Libbe, J. (2018). Smart City. In Rink & Haase (Hrsg.), 429–449.

Lindloff, K., Pieper, N., Bandelow, N. C., & Woisetschläger, D. M. (2014). Drivers of carsharing diffusion in Germany: an actor-centred approach. *International Journal of Automotive Technology and Management 14(3/4)*, 217.

Lissandrello, E., & Grin, J. (2011). Reflexive Planning as Design and Work: Lessons from the Port of Amsterdam. *Planning Theory & Practice 12(2)*, 223–248.

Litman, T. (2017). *Autonomous Vehicle Implementation Predictions – Implications for Transport Planning*. Victoria: Victoria Transport Policy Institute.

Loo, D. (2017). *Successful Ageing in Singapore: Urban Implications in a High-density City*. Lee Kwan Yew School of Public Policy LKYSPP. National University of Singapore NUS. https://lkyspp.nus.edu.sg/docs/default-source/case-studies/entry1792successful_ageing_in_singapore_092017.pdf?sfvrsn=21d7950b_0 (13.9.2018).

Loose, W. (2010). *Aktueller Stand des Car-Sharing in Europa. Endbericht D 2.4*. Berlin: Bundesverband CarSharing.

LTA (Land Transport Authority) (2013). *Land Transport Masterplan 2013*. Singapur: Land Transport Authority LTA. www.lta.gov.sg/content/dam/ltaweb/corp/PublicationsResearch/files/ReportNewsletter/LTMP2013Report.pdf (13.9.2018).

LTA (2018). *Smart Mobility 2030 – Singapore ITS Strategic Plan*. Singapur: Land Transport Authority LTA. www.lta.gov.sg/content/ltaweb/en/roads-and-motoring/managing-traffic-and-congestion/intelligent-transport-systems/SmartMobility2030.html (13.9.2018).

Lund, E. (2017). *Mobility as a Service – What is it, and which problems could it solve?* https://en.trivector.se/fileadmin/user_upload/Traffic/Whitepapers/Mobility_as_a_Service.pdf (6.3.2019).

Luo, Y., Chen, T., Zhang, S., & Li, K. (2015). Intelligent Hybrid Electric Vehicle ACC with Coordinated Control of Tracking Ability, Fuel Economy, and Ride Comfort. *IEEE Transactions on Intelligent Transportation Systems 16(4)*, 2303–2308.

MA 18 (Magistratsabteilung 18 – Stadtentwicklung und Stadtplanung Wien) (2014). *Mut zur Stadt. Stadtentwicklungsplan Wien*, STEP 2025. Wien: Stadt Wien, MA 18.

Maertins, C. (2006). *Die Intermodalen Dienste der Bahn: Mehr Mobilität und weniger Verkehr? Wirkungen und Potenziale neuer Verkehrsdienstleistungen*, Discussion Paper SP III 2006-101, Wissenschaftszentrum Berlin für Sozialforschung. Berlin: WZB.

Malodia, S., & Singla, H., (2016). A study of carpooling behaviour using a stated preference web survey in selected cities of India. *Transportation Planning and Technology 39(5)*, 538–550.

Manderscheid, K. (2018). From the Auto-mobile to the Driven Subject. *Transfers 8(1)*, 24–43. DOI: 10.3167/TRANS.2018.080104.

Maracke, C. (2017). Autonomes Fahren – ein Einblick in die rechtlichen Rahmenbedingungen. *Wirtschaftsinformatik & Management 3/2017*, 62–68.

Marshall, S. (2005). *Street & Patterns*. London: Spon Press.

Marx, P. (2018). Self-Driving cars are out. Micromobility is in. https://medium.com/s/story/self-driving-cars-will-always-be-limited-even-the-industry-leader-admits-it-c5fe5aa01699 (14.8.2019).

Maurer, M., Gerdes, J. C., Lenz, B., & Winner, H. (Hrsg.) (2015). *Autonomes Fahren. Technische, rechtliche und gesellschaftliche Aspekte*. Berlin/Heidelberg: Springer Vieweg.

Mayor of London (2014). *London Infrastructure Plan 2050*, Transport Supporting Paper. London: Mayor of London.

McCarthy, J., Bradburn, J., Williams, D., Piechocki, R., & Hermans, K. (2015). *Connected & Autonomous Vehicles. Introducing the Future of Mobility*. London: Atkins.

McShane, C. (1979). Transforming the use of urban space – a look at the revolution in street pavements, 1880–1924. *Journal of Urban History 5(3)*, 279–307.

McShane, C. (1994). *Down the asphalt path: The automobile and the American city*. New York: Columbia University Press.

Menke, C., & Rebentisch, J. (Hrsg.) (2016). *Kreation und Depression. Freiheit im gegenwärtigen Kapitalismus*. Berlin: Kulturverlag Kadmos.

Merat, N., Madigan, R., & Nordhoff, S. (2017). *Human Factors, User Requirements, and User Acceptance of Ride-Sharing in Automated Vehicles*, Discussion Paper 2017-10. Paris: International Transport Forum.

Metz, D. (2018). Developing Policy for Urban Autonomous Vehicles: Impact on Congestion. *Urban Science 2(33)*, 1–11.

Meyer, G., & Beiker, S. (Hrsg.) (2014). *Road Vehicle Automation.* Cham: Springer.

Meyer, G., & Beiker, S. (Hrsg.) (2016). *Road Vehicle Automation 3.* Cham: Springer.

Meyer, G., & Beiker, S. (Hrsg.) (2018). *Road Vehicle Automation 4.* Cham: Springer.

Meyer, G., & Beiker, S. (Hrsg.) (2019). *Road Vehicle Automation 5.* Cham: Springer.

Meyer, G., & Shaheen, S. (Hrsg.) (2017). *Disrupting Mobility. Impacts of Sharing Economy and Innovative Transportation on Cities.* Cham: Springer.

Michelmann, H., Marquardt, C., & Pitzen, C. (2017). Autonome Busse im ÖPNV – eine zeitnahe Zukunftstechnologie? www.thega. de/fileadmin/thega/pdf/thega-forum/2017/vortraege/session_3/pitzen.pdf (13.9.2018).

Milakis, D., Arem, B. van, & Wee, B. van (2017). Policy and society related implications of automated driving: A review of literature and directions for future research. *Journal of Intelligent Transportation Systems 21(4)*, 324–348. DOI:10.1080/15472450.2017.1291351.

Milton Keynes Council (2011). *A Transport Vision and Strategy for Milton Keynes. Local Transport Plan 3, 2011 to 2031.* www.milton-keynes. gov.uk/assets/attach/6711/Milton_Keynes_LTP3_Appendix_A_ to_F_31-03-2011.pdf (24.2.2019).

MIM (Ministerie van Infrastructuur en Milieu) (2015). *Mobiliteitsbeeld 2015.* Den Haag: Kennisinstituut voor Mobiliteitsbeleid.

Minx, E., & Böhlke, E. (2006). Denken in alternativen Zukünften. *Internationale Politik 61(14)*, 14–22.

Mitscherlich, A. (1965). *Die Unwirtlichkeit unserer Städte: Anstiftung zum Unfrieden.* Frankfurt am Main: Suhrkamp.

Mitteregger, M. (2019). *Safe Streets. How the safety concept of automated vehicles will shape the urban condition.* (Eingereicht)

Mitteregger, M., Soteropoulos, A., Bröthaler, J., & Dorner, F. (2019). *Shared, Automated, Electric: the Fiscal Effects of the „Holy Trinity".* Proceedings of the 24. REAL CORP, International Conference on Urban Planning, Regional Development and Information Society. Karlsruhe.

MLIT (Ministry of Land, Infrastructure, Transport and Tourism) (2013). *Basic Plan on Transport Policy. Ministry of Land, Infrastructure, Transport and Tourism.* Tokio. www.mlit.go.jp/common/ 001096409.pdf (13.10.2018).

Moon, S., Moon, I., & Yi, K. (2009). Design, tuning, and evaluation of a full-range adaptive cruise control system with collision avoidance. *Control Engineering Practice 17(4)*, 442–455.

Moreno, A. T. (2017). *Autonomous vehicles: implications on an integrated land-use and transport-modelling suite.* 11th AESOP Young Academics Conference, München.

MOT (Ministry of Transport) (2017). *Committee on Autonomous Road Transport for Singapore*, Pressemitteilung vom 27.8.2017. www.mot. gov.sg/news-centre/news/Detail/Committee-on-Autonomous-Road-Transport-for-Singapore (13.9.2018).

Mumford, L. (1984). *Die Stadt: Geschichte und Ausblick.* München: Deutscher Taschenbuch-Verlag.

MVW (Ministerie van Verkeer en Waterstaat) (2009). *Cycling in the Netherlands.* Den Haag. www.fietsberaad.nl/library/repository/bestanden/CyclingintheNetherlands2009.pdf (2.2.2019).

Nabielek, K., Hamers, D., & Evers, D. (2016). *Cities in Europe. Facts and figures on cities and urban areas.* Den Haag: PBL Netherlands Environental Assessment Agency.

NACTO (National Association of City Transport Officials) (2017). *Blueprint for Autonomous Urbanism.* New York. https://nacto.org/ wp-content/uploads/2017/11/BAU_Mod1_raster-sm.pdf (3.12.2018).

Navya (2017). *NAVYA We drive your future – Press Kit.* Villeurbanne. https://navya.tech/wp-content/uploads/2017/09/Navya_Press_Kit_ EN_PDF_10_03_17.pdf (3.12.2018).

Neal, Z. P. (2013). *The Connected City: How Networks are Shaping the Modern Metropolis.* London/New York: Routledge.

Newman, P., & Kenworthy, J. (1999). *Sustainability and Cities – Overcoming Automobile Dependence.* Washington D.C.: Island Press.

Ngoduy, D. (2012). Application of gas-kinetic theory to modelling mixed traffic of manual and ACC vehicles. *Transportmetrica 8(1)*, 43–60.

NHTSA (National Highway Traffic Safety Administration) (2017). *Federal Automated Vehicles Policy. Accelerating the Next Revolution in Roadway Safety.* Washington D.C.: U.S. Department of Transportation.

Niederberger, M., & Wassermann, S. (Hrsg.) (2015). *Methoden der Experten- und Stakeholdereinbindung in der sozialwissenschaftlichen Forschung.* Wiesbaden: Springer VS.

Nielsen, J. R., Hovmøller, H., Blyth, P.-L., & Sovacool, B. K. (2015). Of „white crows" and „cash savers": A qualitative study of travel behavior and perceptions of ridesharing in Denmark. *Transportation Research Part A: Policy and Practice 78*, 113–123.

NLA (New London Architecture) (2017). *Shaping the Polycentric city. New London Architecture.* www.guildmore.com/wp-content/uploads/2017/10/London-Towns-Publication-1-1.pdf (21.11.2018).

OECD (Organisation for Economic Co-operation and Development) (2007). *OECD Territorial Reviews. Randstad Holland, Netherlands.* Brüssel: OECD.

OECD (2014). *OECD Territorial Reviews: Netherlands 2014*. OECD Publishing. DOI:10.1787/9789264209527-en.

OECD (2015). *Das Jahrhundert der Metropolen. Eine Analyse der Ursachen und Konsequenzen von Urbanisierung*. Paris: OECD.

ÖROK (Österreichische Raumordnungs-Konferenz) (2015). *Für eine Österreichische Stadtregionspolitik. Agenda Stadtregionen in Österreich*. Empfehlung der ÖREK-Partnerschaft „Kooperationsplattform Stadtregion". Wien: ÖREK. www.stadt-umland.at/fileadmin/sum_admin/uploads/sum_konferenzen/sum_konferenz_15/Agenda_Stadtregion_final.pdf (12.4.2019).

Ohmae, K. (1985). *Macht der Triade. Die neue Form weltweiten Wettbewerbs*. Wiesbaden: Gabler.

Ohnemus, M., & Perl, A. (2016). Shared Autonomous Vehicles: Catalyst of New Mobility for the Last Mile? *Built Environment 42(4)*, 589–602. DOI:10.2148/benv.42.4.589.

ORF (2018). *Wo die meisten Autos wohnen: Motorisierungsgrad in Europas Städten*. https://orf.at/v2/stories/2430040/2430061/ (6.3.2019).

Owens, J. M., Greene-Roesel, R., Habibovic, A., Head, L., & Apricio, Andres (2018). Reducing Conflict Between Vulnerable Road Users and Automated Vehicles. In Meyer & Beiker (Hrsg.), 69–75.

Owyang, J., Samuel, A., & Grenville, A. (2014). *Sharing is the New Buying: How to Win in the Collaborative Economy*. Vancouver: Vision Critical/Crowd Companies.

Pangbourne, K., Mladenovic, M., Stead, D., & Milakis, D. (2019). Questioning Mobility as a Service: Unanticipated societal and governance implications. *Transportation Research Part A: Policy and Practice*. (Im Druck)

Parkin, J., Clark, B., Clayton, W., Ricci, M., & Parkhurst, G. (2016). *Understanding interactions between autonomous vehicles and other road users: A Literature Review*, Project Report. Bristol: University of the West of England.

Paskaleva, K. A. (2011). The smart city: A nexus for open innovation? *Intelligent Buildings International 3(3)*, 153-171. DOI:10.1080/17508975.2011.586672.

Paterson, M. (2007). *Automobile Politics: Ecology and Cultural Political Economy*. Cambridge: Cambridge University Press.

Peer, C. (2016). Stadtalltag als Labor. Forschungsperspektiven zur Koexistenz internationaler Verflechtungen und lokaler Wissenskulturen im Rahmen von Living Labs. In Staubmann (Hrsg.), 315–329.

Perret, F., Bruns, F., Raymann, L., Hofmann, S., Fischer, R., Abegg, C., Haan, P. de, Straumann, R., Heuel, S., Deublein, M., & Willi, C. (2017). *Einsatz automatisierter Fahrzeuge im Alltag – Denkbare Anwendungen und Effekte in der Schweiz*. Zürich: EBP. Basler Fonds.

Petermann, T. (Hrsg.) (1903). *Die Großstadt. Vorträge und Aufsätze zur Städteausstellung*. Jahrbuch der Gehe-Stiftung. Dresden: Gehe-Stiftung.

Picon, A. (2015). The limits of intelligence: On the challenges faced by smart cities. *Geographies 7*, 77–83.

Plötz, P., Schneider, U., Globisch, J., & Dütschke, E. (2014). Who will buy electric vehicles? Identifying early adopters in Germany. *Transportation Research Part A: Policy and Practice 67*, 96–109.

POLIS (European Cities and Regions Networking for Innovative Transport Solutions) (2018). *Road Vehicle Automation and Cities and Regions*. Brüssel.

Porter, M., & Heppelmann, J. (2014). How Smart, Connected Products Are Transforming Competition. *Harvard Business Review 92(11)*, 65–88.

PostAuto Schweiz AG (2016). Autonomer Bus „SmartShuttle" in Sitten. www.postauto.ch/de/file/19206/download?token=Uv6GobkC (6.3.2019).

Priddat, B. P. (2015). Share Economy: mehr Markt als Gemeinschaft. *Wirtschaftsdienst: Zeitschrift für Wirtschaftspolitik 95(2)*, 98–101.

Prime Minister's Cabinet (2017). *Public-Private ITS Initiative/Roadmaps 2017 – Toward implementation of various highly automated driving systems in society. Presentation at Strategic Conference for the Advancement of Utilizing Public and Private Sector Data, Strategic Headquarters for the Advanced Information and Telecommunications Network Society*. https://japan.kantei.go.jp/policy/it/itsinitiative_roadmap2017.pdf (13.10.2018).

Provincie Noord-Holland (2015). *Structuurvisie Noord-Holland 2040. Kwaliteit door Veelzidigheid*. www.noord-holland.nl/Onderwerpen/Ruimtelijke_inrichting/Structuurvisie_en_PRV/Beleidsdocumenten/Structuurvisie_Noord_Holland_2040.org (24.2.2019).

PwC (PricewaterhouseCoopers GmbH Wirtschaftsprüfungsgesellschaft) (2018). *Five trends transforming the Automotive Industry*. www.pwc.at/de/publikationen/branchen-und-wirtschaftsstudien/eascy-five-trends-transforming-the-automotive-industry_2018.pdf. (6.3.2019).

Raimondi, F. M., & Melluso, M. (2008). Fuzzy motion control strategy for cooperation of multiple automated vehicles with passengers comfort. *Automatica 44(11)*, 2804–2816.

Rammler, S. (2016). Digitaler Treibstoff. Chancen und Risiken des Einsatzes digitaler Technologien und Medien im Mobilitätssektor. Reihe Study Hans-Böckler-Stiftung. www.boeckler.de/pdf/p_study_hbs_310.pdf (2.2.2019).

Rammler, S., & Weider, M. (Hrsg.) (2011). *Das Elektroauto. Bilder für eine zukünftige Mobilität*. Berlin/Münster: LIT.

Rauws, W. (2017). Embracing Uncertainty Without Abandoning Planning: Exploring an Adaptive Planning Approach for Guiding Urban Transformations. *DisP – The Planning Review 53(1)*, 32–45.

Rehrl, K., & Zankl, C. (2018). *Digibus 2017: Erfahrungen mit dem ersten selbstfahrenden Shuttlebus auf öffentlichen Straßen in Österreich*. Salzburg: Salzburg Research.

Reichow, H. B. (1959). *Die autogerechte Stadt – Ein Weg aus dem Verkehrs-Chaos*. Ravensburg: Otto Maier.

Reid C. (2017). *How the Dutch Really Got Their Cycleways*. *Bike Boom*. Washington, DC: Island Press.

Riegler, D. (2018). „Micro Mobility": Die E-Scooter in Wien. Wien: ORF. https://fm4.orf.at/stories/2947864/ (11.3.2019).

Riegler, S., Juschten, M., Hössinger, R., Gerike, R., Rößger, L., Schlag, B., Manz, W., Rentschler, C., & Kopp, J. (2016). *CarSharing 2025 – Nische oder Mainstream?* München: Ifmo (Institut für Mobilitätsforschung). www.ifmo.de/files/publications_content/2016/ifmo_2016_Carsharing_2025_de.pdf (6.3.2019).

Rietdorf, W. (Hrsg.) (2001). *Auslaufmodell Europäische Stadt. Neue Herausforderungen und Fragestellungen am Beginn des 21. Jahrhunderts*. Berlin: Verlag für Wissenschaft und Forschung.

Riggs, W., Larco, N., Tierney, G., Ruhl, M., Karlin-Resnick, J., & Rodier, C. (2019). Autonomous vehicles and the built environment: exploring the impacts on different urban contexts. In Meyer & Beiker (Hrsg.), 221–232.

Rink, D., & Haase, A. (Hrsg.) (2018). *Handbuch Stadtkonzepte. Analysen, Diagnosen, Kritiken und Visionen*. Stuttgart: utb.

Ritt, T. (2016). *Smart City – Zukunftskonzept oder Marketing mit Nebenwirkungen?* https://wien.arbeiterkammer.at/interessenvertretung/meinestadt/sozialestadt/Thomas_Ritt_17.2.2016.pdf (2.2.2019).

Ritz, J. (2018). *Mobilitätswende – autonome Autos erobern unsere Straßen. Ressourcenverbrauch, Ökonomie und Sicherheit*. Wiesbaden: Springer.

Robinson, J. (2006). Global and World Cities: A View from the Map. In Brenner & Keil (Hrsg.), 217–223.

Robinson, J., Burch, S., Talwar, S., O'Shea, M., & Walsh, M. (2011). Envisioning sustainability: recent progress in the use of participatory backcasting approaches for sustainability research. *Technological Forecasting and Social Change 78(5)*, 756–768.

Rodenstein, M. (2018). Rekonstruktion und soziales Gedächtnis – Wie Erinnerungen unsere Städte verändern. In Gestring & Wehrheim (Hrsg.), 237–255.

Rodriguez P., Nuñez Velasco, J. P., Farah, H., & Hagenzieker, M. (2016). *Safety of pedestrians and cyclists when interacting with self-driving vehicles – a case study of the WEpods*. ITRL Conference on Integrated Transport 2016: Connected & Automated Transport Systems, Stockholm.

Rogers, E. M. (2003). *Diffusion of innovations*. New York: Free Press.

Roland Berger (2016). *Internationale Best-Practice-Studie „Intelligente Vernetzung. Innovative und beispielhafte IKT-Projekte aus den Anwendungssektoren Bildung, Energie, Gesundheit, Verkehr und Verwaltung"*. www.rolandberger.com/publications/publication_pdf/roland_berger_in_best_practice_studie_iiv_1.pdf (2.2.2019).

Roorda, C., Wittmayer, J., Henneman, P., Steenbergen, F. van, Frantzeskaki, N., & Loorbach, D. (2014). *Transition Management in the Urban Context: Guidance Manual*. Rotterdam: DRIFT, Erasmus University.

Rosa, H. (2012). *Beschleunigung. Die Veränderung der Zeitstruktur in der Moderne*. Frankfurt am Main: Suhrkamp.

Rosa, H. (2013). *Beschleunigung und Entfremdung: Entwurf einer kritischen Theorie spätmoderner Zeitlichkeit*. Frankfurt am Main: Suhrkamp.

Rotmans, J., Kemp, R., & Asselt, M. van (2001). More evolution than revolution: transition management in public policy. *Foresight 3(1)*, Camford, Maastricht. DOI:10.1108/14636680110803003.

Rückert-John, J. (Hrsg.) (2013). *Soziale Innovation und Nachhaltigkeit. Perspetkiven sozialen Wandels*. Wiesbaden: VS verlag für Sozialwissenschaften.

Rupprecht, S., Buckley, S., Crist, P., & Lappin, J. (2018). „AV-Ready" Cities or „City-Ready" AVs?. In: Meyer & Beiker (Hrsg.), 223–233. DOI:10.1007/ 978-3-319-60934-8_18.

RVW (Rijkswaterstaat Verkeer en Waterstaat) (2010). *Public transport in the Netherlands*. www.emta.com/IMG/pdf/brochure.pdf (2.2.2019).

SAE International (2018). *Taxonomy and Definitions for Terms Related to Driving Automation Systems for On-Road Motor Vehicles – J3016*, Juni 2018. www.sae.org/standards/content/j3016_201806/ (2.2.2019).

Sänn, Al., Richter, S., & Fraunholz, C. K. (2017). Car-to-X als Basis organisationaler Transformation und neuer Mobilitätsdienstleistungen. *Wirtschaftsinformatik & Management 5/2017*, 60–71.

Safdie, M., & Kohn, W. (1998). *The City after the Automobile – An Architect's Vision*. Colorado: Westview Press.

SAFER (2017). *Co-Creation Lab – How can autonomous transport systems bring value in cities?* SAFER – Vehicle and Traffic Safety Centre at Chalmers, Gothenburg. www.saferresearch.com/about (19.11.2018).

Salonen, A. O., & Haavisto, N. (2019). Towards Autonomous Transportation. Passengers' Experiences, Perceptions and Feelings in a Driverless Shuttle Bus in Finland. *Sustainability 11(588)*, 1–19.

Sammer, G., Uhlmann, T., Unbehaun, W., Millonig, A., Mandl, B., Dangschat, J. S., & Mayr, R. (2013). Identification of mobility-impaired persons and analysis of their travel behavior and needs. *Journal of Transportation Research Board 2320*, 46–54.

Saunders, P. (1987). *Soziologie der Stadt*. Frankfurt am Main: Campus.

Schaefer, K.E ., & Straub, E. R. (2016). *Will Passengers Trust Driverless Vehicles? Removing the steering wheel and pedals*. IEEE International Multidisciplinary Conference on Cognitive Methods in Situation Awareness and Decision Support Proceedings (CogSIMA 2015). San Diego.

Schäpke, N., Stelzer, F., Bergmann, M., Singer-Brodowski, M., Wanner, M., Caniglia, G., & Lang, D. J. (2017). *Reallabore im Kontext transformativer Forschung. Ansatzpunkte zur Konzeption und Einbettung in den internationalen Forschungsstand*. IETSR Discussion Papers in Transdisciplinary Sustainability Research1/2017. Lüneburg: Leuphana-Universität, Institut für Ethik und Transdisziplinäre Nachhaltigkeitsforschung.

Scheiner, J. (2005). Wohnen und Verkehr. Zusammenhänge zwischen Wohnmobilität, Wohnsituation, Standortbewertung und Verkehrsverhalten. *Arbeitspapiere des Fachgebiets Verkehrswesen und Verkehrsplanung 14*. Dortmund: Universität Dortmund.

Scheiner, J. (2009). *Sozialer Wandel, Raum und Mobilität. Empirische Untersuchungen zur Subjektivierung der Verkehrsnachfrage*. Wiesbaden: VS Verlag für Sozialwissenschaften.

Scheltes, A. (2018). Zelfrijdende voertuigen: kans voor het ov in Nederland? *NM Magazine*. www.nm-magazine.nl/artikelen/zelfrijdende-voertuigen-kans-voor-het-ov-in-nederland/ (24.2.2019).

Scheuvens, R., Groh, S., Allmeier, D., & Weisböck, M. (2016). *Wien: polyzentral. Forschungsstudie zur Zentrenentwicklung Wiens*, Werkstättenbericht 158. Wien: MA 18.

Schmitz, S. (2001). *Revolutionen der Erreichbarkeit. Gesellschaft, Raum und Verkehr im Wandel*, Stadtforschung aktuell, Band 83. Wiesbaden: VS Verlag für Sozialwissenschaften.

Schneidewind, U. (2010). Ein institutionelles Reformprogramm zur Förderung transdisziplinärer Nachhaltigkeitsforschung. *GAIA – Ecological Perspectives for Science and Society 19(2)*, 122–128.

Schneidewind, U., & Scheck, H. (2013). Die Stadt als „Reallabor" für Systeminnovationen. In Rückert-John (Hrsg.), 229–248.

Schneidewind, U., & Singer-Brodowski, M. (2015). Vom experimentellen Lernen zum transformativen Experimentieren: Reallabore als Katalysator für eine lernende Gesellschaft auf dem Weg zu einer Nachhaltigen Entwicklung. *Zeitschrift für Wirtschafts- und Unternehmensethik 16(1)*, 10–23.

Schoitsch, E., Schmittner, C., Ma, Z., & Gruber, T. (2016). The need for safety and cyber-security co-engineering and standardization for highly automated automotive vehicles. In Schulze et al. (Hrsg.), 251–261).

Scholl, G., Gossen, M., Grubbe, M., & Brumbauer, T. (2013). *Alternative Nutzungskonzepte – Sharing, Leasing und Wiederverwendung*. Vertiefungsanalyse 1. PolRess AP2 – Politikansätze und -instrumente. Berlin: Institut für ökologische Wirtschaftsforschung (iöw).

Schreier, H., Becker, U., & Heller, J. (2015). *Endbericht Evaluation CarSharing (EVA-CS), Landeshauptstadt München*. www.ris-muenchen.de/RII/RII/DOK/SITZUNGSVORLAGE/3885730.pdf (14.8.2019).

Schreier, H., Grimm, C., Kurz, U., Schwieger, B., Keßler, S., & Möser, G. (2018). *Analyse der Auswirkungen des Car-Sharing in Bremen. Endbericht*. https://senatspressestelle.bremen.de/sixcms/media.php/13/20180507_Endbericht_Bremen.pdf (14.8.2019).

Schrepfer, J., Mathes, J., Picron, V., & Bath, H. (2018). Automatisiertes Fahren und seine Sensorik im Test. *ATZ – Automobiltechnische Zeitschrift 1/2018*, 29–37.

Schubert, K. (1985). Wien. In Friedrichs (Hrsg.), 347–574.

Schulz, D., & Gilbert, S. (1996). Women and Transit Security – A New Look at an Old Issue. *Women's Travel Issues, Second National Conference*. Washington D.C.: Federal Highway Administration.

Schulz-Montag, B., & Müller-Stoffels, M. (2006). Szenarien – Instrumente für Innovations- und Strategieprozesse. In Wilms (Hrsg.), 381–397.

Schulze, T., Müller, B., & Meyer, G. (Hrsg.) (2016). *Advanced Microsystems for Automotive Applications 2016. Smart Systems for the Automobile of the Future*. Cham: Springer.

Schwarz, U. (2014). Reflexive Moderne und Architektur Revisited. In Buchert (Hrsg.), 188–211.

Schwedes, O. (2017). *Verkehr im Kapitalismus*. Münster: Westfälisches Dampfboot.

Schwedes, O., Canzler, W., & Knie, A. (Hrsg.) (2016). *Handbuch Verkehrspolitik*. 2. Auflage. Wiesbaden: VS Verlag für Sozialwissenschaften.

Schwedes, O., & Rammler, S. (2012). *Mobile Cities – Dynamiken weltweiter Stadt- und Verkehrsentwicklung*, 2. Auflage. Berlin: LIT.

Seider, C., & Schmitz, P. (2017). *Security-Prognosen 2018: Cyber-Sicherheit für das vernetzte Auto*. www.security-insider.de/cyber-sicherheit-fuer-das-vernetzte-auto-a-671961/ (24.2.2019).

Senatsverwaltung für Bau- und Wohnungswesen (Hrsg.) (1990). *Stadterneuerung Berlin*. Berlin.

Sennett, R. (1983). *Verfall und Ende des öffentlichen Lebens. Die Tyrannei der Intimität*. Frankfurt am Main: Fischer Taschenbuch.

Sennett, R. (2018). *Die offene Stadt. Eine Ethik des Bauens und Bewohnens*. Berlin & München: Hanser.

Seppelt, B. D., & Lee, J. D. (2007). Making adaptive cruise control (ACC) limits visible. *International Journal of Human Computer Studies 65(3)*, 192–205.

SFMTA (San Francisco Municipal Transportation Agency) (2016a). *City of San Francisco – Meeting the Smart City Challenge. Trans-

portation Vision of City of San Francisco. https://cms.dot.gov/sites/dot.gov/files/docs/San%20Francisco%20Vision%20Narrative.pdf (10.11.2018).

SFMTA (2016b). *City of San Francisco – Meeting the Smart City Challenge.* Volume 1. San Francisco. https://cms.dot.gov/sites/dot.gov/files/docs/San-Francisco-SCC-Technical-Application.pdf (10.11.2018).

SFMTA (2018). *SFMTA Strategic Plan.* www.sfmta.com/sites/default/files/reports-and-documents/2018/04/sfmta_strategic_plan.pdf (10.11.2018).

Shaheen, S., & Chan, N. (2016). Mobility and the Sharing Economy: Potential to Facilitate the First- and Last-Mile Public Transit Connections. *Built Environment 42(4)*, 573-588.

Shladover, S. E. (2018). *Practical Challenges to Deploying Highly Automated Vehicles.* Presentation at Drive Sweden. Göteborg, Sweden.

Siebel, W. (2015). *Die Kultur der Stadt.* Frankfurt am Main: Suhrkamp.

Siebel, W. (Hrsg.) (2004). *Die europäische Stadt.* Frankfurt am Main: Suhrkamp.

Siems, F. U., & Papen, M. C. (Hrsg.) (2018). Kommunikation und Technik. Ausgewählte neue Ansätze im Rahmen einer interdisziplinären Betrachtung, Bd. 28. Wiesbaden: Springer.

Simmel, G. (1903). Die Großstädte und das Geistesleben. In: Petermann (Hrsg.), 185–206.

Simon, D. (2006). The World City Hypothesis: Reflections from the Periphery. In Brenner & Keil (Hrsg.), 203–209.

Singer-Brodowski, M., Beecroft, R., & Parodi, O. (2018). Learning in Real-World Laboratories. A Systematic Impulse for Discussion. *GAIA – Ecological Perspectives for Science and Society 27(S1)*, 23–27.

Sinning, H. (2008). Urban Governance und Stadtentwicklung. Zur Rolle des Bürgers als aktiver Mitgestalter und Ko-Produzent. *Newsletter Wegweiser Bürgergesellschaft 12/2008*, 1–10.

SIP (Cross-ministerial Strategic Innovation Promotion Program) (2017). *What is the Cross-ministerial Strategic Innovation Promotion Program?* www8.cao.go.jp/cstp/panhu/sip_english/4-6.pdf (13.10.2018).

SIP-ADUS (2016). *A Revolutionary Traffic System for Citizens and Cities - Freedom of Movement and Safety for All.* www8.cao.go.jp/cstp/panhu/sip_english/30-33.pdf (22.6.2019).

Sivak, M., & Schoette, B. (2015). *Motion Sickness in self-driving Vehicles.* Ann Arbor: University of Michigan. Transportation Research Institute.

Smart Nation Singapore (2018). *A Singapore Government that is Digital to the Core and Serves with Heart.* Press release von „Launch of Digital Government Blueprint" durch Smart Nation Singapore am 5. Juni, 2018. www.smartnation.sg/newsroom/press-re-leases/launch-of-digital-government-blueprint--a-singapore-government-that-is-digital-to-the-core--and-serves-with-heart (13.9.2018).

Smith, G., Sochor, J., & Karlsson, M.A. (2017). *Mobility as a Service: Implications for future mainstream public transport.* 15th International Conference Series on Competition and Ownership in Land Passenger Transport (Thredbo), Stockholm.

Smith, S. (2015). *British "New City" Chooses Driverless Cars Over Monorail.* https://nextcity.org/daily/entry/podcars-milton-keynes-la-freeway-tunnel-jeddah-metro-star-architect (2.2.2019).

Sochor, J., Arby, H., Karlsson, M.A., & Sarasini, S. (2017). *A topological approach to Mobility as a Service: A proposed tool for understanding requirements and effects, and for aiding the integration of societal goals.* ICoMaaS 2017 Proceedings, 187–208. www.tut.fi/verne/aineisto/S6_Sochor.pdf (13.7.2018).

Sommer, C. (2016). *Mobilitäts-und Angebotsstrategien in ländlichen Räumen.* Planungsleitfaden für Handlungsmöglichkeiten von ÖPNV-Aufgabenträgern und Verkehrsunternehmen unter besonderer Berücksichtigung wirtschaftlicher Aspekte flexibler Bedienungsformen. Berlin: BMVI.

Sonnberger, M., & Gross, M. (2018). Rebound Effects in Practice: An Invitation to Consider Rebound From a Practice Theory Perspective. *Ecological Economics 154*, 14–21.

Soteropoulos, A., Berger, M., & Ciari, F. (2018a). Impacts of automated vehicles in travel behaviour and land use: An international review of modelling studies. *Transport Reviews 39(1)*, 29–49.

Soteropoulos, A., Mitteregger, M., & Bröthaler, J. (2018b). Der Individualverkehr der Zukunft: Fiskalische Effekte von Automatisierung, Vernetzung und Elektrifizierung. In Suitner et al. (Hrsg.), 97–112.

Soteropoulos, A., Mitteregger, M., Berger, M., & Zwirchmayr, J. (2019). Automated drivability: toward an assessment of the spatial deployment of level 4 automated vehicles. *Transport Research Part A.* (Eingereicht)

Stadt Wien (2006). Masterplan Verkehr Wien 2003 – Kurzfassung. Aktualisierter Nachdruck. Wien: MA 18. www.eltis.org/sites/default/files/case-studies/documents/masterplan_verkehr1_3.pdf (14.9.2019).

Stadt Wien (2014). *Smart City Wien. Rahmenstrategie.* https://smartcity.wien.gv.at/site/wp-content/blogs.dir/3/files/2014/Lang-version_SmartCityWienRahmenstrategie_deutsch_doppelseitig.pdf (24.2.2019).

Stadt Wien (2017). Projektplanung – U-Bahn-Ausbau U2 und U5. www.wien.gv.at/stadtentwicklung/projekte/verkehrsplanung/u-bahn/u2u5/projektplanung.html (18.4.2017).

Stark, E., Egnor, D. T., Cash, R., & Patterson, K. (2019). U.S. Patent Application No. 15/716,872.

Statistik Austria (2018). *Kfz-Bestand 1960–2017*. Wien. www.statistik.at/web_de/statistiken/energie_umwelt_innovation_mobilitaet/verkehr/strasse/kraftfahrzeuge_-_bestand/index.html (6.8.2018).

Statistik Austria (2019a). *Gebarungsstatistik der Länder und Gemeinden 2007–2017*. Wien. http://statistik.at/web_de/statistiken/wirtschaft/oeffentliche_finanzen_und_steuern/oeffentliche_finanzen/gebarungen_der_oeffentlichen_rechtstraeger/index.html (15.8.2018).

Statistik Austria (2019b). *Kraftfahrzeuge – Neuzulassungen*. Wien. www.statistik.at/web_de/statistiken/energie_umwelt_innovation_mobilitaet/verkehr/strasse/kraftfahrzeuge_-_neuzulassungen/index.html (15.8.2019).

Stead, D., & Meijers, E. (2015). *Urban planning and transport infrastructure provision in the Randstad Netherlands – A Global City Cluster*. www.itf-oecd.org/sites/default/files/docs/stead.pdf (2.2.2019).

Steding, D., Herrmann, A., & Lange, M. (2004). *Carsharing – sozialinnovativ und kulturell selektiv? Möglichkeiten und Grenzen einer nachhaltigen Mobilität*. Zentrum für Umweltforschung der Westfälischen Wilhelms-Universität Münster, UFO-Berichte, Band 5. Münster: WWUM.

Staubmann, H. (Hrsg.) (2016). *Soziologie in Österreich – Internationale Verflechtungen*. Innsbruck: innsbruck university press.

Steenbergen, B. van (Hrsg.) (1994). *The Condition of Citizenship*. London/Thousand Oaks/New Delhi: Sage.

Stirling, A. (2006). Precaution, Foresight and Sustainability: Reflection and Reflexivity in the Governance of Science and Technology. In Voß et al. (Hrsg.), 225–272.

Stirling, A. (2014). *Emancipating Transformations – From Controlling „the Transition" to Culturing Plural Radical Progress*. Brighton: STEPS Centre.

STRIA (2019). *Roadmap on Connected and Automated Transport: Road, Rail and Waterborne*. Brüssel: Europäische Kommission.

Stüber, J. (2018). *EU erlaubt Fusion der Carsharing-Anbieter Car2Go und DriveNow*. www.gruenderszene.de/automotive-mobility/carsharing-fusion-eu?interstitial (17.7.2019).

Suitner, J., Dangschat, J. S., & Giffinger, R. (Hrsg.) (2018). *Die digitale Transformation von Stadt, Raum und Gesellschaft*, Jahrbuch des Departments für Raumplanung der TU Wien 2018, Band 6. Wien/Graz: Neuer Wissenschaftlicher Verlag.

Tettamanti, T., Varga, I., & Szalay, Z. (2016). Impacts of Autonomous Cars from a Traffic Engineering Perspective. *Periodica Polytechnica Transportation Engineering 44 (4)*, 244–250.

TfL (Transport for London) (2017). *Healthy Streets for London – Prioritising walking, cycling and public transport to create a healthy city*. Transport for London & The Mayor of London. http://content.tfl.gov.uk/healthy-streets-for-london.pdf (21.11.2018).

Thakur, P., Kinghorn, R., & Grace, R. (2016). *Urban form and function in the autonomous era*. 38th Australasian Transport Research Forum ATRF 2016. Melbourne.

The Economist (2018). Missing the bus: Public transport is in decline in many wealthy cities. www.economist.com/international/2018/06/21/public-transport-is-in-decline-in-many-wealthy-cities (20.8.2018).

The Urban Task Force (2003). *Towards an urban renaissance. Final Report of the Urban Task Force*. London: Routledge.

Thompson, R. L., Higgins, C., & Howell, J. M. (1991). Personal Computing – Towards a Conceptual Model of Utilization. *MIS Quarterly 15(1)*, 125–143.

Tokyo Metropolitan Government (2016). *New Tokyo. New Tomorrow – The Action Plan for 2020*. www.metro.tokyo.jp/english/about/plan/documents/pocket_english.pdf (13.10.2018).

UN (United Nations) (2008). *An Overview of Urbanization, Internal Migration, Population Distribution and Development in the World*. New York.

UN (2018). *Revision of World Urbanization Prospects*. https://population.un.org/wup/Publications/Files/WUP2018-KeyFacts.pdf (28.2.2019).

UNECE (United Nations Economic Commission for Europe) (2012). *From Transition to Transformation, Sustainable and Inclusive Development in Europe and Asia*. New York: United Nations.

URA (Singapore Urban Research Authority) (2016). A Look at Self-Driving Cars. Imagining our Future – A look at shifting landscapes and new ideas. *Skyline 03*, 31–32. Singapore: Urban Redevelopment Authority (URA).

Urry, J. (2004). The „System" of Automobility. *Theory, Culture & Society 21(4–5)*, 25–39.

US Senate Hearing (2018). *The Future of Autonomous Vehicles in America*, 13. Juni 2018. Videodatei, www.youtube.com/watch?v=2xxPYsreIM (2.11.2019).

UTC (Urban Transport Committee) (2014). *Gothenburg 2035 Transport Strategy for a close knit City. City of Gothenburg*. https://goteborg.se/wps/wcm/connect/6c603463-f0b8-4fc9-9cd4-c1e934b41969/Trafikstrategi_eng_140821_web.pdf?MOD=AJPERES (19.11.2018).

VCÖ (Verkehrsclub Österreich) (2011). W*ie hohe Lebensqualität in Städten durch Elektro-Mobilität entsteht*. www.alexanderstiasny.at/include/download/files/29_2011-004vcoe-factsheet-urbane_e-mobilitaet.pdf (6.3.2019).

VCÖ (2017). *Jede dritte Autofahrt kürzer als 5 Kilometer – Hoher Spritverbrauch bei kurzen Autofahrten*. www.vcoe.at/presse/presseaussendungen/detail/vcoe-wiener-autos-vor-allem-fuer-kurze-strecken-im-einsatz (6.3.2019).

VCÖ (2018a). *Mehr als 100.000 Carsharing-Haushalte in Österreich – Potenzial um ein Vielfaches höher.* www.vcoe.at/presse/presseaussendungen/detail/carsharing-haushalte-potential-2018 (6.3.2019).

VCÖ (2018b). *Großes Potenzial für Sharing und neue Mobilitätsservices.* www.vcoe.at/publikationen/vcoe-factsheets/detail/vcoe-factsheet-2018-10-sharing-und-neue-mobilitaetsloesungen (6.3.2019).

VDA – Verband der Automobilindustrie (2015). Automatisierung. Von Fahrerassistenzsystemen zum automatisierten Fahren. *VDA Magazin*, September 2015. Berlin.

Venkatesh, V., & Davis, F. D. (2000). A theoretical extension of the technology acceptance model – Four longitudinal field studies. *Management Science 46(2)*, 186–204.

Venkatesh, V., Morris, M. G., Davis, G. B., & Davis, F. D. (2003). User acceptance of information technology – Toward a unified view. *Management Information Systems Quarterly 27(3)*, 425–478.

Venkatesh, V., Thong, J. Y. L., & Xu, X. (2016). Unified Theory of Acceptance and Use of Technology – A Synthesis and the Road Ahead. *Journal of the Association for Information Systems 17(5)*, 328–376.

Viehöver, W. (2001). Diskurse als Narrationen. In Keller et al. (Hrsg.), 177–206.

Vogel, M., Hamon, R., Lozenguez, G., Merchez, L., Abry, P., Barnier, J., Borgnat, P., Flandrin, P., Mallon, I., & Robardet, C. (2014). From bicycle sharing system movements to users: a typology of Vélo cyclists in Lyon based on large-scale behavioural dataset. *Journal of Transport Geography 41*, 280–291

Vogler, T., Labus, J., & Specht, O. (2018). Mögliche Auswirkungen von Digitalisierung auf die Organisation von Handelsunternehmen. In Knoppe & Wild (Hrsg.), 149–172.

Vosniadou, S., & Ortony, A. (Hrsg.) (1989), *Similarity and analogical reasoning.* Cambridge: Cambridge University Press.

Voß, J.-P., & Kemp, R. (2006). Sustainability and reflexive governance: introduction. In Voß et al. (Hrsg.), 3–26.

Voß, J.-P., Bauknecht, D., & Kemp, R. (Hrsg.) (2006). *Reflexive Governance for Sustainable Development.* Cheltenham & Northampton: Edward Elgar.

Wachenfeld, W., Winner, H., Gerdes, C., Lenz, B., Maurer, M., Beiker, S. A., Fraedrich, E., & Winkle, T. (2015). Use-cases des autonomen Fahrens. In Maurer et al. (Hrsg.), 9–37.

Wadud, Z., MacKenzie, D., & Leiby, P. (2016). Help or hindrance? The travel, energy and carbon impacts of highly automated vehicles. *Transport Research, Part A: Policy and Practice 86(4)*, 1–18.

Wageningen University & Research (2016). *Minister Schultz van Haegen launches test phase of WEpod self-driving vehicles.* Pressemitteilung 28.6.2016. www.wur.nl/en/news-article/Minister-Schultz-van-Haegen-launches-test-phase-of-WEpod-selfdriving-vehicles.htm (24.2.2019).

Wagner, H., & Kabel, S. (2018). Digitalisierung – Motor für innovative Geschäftsmodelle im Umfeld des hochautomatisierten Fahrens. In: Fend & Hofmann (Hrsg.), Kap. 18.

Watanabe, H. (2016). *A Revolutionary Traffic System for Citizens and Cities – Freedom of Movement and Safety for All.* SIP-adus 30–33. www8.cao.go.jp/cstp/panhu/sip_english/30-33.pdf (13.10.2018).

WBGU (Wissenschaftlicher Beirat der Bundesregierung Globale Umweltveränderungen) (2011). *Welt im Wandel. Gesellschaftsvertrag für eine Große Transformation – Hauptgutachten.* Berlin: WBGU. www.wbgu.de/fileadmin/user_upload/wbgu/publikationen/hauptgutachten/hg2011/pdf/wbgu_jg2011.pdf (6.3.2019).

WBGU (2016). *Der Umzug der Menschheit: Die transformative Kraft der Städte – Hauptgutachten.* Berlin: WBGU.

Weber, M. (1921). Die Stadt. *Archiv für Sozialwissenschaft und Sozialpolitik 47*, 621–272.

Wefering, F., Rupprecht, S. Bührmann, S., & Böhler-Baedeke, S. (2014). *Developing and Implementing a Sustainable Urban Mobility Plan.* Guidelines. Brüssel: Europäsiche Kommission.

Wegener, M. (2009). Modelle der räumlichen Stadtentwicklung – alte und neue Herausforderungen. Referat auf dem 10. Aachener Kolloquium „Mobilität und Stadt: Ein Blick zurück – ein Blick voraus". *Stadt Region Land Bericht 87*, 73–81. Aachen: RWTH Aachen, Institut für Stadtbauwesen und Stadtverkehr.

Wegener, M., & Fürst, F. (1999). *Land-Use Transport Interaction – State of the Art.* Berichte aus dem Institut für Raumplanung 46. Dortmund: Technische Universität Dortmund.

Wehrhahn, R. (2016). Bevölkerung und Migration. In Freytag et al. (Hrsg.), 39–66.

Weikl, S., & Bogenberger, K. (2013). Relocation Strategies and Algorithms for Free-Floating Car Sharing Systems. *IEEE Intelligent Transportation Systems Magazine*, 100–111.

Weisbecker, A., Burmester, M., & Schmidt, A., (Hrsg.) (2015). *Mensch und Computer 2015 – Workshopband.* Stuttgart: DeGruyter.

Welch, D., & Behrmann, E. (2018). *Who's Winning the Self-Driving Car Race?* New York: Blomberg. www.bloomberg.com/news/features/2018-05-07/who-s-winning-the-self-driving-car-race (24.2.2019).

White, J. M. (2016). Anticipatory logics of the smart city's global imaginary. *Urban Geography 37(4)*, 572–589.

Willis, K. S., & Aurigi, A. (2018). *Digital and Smart Cities.* Abingdon/ New York: Routledge.

Wilms, F. E. (2006). Szenarien sind Systeme. In Wilms (Hrsg.), 39–60.

Wilms, F. E. P. (Hrsg.) (2006). *Szenariotechnik. Vom Umgang mit der Zukunft*. Bern/Stuttgart/Wien: Haupt.

Wiseman, Y. (2017). Self-Driving Car – A Computer will Park for You. *International Journal of Engineering & Technology for Automobile Security 1(1)*, 9–16.

Wulfhorst, G. (2003). *Flächennutzung und Verkehrsverknüpfung an Personenbahnhöfen – Wirkungsabschätzung mit systemdynamischen Modellen*. Stadt, Region, Land, Bericht 49. Aachen: RWTH Aachen, Institut für Stadtbauwesen und Stadtverkehr.

Yap, M. D., Correia, G., & Arem, B. van (2016). Preferences of travellers for using automated vehicles as last mile public transport of multimodal train trips. *Transportation Research Part A: Policy and Practise 94*, 1–16.

Zankl, C., & Rehrl, K. (2017). Digibus 2017 – Erfahrungen mit dem ersten selbstfahrenden Shuttlebus auf öffentlichen Straßen in Österreich. Salzburg: Salzburch Research.

Zhang, W., Guhathakurta, S., & Fang, J. (2015). Exploring the Impact of Shared Autonomous Vehicles on Urban Parking Demand – An Agent-based Simulation Approach. *Sustainable Cities and Society 19*, 34–45.

Ziegler, A. (2012). Individual characteristics and stated preferences for alternative energy sources and propulsion technologies in vehicles: A discrete choice analysis for Germany. *Transportation Research Part A: Policy and Practice 46(8)*, 1372–1385.

Zweck, A., Holtmannspötter, D., Braun, M., Hirt, M., Kimpeler, S., & Warnke, P. (2015). *Gesellschaftliche Veränderungen 2030*. Ergebnisband 1 zur Suchphase von BMBF-Foresight Zyklus II. Düsseldorf: Innovationsbegleitung und Innovationsberatung der VDI Technologiezentrum GmbH.